JN308554

農芸化学全書

有 機 化 学 Ⅲ
－天然有機化合物を中心に－

東京大学名誉教授
農 学 博 士
森　謙　治　著

－2006－

東　京
株 式 会 社
養 賢 堂 発 行

序　文

　有機化学 I, II を 1988 年に公刊して，今回有機化学 III を書き終るまでに 18 年かかってしまった。当初の予定とことなり私一人の著作となったが，遂に本書が刊行できることを嬉しく思っている。

　本書では，まず立体配座解析と複素環化学とを学び，次いで広汎な天然物有機化学を概観する。前二著と同じように本書でも，歴史的視点を大事にした。ステロイドの骨格構造が決まるのにはどんないきさつがあったかとか，プロスタグランジンの化学はどんな観察から始まったかとかを述べることで，これからも必ずある新発見・新構造に読者を準備させるのが，私の狙いである。本書は，有機化学 I, II を既に学習した人たちを読者に想定している。したがって，図では英語で説明を書くように努めた。英語がわかることは，現代化学の学習では絶対に必要だからである。参考書は巻末にたくさん挙げたが，学術雑誌の論文などはあまり引用していない。無数の化学者の努力のまとめが，本書だと思っていただきたい。

　本書では環境問題も扱った。現代化学の教育課程から，それを抜くことは許されないと考えたからである。

　本書の内容は，東京大学農学部での有機化学 III (1968-1979 年)，東京理科大学理学部第二部での有機化学 III (1995-1998 年)，同大学大学院理学研究科理数教育専攻での現代化学教育 I, II (1998-2001 年)の，私の講義ノートをまとめたものである。それぞれの時と場所で私の授業を受け，質問したりレポートを出したり試験を受けたりした学生諸君を思い出しながら執筆した。ビタミンの化学以降は，数学理科の教員志望者や現職教員の人たちへの授業だったので，それまでと少し様子がちがう。しかし，その授業のおかげで，私は水俣病などを真剣に勉強できた。

　本書の図は，東京大学農学部渡辺秀典教授・石神健講師研究室，東北大学農学部桑原重文教授・清田洋正助教授研究室，神戸大学農学部佐々木満教授・滝川浩郷助教授研究室の方々に清書していただいた。また図の統一には，理化学研究所の田代卓哉博士の手をわずらわせた。本文のパソコン入力は妻の桂子がやってくれた。さらに養賢堂編集部の方々にお世話になった。私の有

機化学教科書執筆のきっかけを与えて下さった元養賢堂出版部長故及川和己氏の御激励を思い出しながら，以上の方々に深く感謝し，本書を私の化学者人生の総括とする．

　2006 年 11 月 　　　　　　　　　　　　　　　　　　　　森　謙　治

目 次

18. 有機立体化学(その3)立体配座解析と絶対立体配置の決定 …………………… 1
  18.1 脂環式化合物の立体配座 …………………………………… 1
    18.1.1 二置換シクロヘキサンの立体配座 ………………… 1
      1) 1,2-ジメチルシクロヘキサンの立体配座 ……… 1
      2) 1,3-ジメチルシクロヘキサンの立体配座 ……… 2
      3) 1,4-ジメチルシクロヘキサンの立体配座 ……… 2
    18.1.2 かさだかい置換基をもつ二置換シクロヘキサンの立体配座 ………… 3
    18.1.3 多置換シクロヘキサンの立体配座 ………………… 4
    18.1.4 シクロヘキセン類とシクロヘキサノン類との立体配座 ……………… 4
    18.1.5 デカリン類とパーヒドロフェナントレン類との立体化学 ………… 5
      1) デカリン …………………… 5
      2) パーヒドロフェナントレン ……………………… 6
    18.1.6 架橋環炭化水素の立体化学 ……………………… 6
  18.2 脂環式化合物における立体配置と物性との関係 …… 7
    18.2.1 吸着性 …………………… 7
    18.2.2 酸の解離度 ………………… 7
    18.2.3 核磁気共鳴吸収スペクトル …………………… 8
      1) 化学シフト …………… 8
      2) 結合定数 ……………… 9
  8.3 脂環式化合物における立体配置と反応性との関係 ………………………… 11
    18.3.1 水酸基の関与する反応-アセタートのけん化とアルコールのアセチル化 ……………………………… 12
    18.3.2 カルボキシル基の関与する反応-エステルのけん化とカルボン酸のエステル化 …………………… 12
    18.3.3 水酸基の関与する反応-クロム酸酸化 ……… 14
    18.3.4 E2 脱離反応 ……………… 15
    18.3.5 炭素骨格の転位反応 ……… 17
    18.3.6 架橋環化合物の橋頭位の反応性 ……………… 18
    18.3.7 二重結合へのハロゲン付加 …………………… 20
    18.3.8 二重結合のエポキシ化とエポキシドの開裂 … 20
    18.3.9 2-コレステンよりコレスタン -cis- 2,3-ジオールの調製 ……… 20
  18.4 絶対立体配置の決定法 …………………………… 22
    18.4.1 比旋光度の符号の比較 ………………………… 23
    18.4.2 旋光分散と円二色性スペクトル ……………… 24
      1) 旋光分散の定義 ……… 24
      2) 円二色性の定義 ……… 25

3) 単純曲線と Cotton 効果 ·············· 25
4) ORD スペクトルと CD スペクトルとの比較 ······ 26
5) Cotton 効果を示す構造 ·· 27
6) Cotton 効果を利用した絶対立体配置の推定(その1)。モデル化合物との比較 ·············· 27
7) Cotton 効果を利用した絶対立体配置の推定(その2)。オクタント則の利用 ·············· 27
8) オクタント則の応用(その1) ·············· 29
9) オクタント則の応用(その2) ·············· 30
18.4.3 キラルな固定相を用いたクロマトグラフィーによる比較 ·········· 30
1) ガスクロマトグラフィーによる比較 ·········· 30
2) 液体クロマトグラフィーによる比較 ·········· 31
18.4.4 X 線結晶解析 ········· 32
18.4.5 エナンチオ選択的合成 ·············· 34

19. 天然有機化合物(その1) テルペノイド, ステロイド, カロテノイド ············ 36

19.1 天然有機化合物の分類と研究分野 ·············· 36
19.2 イソプレノイドの概説 ·············· 37
19.2.1 イソプレノイドの研究史 ·············· 37
19.2.2 イソプレノイドの分類とイソプレン単位 ····· 39
19.2.3 生体内でのイソプレン単位は何か ··········· 39
19.2.4 メバロン酸経路 ······· 41
1) メバロン酸の発見 ····· 41
2) メバロン酸から生体内イソプレン単位の生成 ··· 42
19.2.5 非メバロン酸経路 ····· 44
19.3 モノテルペノイド ·········· 45
19.3.1 モノテルペノイドの生合成 ·············· 45
1) ゲラニル二リン酸の生合成 ·············· 45
2) リナリル二リン酸から環状モノテルペノイドへの環化 ·············· 45
19.3.2 モノテルペノイドの各論 ·············· 45
1) 香料関連のモノテルペノイド ·············· 45
2) 生物活性物質としてのモノテルペノイド ········ 47
19.3.3 モノテルペノイドの化学合成 ·············· 49
1) カンファー(樟脳)の合成 ·············· 49
2) ゲラニオールの合成 ···· 50
3) メントールの合成 ······ 50
19.4 セスキテルペノイド ···· 52
19.4.1 セルキテルペノイドの生合成 ·············· 52
1) ファルネソールの生合成 ·············· 52
2) 昆虫幼若ホルモンの生合成 ·············· 53

3) 環状セスキテルペノイド
　　　　 の生合成 ･･････････ 53
　19.4.2 セスキテルペノイドの
　　　　構造研究例，トドマツ
　　　　酸 ･････････････････ 54
　19.4.3 セスキテルペノイドの
　　　　各論 ･･･････････････ 57
　　　1) 香料関連のセスキテルペ
　　　　 ノイド ････････････ 57
　　　2) 生物活性物質としてのセ
　　　　 スキテルペノイド ･･･ 57
　19.4.4 セスキテルペノイドの
　　　　化学合成 ･･･････････ 59
19.5 ジテルペノイド ･･････････ 60
　19.5.1 ジテルペノイドの生合
　　　　成 ･････････････････ 60
　　　1) ゲラニルゲラニオールの
　　　　 生合成と環化：アビエチ
　　　　 ン酸 ･･････････････ 60
　　　2) ジベレリン A_3 の生合
　　　　 成 ････････････････ 60
　　　3) 三環性ジテルペンから
　　　　 四環性ジテルペンへの環
　　　　 化 ････････････････ 61
　　　4) タキソールの生合成 ･･･ 61
　19.5.2 ジテルペノイドの各
　　　　論 ･････････････････ 64
　19.5.3 ジテルペノイドの化学
　　　　合成 ･･･････････････ 64
19.6 トリテルペノイドとステ
　　　ロイド ･････････････････ 67
　19.6.1 トリテルペノイドの生
　　　　合成 ･･･････････････ 68
　　　1) スクアレンの生合成 ･･･ 68
　　　2) ラノステロールの生合
　　　　 成 ････････････････ 69

　19.6.2 トリテルペノイドの各
　　　　論 ･････････････････ 69
　19.6.3 ステロイドの構造決定
　　　　のいきさつ ･････････ 71
　19.6.4 ステロイドの生合
　　　　成 ･････････････････ 74
　　　1) コレステロールの生合
　　　　 成 ････････････････ 74
　　　2) フィトステロールの生合
　　　　 成 ････････････････ 74
　　　3) 性ホルモンの生合成 ･･･ 74
　19.6.5 ステロイド性ホルモ
　　　　ン ･････････････････ 74
　　　1) 女性ホルモン ･･･････ 74
　　　2) 男性ホルモン ･･･････ 77
　　　3) 経口避妊薬（ピル）････ 79
　19.6.6 副腎皮質ホルモン ････ 82
　19.6.7 その他のステロイドの
　　　　各論 ･･･････････････ 83
　19.6.8 ステロイドの化学合
　　　　成 ･････････････････ 86
19.7 カロテノイド ･･････････ 89
　19.7.1 カロテノイドの生合
　　　　成 ･････････････････ 89
　19.7.2 カロテノイドの各
　　　　論 ･････････････････ 91
　19.7.3 カロテノイドの分解
　　　　物 ･････････････････ 91
20. 複素環化学 ･････････････ 94
20.1 複素環化合物の概説 ････ 94
20.2 三員環複素環化合物 ････ 95
　20.2.1 構造と名称 ･･･････ 95
　20.2.2 製法 ･････････････ 97
　20.2.3 反応 ･････････････ 97
20.3 四員環複素環化合物 ････ 99
　20.3.1 構造と名称，製法 ･･ 99
　20.3.2 反応 ･････････････ 99

20.4 五,六員環複素環化合物 ……………… 100
20.5 五員環の芳香族複素環化合物(1)フラン,ピロール,チオフェン ………… 101
　20.5.1 構造と名称 ……… 101
　20.5.2 製法 ……………… 101
　　1) フラン …………… 101
　　2) ピロール ………… 103
　　3) チオフェン ……… 103
　　4) Paal-Knorr 合成 …… 105
　　5) Knorr のピロール合成 … 105
　　6) その他の方法 ……… 105
　20.5.3 反応 ……………… 105
　　1) 求電子的置換反応 …… 105
　　2) 加水分解や加水素分解による開環 ………… 105
　　3) アニオン形成とアニオンの反応 …………… 106
20.6 縮合フラン,ピロール,チオフェン ………… 108
　20.6.1 構造と名称 ……… 108
　20.6.2 製法 ……………… 108
　　1) Fischer のインドール合成 ………………… 108
　　2) その他のインドール合成 ………………… 108
　　3) ベンゾフランの合成 … 110
　20.6.3 反応 ……………… 111
　　1) 求電子的置換反応 …… 111
　　2) アニオン形成とアニオンの反応 …………… 112
20.7 アゾール …………… 112
　20.7.1 構造と名称 ……… 112
　20.7.2 製法 ……………… 116
　　1) オキサゾール,イミダゾール,チアゾール類の合成 …………… 116
　　2) イソキサゾール,ピラゾール類の合成 ……… 116
　20.7.3 反応 ……………… 116
　　1) 求電子的置換反応 …… 116
　　2) アニオン形成とアニオンの反応 …………… 117
20.8 ピリジン …………… 117
　20.8.1 構造と名称 ……… 117
　20.8.2 製法 ……………… 118
　　1) Chichibabin のピリジン合成 ……………… 118
　　2) Hantzsch のピリジン合成 ……………… 119
　20.8.3 反応 ……………… 119
　　1) アシル化反応の触媒作用 …………………… 119
　　2) ピリジン誘導体の酸化 ……………………… 121
　　3) 求電子的置換反応 …… 121
　　4) ピリジン N-オキシドの形成とその反応 …… 122
　　5) Chichibabin 反応 …… 123
20.9 キノリンとイソキノリン ………………… 123
　20.9.1 構造と名称 ……… 123
　20.9.2 製法 ……………… 124
　　1) Skraup のキノリン合成 ……………… 124
　　2) Friedländer のキノリン合成 ……………… 124
　　3) Bischler - Napieralski のイソキノリン合成 …… 124
　　4) Pictet - Spengler のイソキノリン合成 ………… 124

20.9.3 反応················ 125
　　1) 求電子的置換反応····· 125
　　2) 求核的置換反応······· 127
　　3) アニオン形成とアニオン
　　　の反応··············· 127
20.10 ジアジン ············· 129
　20.10.1 構造と名称········ 129
　20.10.2 製法·············· 130
　　1) ピリダジン類········· 130
　　2) ピリミジン類········· 130
　　3) ピラジン類··········· 130
　20.10.3 反応·············· 130
20.11 α-ピロン，γ-ピロン，
　　　クマリンとクロモン ··· 133
　20.11.1 構造と名称········ 133
　20.11.2 製法·············· 133
　20.11.3 反応·············· 135
20.12 複素環医薬品の化学合
　　　成-ヴァイアグラ®を例
　　　として- ············· 135

21. 天然有機化合物(その2) ポリ
　　ケチド，フェニルプロパノイ
　　ド，アルカロイド ········ 138
21.1 ポリケチドの概説 ····· 138
　21.1.1 ポリケチドとは何か·· 138
　21.1.2 ポリケチド型天然有機
　　　　化合物の種類········ 139
21.2 ポリケチドの生合成 ··· 139
　21.2.1 マロニルCoAとア
　　　　セト酢酸単位の生合
　　　　成·················· 139
　21.2.2 ポリケチド由来の天
　　　　然有機化合物の生合
　　　　成·················· 141
　　1) メレインの生合成····· 141
　　2) シトリニンの生合成··· 141

　　3) グリセオフルビンの生合
　　　成·················· 142
　　4) フェノールの酸化的カッ
　　　プリング············· 143
　　5) ポリケチド抗生物質の生
　　　合成················· 144
　21.2.3 ポリケチドとイソプレ
　　　　ノイド両経路の混合で
　　　　の生合成············ 145
21.3 ポリケチドの各論······ 146
21.4 ポリケチドの化学合
　　　成·················· 148
21.5 フェニルプロパノイドの
　　　概説················· 148
21.6 フェニルプロパノイドの
　　　生合成··············· 149
　21.6.1 シキミ酸の生合成···· 149
　21.6.2 シキミ酸から芳香族ア
　　　　ミノ酸の生合成······ 150
　21.6.3 フェニルアラニンとチ
　　　　ロシンから各種フェニ
　　　　ルプロパノイドの生
　　　　合成················ 151
　　1) リグナン類とリグニンの
　　　生合成··············· 151
　　2) クマリン類の生合成··· 151
　　3) フラボノイドとイソフラ
　　　ボノイドの生合成····· 153
　　4) ビタミンKなどナフトキ
　　　ノン類の生合成······· 154
21.7 フェニルプロパノイドの
　　　各論················· 156
21.8 フェニルプロパノイドの
　　　化学合成············· 158
　21.8.1 マグノサリシンの合
　　　　成·················· 158

21.8.2 ジオスピリンの
       合成・・・・・・・・・・・・・・・ 160
21.9 アルカロイドの概説・・・ 160
21.10 脂肪族アミノ酸に由来す
      るアルカロイド・・・・・・・ 162
  21.10.1 脂肪族アミノ酸から
          アルカロイドの生合
          成・・・・・・・・・・・・・・・ 162
    1) オルニチンからコカイン
       の生合成・・・・・・・・・・・・ 162
    2) リジンからペレティエリ
       ンの生合成・・・・・・・・・・ 163
    3) ニコチンの生合成・・・・・ 164
    4) ピロリジディンアルカロ
       イドの生合成と化学生態
       学・・・・・・・・・・・・・・・・・・ 164
  21.10.2 脂肪族アミノ酸由来
          アルカロイドの化学合
          成・・・・・・・・・・・・・・・ 166
    1) トロピノンの生合成を模
       した合成とトロピノン関
       連物・・・・・・・・・・・・・・・・ 166
    2) カルパミン酸の合成・・・ 168
    3) セダミンとニコチンの
       合成・・・・・・・・・・・・・・・・ 168
21.11 フェニルアラニンとチロ
      シンに由来する アルカロ
      イド・・・・・・・・・・・・・・・・・ 170
  21.11.1 フェニルアラニンやチ
          ロシンからアルカロイ
          ドの生合成・・・・・・・・・ 170
    1) β-フェニルエチルアミ
       ン型のアルカロイドの生
       合成・・・・・・・・・・・・・・・ 170
    2) エフェドリンの生合
       成・・・・・・・・・・・・・・・・・ 171

    3) イソキノリンアルカロイ
       ドの生合成・・・・・・・・・・ 172
  21.11.2 ベンジルイソキノリン
          アルカロイドの生合
          成・・・・・・・・・・・・・・・・ 173
    1) モルヒネの生合成・・・・・ 173
    2) イソテバインの生合
       成・・・・・・・・・・・・・・・・・ 175
    3) ヒガンバナアルカロイド
       の生合成・・・・・・・・・・・・ 175
    4) ベルベリンの生合成・・・ 176
    5) コルヒチンの生合成・・・ 176
    6) ベンジルイソキノリン
       アルカロイド生合成の
       鍵反応・・・・・・・・・・・・・ 178
  21.11.3 ベンジルイソキノリン
          アルカロイドの化学合
          成-モルヒネを例とし
          て-・・・・・・・・・・・・・・・ 178
21.12 トリプトファンに由来す
      るアルカロイド・・・・・・・ 179
  21.12.1 トリプトファンから
          アルカロイドの生合
          成・・・・・・・・・・・・・・・ 179
    1) 比較的単純なトリプト
       ファン由来アルカロイド
       の生合成・・・・・・・・・・・ 179
    2) 麦角アルカロイドの生合
       成・・・・・・・・・・・・・・・・・ 181
    3) インドールアルカロイド
       の生合成・・・・・・・・・・・ 182
  21.12.3 インドールアルカロイ
          ド及びその他のアルカ
          ロイドの各論・・・・・・・ 182
  21.12.4 インドールアルカロイ
          ドの化学合成-ヨヒンビ
          ンを例として-・・・・・・ 186

21.13 ペニシリンとセファロスポリンの生合成と作用機構 187
22. 天然有機化合物(その3) 炭水化物, 脂質, アミノ酸, 核酸, ビタミン 189
22.1 一次代謝産物の概説 ... 189
22.2 炭水化物 191
　22.2.1 炭水化物の概説 191
　　1) 炭水化物の研究史 191
　　2) 炭水化物の生体での分布と役割 191
　　3) 炭水化物の分類 192
　22.2.2 単糖類の構造と反応 .. 192
　　1) グルコースとフルクトースの炭素骨格 192
　　2) オサゾンの生成 195
　　3) Kiliani の組み上げ法 ... 196
　　4) Wohl の分解法 197
　　5) 還元と酸化 197
　22.2.3 単糖類の立体配置の決定 198
　　1) D-アルドテトロース類と D-アルドペントース類の立体配置 198
　　2) 天然型(+)-グルコースの立体配置決定の論理 ... 200
　　3) アルドヘキソース類の名称と立体配置との記憶法 202
　22.2.4 糖の環状構造と変旋光 203
　　1) α-グルコースと β-グルコース 203
　　2) 変旋光と糖の環状構造 203

22.2.5 アノマー効果と糖の立体化学 205
　1) ピラノースの配座異性体の命名法 205
　2) アノマー効果 205
22.2.6 糖のエステル化, エーテル化, 配糖体, 二糖, 三糖, 多糖 207
　1) エステル化とエーテル化 207
　2) 配糖体の形成 207
　3) 二糖・三糖・多糖 208
　4) 生物活性を有する配糖体 210
22.2.7 糖の化学合成 212
22.3 脂質 212
　22.3.1 脂質の概説 212
　22.3.2 脂肪酸と油脂 214
　　1) 脂肪酸の生合成 214
　　2) 油脂 215
　　3) 油脂の反応 215
　　3) 脂肪酸の化学合成 218
　22.3.3 プロスタグランジンとロイコトリエン 219
　　1) プロスタグランジンと関連物の発見・単離・構造決定 219
　　2) プロスタグランジン類の生合成 221
　　3) ロイコトリエン類の構造と生合成 221
　　4) プロスタグランジンの化学合成 223
　　5) プロスタグランジン類縁体の医薬としての利用 225
　22.3.4 リン脂質と糖脂質 225

目次

- 1) リン脂質 ……………… 225
- 2) 糖脂質 ………………… 226
- 22.3.5 スフィンゴ脂質 …… 227
  - 1) 研究史 ……………… 227
  - 2) 構造 ………………… 229
  - 3) 生合成 ……………… 229
  - 4) 化学合成 …………… 229
- 22.3.6 脂肪酸由来の生物活性物質 …………………… 230
  - 1) 睡眠誘導脳内脂質 …… 230
  - 2) 昆虫フェロモン ……… 230
  - 3) 抗生物質 …………… 232
  - 4) 海産ポリエーテル …… 232
- 22.4 アミノ酸 ……………… 234
  - 22.4.1 α-アミノ酸の概説 … 234
    - 1) アミノ酸の分類,名称,略号,構造 …………… 234
    - 2) アミノ酸の栄養学的分類 ………………… 234
    - 3) アミノ酸の融点と溶解度 ………………… 235
  - 22.4.2 α-アミノ酸の等電点 ……………………… 236
  - 22.4.3 α-アミノ酸の化学合成 ……………………… 237
    - 1) α-ハロ酸のアミノ化 … 237
    - 2) Strecker 合成 ……… 237
    - 3) Erlenmeyer 合成 …… 237
    - 4) アセトアミノマロン酸エステル合成 ………… 238
    - 5) α-アミノ酸の不斉合成 ……………………… 238
    - 6) (S)-ジゼロシンの合成 ……………………… 239
  - 22.4.4 α-アミノ酸の反応 … 239
    - 1) エステル化 ………… 240
    - 2) アシル化 …………… 240
    - 3) 亜硝酸との反応 …… 241
    - 4) ニンヒドリン呈色反応 …………………… 241
  - 22.4.5 ペプチドとタンパク質 ……………………… 241
    - 1) ペプチドの構造 …… 242
    - 2) ペプチドの合成 …… 242
- 22.5 核酸関連物 …………… 243
  - 22.5.1 核酸関連物の概説 … 243
  - 22.5.2 核酸関連物の構造 … 245
    - 1) 糖部分 ……………… 245
    - 2) 塩基部分 …………… 245
    - 3) ヌクレオシド ……… 245
    - 4) ヌクレオチド ……… 245
  - 22.5.3 核酸塩基間の水素結合と DNA の構造 …… 245
  - 22.5.4 デオキシヌクレオチド類の工業的製法 …… 247
    - 1) 研究開発の概要 …… 247
    - 2) 2-デオキシリボース-1-α-リン酸の化学合成 … 247
    - 3) 2'-デオキシヌクレオシド類の酵素反応による合成 ……………… 249
- 22.6 ビタミン ……………… 250
  - 22.6.1 ビタミンの研究史 … 250
    - 1) 脚気とビタミン B_1 … 250
    - 2) 壊血病とビタミン C … 252
    - 3) トウモロコシの色とビタミン A ……………… 252
    - 4) ビタミンの定義 …… 252
  - 22.6.2 ビタミン B_1(チアミン) ………… 253
    - 1) 概説 ………………… 253
    - 2) 構造 ………………… 253
    - 3) 化学合成 …………… 255

22.6.3　ビタミンC(アスコル
　　　　　ビン酸)・・・・・・・・・・・・ 256
　　　　1)　概説・・・・・・・・・・・・・・ 256
　　　　2)　構造・・・・・・・・・・・・・・ 256
　　　　3)　化学合成・・・・・・・・・・ 257
　　22.6.4　ビタミンA
　　　　　(レチノール)・・・・・・・・ 258
　　　　1)　概説・・・・・・・・・・・・・・ 258
　　　　2)　構造・・・・・・・・・・・・・・ 259
　　　　3)　化学合成・・・・・・・・・・ 262
　　　　4)　カロテノイドのビタミン
　　　　　　A活性・・・・・・・・・・・・ 262
　　22.6.5　ビタミンD・・・・・・・・・ 263
　　　　1)　概説・・・・・・・・・・・・・・ 263
　　　　2)　構造・・・・・・・・・・・・・・ 264
　　　　3)　化学合成・・・・・・・・・・ 264
　　22.6.6　ビタミンE(α-トコ
　　　　　フェロール)・・・・・・・・ 266
　　　　1)　概説・・・・・・・・・・・・・・ 266
　　　　2)　構造・・・・・・・・・・・・・・ 269
　　　　3)　化学合成・・・・・・・・・・ 269
　　22.6.7　ビタミンK・・・・・・・・・ 269
　　　　1)　概説・・・・・・・・・・・・・・ 269
　　　　2)　構造・・・・・・・・・・・・・・ 270
　　　　3)　化学合成・・・・・・・・・・ 270
　　22.6.8　ビタミンB_2(リボフラビ
　　　　　ン)・・・・・・・・・・・・・・・・ 272
　　　　1)　概説・・・・・・・・・・・・・・ 272
　　　　2)　構造・・・・・・・・・・・・・・ 274
　　　　3)　化学合成・・・・・・・・・・ 274
　　22.6.9　ビタミンB_6(ピリドキシ
　　　　　ン)・・・・・・・・・・・・・・・・ 274
　　　　1)　概説・・・・・・・・・・・・・・ 274
　　　　2)　構造・・・・・・・・・・・・・・ 274
　　　　3)　化学合成・・・・・・・・・・ 276
23. 有機化学と人生・・・・・・・・・ 278
　　23.1　味の化学・・・・・・・・・・・・ 278
　　23.1.1　酸味・・・・・・・・・・・・・・ 278
　　23.1.2　塩味・・・・・・・・・・・・・・ 278
　　23.1.3　甘味・・・・・・・・・・・・・・ 278
　　　　1)　概説・・・・・・・・・・・・・・ 278
　　　　2)　合成甘味料，サッカリ
　　　　　　ン・・・・・・・・・・・・・・・・ 279
　　　　3)　合成甘味料，チクロ・・・ 280
　　　　4)　合成甘味料，アスパル
　　　　　　テーム®・・・・・・・・・・ 280
　　　　5)　その他の合成甘味剤・・・ 282
　　　　6)　天然甘味料，ショ糖と他
　　　　　　の糖・・・・・・・・・・・・・・ 283
　　　　7)　天然甘味料，ステビオシ
　　　　　　ドなどステビオール配糖
　　　　　　体・・・・・・・・・・・・・・・・ 283
　　　　8)　天然甘味料，トリテルペ
　　　　　　ン配糖体類・・・・・・・・・・ 283
　　　　9)　天然甘味料，フィロズル
　　　　　　シン・・・・・・・・・・・・・・ 284
　　　　10)　天然甘味料，ヘルナンズ
　　　　　　ルシン・・・・・・・・・・・・ 285
　　23.1.4　苦味・・・・・・・・・・・・・・ 285
　　　　1)　概説・・・・・・・・・・・・・・ 285
　　　　2)　苦味物質の例・・・・・・・・ 286
　　23.1.5　辛味・・・・・・・・・・・・・・ 289
　　　　1)　概説・・・・・・・・・・・・・・ 289
　　　　2)　コショウの辛味成分・・・ 289
　　　　3)　トウガラシの辛味
　　　　　　成分・・・・・・・・・・・・・・ 289
　　　　4)　サンショウの辛味
　　　　　　成分・・・・・・・・・・・・・・ 289
　　　　5)　ヤナギタデの辛味
　　　　　　成分・・・・・・・・・・・・・・ 289
　　　　6)　カラシとワサビの辛味
　　　　　　成分・・・・・・・・・・・・・・ 290
　　23.1.6　旨味(うまみ)・・・・・・・ 290
　　　　1)　概説・・・・・・・・・・・・・・ 290

2) L-グルタミン酸	291	
3) ヌクレオチド系旨味物質	292	
23.2 においの化学	293	
23.2.1 においの概説	293	
1) におい感覚の閾値	293	
2) におい感覚の特性	293	
3) におい物質の検出	295	
4) におい感覚の仕組	295	
23.2.2 香料の概説	296	
1) 香料の歴史	296	
2) 香料の分類	296	
23.2.3 植物性香料	297	
1) 概説	297	
2) 製法	297	
3) 植物性香料の各論	297	
23.2.4 動物性香料	299	
1) じゃ香(ムスク)	299	
2) 竜涎香(アンバーグリス)	300	
23.2.5 香気成分の化学合成と合成香料	303	
1) 概説	303	
2) 天然香料の合成-ジャスモン酸メチルを例として-	303	
3) 人工香料の合成	303	
23.2.6 調合香料	304	
1) 香りとフレーバー	304	
2) においの分類	305	
3) 香粧品用調合香料	305	
4) 食品用調合香料	305	
23.3 天然色素の化学	305	
23.3.1 色と色素の概説	305	
1) 色と色素の定義	305	
2) 発色団	306	
23.3.2 天然色素の概説	306	
1) クロロフィルとヘム	307	
2) カロテノイド色素	307	
3) メラニン色素	307	
23.3.3 インジゴ	307	
1) 研究史と構造	307	
2) Baeyer の合成	310	
3) Heumann の工業合成	311	
23.3.4 アリザリン	313	
1) 研究史と構造	313	
2) 化学合成	313	
23.3.5 その他の天然色素	313	
1) シコニン	313	
2) カルサミン	315	
3) カルミニン酸	315	
23.4 環境と有機化学	316	
23.4.1 環境と人間と化学とのかかわり	317	
1) 公害	317	
2) 環境倫理学	317	
3) 私の環境倫理学	318	
4) 化学生態学	319	
23.4.2 水俣病	320	
1) 水俣病の発生	320	
2) 水俣病の原因究明	320	
3) CH_3HgCl の単離・同定	321	
4) 水俣工場における水銀の物質収支	322	
5) CH_3HgCl の成因	322	
6) 水俣病の教訓	324	
23.4.3 塩素系殺虫剤 DDT	325	
1) DDT の発明	325	
2) DDT の使用と効果	325	
3) DDT の環境での代謝経路と生物への影響	327	
4) DDT の教訓	328	
23.4.4 内分泌撹乱物質	328	

- 1) 自然界に存在する性ホルモン類似物質·········· 328
- 2) 人工の性ホルモン類似物質················ 329
- 3) 内分泌撹乱物質の各論················ 329
- 4) 内分泌撹乱物質研究の今後················ 332
- 23.4.5 化学生態学の研究例と応用例············· 332
  - 1) 寄生植物の種子発芽誘導物質ストリゴラクトン類··············· 332
  - 2) アジアゾウのフェロモン··················· 334
  - 3) 昆虫フェロモンの応用················ 336
- 23.4.6 結語················ 338

参考書······················· 339

索 引······················· 345

18. 有機立体化学（その3）

立体配座解析と絶対立体配置の決定

立体配座については4.3で学習し，分子がどのような立体配座をもっているかを調べることを，**立体配座解析**（conformational analysis）とよぶことを学んだ。分子内の原子が空間でどのような立体的な配置をとっているかを**絶対立体配置**（absolute configuration）とよぶことは，5.3.2で学んだ。天然有機化合物の化学を学習するに先立ち，本章ではこれらについてもう少し詳しく勉強しよう。

18.1 脂環式化合物の立体配座

18.1.1 二置換シクロヘキサンの立体配座

一置換シクロヘキサンにおいて，置換基が t-ブチル基のようなかさだかいものであると，置換基がエクアトリアルである立体配座が圧倒的に優先されることは，4.5.4で学んだ。二置換シクロヘキサンの立体配座ではどうであろうか。

1) 1,2-ジメチルシクロヘキサンの立体配座

1,2-ジメチルシクロヘキサンには cis 型と $trans$ 型とがあり，これらは互いに配置異性体である（図18.1）。シクロヘキサン環の反転（4.5.3参照）で生ずる2種の配座異性体は， cis-体では **A** と **B** とであって互いに鏡像体であり，分子の安定性に関しては同一である。ところが $trans$-体では，2種の配座異性体 **C** と **D** とで安定性が異なる。**C** では2個のメチル基がアキシァル配向であり，近くにあるそれぞれ2個ずつのアキシァル水素原子も1.6Åというごく近い所に存在するので，相互反撥（**1,3-ジアキシアル相互作用**，1,3-diaxial interaction）があって，不安定である。その上，4.5.4で学んだように，環を作っている C-C 結合と C-CH$_3$ 結合との間で**ゴーシュ相互作用**（4.4.3参照）があり，不安定である。**D** では，メチル基2個がエクアトリアルであるため，そのような相互反撥がずっと小さい。したがって，**D** が安定型立体配座である。

(2) 18. 有機立体化学(その3)立体配座解析と絶対立体配置の決定

cis-1,2-dimethylcyclohexane   trans-1,2-dimethylcyclohexane

configurational isomers

A ⇌ B   2.5 Å

C (1,3-diaxial interaction) ⇌ D (more stable)

conformational isomers

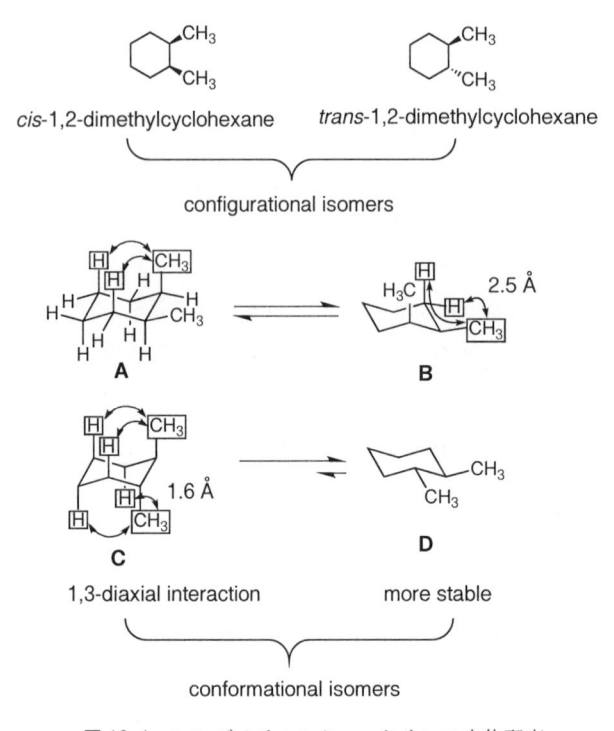

図18.1　1,2-ジメチルシクロヘキサンの立体配座

2)　1,3-ジメチルシクロヘキサンの立体配座

1,3-ジメチルシクロヘキサンの立体配座を図18.2に示した。1,2-ジメチルシクロヘキサンの場合と同様な考察から，cis-体の**A**, **B** 2種の立体配座では，**B** が **A** よりはるかに安定であり，trans-体の **C**, **D** 2種の立体配座の安定性には差がないことがわかる。

3)　1,4-ジメチルシクロヘキサンの立体配座

1,4-ジメチルシクロヘキサンの場合は，図18.3に示すように，cis-体の**A**, **B** 2種の立体配座では安定性に差がないが，trans-体の **C**, **D** 2種の立体配座では **D** がはるかに安定である。1,2-二置換体の項で述べたように，各配座異性体間の安定性の差を知るには，C-C 結合同士のゴーシュ相互作用およびアキシァル置換基同士の1,3-ジアキシァル相互作用の数を比べればよい。

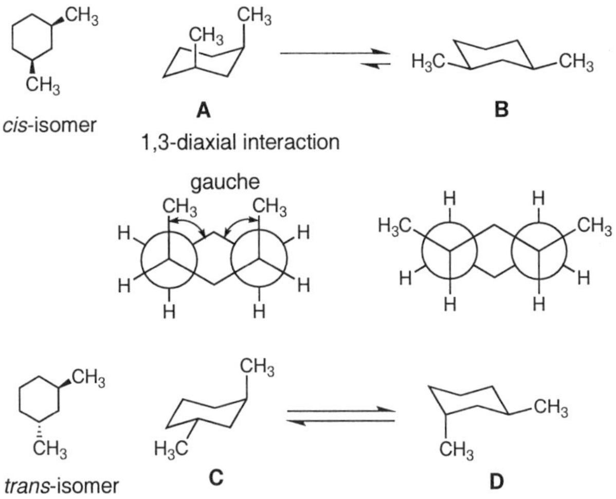

18.1 脂環式化合物の立体配座 (3)

図 18.2 1,3-ジメチルシクロヘキサンの立体配座

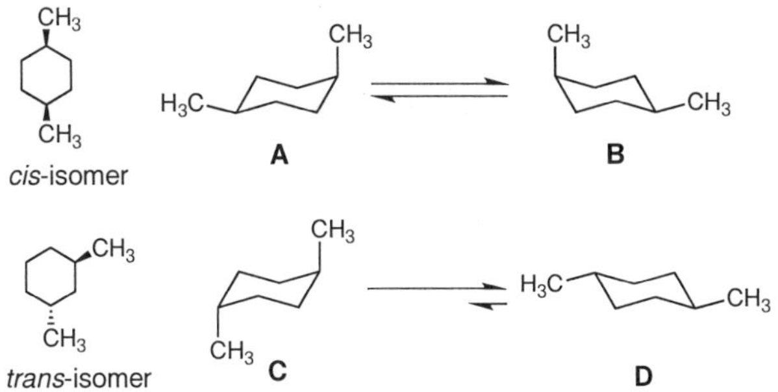

図 18.3 1,4-ジメチルシクロヘキサンの立体配座

18.1.2　かさだかい置換基をもつ二置換シクロヘキサンの立体配座

　t-ブチル基はきわめてかさだかいので，エクアトリアル配向をとろうとする傾向が他の置換基よりもずっと大きい。したがって，4-*t*-ブチル-1-シクロヘキサノールの *cis*-体と *trans*-体は，いずれも *t*-ブチル基がエクアトリアルである図 18.4 に示す配座をとる。1,4-ジ-*t*-ブチルシクロヘキサンでは，*t*-ブチル基がアキシァル配向であるとアキシァル水素原子との間に 1,3-ジアキシァ

ル相互作用が生ずるため，シクロヘキサン環が舟型配座をとることで相互作用を避けていることが知られている。

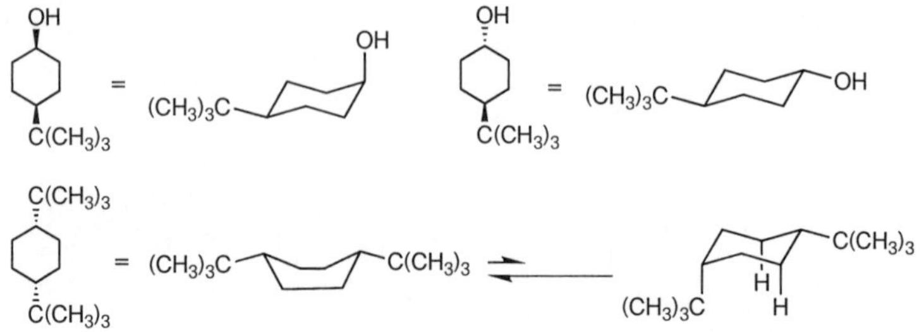

図 18.4 *t*-ブチル基を有するシクロヘキサンの立体配座

18.1.3 多置換シクロヘキサンの立体配座

多置換シクロヘキサンでは，一般に多数の置換基がエクアトリアルである立体配座が優先的となる。ハッカの香気成分である (1*R*, 2*S*, 5*R*)-(−)-メントールと米ヌカ中にフィチンとよばれるヘキサリン酸エステルとして存在している *myo*-イノシトールとの安定立体配座を図 18.5 に示す。フィチンをリン酸と *myo*-イノシトールとに加水分解する酵素であるフィターゼは，1907 年に鈴木梅太郎らによって発見された。

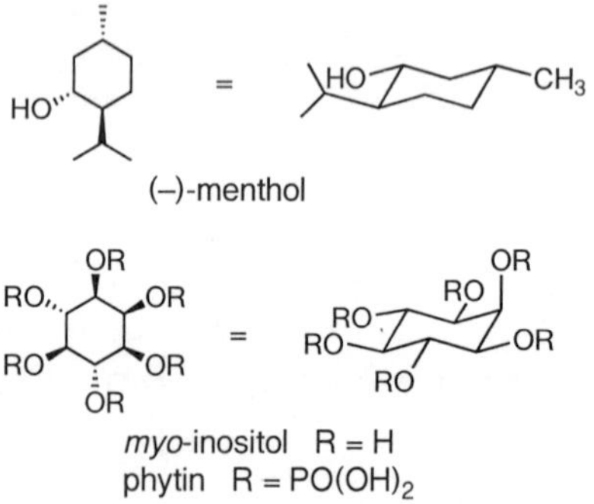

(−)-menthol

myo-inositol R = H
phytin R = PO(OH)$_2$

図 18.5 (−)-メントールと *myo*-イノシトールとの立体配座

18.1.4 シクロヘキセン類とシクロヘキサノン類との立体配座

シクロヘキセンと 2-ブロモシクロヘキサノンとの立体配座を図 13.6 に示

した。シクロヘキセンの二重結合に隣接する炭素原子から出ている2本のC-H結合は，角度が通常のアキシァル，エクアトリアル結合と少しずれているので，それぞれ**擬アキシァル**（quasiaxial または pseudoaxial）および**擬エクアトリアル**（quasiequatorial または pseudoequatorial）結合とよばれている。

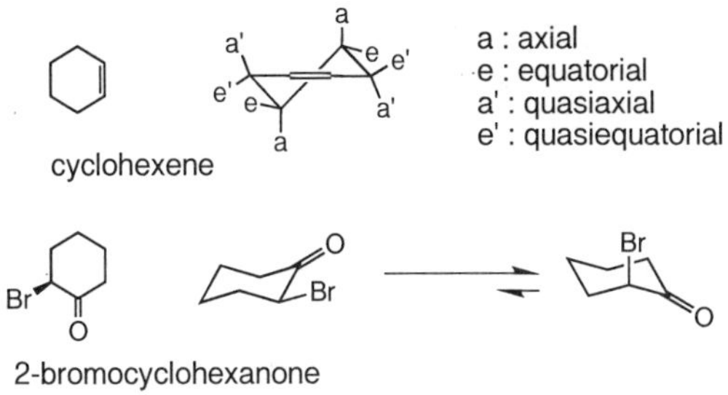

cyclohexene

a : axial
e : equatorial
a' : quasiaxial
e' : quasiequatorial

2-bromocyclohexanone

図 18.6 シクロヘキセンと 2-ブロモシクロヘキサノンとの立体配座

2-ブロモシクロヘキサノンでは，C-Br 結合がアキシァルである立体配座が安定である。エクアトリアル配向であると臭素原子と酸素原子との間に，静電気的反撥があるからである。

18.1.5 デカリン類とパーヒドロフェナントレン類との立体化学
1) デカリン

ナフタレンの二重結合がすべて水素化され飽和した化合物をデカリンという。このように，一辺を共有した多環を有する炭化水素を，**縮合環**（condensed ring）または**接合環**（fused ring）炭化水素という。デカリンの立体化学的研究があったからこそシクロヘキサンが平面的な構造をとっているのではないことがわかった（4.5.3 参照）。またデカリンに *trans*-体と *cis*-体とが存在し，*trans*-体の方が安定であることも 4.5.3 で述べた。

Mohr は 1918 年に，デカリンの立体異性体としていす型のシクロヘキサン 2 個が接合した *trans*-デカリンと，舟型のシクロヘキサンが 2 個接合した *cis*-デカリンとを考えた。1946 年から 47 年にかけての Hassel（Barton とともに 1969 年ノーベル賞）の電子線回折を利用した構造研究の結果，図 18.7 に示すように，両者ともいす型シクロヘキサンが接合したものであることが判明した。*trans*-型の方が *cis*-型よりも 10.0 kJ mol^{-1} 安定である。両者の安定度の

(6) 18. 有機立体化学(その3)立体配座解析と絶対立体配置の決定

trans-decalin　cis-decalin
angular position

10.0 kJ mol⁻¹
more stable

3.8 kJ mol⁻¹
more stable

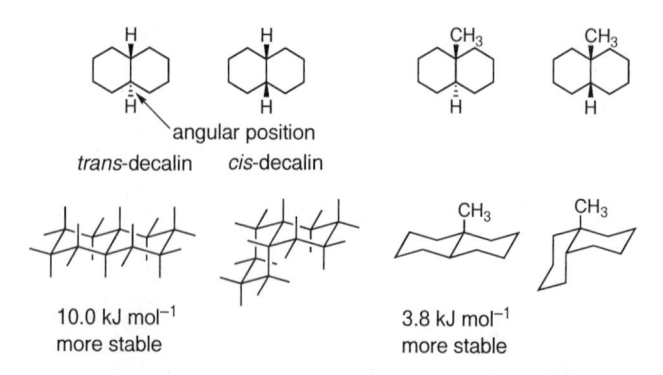

図 18.7　*trans*-デカリンと *cis*-デカリンとの立体配座

差は，置換基の存在により異なってくる。**核間位**（angular position）にメチル基があると，*trans*-型は *cis*-型より 3.8 kJ mol^{-1} しか安定でない。デカリン骨格は，各種天然有機化合物に広く存在しているから，立体式を正しく書けるよう練習する必要がある。

　2）　パーヒドロフェナントレン

　フェナントレン（11.1参照）の二重結合をすべて水素化したパーヒドロフェナントレンは，ステロイド類（19.6.3参照）の母核に見られるので，Linsteadら（1942）と Johnson ら（1951）によって詳しく研究された。もっとも安定な立体異性体は，3 個のシクロヘキサン環がすべていす型で，真中の環から出る結合がすべてエクアトリアル結合である *trans*-anti-*trans* 型である（図 18.8）。もっとも不安定な立体異性体は，真中の環が舟型とならざるを得ない *trans*-syn-*trans* 型であり，この型の母核を持つ天然有機化合物が知られている。

18.1.6　架橋環炭化水素の立体化学

　2個の炭素原子からなる一辺を共有するのではなくて，3個以上の炭素原子を 2 個の環が共有していて，ちょうど橋がかかったようになっている炭化水素を**架橋環**（bridged ring）**炭化水素**とよぶ。テルペン類[19.3.1 2)参照]によく見られる二環性架橋環化合物を図 18.9 に示す。ビシクロ［3.2.1］オクタンなどと命名するが，ビシクロは二環性であること，［3.2.1］は橋かけ部分の炭素数が 3 と 2 と 1 であること，オクタンは炭素数 8 の炭化水素であることを示す。環の炭素の番号付けは，まず **橋頭位**（bridgehead；橋の枝分かれ

perhydrophenanthrenes

trans-anti-*trans* isomer
stable

trans-syn-*trans* isomer
unstable

図 18.8　パーヒドロフェナントレンの安定異性体と不安定異性体

の点）を 1 として，員数の多い橋の炭素から順に番号をつけて，環を一周するように番号を付ける。ビシクロ[3.2.1]ヘプタンでは，C-2, C-3, C-5, C-6 の C-H 結合には外側を向いている *exo*- と内側を向いている *endo*- との区別がある。

アダマンタンは，1933 年に Landa によって石油高沸点部から m.p. 268℃の結晶として得られた炭化水素である。分子の対称性がよいため融点が高いことに注意せよ。縮合環・架橋環化合物の立体式を正しく書くためには，分子模型を作ってそれを正しく写す練習をするのがよい。

18.2　脂環式化合物における立体配置と物性との関係

18.2.1　吸着性

シクロヘキサン環上の水酸基は，アキシァルのものの方が，エクアトリアルのものよりも環に近く隠れているため，吸着されにくい。ジベレリン C メチルエステル（図 18.10）の水酸基はアキシァルであるから，そのエピマーであるエピジベレリン C メチルエステルよりも，クロマトグラフィー分離の際に速く溶出されるので両者は分離できる。

18.2.2　酸の解離度

Simon は 1964 年に，多数のシクロヘキサンカルボン酸について，80%メチルセロソルブ（methylcellosolve, MCS; $CH_3OCH_2CH_2OH$）と 20%水中の pKa を測定し pK^*_{MCS} として表示したところ，エクアトリアルのカルボキシル基を有するものよりもアキシァルのものの方が，約 0.5 pK^*_{MCS} だけ酸性が弱い

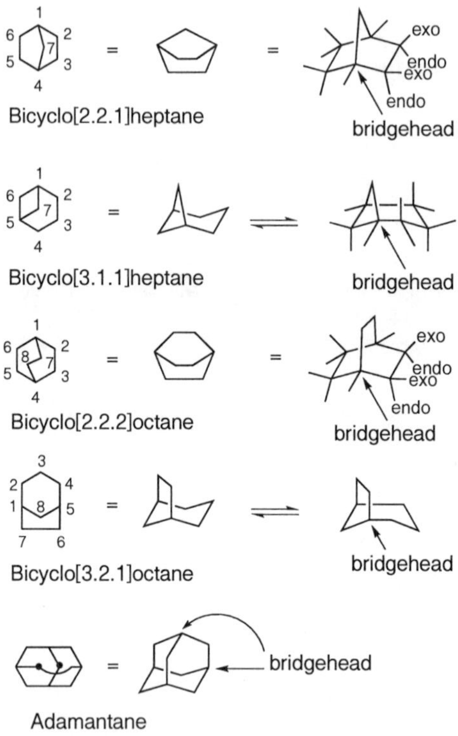

図 18.9 自然界によく存在する架橋炭化水素

ことを見つけた。一例を図 18.10 に示す。これは，アキシァルのカルボキシラート陰イオンの方がアキシァル水素原子による 1,3-ジアキシァル立体障害のために水による溶媒和を受けにくいからである。

18.2.3 核磁気共鳴吸収スペクトル
1) 化学シフト

いろいろな結合は結合に関与している電子に由来する磁気異方性（anisotropy）を有しているから，その近くのプロトンに対して**遠隔遮蔽**（しゃへい）**効果**（long-range shielding effect）を及ぼす。いす型のシクロヘキサンでは，C-1 に付いているエクアトリアルプロトンは 2-3 と 5-6 との 2 個の炭素・炭素結合により低磁場に共鳴吸収位置が移る遮蔽を受け，アキシァルのプロ

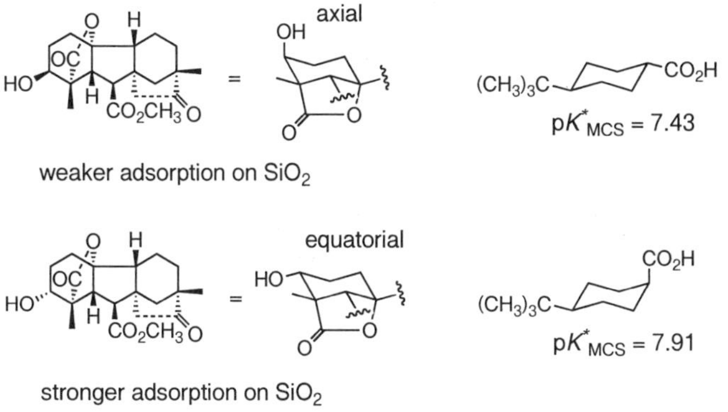

18.2 脂環式化合物における立体配置と物性との関係 (9)

weaker adsorption on SiO₂

pK^*_{MCS} = 7.43

stronger adsorption on SiO₂

pK^*_{MCS} = 7.91

図 18.10 立体配置と物性

トンは，逆に高磁場に移るような遮蔽を受ける。したがって，シクロヘキサン環上の水素原子は，アキシアルかエクアトリアルかで化学シフトの値が異なり，その差 Δ ($\delta e - \delta a$) = 0.1-0.8 ppm（平均 0.4 ppm）である。図 18.11 に実例を示した。

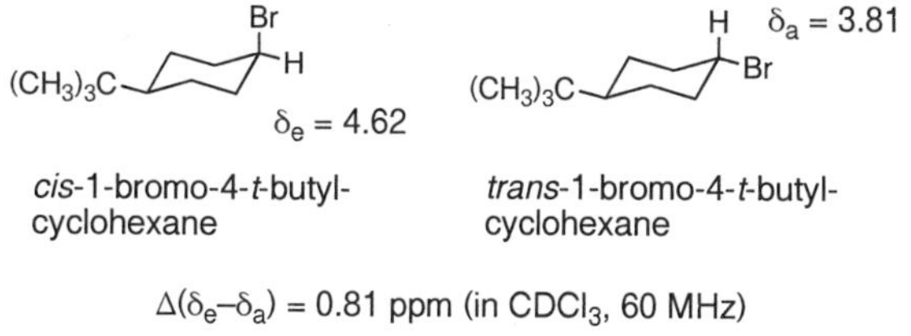

cis-1-bromo-4-t-butyl-cyclohexane
δ_e = 4.62

trans-1-bromo-4-t-butyl-cyclohexane
δ_a = 3.81

$\Delta(\delta_e - \delta_a)$ = 0.81 ppm (in CDCl₃, 60 MHz)

図 18.11 アキシアルとエクアトリアルのプロトンの化学シフト差

2) 結合定数

エタンの立体配座を勉強した 4.3.1 で，結合の**二面角**（dihedral angle; ϕ で表す）について学んだ。置換エタン H_1-C_2-C_3-H_4 の隣接した 2 個のプロトン間の ¹H NMR 結合定数 J（3.4.2 参照）の値は，ϕ の大きさによって変化する。したがって，J の値を測定して，ϕ の値を計算することができる。

Karplus は，1959 年に J と ϕ との関係を研究し，次の **Karplus の式**を提案した。

18. 有機立体化学(その3)立体配座解析と絶対立体配置の決定

$$J = \begin{cases} 8.5\cos^2\phi - 0.28 & 0° \leq \phi \leq 90° \\ 9.5\cos^2\phi - 0.28 & 90° \leq \phi \leq 180° \end{cases}$$

この式によって六員環の隣接プロトン同士の結合定数 J を計算すると，図18.12 のようになる。^{1}H NMR 測定データからの実測値をも示した。

	Calculated (Karplus equation)		Observed
$\phi_{aa'} = 180°$	$J_{aa'}$	9 Hz	8-14 Hz
$\phi_{ae'} = 60°$	$J_{ae'}$	1.8	1-7
$\phi_{ee'} = 60°$	$J_{ee'}$	1.8	1-7

図18.12　シクロヘキサン環上の隣接プロトンの結合定数

図 18.12 でわかるように，隣接アキシァルプロトン同士の結合定数 J は，他の場合より大である。

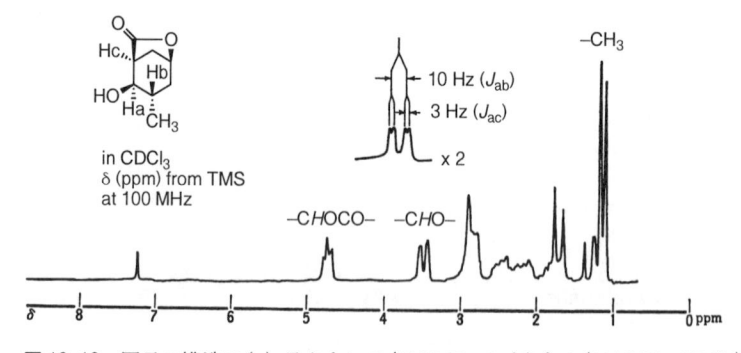

図18.13　図示の構造の(±)-ラクトンの ^{1}H NMR スペクトル(100 MHz, CDCl$_3$)

Karplus の式を利用して，図 18.13 のような ^{1}H NMR スペクトルを示す (±)-ラクトンの立体配置を決定した例を述べる。^{1}H NMR 図で，$\delta = 3.5$ 付近に $J = 10, 3$ Hz の dd (double doublet, 2 重の 2 重線；3.4.3 参照) が観察される。このシグナルは，化学シフトの大きさと分裂の形とから，CHOH のプロトンに帰属される。(±)- ラクトンには，図 18.14 に示す 1-4 の 4 種の立体異性体が可能である (一方の鏡像体のみを示した)。つまり，水酸基とメチル基とがそれぞれアキシァルかエクアトリアルかで 4 種ある。これらの異性体において，J_{HaHb} が何 Hz になるかを Newman 投影式を書いて ϕ 値を求めて計算

すると，図示のようになる．実測値の $J = 10$ Hz に近いのは，**1** の場合だけである．実測のもう一つの J 値 3 Hz が J_{HaHc} によるものであることは，図 18.14 の下部に記した Newman 投影式からわかる．以上は，1960 年に私が実際に研究した例である．^{1}H NMR スペクトルの解析は，有機化合物の立体配座解析できわめて重要な技法である．

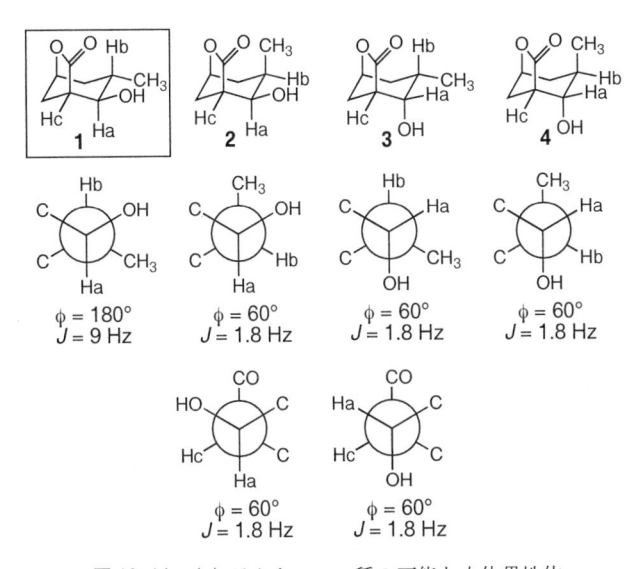

図 18.14 (±)-ラクトンの 4 種の可能な立体異性体

18.3　脂環式化合物における立体配置と反応性との関係

1940 年代終りから 1950 年代初めにかけて Barton（1969 年ノーベル賞）によって研究された立体配座解析の，最も実り豊かな応用は，ステロイドなどの脂環式化合物における立体配置と反応性との関係を，予測可能なものとしたことである．脂環式化合物の立体配置が反応に与える影響を考える際は，反応中心が 1 個で**立体効果**（steric effect）のみが問題になる場合と，反応中心が 2 個またはそれ以上で**立体電子効果**（stereoelectronic effect）が重要な場合とに分けて考える必要がある．本節では，まず立体効果を，次に立体電子効果を考える．

18.3.1 水酸基の関与する反応−アセタートのけん化と
アルコールのアセチル化

各種のステロイドアルコールのアセチル体の加水分解速度にはかなりの差があることが，20世紀初頭から知られていた。たとえば図18.15に示す2-コレスタノールと3-コレスタノールそれぞれの2種の立体異性体 **A - D** において，そのアセタート（立体式で示した）である **A' - D'** が同一塩基性条件下で加水分解される割合は，11%，34%，87%，92%で **D'** が一番加水分解され易いことが知られている。

2α-コレステリルアセタート（**A'**）のC-2位のアキシァルアセトキシ基は，4位のアキシァル水素と10位のアキシァルメチル基によって，1,3-ジアキシァル効果による立体障害を受けている。また両隣りのC-1位と C-3位にあるエクアトリアル水素による小さな立体障害も存在する。これらの立体障害をそれぞれ（1:3-CH_3），（1:3-H），（1:2-H）と表記すれば，**A'** には1個の（1:3-CH_3），1個の（1:3-H）と2個の（1:2-H）が存在する。また **B'** は2個の（1:3-H）と2個の（1:2-H）とを有する。ところが **C'** と **D'** とでは，ともに4個の（1:2-H）を有するのみである。そこで立体障害を受けている順序は，**A'＞B'＞C' = D'** となる。実際，立体障害が大であるほど，実測された加水分解速度が小である。

一般にシクロヘキサン環についたエクアトリアルのアセトキシ基は，アキシァルのものよりずっと速くケン化される。たとえば図18.16の **A** は，**B** より 6.7 倍ほど速くケン化される。

水酸基をエステル化する際には，エクアトリアルの水酸基の方が，はるかに速くエステル化される。たとえば図18.16の **C** のアキシァル水酸基をピリジン中で塩化 p-トルエンスルホニルでエステル化しようとすると，反応完結までに室温で14日かかるが，エクアトリアルの水酸基を有するエピマー **D** では，同じ反応が室温で40時間で完結する。

18.3.2 カルボキシル基の関与する反応−エステルのけん化と
カルボン酸のエステル化

シクロヘキサンカルボン酸エステルでは，エステル基がアキシァルのものの方が，エクアトリアルのものよりはるかにけん化されにくい。またカルボキシル基がアキシァルである酸は，エクアトリアルのものよりもはるかにエ

18.3 脂環式化合物における立体配置と反応性との関係 (13)

2β-cholestanol (**A**)　　　3α-cholestanol (**B**)

A'　　　**B'**

2α-cholestanol (**C**)　　　3β-cholestanol (**D**)

C'　　　**D'**

Ac = CH$_3$CO

図 18.15　C-2 または C-3 位に水酸基を有するステロイド

A　　　**B**

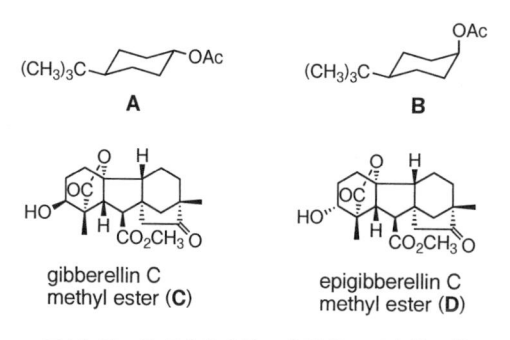

gibberellin C methyl ester (**C**)　　　epigibberellin C methyl ester (**D**)

図 18.16　脂環式化合物の水酸基の反応性の差

ステル化されにくい。アキシァル体では，1,3-ジアキシァル相互作用による

18. 有機立体化学(その3)立体配座解析と絶対立体配置の決定

立体障害があるからである。図 18.17 にいくつかの例をあげる。

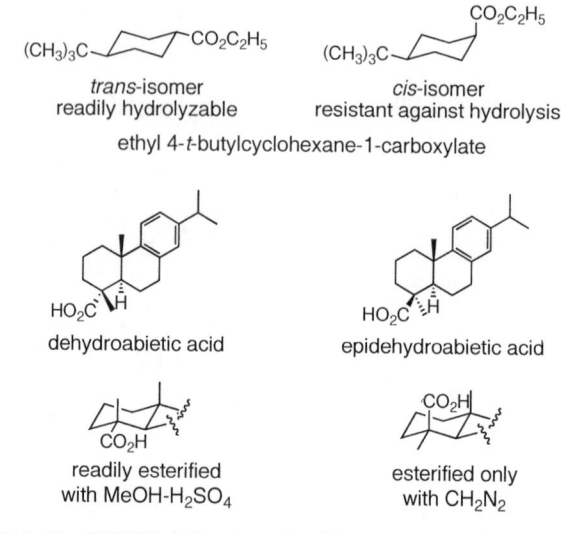

(CH₃)₃C—⟨⟩—CO₂C₂H₅
trans-isomer
readily hydrolyzable

(CH₃)₃C—⟨⟩—CO₂C₂H₅
cis-isomer
resistant against hydrolysis

ethyl 4-*t*-butylcyclohexane-1-carboxylate

dehydroabietic acid epidehydroabietic acid

readily esterified
with MeOH-H₂SO₄

esterified only
with CH₂N₂

図 18.17　脂環式化合物のカルボン酸とそのエステルの反応性の差

4-*t*-ブチルシクロヘキサンカルボン酸エチルの *trans*-体は，*cis*-体よりも約20倍速くけん化される。またデヒドロアビエチン酸はメタノールと硫酸（Fischer-Speierの条件）でエステル化されるが，そのエピ体は，カルボキシル基がアキシァルなのでエステル化されない。ジアゾメタン処理でようやく 4-エピ体のメチルエステルが得られる。

18.3.3　水酸基の関与する反応—クロム酸酸化

第二アルコールのクロム酸・硫酸水溶液（Jones 試薬，12.8.6 参照）による酸化は，図 18.18 に示したような中間にクロム酸エステルが生成する反応機構で進行する。アキシァルに配向したクロム酸エステルはエクアトリアルのものに比べて，1,3-ジアキシァル相互作用による反撥力を大きく受けるから，クロム酸が押し出される形となり，反応が促進されて，速くケトンになる。

図 18.18 に示すように各種のシクロヘキサノールでクロム酸酸化の際の反応速度が調べられており，アキシァル異性体はエクアトリアル異性体より

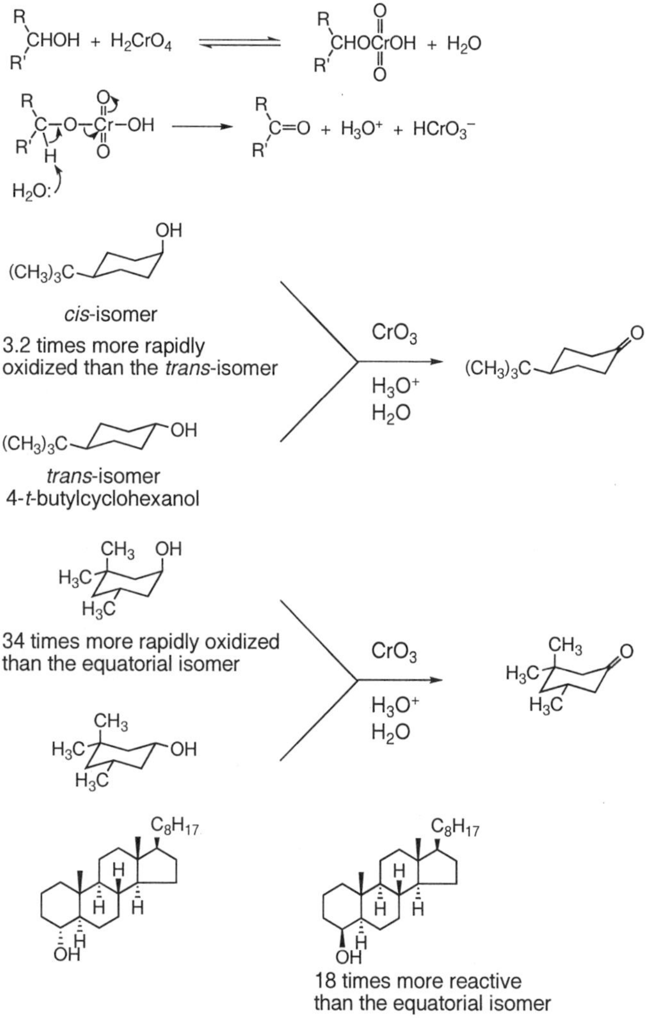

図 18.18 クロム酸酸化に対する各種シクロヘキサノールの立体異性体の反応性の差

3.2-3.4 倍も速く酸化されてケトンとなる。

18.3.4 E2 脱離反応

E2 脱離反応がアンチ脱離で起ることは，7.6.1 3) で学び，その際に塩化

18. 有機立体化学(その3)立体配座解析と絶対立体配置の決定

ネオメンチルと塩化メンチルの脱塩化水素反応についても言及した。ここでは図 18.19 に示すステロイドの二臭化物について考えよう。

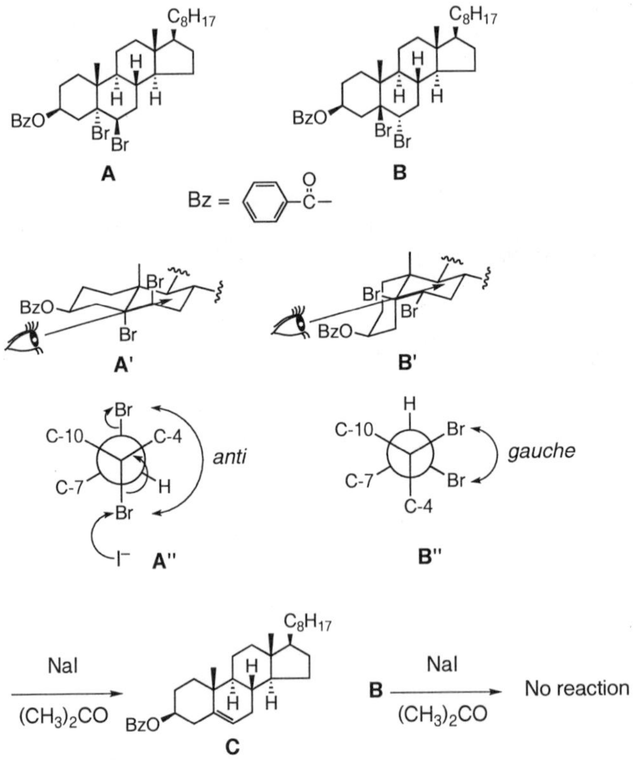

図 18.19 コレステリルベンゾアートの2種のジブロモ体の E2 脱離反応における挙動

ジブロモ体 **A** では2個の臭素原子は，立体式 **A'** と Newman 投影式 **A"** とからわかるようにアンチの関係にあるので，ヨウ素アニオンで処理するとアルケン **C** (コレステリルベンゾアート) となる。ところがその立体異性体 **B** では，**B"** からわかるように2個の臭素原子はゴーシュの関係にあり，ヨウ化ナトリウムで処理しても反応しない。上記の反応性を学ぶためには，立体式を自分で書き，さらに Newman 投影式を書いて考えないと理解できない。

18.3.5 炭素骨格の転位反応

E2脱離反応に際して，脱離する基に対し同一平面上でアンチ（*anti*-periplanar とよぶ）のところにあるのが，骨格を作っている炭素原子であれば，骨格の転位が起こる。

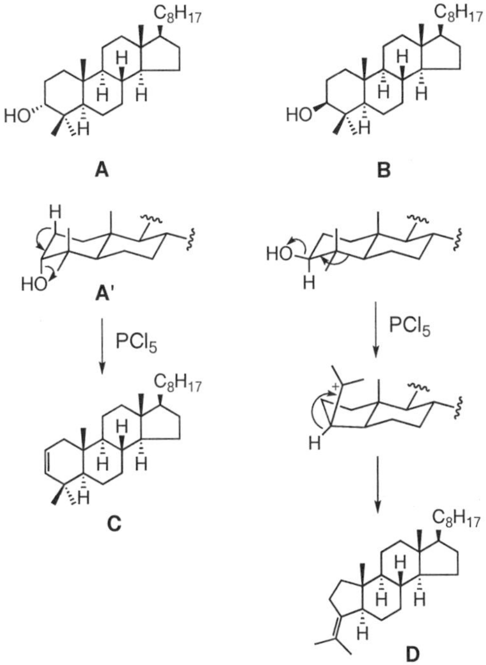

図18.20　トリテルペン類で観察される脱離反応と骨格転位反応

図18.20の **A** では，C-3の水酸基がアキシャルなので，**A** を五塩化リンで脱水すると正常な脱水生成物 **C** が得られる。ところが **B** では3位の水酸基がエクアトリアルであり，その C-O 結合とアンチの関係にある結合は C-4 と C-5 の間の炭素・炭素結合であるので，水酸基の反対側から C-5 が攻撃して，転位生成物 **D** を与える。一見不可解な骨格転位反応は，Barton による立体座の概念の導入で理解可能となった。

18.3.6 架橋環化合物の橋頭位の反応性

架橋環化合物の反応性が，縮合環化合物の反応性と異なることをはっきりさせたのは，Bredt である。彼は 1924 年に，図 18.21 に示すブロモカンファー(**A**)が，塩基の存在下で脱臭化水素されないことを見出した。

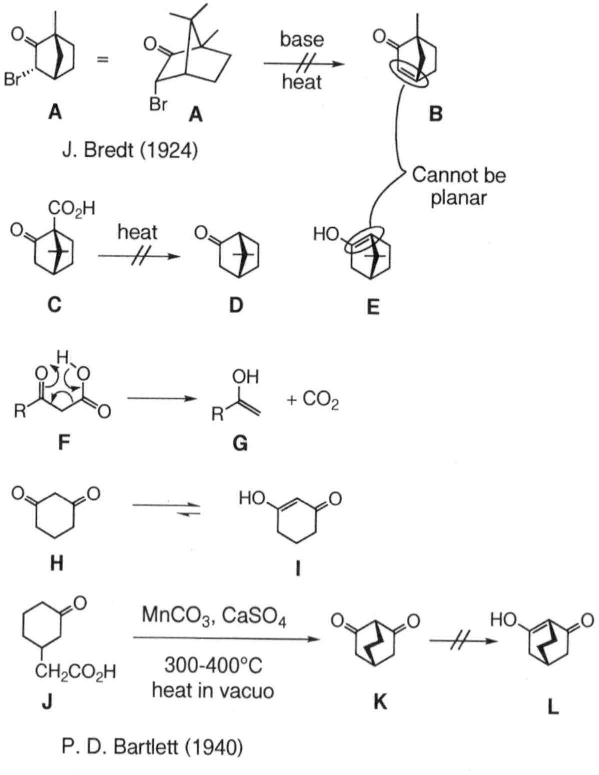

図 18.21　Bredt の規則を支持する諸事実

また，**C** のような橋頭位にカルボキシル基を有する β-ケト酸は，加熱しても脱炭酸を起こしにくく，**D** にならないことを見出した。β-ケト酸の脱炭酸では，**F**→**G** に示すように脱炭酸でエノールが一旦生成してからケトンとなる。ところが架橋環化合物では，**B** や **E** のように橋頭位に二重結合がある化合物では sp^2 結合の平面性を保てないから，**B** や **E** は生成しない。

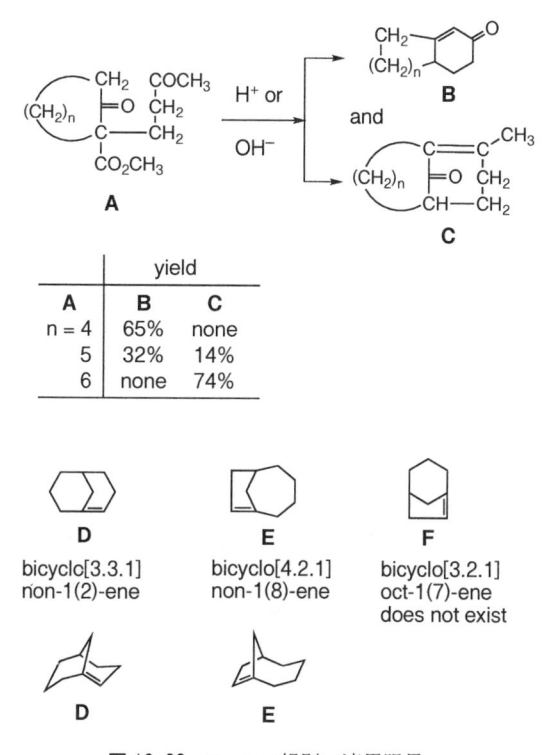

18.3 脂環式化合物における立体配置と反応性との関係

	yield	
A	B	C
n = 4	65%	none
5	32%	14%
6	none	74%

D bicyclo[3.3.1]non-1(2)-ene

E bicyclo[4.2.1]non-1(8)-ene

F bicyclo[3.2.1]oct-1(7)-ene does not exist

図 18.22 Bredt の規則の適用限界

さらに 1940 年に P. D. Bartlett が **J** の環化で合成したジケトン **K** が全くエノール化せず，酸性を示さないことを発見した。なお **H** はエノール化して **I** となるため強い酸性を示す。以上のことをまとめたのが **Bredt の規則** であり，次のように表現される。「橋頭位に二重結合を有する小員数の架橋環化合物は存在しない。」

Bredt 則の適用限界については，まず Prelog（1975 年ノーベル賞）が 1948 年に研究し，架橋環部分が 8 員環以上の大きさであると適用されないことを知った。すなわち 図 18.22 の **A** の環化反応で **C** が生成するのである。

現在では，図 18.22 の **D** と **E** も，不安定ではあるが存在可能なことがわかっている。しかし **F** は存在し得ない。

18. 有機立体化学(その3)立体配座解析と絶対立体配置の決定

Bredtの規則でわかるように，橋頭位の炭素はsp^2型の平面構造をとれないし，背後からの攻撃は環内炭素が立体的に邪魔するので不可能だから，橋頭位炭素でのS_N2置換反応は起こらない。しかし図18.23に示すS_N1型置換反応やHunsdiecker反応［カルボン酸銀塩の，一炭素少ない臭化物への変換反応。14.8.4 1) 参照］のようなラジカル反応は進行する。

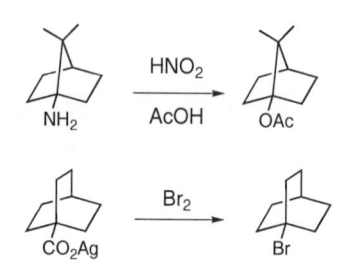

図18.23 橋頭位の反応

18.3.7 二重結合へのハロゲン付加

シクロヘキセンの炭素・炭素二重結合へのハロゲンや次亜ハロゲン酸の付加反応は，*trans*-ジアキシァルの生成物を与える。これは，付加反応とE2脱離反応とが，同じ*anti*-ペリプラナーの遷移状態を経ると考えればよくわかる。図18.24の**A→B**はその例である。ステロイドのA環2, 3位の二重結合への臭素の付加反応**C→D**では，核間メチル基（angular methyl）の及ぼす立体障害の小さい下側（α側）からBr^+が二重結合を攻撃し，ついでBr^-が上のβ側から攻撃（**E**）して，**D**を与える。

18.3.8 二重結合のエポキシ化とエポキシドの開裂

2-コレステン（図18.25の**A**）を*m*-クロロ過安息香酸（MCPBA）でエポキシ化すると，2α-エポキシド**B**が生成する。核間メチル基による立体障害がない下側から酸化剤が攻撃したためである。

エポキシド**B**のエポキシ環の開裂は，*trans*-ジアキシァルの生成物を与える方向に進み，*trans*-2β, 3α-型の**C, D, E**が生成する。

18.3.9 2-コレステンよりコレスタン-*cis*-2, 3-ジオールの調製

2-コレステン（**A**）を酸化してコレスタン-2α, 3α-ジオール（**C**）を得るためには，四酸化オスミウムを酸化剤に用いればよい。酸化剤は，立体障害の

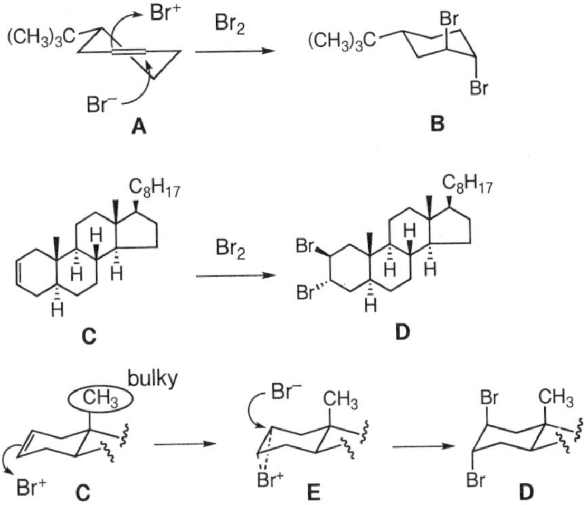

18.3 脂環式化合物における立体配置と反応性との関係

図 18.24 シクロヘキセン環への臭素の付加反応

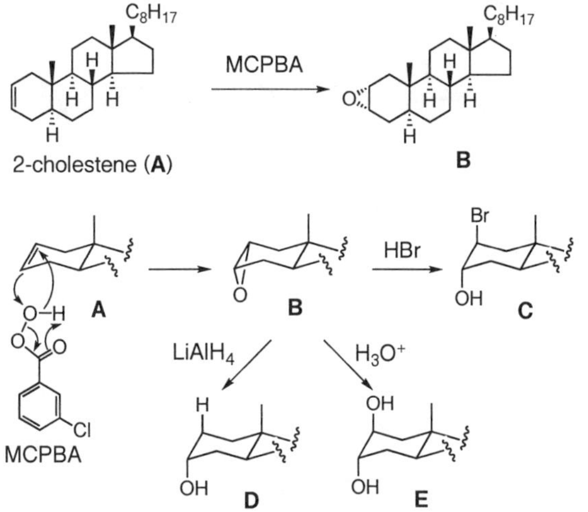

図 18.25 2-コレステンのエポキシ化と生成したエポキシドの開裂

小さい α 側から近づき，中間のオスミン酸エステル **B** を経由した後，**B** の加水分解により **C** を与える。

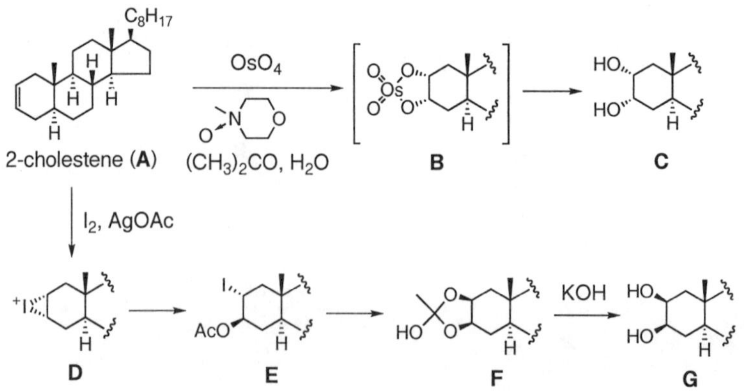

18. 有機立体化学(その3)立体配座解析と絶対立体配置の決定

図18.26 コレスタン-*cis*-2,3-ジオールの生成

Cとは逆の立体配置の2β,3β-ジオールを得るためには，Woodward-Prévost酸化とよばれる反応を用いる．すなわち，Aにヨウ素と酢酸銀を反応させるとまずイオドニウムイオンDが分子のα-側に生成する．Dの2位と3位の両方で順次S_N2型反転を起こさせ（D→EとE→F），コレスタン-2β,3β-ジオール（G）に導くのである．

脂環式化合物の反応性を理解するためには，立体化学（立体配置と立体配座）をよく理解しなければならない．

18.4 絶対立体配置の決定法

天然型（+)-酒石酸の絶対立体配置が，X線結晶解析の手法を用いて1951年にオランダのBijvoetによって決定されたことは，5.3.5で述べた．また（+)-酒石酸あるいは天然型（+)-糖酸（5.3.4参照）と，化学反応を用いて関連づけることで，多くの光学活性物質の絶対立体配置が決定された．Fischerによる糖類の立体配置決定［22.2.3 2）参照］以来一世紀たち，またBijvoetの研究以来50年以上たったが，その間の有機化学研究は，膨大な数の光学活性有機化合物の立体配置の関連づけのネットワークを形成するに到っている．本節では，光学活性有機化合物の絶対立体配置決定のための具体的方法を概観する．

18.4.1 比旋光度の符号の比較

ある物質またはその溶液が偏光面を右に回転させる時，その物質は**右旋性** (dextrorotatory) である［または＋（プラス）の旋光性を示す］と言い，(+)- という符号を物質名の前に付ける。逆に偏光面を左に回転させる時は，**左旋性** (levorotatory) である［または－（マイナス）の旋光性を示す］と言い，(-)- という符号を物質名の前に付ける。このことは 5.2.3 で学んだ。5.2.3 では比旋光度は $[\alpha]_\lambda^t = \alpha / [l(\text{dm}) \times c(\text{g/ml})]$ であることも学んだ。また鏡像体同士は比旋光度の絶対値の大きさは同じだが符号が逆であることも，5.2.4 と 17.1 とで述べた。

したがって，立体化学を含めた構造が既知で，旋光性の符号と絶対立体配置との関係が明らかになっている化合物では，試料の比旋光度を測定し，その符号を文献記載のデータと比較することで，試料化合物の絶対立体配置が明らかになる。

(R)-ar-himachalene
$[\alpha]_D^{23} = -2.4$ (CHCl$_3$)
$[\alpha]_D^{23} = +3.5$ (hexane)

(S)-ar-himachalene
$[\alpha]_D^{27} = +5.9$ (CHCl$_3$)

(2R,9S)-periplanone-A
$[\alpha]_D^{24} = -574$ (hexane)

(7R,8S)-disparlure
$[\alpha]_D^{20} = +0.6$ (CCl$_4$)

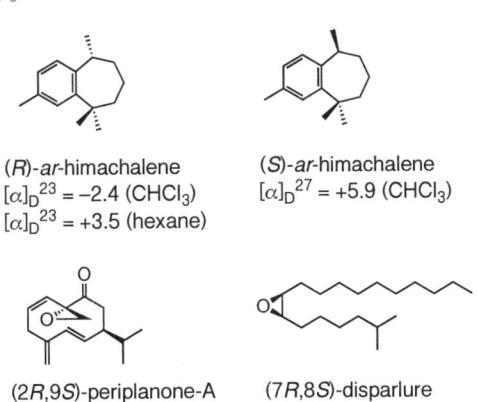

図 18.27 フェロモン類の比旋光度

図 18.27 に示す (R)-ar-ヒマチャレンは，flea beetle という害虫のフェロモンである。私が合成したこのものはクロロホルム溶液で左旋性を示した。(S)-体はクロロホルム溶液で右旋性と報告されていたから，フェロモン活性を示す合成品が R の絶対立体配置を有していることが確認された。天然フェロモンを単離した人たちは，その旋光性をうっかりしてヘキサン溶液で測定し，

右旋性であったので天然物は (S)-体であると報告していた。ある化合物の比旋光度の符号を比べる時は，絶対に同一溶媒を用いて測定しなくてはいけない。旋光性の符号は，用いる溶媒によって異なることがある (5.2.3 参照)。

比旋光度の大きさは，化合物によって異なる。ワモンゴキブリの性フェロモンであるペリプラノン-A は，$[\alpha]_D^{24}$ = -574（ヘキサン）という大きな比旋光度を示すが，マイマイガの性フェロモンであるディスパーリュアは，$[\alpha]_D^{20}$ = +0.6（四塩化炭素）に過ぎない。後者のように比旋光度の絶対値が小さい場合には，比旋光度の大きな左旋性化合物が，試料中に微量でも含まれていると，試料はマイナスの旋光性を示してしまい，絶対立体配置を間違える。したがって，比旋光度の符号の比較による絶対立体配置の決定は，比旋光度の絶対値が大きいことがすでに文献上わかっている化合物の場合に限り可能である。しかも文献記載と同一の溶媒中で測定して比較しなくてはいけない。

18.4.2 旋光分散と円二色性スペクトル

面偏光の波長により旋光度の符号や大きさが変化することは，すでに 1817 年に Biot によって発見されていた。しかし Bunsen によるブンゼン燈の発明で，1866 年頃からナトリウムの炎色反応で生ずる黄色光（波長 589 nm）が比旋光度測定に用いられるようになり，波長を変化させて比旋光度の変化を調べることは，一般の化学者はやらなくなった。だが物理化学者による研究は続き，1895 年には Cotton によって，後述する Cotton 効果という現象が発見されている。1960 年代から電子工学の進歩の結果，旋光性に関する各種の自動測定機器が登場・市販され，旋光分散と円二色性は，有機化合物の絶対立体配置や生体高分子の立体構造についての情報を得る重要な研究手段の一つとなった。

1) 旋光分散の定義

光の波長に対する旋光度の変化を示す曲線を**旋光分散曲線**または **ORD** (optical rotatory dispersion) **スペクトル**という。この際，旋光度は**モル旋光度** (molar rotation) $[\phi]$ (= $[\alpha]$・M/100；M は被測定光学活性物質の分子量) の値で表示する。

18.4 絶対立体配置の決定法 (25)

2) 円二色性の定義

光学活性物質やその溶液中を右回りの円偏光と左回りの円偏光とから合成されている面偏光が通過する際は，右円偏光と左円偏光との屈折率が異なる。すなわち両方の光の速度が異なり，その結果旋光性が観察される。また右円偏光と左円偏光とは，その波長に吸収を有する光学活性物質による吸収のされ方が異なる。その結果，通過する光は楕円偏光となる。この現象を**円二色性**または **CD**（circular dichroism）と言う。

3) 単純曲線と Cotton 効果

波長による旋光度変化と円二色性とが組み合わさって現れる現象が **Cotton 効果**（Cotton effect）である。

図 18.28 (a) には，250 - 650 nm の範囲に光を吸収する官能基がない光学活性物質のORDスペクトルを示した。このように極大値や極小値がないORD曲線を**単純曲線**（plain curve）とよぶ。短波長になると次第に［φ］値が大きな正の値をとるのを正の単純曲線，負の値となるものを負の単純曲線と言う。

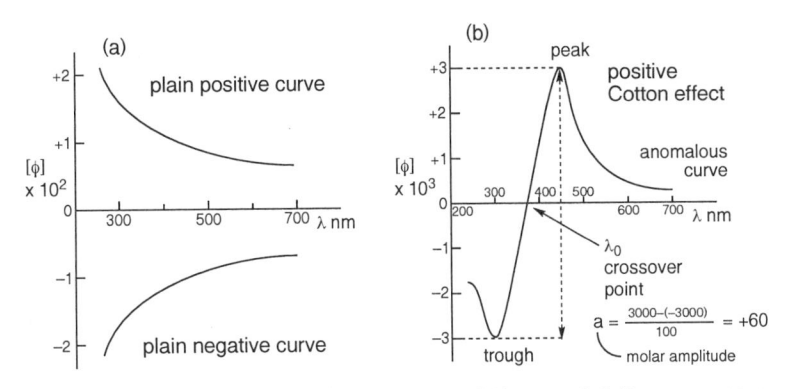

図 18.28 ORD スペクトルの概念図 (a) 単純曲線 (b) 異常曲線と Cotton 効果

370 nm に光を吸収する官能基がある光学活性化合物では，図 18.28 (b) に示すように極大値と極小値のある ORD 曲線が観測される。図示の例では短波長側に負の**谷**（trough）があり，長波長側に正の**山**（peak）がある**正のCotton 効果**（positive Cotton effect）が観察される。逆に短波長側に山，長波長側に谷がある**負の Cotton 効果**曲線（negative Cotton effect curve）を示す化

合物もある。このように極大・極小のある ORD 曲線を**異常曲線**（anomalous curve）と言う。Cotton 効果の符号と大きさを表示するには，**モル振幅**（molar amplitude）a = （［φ］$_1$ - ［φ］$_2$）/ 100（［φ］$_1$ = 短波長での［φ］，［φ］$_2$ = 長波長での［φ］）を用いる。光学活性 α, β -不飽和ケトンなどでは，2 個あるいはそれ以上の山と谷とのある**多重 Cotton 効果**（multiple Cotton effect）を示すスペクトルが観察される。

4) ORD スペクトルと CD スペクトルとの比較

官能基による UV スペクトルの吸収位置の所で観察される Cotton 効果を，ORD スペクトルと CD スペクトルとの両方の場合について図 18.29 に示す。

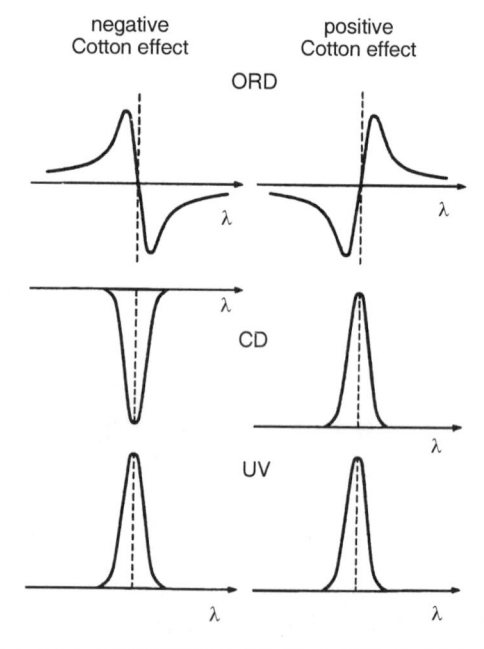

図 18.29　UV スペクトル吸収位置に対する CD と ORD スペクトルの Cotton 効果

図示のように CD スペクトルの方が単純な形なので，ORD の単純曲線を議論する時は別として，Cotton 効果を議論する際は，CD スペクトルを用いる。

CD スペクトルでは，縦軸に左回りの円偏光と右回りの円偏光とのモル吸光係数の差　$\Delta\varepsilon = \varepsilon_l - \varepsilon_r$ をとり，横軸に波長をとって表示する。

5) **Cotton 効果を示す構造**

　Cotton 効果を示すためには，光を吸収する官能基が必要であるが，吸収が強すぎると透過光が弱くなって測定不能となる。カルボニル基 C = O は，λ_{max} 290 ± 20 nm に ε = 20 -100 の弱い n→π* 吸収（1個の電子が酸素原子の非結合 $2p_y$ 軌道からカルボニル基の反結合 π* 軌道に移る遷移）を有していて，光学活性分子の示す Cotton 効果の原因となる。カルボニル基は光学活性な天然有機化合物にしばしば存在するし，第二水酸基の酸化や二重結合の切断で容易に生成するので便利である。カルボニル基自身は不斉ではないが，周囲の不斉炭素原子の影響で Cotton 効果を示すようになる。つまり Cotton 効果を測定することによって，周囲の不斉な状況についての知見が得られる。

6) **Cotton 効果を利用した絶対立体配置の推定 (その 1)。モデル化合物との比較**

　図 18.30 に flea beetle という害虫のフェロモン (+)-**A** とその非天然型鏡像体 (-)-**A** との CD スペクトルを示す。これらを絶対立体配置既知の 4-コレステン-3-オンの示す負の多重 Cotton 効果曲線と比べると，(-)-**A** の CD スペクトルがそれに似ている。よって (-)-**A** の絶対立体配置は，図示のようである。鏡像体同士は，形と Δε とは同じで符号が正負逆な Cotton 効果を示すことが，図 18.30 よりわかる。

7) **Cotton 効果を利用した絶対立体配置の推定 (その 2)。オクタント則の利用**

　290 ± 20 nm に n → π* 吸収を有するカルボニル基の近くの分子不斉が Cotton 効果を生じさせるが，ステロイド系経口避妊薬の発明で著名な Djerassi らは，1950 年代に多数の主としてステロイド系のケトンの ORD スペクトルを測定した。その結果，ケトンの置換基の位置やかさだかさと Cotton 効果の正負の符号との間に，**オクタント則** (octant rule) とよばれる経験則が成立することを 1961 年に報告した。(*R*)-3-メチルシクロヘキサノンを例として，図 18.31 でオクタント則を説明する。

　(*R*)-3-メチルシクロヘキサノンの安定ないす型構造を，カルボニル酸素を眼に近い手前にして図 18.31 (a) のように置いてみる。そうすると空間は，π* 軌道の対称面である XY 面，節平面である YZ 面，$2p_y$ 軌道の対称面で

18. 有機立体化学 (その 3) 立体配座解析と絶対立体配置の決定

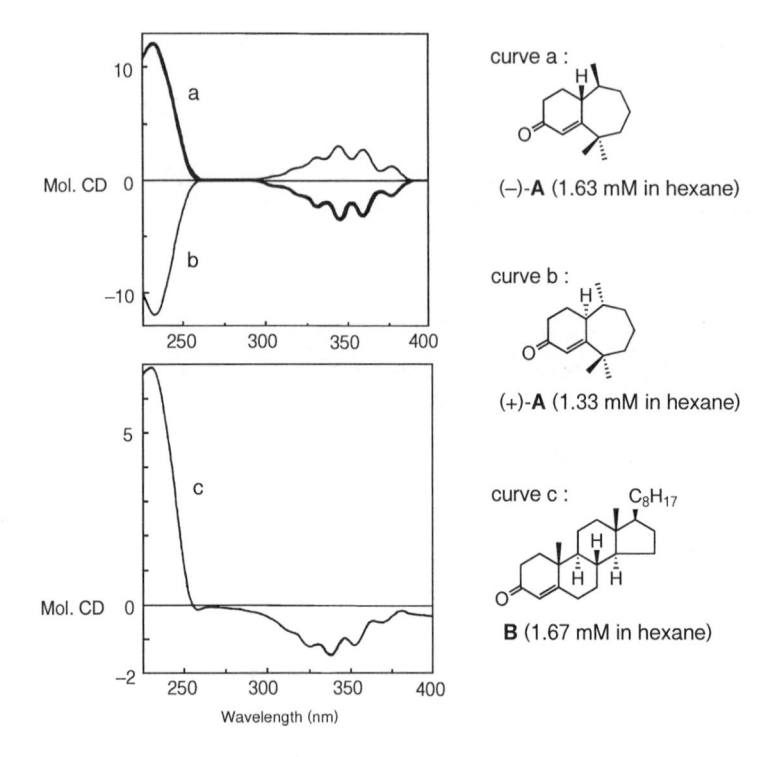

curve a : (−)-**A** (1.63 mM in hexane)

curve b : (+)-**A** (1.33 mM in hexane)

curve c : **B** (1.67 mM in hexane)

図 18.30 フェロモン **A** の両鏡像体と 4-コレステン-3-オン (**B**) との CD スペクトル

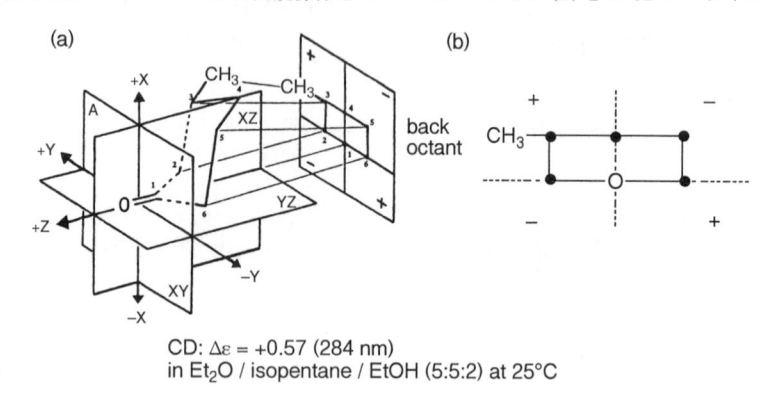

CD: $\Delta\varepsilon = +0.57$ (284 nm)
in Et_2O / isopentane / EtOH (5:5:2) at 25°C

図 18.31 (a) (R)-3-メチルシクロヘキサノンを例としたオクタント則の説明と (b) (R)-3-メチルシクロヘキサノンのオクタント投影図

ある XZ 面の直交する 3 平面で，8 個の空間（オクタント）に仕切られる。眼から遠くにある後半のオクタントには，図の (b) のように (R)-3-メチルシクロヘキサノンが投影される。投影図の左上方の正のオクタントにメチル基のある (R)-3-メチルシクロヘキサノンは，その CD スペクトルで正の Cotton 効果 $\Delta \varepsilon = +0.57$ (284 nm) を示す。(S)-異性体は，負のオクタント空間にメチル基があり，負の Cotton 効果を示す。つまり，オクタント投影図を書いた時，置換基がどこのオクタント空間に存在するかで，Cotton 効果の正負が決まる。したがって，Cotton 効果の正負から置換基の立体化学を知ることができる。試料化合物の CD スペクトルの測定により，(a) 絶対立体配置既知の場合は立体配座を，(b) 立体配座が ^{1}H NMR の解析でわかる時は，絶対立体配置を知ることができる。

8) オクタント則の応用（その 1）

(R)-3-メチルシクロヘキサノンは，室温 25℃で正の Cotton 効果を示すことが知られている。その立体配座がメチル基エクアトリアル型であることは，図 18.32 より明らかである。

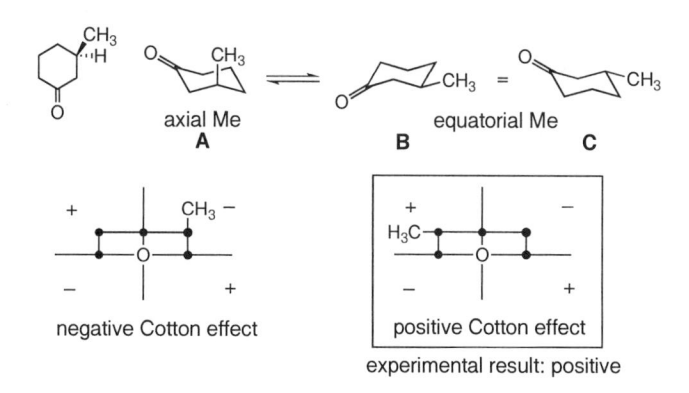

図 18.32　(R)-3-メチルシクロヘキサノンの 2 つの配座異性体のオクタント投影

なお，オクタント投影図を書くときには，図 18.31 と図 18.32 の A と C とに示したような形でシクロヘキサノンのいす型を書くことになっているので注意が必要である。

9) オクタント則の応用（その2）

DNA ポリメラーゼ β の阻害剤として植物から得られた (+)-ミスピリン酸 (**A**) の合成途上で，光学分割により得られた (+)-**B** と (-)-**B** との絶対立体配置を決定するために，両者の CD スペクトルを測定した。図 18.33 に示すように負の Cotton 効果を有する (-)-**B** は，そのオクタント投影図から (2*R*, 4*S*) の絶対立体配置を有することがわかった。天然型 (+)-ミスピリン酸 (**A**) が (-)-**B** から合成されたから，(+)-**A** の絶対立体配置は図示の (2*S*, 4*S*) であると決定された。

CD スペクトルの絶対立体配置決定への利用では，**励起子キラリティー法** (exciton chirality method) があるが，巻末にあげた参考書を見てほしい。

18.4.3 キラルな固定相を用いたクロマトグラフィーによる比較

キラルな固定相を用いるガスクロマトグラフィー（GC）あるいは液体クロマトグラフィー（LC）で光学活性体を分析する方法は，17.3.2 で述べたが，その後の進歩がきわめて大きい。

1) ガスクロマトグラフィーによる比較

キラル固定相として広く用いられているのは，図 18.34 に示すシクロデキストリンを修飾した物質で，König により考案された。これらの分子では真中の穴がキラルであるから，試料の光学活性分子の両鏡像体では穴の内側に出ている官能基との相互作用が異なる。そのため両鏡像体の GC 保持時間に差が生じ，分離可能となる。エナンチオ選択的合成により，可能な立体異性体の合成がすでに完成していれば，GC 分析の保持時間の比較によって，試料中の異性体の絶対立体配置が明らかになる。

図 18.35 に応用例を示す。ヤシの木を食害する甲虫である *Rhynchophorus orientatus* の雄が放出する集合フェロモンは，5-メチル-4-オクタノールと判明したが，その絶対立体配置は不明だった。そこでまずエナンチオ選択的合成により，絶対立体配置が確定している形で 4 種の可能な立体異性体を調製し，それを β-シクロデキストリン由来の Cyclodex-B を固定相としたキャピラリーカラムで GC 分析した。図 18.35 の上部でわかるように，4 異性体すべてを分離可能である。天然物はヤシの害虫のフェロモンだから，その虫の雌の触角を検出器として（フェロモン分子が触角に到達すると，触角の上下

(2S,4S)-(+)-mispyric acid (**A**)

(2R,4S)-(−)-**B**   (2S,4R)-(+)-**B**

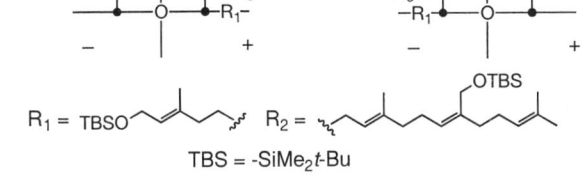

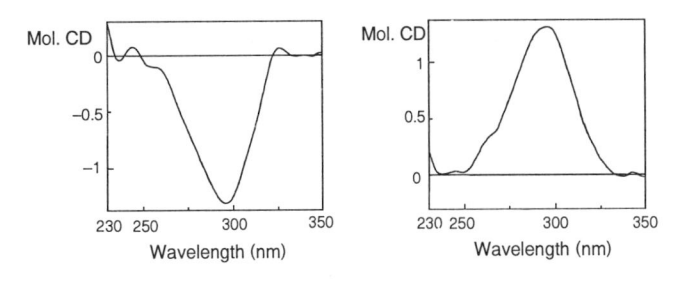

R_1 = TBSO〜 R_2 = 〜〜OTBS〜

TBS = -SiMe$_2$t-Bu

図 18.33　(+)-ミスピリン酸（**A**）の絶対立体配置の決定

で電位差が生ずる) GC 分析を行うと，(4S, 5S)-5-メチル-4-オクタノールだけが検知される．よってフェロモンの絶対立体配置は (4S, 5S) と決定された．

2) 液体クロマトグラフィーによる比較

　液体クロマトグラフィー（HPLC）による両鏡像体の分離に現在もっともよく用いられるキラル固定相は，Chiralcel® とよばれるセルロースのエステ

ルあるいはカルバメート誘導体である（図 18.36）。

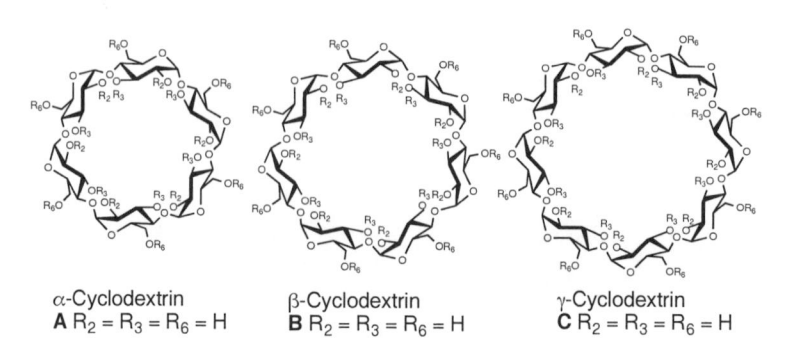

α-Cyclodextrin
A $R_2 = R_3 = R_6 = H$

β-Cyclodextrin
B $R_2 = R_3 = R_6 = H$

γ-Cyclodextrin
C $R_2 = R_3 = R_6 = H$

Structure of hydrophobic α-, β-, and γ-cyclodextrin derivatives

$R_2 = R_3 = R_6$ = pentyl　　　　　　Lipodex® A = per-*O*-pentyl-**A**
$R_2 = R_6$ = pentyl, R_3 = methyl　　Lipodex® B = per-*O*-pentyl-**B**
$R_2 = R_3$ = pentyl, R_6 = methyl　　Lipodex® C = 3-*O*-acetyl-2,6-di-*O*-pentyl-**A**
$R_2 = R_6$ = pentyl, R_3 = acetyl　　Lipodex® D = 3-*O*-acetyl-2,6-di-*O*-pentyl-**B**
$R_2 = R_3$ = pentyl, R_6 = acetyl　　α-DEX® = per-*O*-methyl-**A**
$R_2 = R_6$ = pentyl, R_3 = butanoyl　β-DEX® = per-*O*-methyl-**B** = Chirasil Dex®
$R_2 = R_3$ = pentyl, R_6 = butanoyl　γ-DEX® = per-*O*-methyl-**C**

図 18.34　キラル GC に用いられるシクロデキストリン誘導体

アミロースの誘導体も Chiralpak® AD として市販されている。これらの他に，合成高分子を用いた Chiralpak® OT や，α-アミノ酸と 3,5-ジニトロ安息香酸を用いて調製される Sumichiral® OA も固定相として有用である。これらの固定相を用いると昆虫幼若ホルモン I, II, III（15.2 参照）それぞれの両鏡像体が分離できる。GC 分析の場合と同じく，絶対立体配置の判明した標準品があれば，試料の絶対立体配置が判明する。

18.4.4　X 線 結 晶 解 析

分子内にすでに絶対立体配置が判明している不斉炭素原子を有する化合物が良好な結晶として得られれば，その X 線結晶解析で分子内の他の部分の絶対立体配置を決定できる。3.6 の図 3.24 に示した化合物では，シクロプロパン環部分の絶対立体配置が既知であったので，シクロブタン環を有する部分の絶対立体配置を決定することができた。

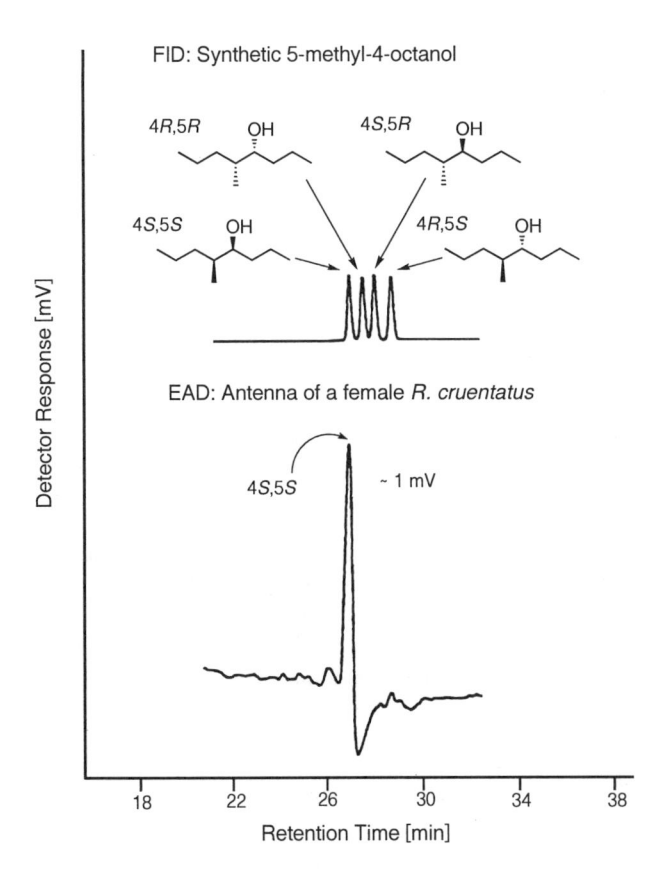

18.4 絶対立体配置の決定法 (33)

図 18.35 ヤシの害虫のフェロモンである 5-メチル-4-オクタノールの天然品の絶対立体配置の GC による決定

図 18.37 に，昆虫フェロモンの一つである (1R,2S)-**A** の X 線結晶解析による C-1 位の絶対立体配置決定を，実例として示した．**A** の C-2 位の絶対立体配置は，(S)-シトロネラールに由来していて，既知であるので X 線解析で C-2 位の配置が決まったのである．

18.4.5 エナンチオ選択的合成

絶対立体配置既知の化合物を出発物として，その不斉を保持しつつ立体経路がはっきりしている反応を用いて目的物を合成すれば，目的物の絶対立体配置の決定が可能である．この方法は現在広く用いられている．17.4.1 に実例をあげて説明したので，ここでは省略する．

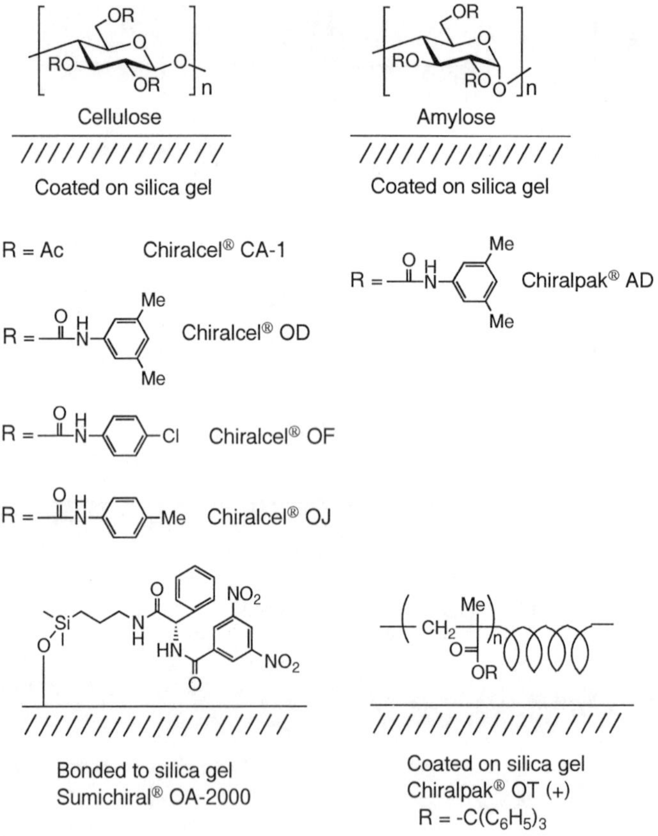

図 18.36 キラル HPLC に用いられるキラルな固定相

18.4 絶対立体配置の決定法 (35)

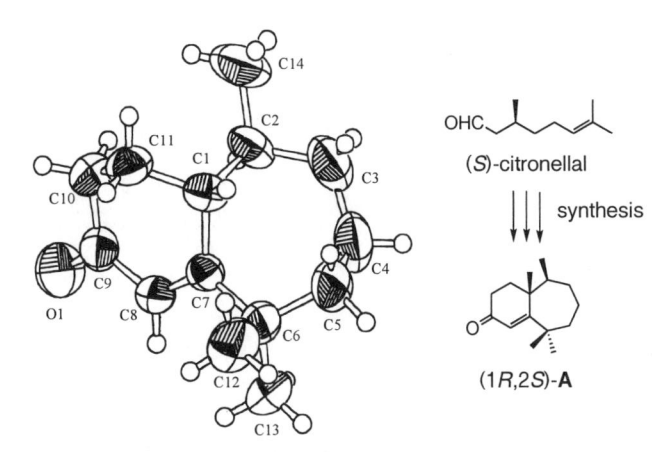

図 18.37 昆虫フェロモンの一種である(1*R*, 2*S*)-**A**.のX線結晶解析による分子構造図。C-2位の絶対立体配置は、合成原料に(*S*)-シトロネラールを用いたことによって*S*と決定されていた。

19. 天然有機化合物（その1）

テルペノイド，ステロイド，カロテノイド

既に2世紀以上広汎に研究されている天然有機化合物を，19・21・22の3章にわたって学ぶ。またビタミン，呈味物質，香気物質，色素など日常生活に密接した物質群については，22・23章で学ぶ。大事なことは，個々の構造式をただ暗記することではなく，構造解明に到る論理の流れを理解することである。しかし，構造に関し無知であるよりは，知っていた方がよいのは言うまでもない。

19.1 天然有機化合物の分類と研究分野

既刊の有機化学I, II のそれぞれの化合物群の章で「自然界における存在」という項目をもうけ，天然有機化合物の構造・生物活性・分光学的性質について若干述べてきた。有機化学III では19, 21, 22の3章にわたって，天然物有機化学を系統的に学ぶ。

天然有機化合物は，**一次代謝産物**（primary metabolites）と**二次代謝産物**（secondary metabolites）とに二大別される。一次代謝産物とは，炭水化物，アミノ酸・タンパク質，脂質，核酸のように生命にとって必須で，多くの生物に共通に，しかも大量に存在する物質群である。これらの物質群は，生命科学系学部の教育では生化学の授業で扱われることが多い。本書では，それらについては第22章で，ビタミンとともに有機化学の立場から扱う。二次代謝産物とは，一次代謝産物からそれぞれの生物種の必要に応じて派生的に作られる化合物群であり，生物の多様性を反映して多様性に富んだいろいろな構造を有している。それらの研究は，20世紀の天然物有機化学の中心であった。本19章でテルペノイド・ステロイド・カロテノイドを扱い，第21章でポリケチド・フェニルプロパノイド・アルカロイドについて述べる。

これらの二次代謝産物の研究は，**単離**（isolation），**構造決定**（structure determination），**合成**（synthesis），**生合成**（biosynthesis；生体内で生成する機構）について行われる。ゲノム科学の発展とともに生合成研究に革命的変化

がみられるなど，今後も研究手段の進化とともに大きな発展が期待される。また天然有機化合物が生物の生理・生態現象で果たす大きな役割は，ホルモン・フェロモンなどの**生物活性物質**（biologically active substances）の研究により明らかとなった。天然有機化合物の生態系での役割を研究する分野は**化学生態学**（chemical ecology）とよばれ，大きく発展しつつある。また，天然有機化合物の各種生物における分布と多様性を調べ，生物の分類に利用する分野に，**化学分類学**（chemotaxonomy）とよばれる。天然有機化合物の化学的研究は，人間の食と健康の問題解決に大きく寄与してきた。

生命科学関連の学部教育では，有機化学と平行して生化学が教育されているから，光合成や解糖系の反応やTCA回路はもう学んでいるだろう。光合成に始まる生体反応系のどのような化合物が，一次代謝産物・二次代謝産物の両者を含む天然有機化合物に変換されるのかを図19.1に簡略化して示した。

19.2 イソプレノイドの概説

19.2.1 イソプレノイドの研究史

イソプレノイド（isoprenoids）とは，イソプレン $CH_2=C(CH_3)CH=CH_2$ の重合体つまり $C_5×n$（n＝整数）から誘導されたと，組成式・構造式から見て考えられる天然有機化合物群の総称で，1887年にドイツのWallach（1910年ノーベル賞）により提案された言葉である。イソプレノイドの中で，炭素数30以下で後述のステロイドとカロテノイドに属さないものを**テルペノイド**（terpenoids）あるいは**テルペン**（terpenes）と総称する。テルペンと言う言葉は1866年にKekuléが創案した。炭素数が少なくて揮発性のテルペンには芳香を有するものが多く，古代から香料として人類に利用されてきた。その間に，抽出，水蒸気蒸留，蒸留のような基本的実験操作が考案された。

テルペンの化学的研究はカンファー（camphor, 樟脳）の分子式 $C_{10}H_{16}O$ が1883年にDumasによって決定されて以来着実に進歩し，カンファーの構造は1893年にBredtにより提案され，1903年のKomppaによる合成完成で確定した。その後，Wieland（1927年ノーベル賞）とWindaus（1928年ノーベル賞），Butenandt（1939年ノーベル賞）らによるステロイドの研究，Karrer（1937年ノーベル賞）とKuhn（1938年ノーベル賞）らによるカロテノイドの研究，

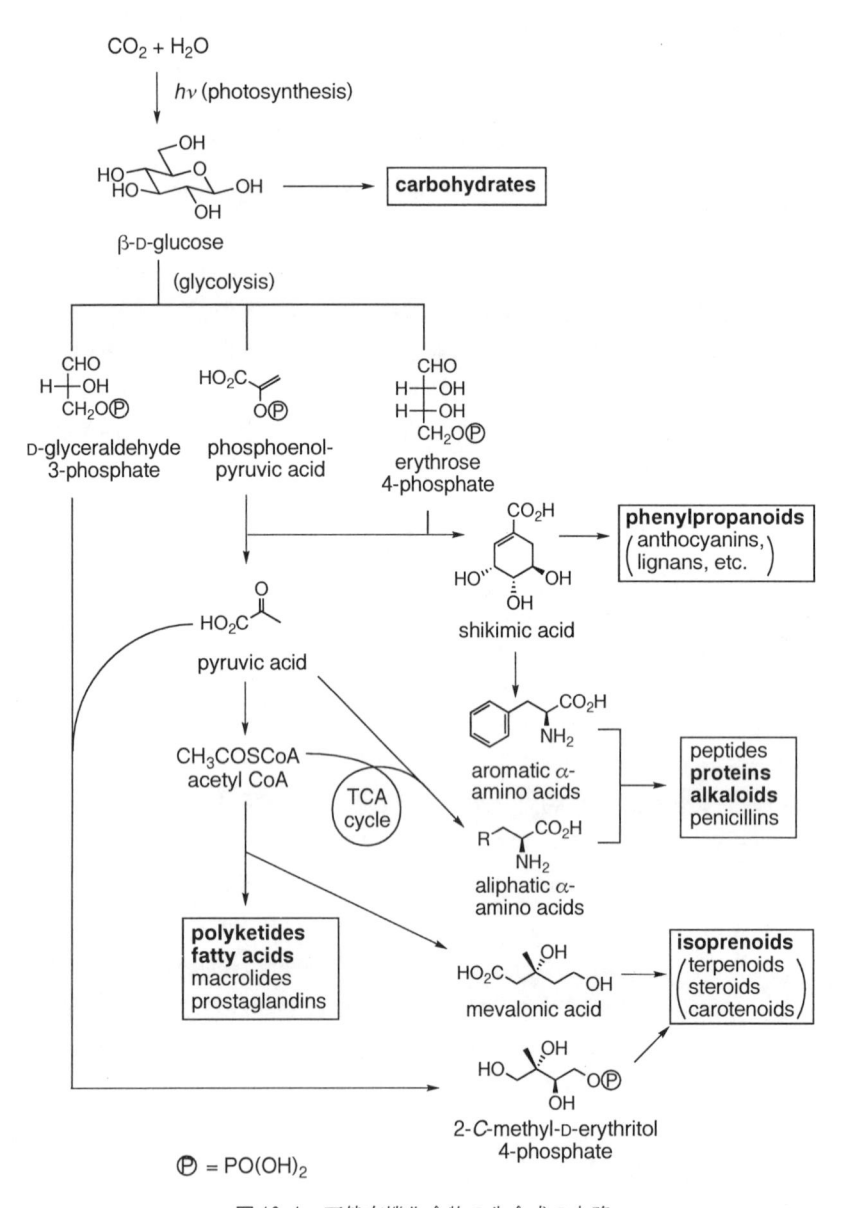

19. 天然有機化合物（その1）テルペノイド，ステロイド，カロテノイド

図 19.1　天然有機化合物の生合成の大略

Ruzicka (1939年ノーベル賞) によるセスキテルペン, ジテルペンの研究, Cornforth (1975年ノーベル賞) によるイソプレノイド生合成の研究と進歩して, 現在に到っている.

19.2.2 イソプレノイドの分類とイソプレン単位

基本となるイソプレン単位が何個集まって出来ているかによって, イソプレノイドは表19.1のように分類される.

名称	英語名	炭素数
モノテルペノイド	monoterpenoids	10
セスキテルペノイド	sesquiterpenoids	15
ジテルペノイド	diterpenoids	20
セスタテルペノイド	sesterterpenoids	25
トリテルペノイド	triterpenoids	30
ステロイド	steroids	30–n (n = 整数)
カロテノイド (テトラテルペノイド)	carotenoids (tetraterpenoids)	40

表19.1 イソプレノイドの分類

図19.2にモノテルペノイドからカロテノイドに到るテルペノイドの鎖状のものの構造といくつかの環状化合物の構造をステロイド骨格とともに示す. **ステロイド** (steroids) とはこの骨格を有する化合物の総称である. テルペノイドが C_5 の**イソプレン単位** (isoprene unit) から出来ていることがよくわかるであろう. なおステロイドのように炭素原子が酸化的に除去されたものや, 炭素骨格の転位が起ったものでは, イソプレン単位に分子を区切れないものもある. **カロテノイド** (carotenoids) は C_{40} の化合物で, テトラテルペンである. イソプレンの多量重合体は天然ゴムである.

19.2.3 生体内でのイソプレン単位は何か

図19.3に示すように, イソプレンはDiels-Alder反応型の熱二量化で, (±)-リモネンを与える. しかし生体内でのイソプレノイド合成は, はるかに複雑な経路をとおって, 常温で進行する.

19. 天然有機化合物（その1）テルペノイド，ステロイド，カロテノイド

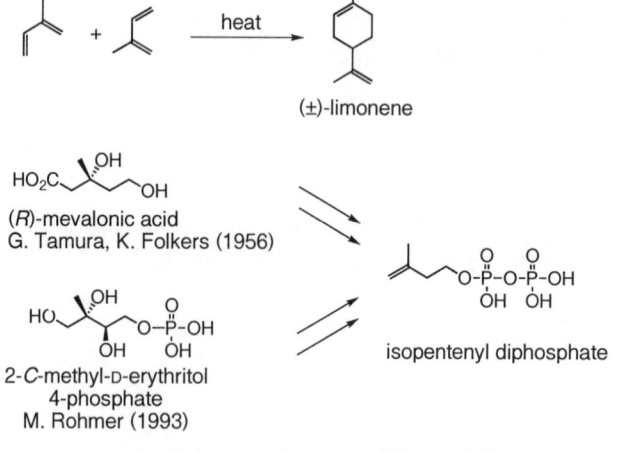

C₅ × 2
geraniol

C₅ × 2
camphor

C₅ × 3
farnesol

C₅ × 4
geranylgeraniol

C₅ × 4
abietic acid

C₅ × 6
squalene

C₅ × 6 − n
steroid nucleus

C₅ × 8
β-carotene

C₅ × n
rubber

図 19.2　代表的なイソプレノイドの構造とイソプレン単位

(±)-limonene

(R)-mevalonic acid
G. Tamura, K. Folkers (1956)

2-C-methyl-D-erythritol
4-phosphate
M. Rohmer (1993)

isopentenyl diphosphate

図 19.3　イソプレノイド生合成の素材

19.2 イソプレノイドの概説 (41)

イソプレノイドの**生合成**（biosynthesis）の素材は，図19.3に示すイソペンテニル二リン酸であるが，その原料は哺乳類など親核生物では(R)-**メバロン酸**（mevalonic acid）であり，植物や原核生物では 2-C-メチル-D-エリトリトール-4-リン酸である。前者を経る生合成過程をメバロン酸経路，後者を経るものを非メバロン酸経路という。メバロン酸はC_6であるが，C_5に変換されるのである。

19.2.4 メバロン酸経路
1) メバロン酸の発見

メバロン酸は1956年に，日米で同時に発見された。田村学造（東大・農）は，酒造業に重大な損害を与える「火落ち」現象を研究していた。これは火落菌とよばれる乳酸菌 *Lactobacillus heterohiochii* の異常繁殖で，日本酒が白濁酸敗する現象である。この菌は普通の培地では生育しないが，清酒の抽出物を加えると生育する。この生育因子がメバロン酸であった。田村はこれを火落酸（hiochic acid）と命名した。

同じ頃アメリカのMerck社のFolkersは乳酸菌 *Lactobacillus acidophilus* の生育に必須の因子として，ウイスキーの製造廃液である "brewer's solubles" から酸を分離し，構造を決定するとともにメバロン酸（MVAと略される）と命名した。この酸は容易にラクトン化してメバロノラクトン（mevalonolactone; MVLと略される）を与える。メバロン酸のジフェニルメチルアミドは結晶するので（図19.4参照），それが構造決定に役立った。

その後コレステロールの生合成経路に関する Bloch と Lynen（2人で1964年ノーベル賞）やCornforth（1975年ノーベル賞）の研究により，高等動物では酢酸がメバロン酸となり，それから最終的にコレステロールが生合成されることがわかった。図19.4にアセチル補酵素A（acetyl CoA）からメバロン酸が生成する経路を示す。

アセチルCoAの三量化で，3-ヒドロキシ-3-メチルグルタル酸（HMG）が生成し，その還元でメバロン酸が出来る。還元段階すなわちHMG CoA還元酵素の作用を阻害すると，コレステロールの生合成が阻害されることになる。したがって，阻害剤は高脂血症に対する治療薬となる。三共(株)で遠藤 章らが青カビ *Penicillium brevicompactum* の代謝産物として発見したコンパクチ

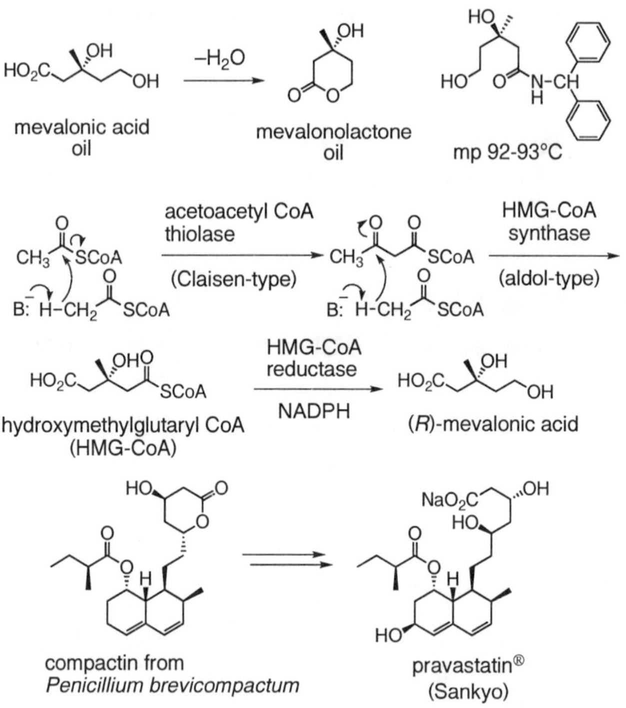

図 19.4　メバロン酸の生合成と生合成阻害剤

ン（compactin）を，微生物を用いて水酸化すると得られる**プラバスタチン**（pravastatin）は高脂血症の治療薬として広く用いられている。

　なおこの還元反応では，NADPH がヒドリド供与剤として用いられる。CoA や NADPH や TDP など生化学的に重要な物質の構造は生化学の授業で学んでいるはずだが，図 19.5 に再録する。これらの補酵素の化学構造は 1930 年代に明らかになった。

2）メバロン酸から生体内イソプレン単位の生成

　メバロン酸は，図 19.6 に示すように脱炭酸反応により炭素数が 1 個減り，**イソペンテニル二リン酸**（isopentenyl diphosphate; IPP と略する）と**ジメチルアリル二リン酸**（dimethylallyl diphosphate; DMAPP と略する）との生体内イソプレン単位に変換される。IPP の 2 位の 2 個の H のうち，pro R の水素原子

が失われて DMAPP になることがわかっている。

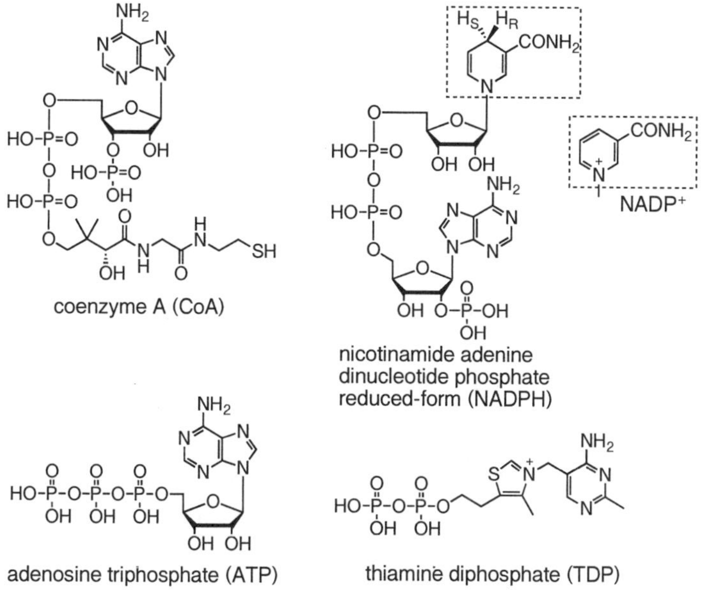

図 19.5 補酵素類の構造

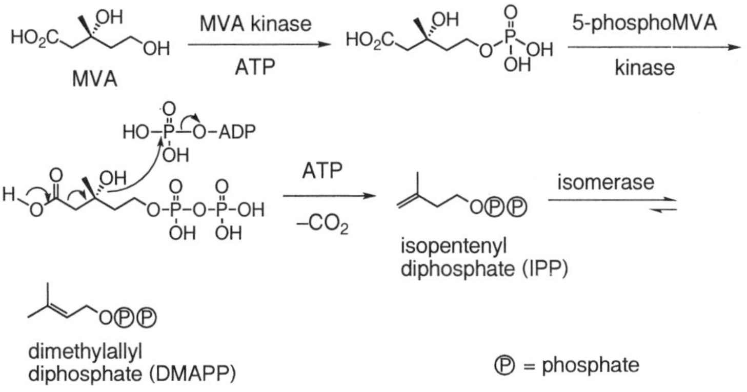

図 19.6 メバロン酸より生体内イソプレン単位の生合成

(44)　19.　天然有機化合物（その 1）テルペノイド，ステロイド，カロテノイド

19.2.5　非メバロン酸経路

　高等植物や原核生物が生合成するイソプレノイドに，^{13}C や ^{14}C でラベルしたメバロン酸が取り込まれないことは古くから知られていた。しかしそれは，メバロン酸が細胞膜を透過して生体組織に入って行くことが難しいのだろうと思われていた。そして 1990 年代半ばまでは，メバロン酸経路のみでイソプレノイド生合成が説明されていた。

　ところがスイスの Arigoni やドイツの Zenk ら，そして最終的にフランスの Rohmer によって**非メバロン酸経路**（non-mevalonic pathway）つまり解糖系由来のグリセルアルデヒド-3-リン酸とピルビン酸とから生体内でイソプレン単位が生成する図 19.7 に示す反応系が，1990 年代半ばに明らかとなった。

　Rohmer は，細菌や高等植物への ^{13}C ラベルされたグルコースの取込実験で非メバロン酸経路を明らかにしたのである。すなわち彼は，植物のゲラニオールなどがグルコースから生成することを　[1-^{13}C]グルコースや，均一に ^{13}C でラベルされた　[U-^{13}C]　グルコースを用いて証明した。また大腸菌中のコエンザイム Q_8 が，^{13}C-グリセロールや ^{13}C-ピルビン酸から生合成されることを証明した。図 19.7 の経路の最初の段階であるピルピン酸と D-グリセルアルデヒド-3-リン酸との縮合には，チアミン二リン酸（TDP）が補酵素として

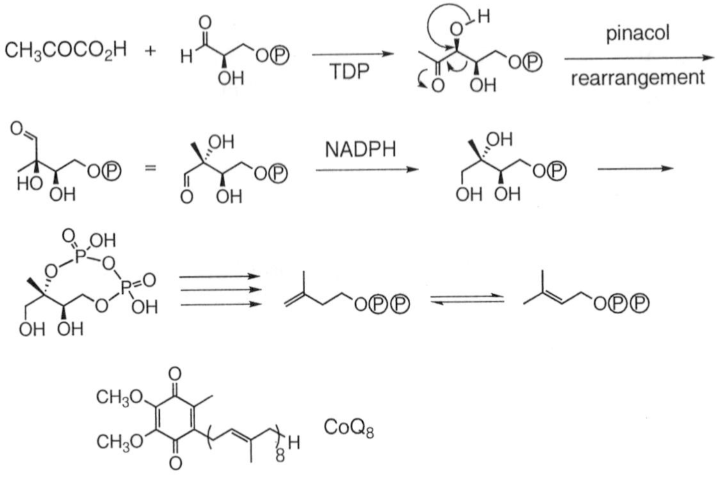

図 19.7　非メバロン酸経路による生体内イソプレン単位の生合成

必要である。それまでにすでに知られていたメバロン酸経路だけで全てを説明しようとする試みは，Rohmerの新発見で一挙に無意味となった。

19.3 モノテルペノイド

19.3.1 モノテルペノイドの生合成
1) ゲラニル二リン酸の生合成

ジメチルアリル二リン酸（DMAPP）から生じたジメチルアリルカチオンを，イソペンテニル二リン酸（IPP）がプレニルトランスフェラーゼの触媒作用下に求核攻撃して，ゲラニル二リン酸が生成する（図19.8参照）。この際，IPPのpro R水素原子が失われる。

アメリカのCroteauはサルビア（*Salvia officinalis*）で，図19.8に示すように，ゲラニル二リン酸から別々の酵素系の働きによって，(*R*)-リナリル二リン酸からは(+)-α-ピネンが生成し，(*S*)-リナリル二リン酸からは骨格の立体化学が(+)-α-ピネンとは逆である(-)-β-ピネンが生成することを明らかにした。

2) リナリル二リン酸から環状モノテルペノイドへの環化

リナリル二リン酸から生成するカルボカチオンを二重結合の電子が攻撃することにより，種々の環状テルペンが生成する有様を図19.9に示した。カルボカチオンに対して隣のC-C結合を形成している電子が攻撃する転位反応は，19世紀から知られており，**Wagner-Meerwein 転位**（Wagner-Meerwein rearrangement; W-M転位と略記する）とよばれている。

19.3.2 モノテルペノイドの各論
1) 香料関連のモノテルペノイド

図19.10に，香料工業で有用なモノテルペノイドを示した。ミルセンはドクダミのにおい成分であり，またレモングラス油にも含まれている。ゲラニオールはバラ油やゲラニウム油にある。(*S*)-リナルールはオレンジ油やお茶に存在し，(*R*)-異性体はラベンダーの香気成分である。(*R*)-シトロネラールはジャバシトロネラ油や山椒油に存在する。(*R*)-シトロネロールはバラ油やシトロネラ油の成分である。シトラールはレモングラス油の主成分(60-80%)である。(*S*)-リモネンは樅（モミ）の木 *Abies alba* に存在し (*R*)-

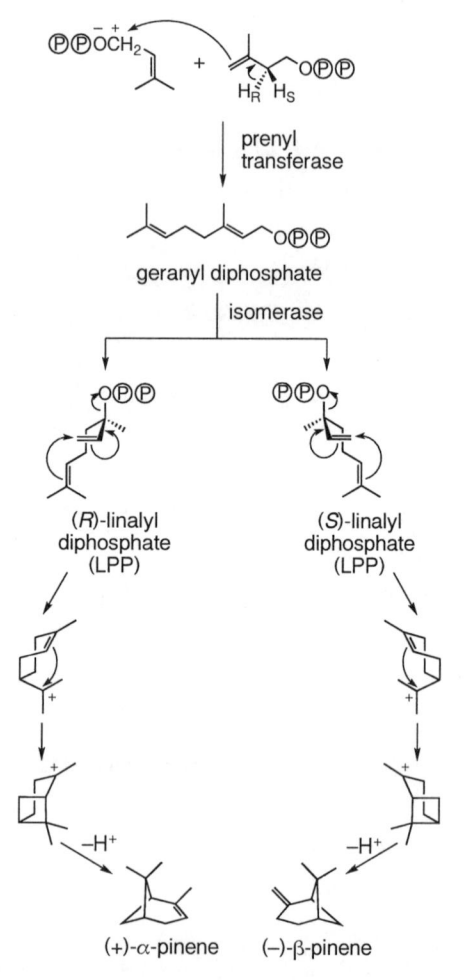

図 19.8 ゲラニル二リン酸の生合成とピネンへの環化

リモネンはオレンジ油の主成分（97%）である。(-)-メントールはハッカ（*Mentha arvensia*）油やペパーミント油の主成分（70-90%）である。ペリラアルデヒドはシソ（*Perilla frutescens*）の香気成分でシソ油中55%を占める。(R)-カルボンはスペアミント（*Mentha spicata*）の香気成分であり，(S)-異性体

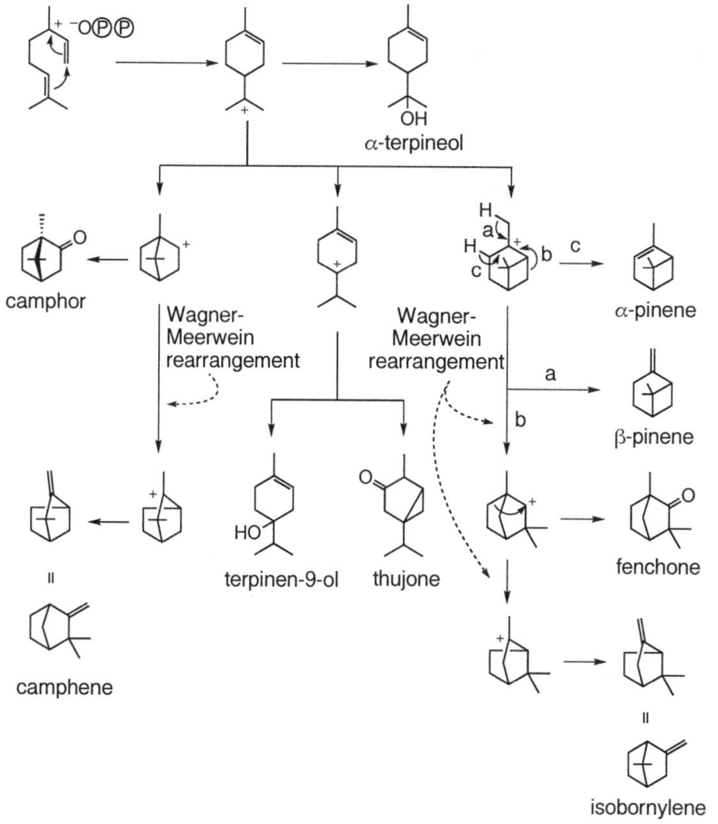

図 19.9　リナリルニリン酸から環状モノテルペノイドの生成

はキャラウエイ (*Carum carvi*) すなわちヒメウイキョウの香気成分である。両鏡像体で，人間の鼻でもにおいの差がわかる化合物として有名である。カンファーはクスノキの葉や材にある。ショウノウ（樟脳）油中 50%を占め，mp 105℃, bp 207℃であり，調香師のような鋭敏なにおい感覚の持主でも両鏡像体が全く同じ香気を示す。

2) 生物活性物質としてのモノテルペノイド

　図 19.11 に生物活性物質として知られているモノテルペノイドを示した。(-)-3-イソツヨンは，アブサン（absinth）というリキュールの成分で，ニガヨ

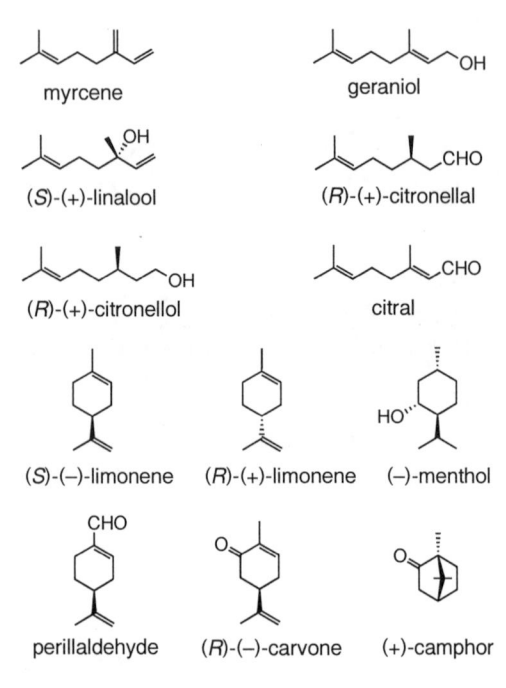

19. 天然有機化合物（その1）テルペノイド，ステロイド，カロテノイド

図 19.10 香料としてのモノテルペノイドの例

モギ（*Artemisia absinthium*）に含まれている。アブサンは，このニガヨモギをエタノール抽出した緑色の強烈なリキュールである。（-)-3-イソツヨンには精神を異常にする作用があり，Lautrec（ロートレック），Van Gogh（ファン・ゴッホ），Maupassant（モーパッサン），Verlaine（ベルレーヌ）など 19 世紀末にパリで活躍した画家・文人たちは，アブサンを飲んでおかしくなったと言われている。ピレトリンは白花除虫菊の殺虫成分であり，私の恩師松井正直（東大・農）は，住友化学（株）在職中からずっと合成研究を行い，有用な合成殺虫剤を開発するに到った〔16. 6. 2 2）参照〕。アスカリドールは *Chenopodium ambrocioides* というアカザ科の植物の成分で，ローマ時代から回虫をヒトの消化管から駆除する虫下しとして用いられていた。

多くのモノテルペノイドが昆虫フェロモンとして用いられている。(*S*)-イプセノールは，キクイムシ *Ips paraconfusus* の集合フェロモンであり，(*S*)-イプスジ

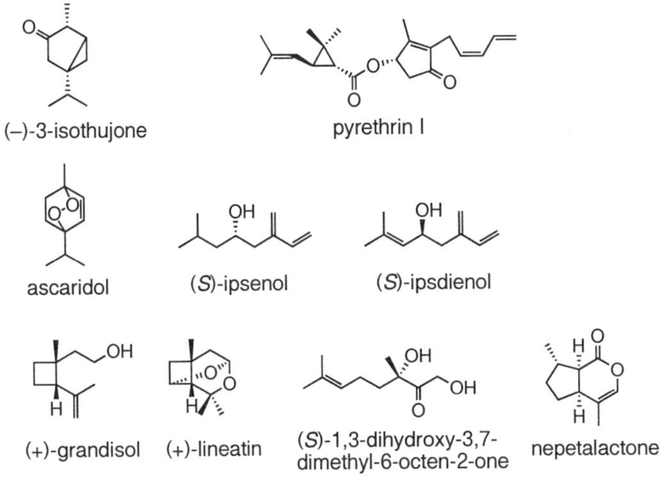

図 19.11 生物活性物質としてのモノテルペノイドの例

エノールはキクイムシ *Ips pini* の集合フェロモンである. (+)-グランディソールは, ワタミゾウムシ *Anthonomus grandis* の性フェロモン, (+)-リネアチンはキクイムシ *Trypodendron lineatum* の集合フェロモンである. (S)-1,3-ジヒドロキシ-3,7-ジメチル-6-オクテン-2-オンはジャガイモの害虫であるコロラドポテト甲虫 *Leptinotarsa decemlineata* の集合フェロモンである. ネペタラクトンは, catnip という植物に含まれていてネコの誘引物質である.

19.3.3 モノテルペノイドの化学合成

天然から多量かつ純粋に得るのが難しいモノテルペノイドを安価な原料から化学合成することは, 香料工業で重要である.

1) カンファー (樟脳) の合成

カンファーは台湾産のクスノキから得られ, セルロイドの原料として重要であったので, 太平洋戦争前の日本では, 政府の専売事業の対象品であった. しかし, 欧米で図 19.12 に大略を示す工業合成がピネンを原料として行われるようになり, 天然品の価値が下落した. ピネンは, **テレビン油** (terpentine oil) の主成分 (α-ピネン 50-65%, β-ピネン 25-35%) である. テレビン油はマツ *Pinus palustris* から, 年間 20 万トン位生産されている.

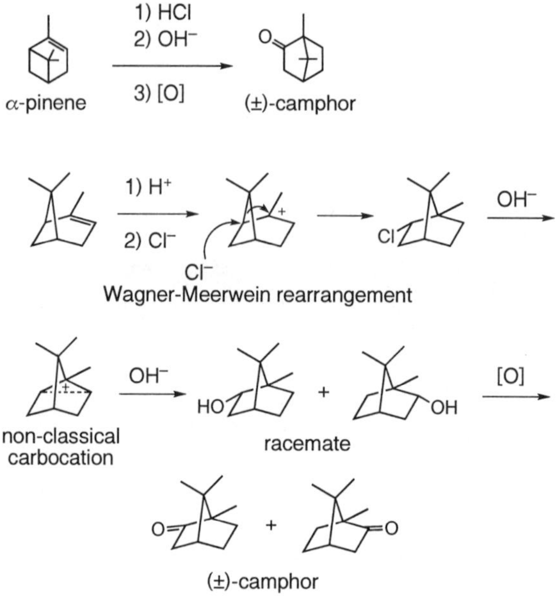

図 19.12　カンファーの合成

2) ゲラニオールの合成

　ゲラニオールは各種イソプレノイドの合成の基本化合物であるが，自然界から純品を得ることは難しい。クラレ（株）はゲラニオールの工業合成法を研究し，1975年から新潟県中条で操業を開始した。1980年の生産量は，リナルール換算年間1,700トン（45億円）であった。図19.13に概要を示す。

3) メントールの合成

　メントールはハッカの香気であり，香料として世界で年間4,000トン消費されている。天然メントールは中国などで生産されているが，収穫量と品質が一定しない。そこで工業合成法が検討された。1973年から操業されているドイツの旧Haarmann & Reimer社（現Dragoco社）の方法を図19.14に示す。

　(±)-メントールをまず合成し，その安息香酸エステルから(-)-メントールのエステルだけを優先晶出（17.2.1参照）させる方法である。不要の(+)-メントールは，ラセミ化させて再利用している。接触水素化の触媒に何を用

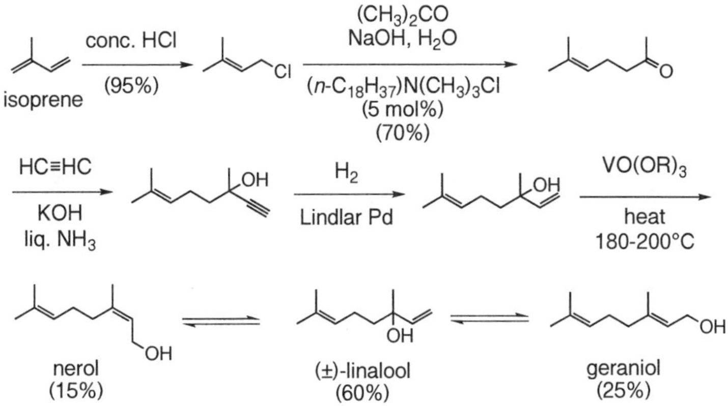

19.3 モノテルペノイド (51)

図 19.13 クラレ(株)のモノテルペンアルコール合成

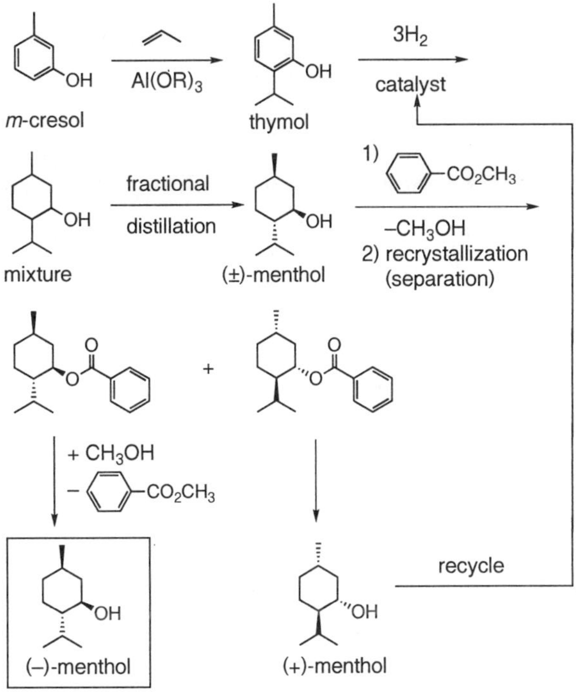

図 19.14 旧 Haarmann & Reimer 社の(-)-メントール合成

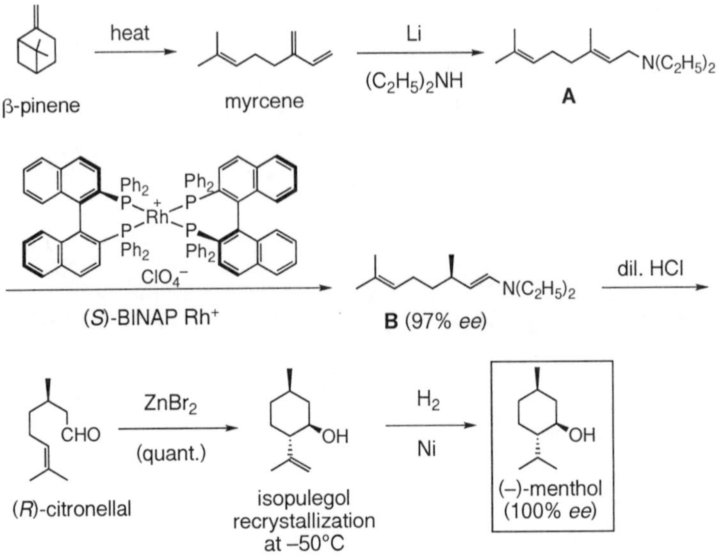

図 19.15 高砂香料(株)の (-)-メントール合成

いているかとか，優先晶出の方法とかは，企業秘密である．年間 1,000 トンの (-)-メントールがこの方法で生産されている．

次に 1983 年から静岡県磐田工場で操業されている高砂香料（株）の方法を図 19.15 に示す．この方法で年間 1,000 トンの (-)-メントールが作られている．野依良治（名大・理，2001 年ノーベル賞）の発明した BINAP [2, 2'-bis(diphenylphosphino)-1, 1'-binaphthyl] ロジウム触媒を用いて，大塚・谷（阪大基礎工），芥川（高砂香料）らが開発した図 19.15 の **A→B** の不斉異性化反応が鍵段階である．これは大規模な工業的不斉合成として有名である．

19.4 セスキテルペノイド

19.4.1 セルキテルペノイドの生合成

1) ファルネソールの生合成

イソペンテニル二リン酸のゲラニル二リン酸への head-to-tail 型の炭素鎖延長反応によって，ファルネシル二リン酸が生成する（図 19.16）．ファルネシ

図 19.16　鎖状セスキテルペノイドの生合成

ル二リン酸は，異性化によりネロリジル二リン酸になる。

2) 昆虫幼若ホルモンの生合成

　天然有機化合物の生合成経路は，同位元素でラベルした基質を用いて目的物を生合成させ，基質の同位元素が目的物のどの位置に取り込まれたかを調べることで研究される。昆虫の幼虫形質を持続させる働きを有する**昆虫幼若ホルモン**（juvenile hormone; JH と略す）I では，プロピオン酸とメバロン酸とが取り込まれることがわかった（図 19.17）。

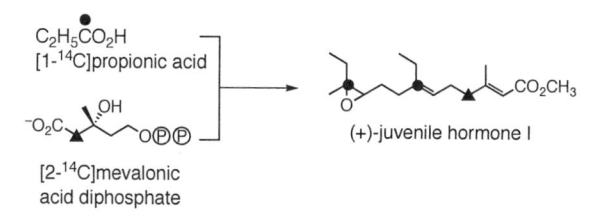

図 19.17　JH I のメバロン酸とプロピオン酸とからの生合成

3) 環状セスキテルペノイドの生合成

　環状構造を有するセスキテルペノイドは多数存在し，構造は多様である。いずれも図 19.18 に示すように，ファルネシル二リン酸やネロリジル二リン

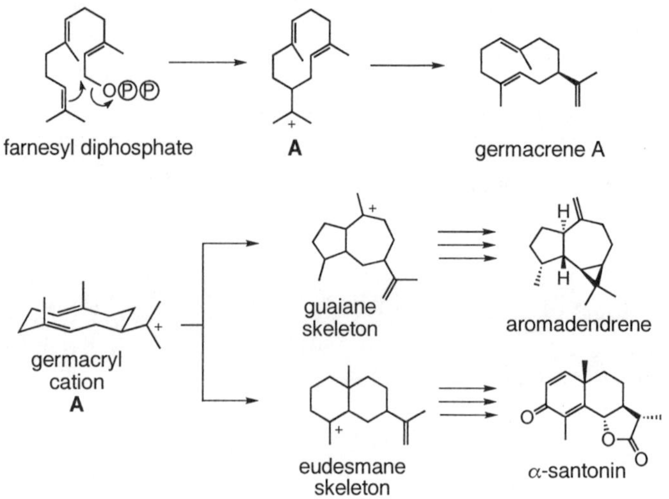

(54)　19.　天然有機化合物（その1）テルペノイド，ステロイド，カロテノイド

図 19.18　環状セスキテルペノイドの生合成

酸が環化して生成するものである。

19.4.2　セスキテルペノイドの構造研究例，トドマツ酸

　天然有機化合物の構造は，現在では分光学的方法や X 線結晶解析で，化学反応を用いずに決められることが多い。本節では，昔の構造研究のやり方をも知る意味で，トドマツ酸の構造研究を学ぶ。

　1940 年に，当時日本領であったサハリンの王子製紙の工場でトドマツ（*Abies sacharinensis*）からパルプを製造していた。その際の副産物のテレビン油より分子式 $C_{15}H_{24}O_3$ の不飽和単環性セスキテルペンカルボン酸が mp 58.0-58.5℃ の結晶として土橋・榛沢により得られ，**トドマツ酸**（todomatsuic acid）と命名された。

　その構造研究は，図 19.19 に示す分解反応を行い，その結果をよく考察するというやり方で，1941 年に東大薬学朝比奈泰彦研究室の百瀬　勉によって行われた。

　百瀬が分解反応に用いたのは，強酸化剤による炭素・炭素結合の開裂反応である。開裂で，より簡単な構造の断片がとれる。断片の構造をまず明らかにして，もとのトドマツ酸の構造を明らかにするのだ。トドマツ酸（**A**）を

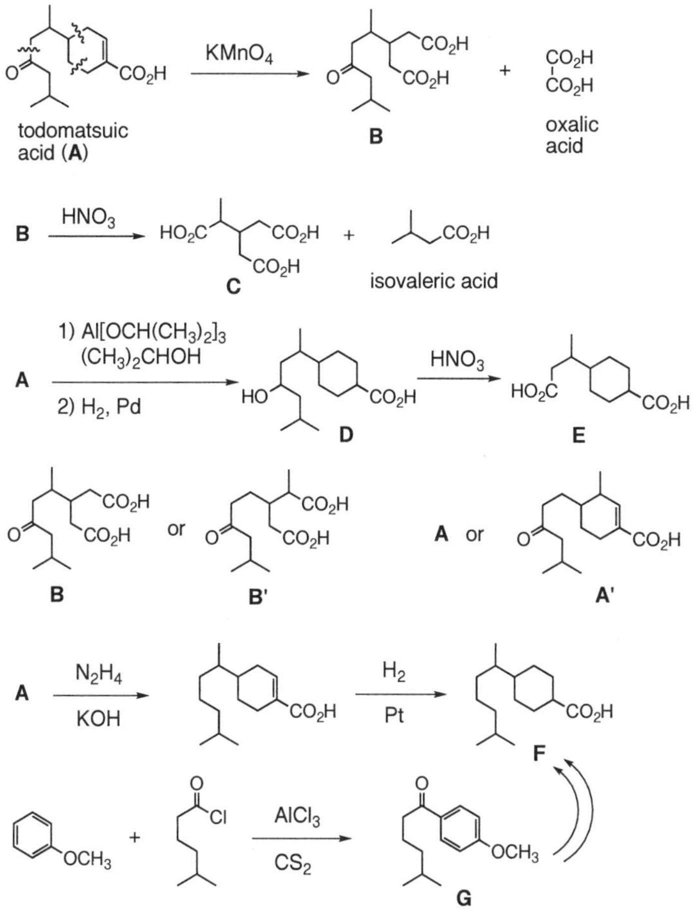

19.4 セスキテルペノイド (55)

図19.19 トドマツ酸の構造研究

過マンガン酸カリウム水溶液で酸化すると，ケトジカルボン酸 **B** とシュウ酸が得られる。**B** をさらに硝酸で酸化すると，トリカルボン酸 **C** とイソ吉草酸が得られる。**C** の構造は，合成により確認された。また **A** を Meerwein-Ponndorf 還元後，接触還元して得られる **D** を硝酸酸化するとジカルボン酸 **E** が得られた。トリカルボン酸 **C** を与えたケトジカルボン酸 **B** の構造としては，**B** と **B'**

の2種が推定され得る。したがってトドマツ酸は**A**か**A'**かどちらかである。**A**は生合成上期待されるイソプレン則に合致するが，**A'**は合致しない。そこで百瀬は，トドマツ酸は**A**であるとした。1963年に中崎・磯江（当時大阪市大）は，**A**の分解物である**F**のラセミ・ジアステレオマー混合物をアニソールから出発し，**G**を経由して合成し，トドマツ酸の推定構造を支持した。

1966年にアメリカの Bowers（当時コーネル大）は，バルサム樅（*Abies balsamea*）の材部粉末をクロロホルム・メタノール混液で抽出し，濃縮後，残渣のジエチルエーテル可溶部を取り，シリカゲルクロマトグラフィーで精製して油状物質を単離した。この物質は，ホシカメムシ（*Pyrrhocoris apterus*）に対し幼虫の成虫化を妨げる昆虫幼若ホルモン活性を示す。図19.20に挙げた分光学的データを示すこの活性物質を Bowers は**ジュバビオン**（juvabione）と命名した。そして図19.20に示すようにジュバビオンがトドマツ酸のメチルエステルであることに気付き，磯江から得たサンプルと同定した。ジュバビオンのラセミ・ジアステレオマー混合物はもちろん，天然型光学活性体も私をはじめ多くの研究グループにより合成され，トドマツ酸の推定構造は確定した。

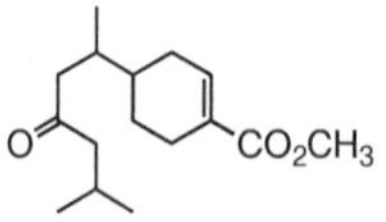

juvabione

IR: ν_{max} (CS_2): 1722, 1712, 1645 cm^{-1}

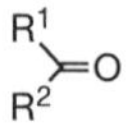

$R^1R^2C=O$ and $R^3R^4C=CR^5CO_2R^5$

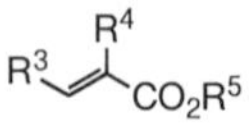

^{1}H NMR: δ ($CDCl_3$): 6.95 (1H, C=C**H**), 3.75 (3H, OC**H**$_3$), 2.7-1.5 (~8H, allylic H), 1.5-1.0 (~5H, saturated CH), 0.88 [6H, d, J = 6 Hz, CH(C**H**$_3$)$_2$], 0.86 (3H, d, J = 6 Hz, CHC**H**$_3$).

MS: M^+ = 266.18. calcd for $C_{16}H_{26}O_3$ = 266.187.
m/z = 234 [M^+−32 (CH_3OH)], −CO_2CH_3
m/z = 43 (C_3H_7), 57 (C_4H_9), 85 (C_5H_9O), (CH_3)$_2$$CHCH_2C$(=O)−

図19.20　Bowers の報告したジュバビオンの分光学的性質

19.4.3 セスキテルペノイドの各論
1) 香料関連のセスキテルペノイド

セスキテルペノイドは，モノテルペノイドとともに香料工業で重要である。図 19.21 に香料関連のセスキテルペノイドの代表例を示す。

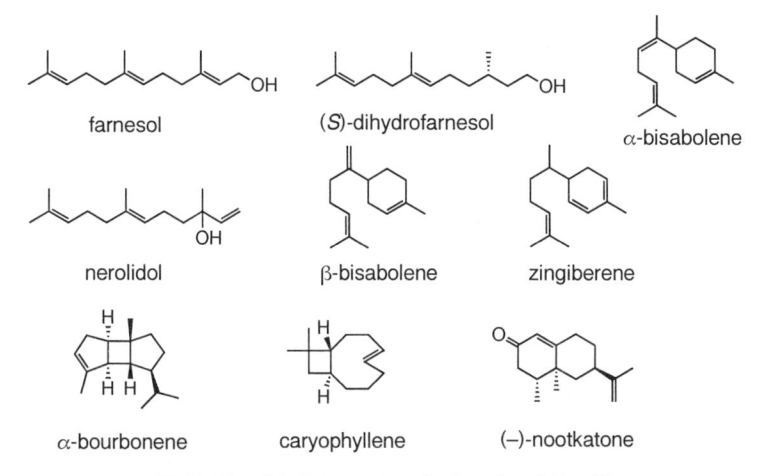

farnesol　　　(S)-dihydrofarnesol　　　α-bisabolene

nerolidol　　　β-bisabolene　　　zingiberene

α-bourbonene　　　caryophyllene　　　(−)-nootkatone

図 19.21　香料としてのセスキテルペノイドの例

ファルネソールはバラ油に存在するのだが，単品ではスズラン様の香りがする。(S)-ジヒドロファルネソールはシクラメンの香りがする。なお (R)-体はシクラメンの香りがしない。α-ビサボレンはレモン油にある。ネロリドールはネロリ油にある。β-ビサボレンはベルガモット油にある。ジンジベレンはショウガ油にある。α-ブルボネンはバラ油の成分である。カリオフィレンはクローバ油にある。香料工業で重要なのは (-)-ヌートカトンである。これはグレープフルーツの香りがするので，カルボニル基がなくて多量に調達可能なバレンセンというセスキテルペンのメチレン基をカルボニル基に酸化することで大量に製造されている。なお (-)-体は，(+)-体の 1,000 倍においが強いことがわかっている。

2) 生物活性物質としてのセスキテルペノイド

セスキテルペノイドには，いろいろな生物に顕著な生理作用を示す化合物が多数ある。それらのいくつかを図 19.22 に示した。

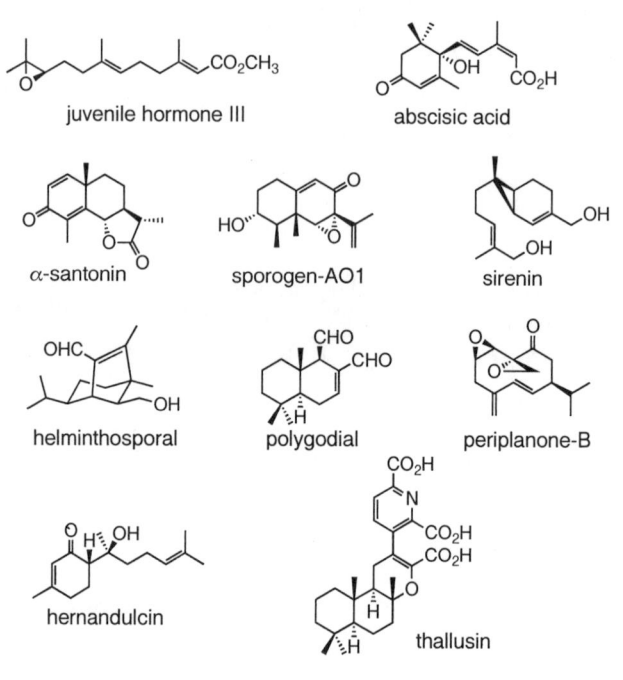

19. 天然有機化合物（その1）テルペノイド，ステロイド，カロテノイド

図 19.22 生物活性物質としてのセスキテルペノイドの例

　幼若ホルモン III は，昆虫の幼若ホルモンである。アブシジン酸は植物の休眠・落葉を支配するホルモンである。α-サントニンはヨモギ類（*Artemisia sp.*）から得られる回虫の駆虫薬で 1945-1950 年頃の日本人の必需品であった。最初の合成は阿部（武田薬工）によってなされた。スポローゲン-AO1 は醸造用黄麹カビの胞子形成因子として丸茂晋吾（名大・農）らにより単離され，私たちにより合成された。シレニンは，水ゴケ *Allomyces* の雌性配偶子が放出する性フェロモンである。ヘルミントスポラールはイネ苗の生長促進作用を示すとして桜井　成，田村三郎（東大・農）により単離された。ポリゴジアールはヤナギタデの辛味成分として大須賀（大阪市大）により単離されたが，後に昆虫摂食阻害物質として有名になった。図示のものが天然物だが，その鏡像体も天然物と全く同じ生物活性を示す。ペリプラノン-B はワモンゴキブリの雌の放出する性フェロモンの主成分である。ヘルナンズルシンは植

19.4 セスキテルペノイド (59)

物由来の甘味料で、ショ糖の 1,000 倍甘い。タルシンは黄緑色の海藻 *Monostroma oxyspermum* の葉を拡げさせる作用を有する物質である。

19.4.4 セスキテルペノイドの化学合成

18.4.2および18.4.4でCDスペクトル解析やX線結晶解析の例として取上げた flea beetle のセスキテルペンフェロモン **A** と **B** との合成を図19.23に示す。有機化学IIで学んだ種々の反応が用いられている。

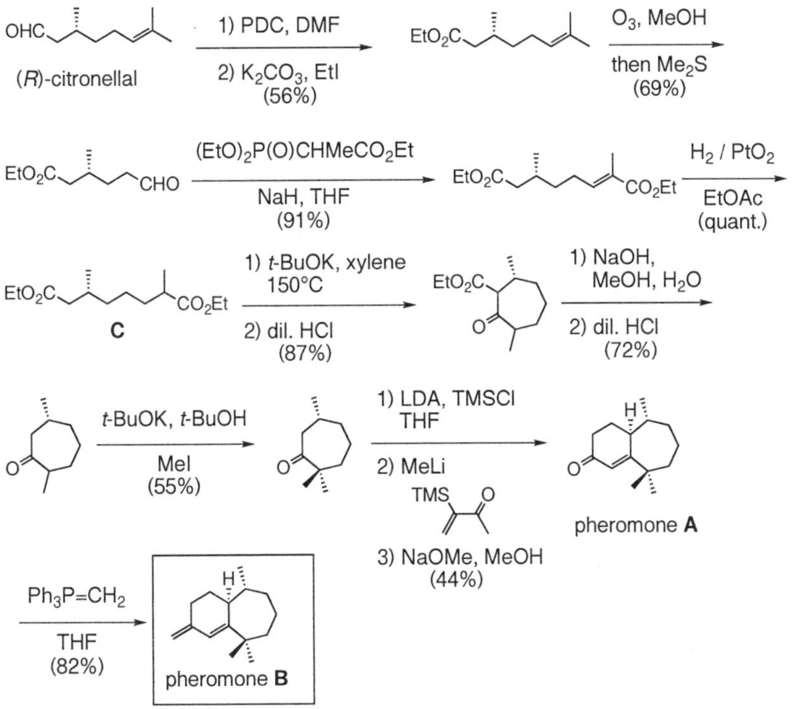

PDC = $(C_5H_5N^+)_2Cr_2O_7^{2-}$, DMF = $HCON(C_2H_5)_2$, Et = $-C_2H_5$, Me = $-CH_3$,
Ac = $-COCH_3$, t-Bu = $-C(CH_3)_3$, LDA = $LiN[CH(CH_3)_2]_2$, TMS = $-Si(CH_3)_3$,
Ph = $-C_6H_5$, quant. = quantitative

図19.23 セスキテルペン系フェロモン **A**, **B** の合成

19.5 ジテルペノイド

19.5.1 ジテルペノイドの生合成

1) ゲラニルゲラニオールの生合成と環化：アビエチン酸

ファルネシル二リン酸にイソペンテニル二リン酸が縮合して C_{20} のゲラニルゲラニオール鎖が形成され，それはさらに環化反応へと用いられる。図19.24に三環性ジテルペンで，松脂（マツヤニ）から大量に得られるアビエチン酸の生合成を示す。

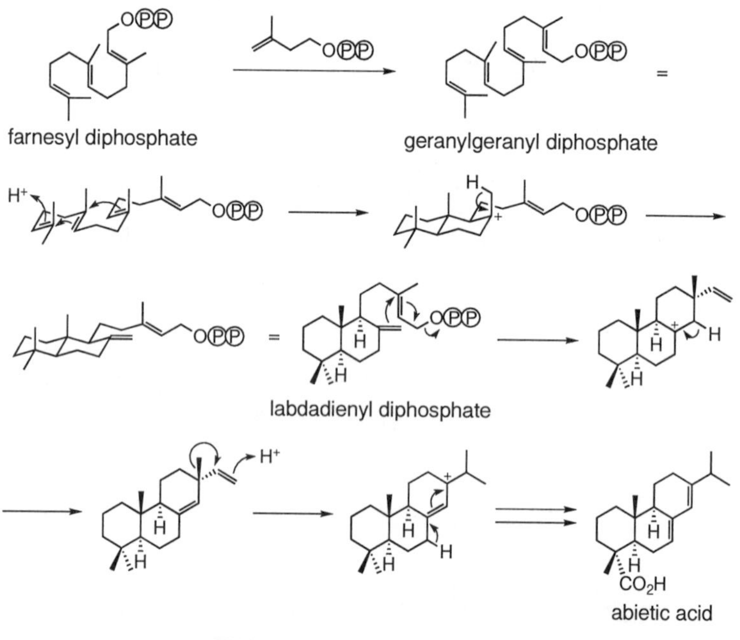

図19.24 アビエチン酸の生合成

2) ジベレリン A_3 の生合成

高等植物の生長ホルモンである**ジベレリン**（gibberellin）の発見は1938年に藪田貞治郎，住木諭介（東大・農）によってなされたが，そのうちのジベレリン酸（gibberellic acid）すなわちジベレリン A_3 の生合成研究は，1958-1965

年にかけて A. J. Birch（オーストラリア），B. E. Cross，J. R. Hanson（イギリス）らにより詳しく研究された。放射性炭素 ^{14}C でラベルされたメバロン酸を，ジベレリン生産菌であるカビ *Gibberella fujikuroi* に取り込ませて，生成するジベレリン A_3 や中間体のどこに ^{14}C が導入されているかを調べることで図 19.25 に示す生合成経路が判明した。

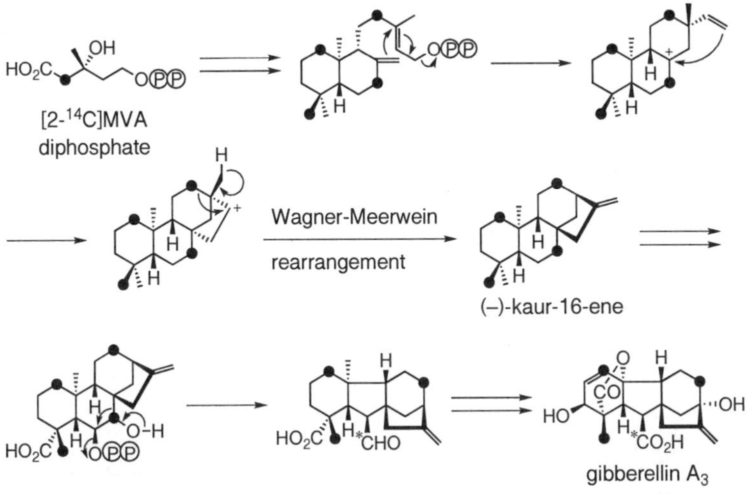

図 19.25　ジベレリン A_3 の生合成

3) 三環性ジテルペンから四環性ジテルペンへの環化

四環性ジテルペンには，図 19.26 に示すカウレン，ヒバエン，アティシレン，トラキロバンのような炭化水素に加え，ジベレリン A_{12} のような B 環が五員環に環縮小したものが知られている。それらは，図の真中に示すような橋かけカルボカチオンを経由して生成すると考えられている。

4) タキソールの生合成

タキソール (taxol) は抗癌剤として注目されているジテルペノイドで，イチイ (Pacific yew; *Taxus brevifolia*) の樹皮から得られる。タキソールのジテルペノイド骨格は，図 19.27 に示すようにして生合成されている。タキソールはイチイからは少量しか得られず，全合成でも効率良く作ることが出来ない。そこで普通のイチイ *Taxus baccata* の組織培養で図 19.28 に示す 10-デア

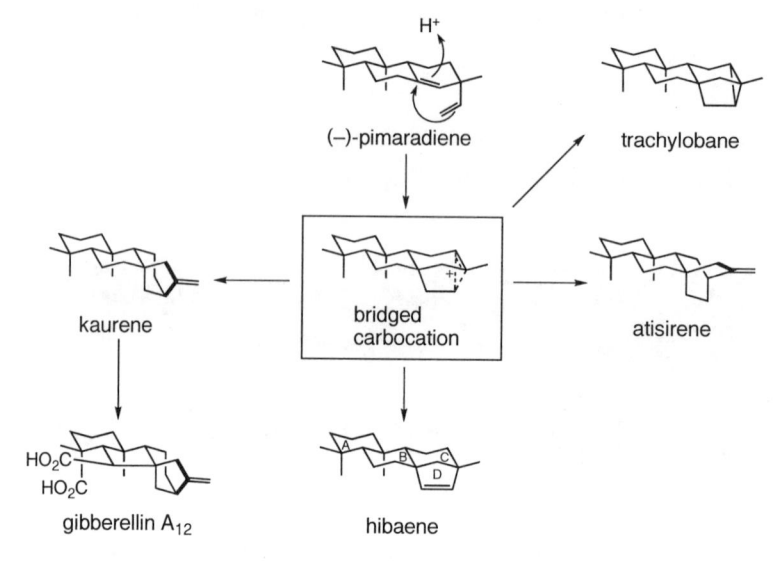

図 19.26　四環性ジテルペンの生合成

図 19.27　タキソールの生合成

セチルバッカチン III をまず製造し,それから化学的に誘導してタキソールを調製することが工業化されている。

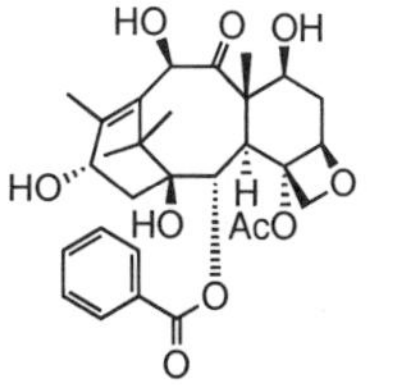

19.5 ジテルペノイド

10-deacetyl baccatin III 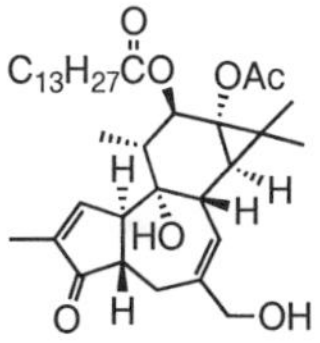　　phorbol ester 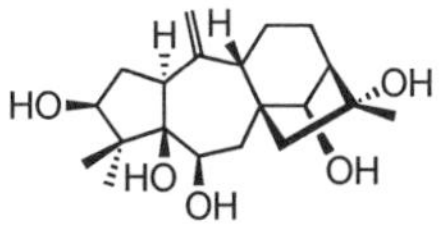　　grayanotoxin II

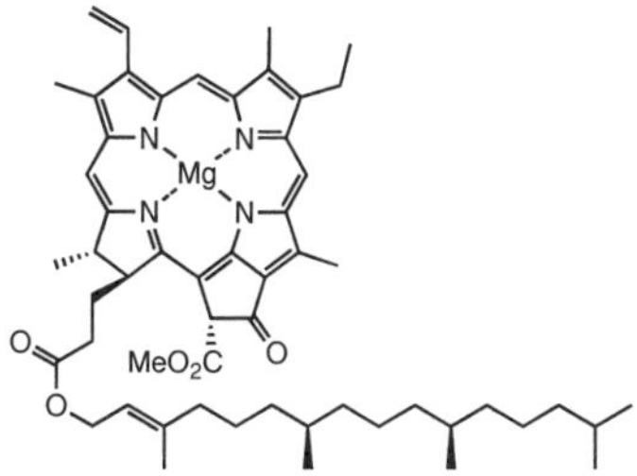

chlorophyll a 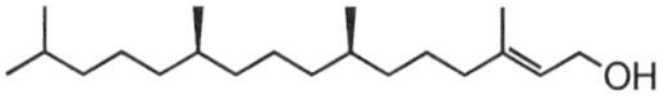　　phytol

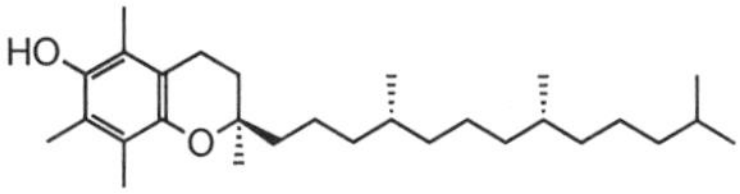

vitamin K$_1$　　vitamin E

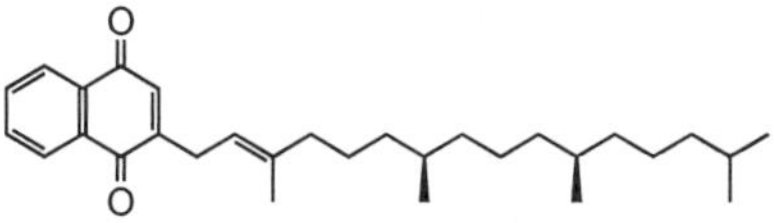

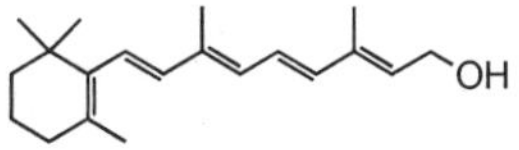

vitamin A

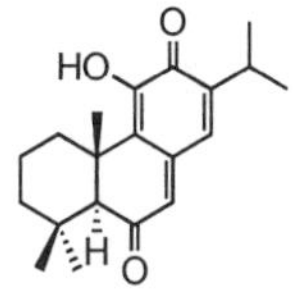

taxodione 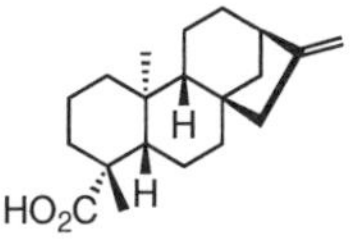　　kaurenoic acid 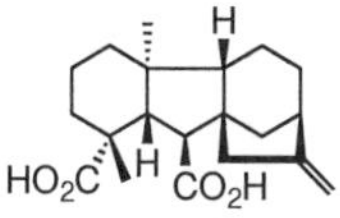　　gibberellin A$_{12}$

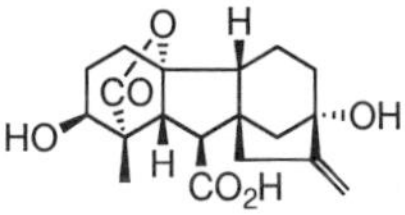

gibberellin A$_1$ 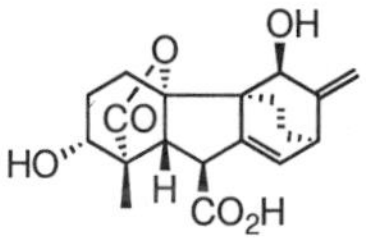　　antheridic acid

図 19.28　生物活性物質としてのジテルペノイドの例

19.5.2 ジテルペノイドの各論

生物学的に興味深いジテルペノイドを図19.28に示す。

10-デアセチルバッカチンIIIは，前述のように抗癌剤タキソールの原料である。フォルボールエステルは，クロトン油の成分で発癌促進剤として知られている。グラヤノトキシンIIは，ハナヒリノキの殺虫成分として武居三吉ら（京大・農）により単離された。フィトールはクロロフィルの構成成分として多量に存在しており，ビタミンK_1やビタミンEの合成原料である。ビタミンAは形式上C_{20}のジテルペノイドと考えられるが，実際はC_{40}のβ-カロテンの開裂産物である。タキソジオンは抗癌剤の一つである。カウレン酸はジベレリンの生合成前駆体である。ジベレリンA_{12}は植物生長ホルモンの一つである。ジベレリンA_1はイネをはじめ多くの植物の生長ホルモンの一つである。最後にあげたアンテリジン酸は，羊歯植物 *Anemia phyllitidis* の雄性胞子発芽促進物質である。

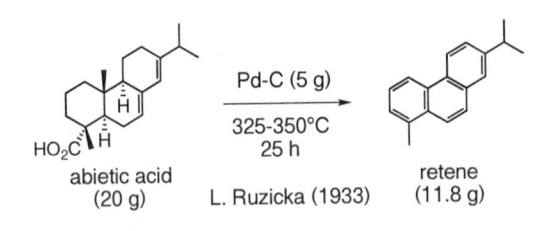

図19.29 アビエチン酸からレテンの生成

多環性ジテルペンの構造研究で，1920年から1930年代にスイスのRuzicka（1939年ノーベル賞）によってしばしば用いられた反応に，**脱水素反応**（dehydrogenation）がある［11.4.12）参照］。図19.29にアビエチン酸の構造研究に際しRuzickaが行った実験を示した。パラジウム炭素とアビエチン酸とを加熱すると，水素と二酸化炭素が放出されてフェナントレン型炭化水素のレテンが出来る。レテンの構造を合成によって決定したことで，アビエチン酸の炭素骨格が明らかになった。

19.5.3 ジテルペノイドの化学合成

前節に例示したジテルペノイドは，ジベレリン類，タキソール，フォルボールエステル，アンテリジン酸のような複雑な構造の化合物でも，すべて20

19.5 ジテルペノイド （ 65 ）

世紀後半に化学合成が達成されている。

本節では，有機化学 I, II で学習した古典的反応を用いることで 1956 年に達成された，アメリカの G. Stork による （±）-デヒドロアビエチン酸の合成を図 19.30 に例示する。この合成はラセミ体を与えたが，（±）-デヒドロアビエチン酸以外の立体異性体は与えなかった**立体選択的合成** (stereoselective synthesis) である。デヒドロアビエチン酸は，*Pinus palustris* と言うアメリカの松の木の松脂の約 4% を占めている。

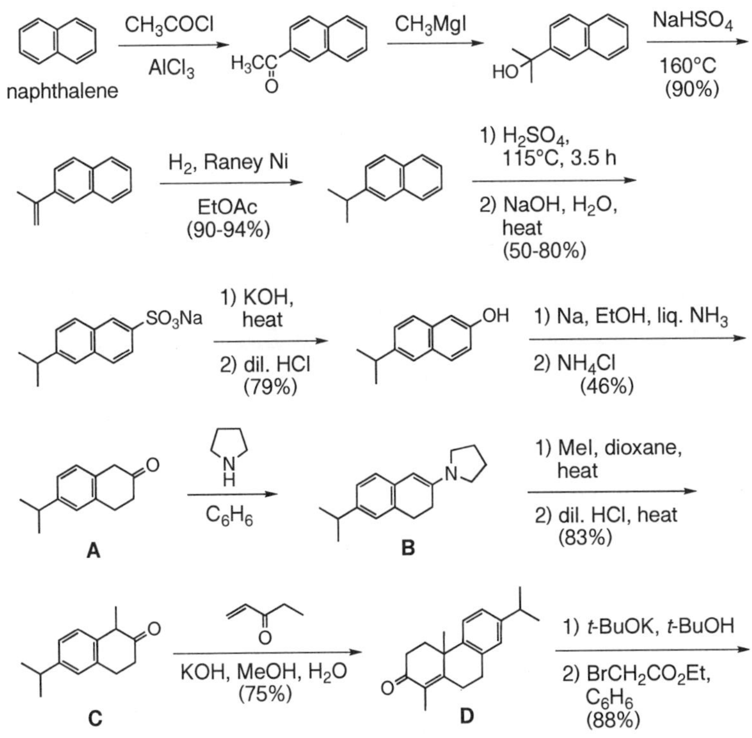

図 19.30　（±）-デヒドロアビエチン酸の合成（次ページに続く）

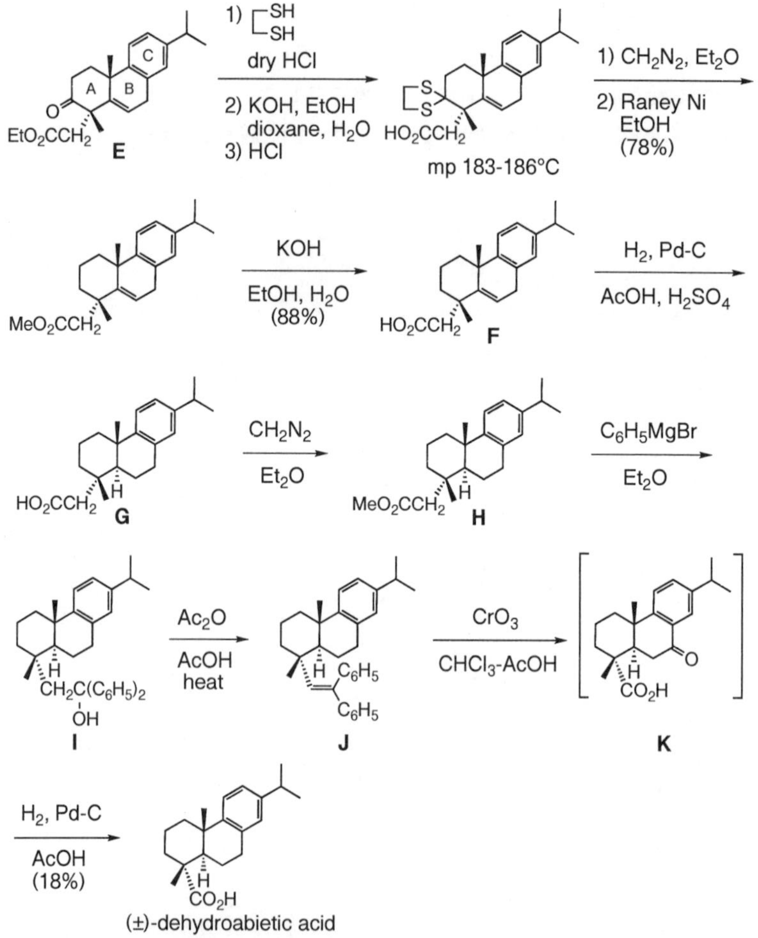

図 19.30 (±)-デヒドロアビエチン酸の合成

図 19.30 の反応 **A→B→C** は Stork のエナミン法とよばれる合成法 (16.6.4 参照) である。反応 **C→D** は，Robinson の成環反応である (15.12.8 参照)。反応 **D→E** で，-$CH_2CO_2CH_3$ の導入が立体選択的にエクアトリアル方向で生起するのは，A/B 核間のメチル基による立体障害 (1,3-ジアキシアル相互作用)

のためである。F から G への接触水素化が立体選択的に進行するのも，2 個のメチル基による立体障害のためである。反応 H→I→J→K でカルボン酸部の炭素数を 1 個減少させているが，この反応は **Barbier-Wieland の減炭反応**（Barbier-Wieland degradation）とよぶ。最後の酸化でベンゼン環の隣のメチレン基の酸化されたものがとれる。その他の副生成物があるため，この減炭反応の収率は悪く，H→K で 18% と低いのが，この合成の欠点である。

19.6 トリテルペノイドとステロイド

炭素数 25 のテルペノイドである**セスタテルペノイド**（sesterterpenoids）は，少数例しかなく，現在までのところ重要な生物活性を示す化合物は見つかっていないから省略する。次は，炭素数 30 の**トリテルペノイド**とそれから由来するステロイドである。図 19.31 に示すように，ファルネソールの二量化で生ずる**スクアレン**（squalene）の環化でトリテルペノイドの**ラノステロール**（lanosterol）が生成し，それからさらに変化が進んでステロイドの**コレステロール**（cholesterol）が生成する。つまり，トリテルペノイドは，ステロイドの前駆体である。

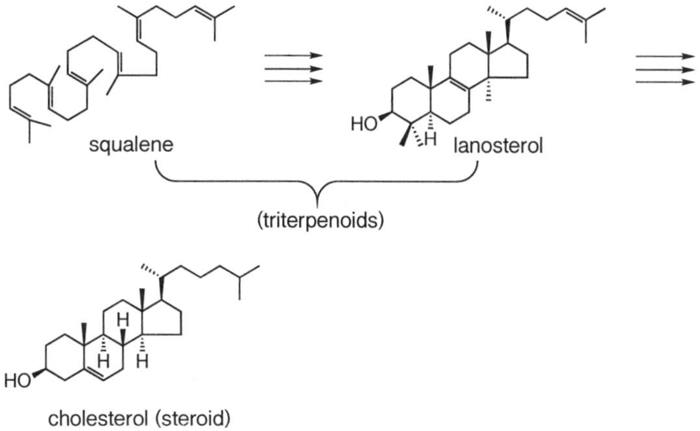

図 19.31　トリテルペノイドとステロイドの関係

19.6.1 トリテルペノイドの生合成

1) スクアレンの生合成

スクアレンはサメの肝油から辻本満丸によって発見された C_{30} の炭化水素で，ファルネシル基の尾部同士が結合したものである。このような結合様式を tail-to-tail の結合という。ゲラニルゲラニオールの生合成の際のように頭と尾とが結合するものを head-to-tail の結合という。図 19.32 にスクアレンの生合成の様子を示した。三員環中間体を経由することに注意してほしい。

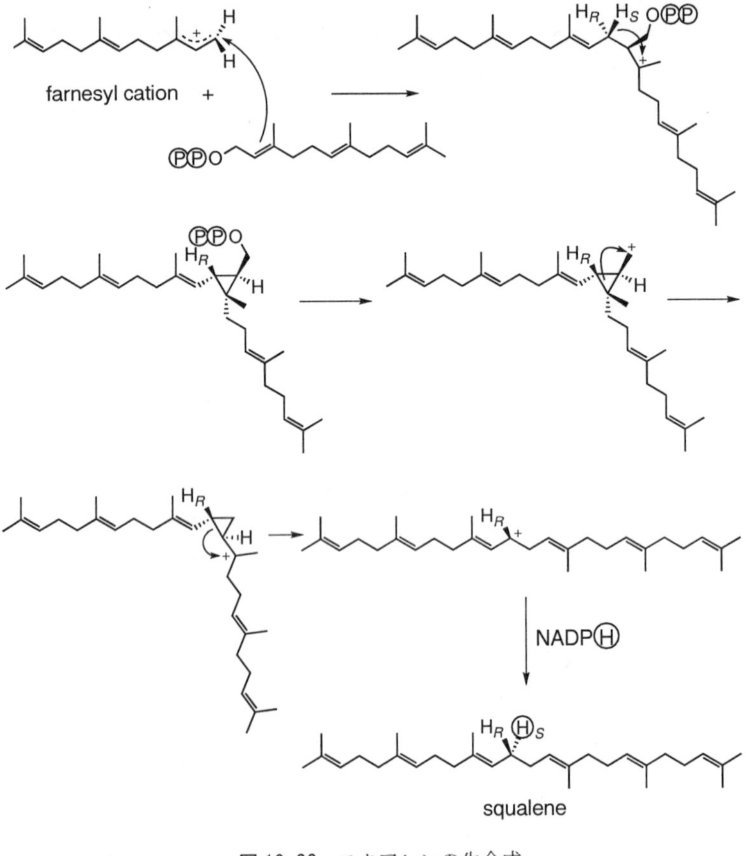

図 19.32　スクアレンの生合成

2) ラノステロールの生合成

羊毛脂として得られるラノステロールは，図 19.33 のようにして酵母，カビ，動物で生合成される．中間体は (S)-2,3-エポキシスクアレンである．それが環化酵素 Enz-AH$^+$ の作用で閉環する．(S)-2,3-エポキシスクアレンが，いす型・舟型・いす型の形に折り込まれて起る閉環は，協奏的ではなく，環が一つずつ形成されて行くと考えられている．

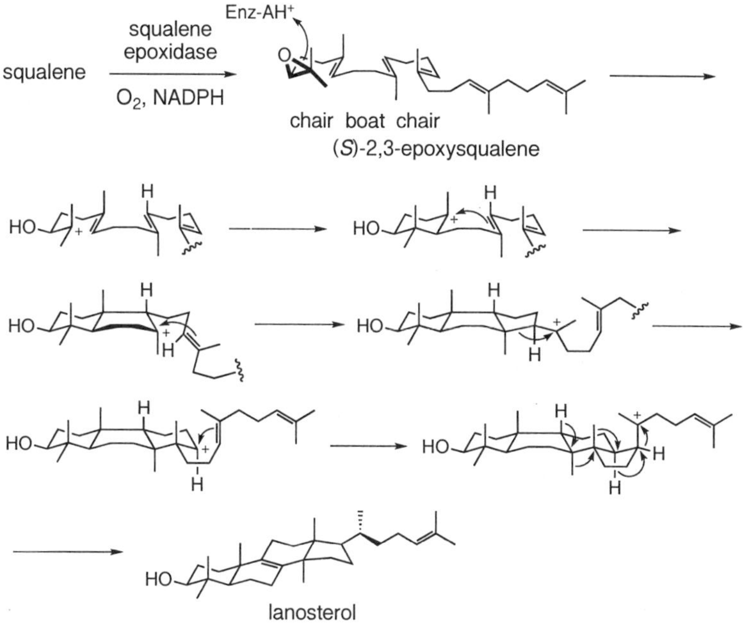

図 19.33 ラノステロールの生合成

植物や原核生物でのトリテルペノイド生合成も，同様の環化反応によるが，原核生物では (S)-2,3-エポキシスクアレンではなく，スクアレンそれ自体がスクアレンシクラーゼによって環化される．

19.6.2 トリテルペノイドの各論

生物学的に興味深いトリテルペノイドを図 19.34 に示す．

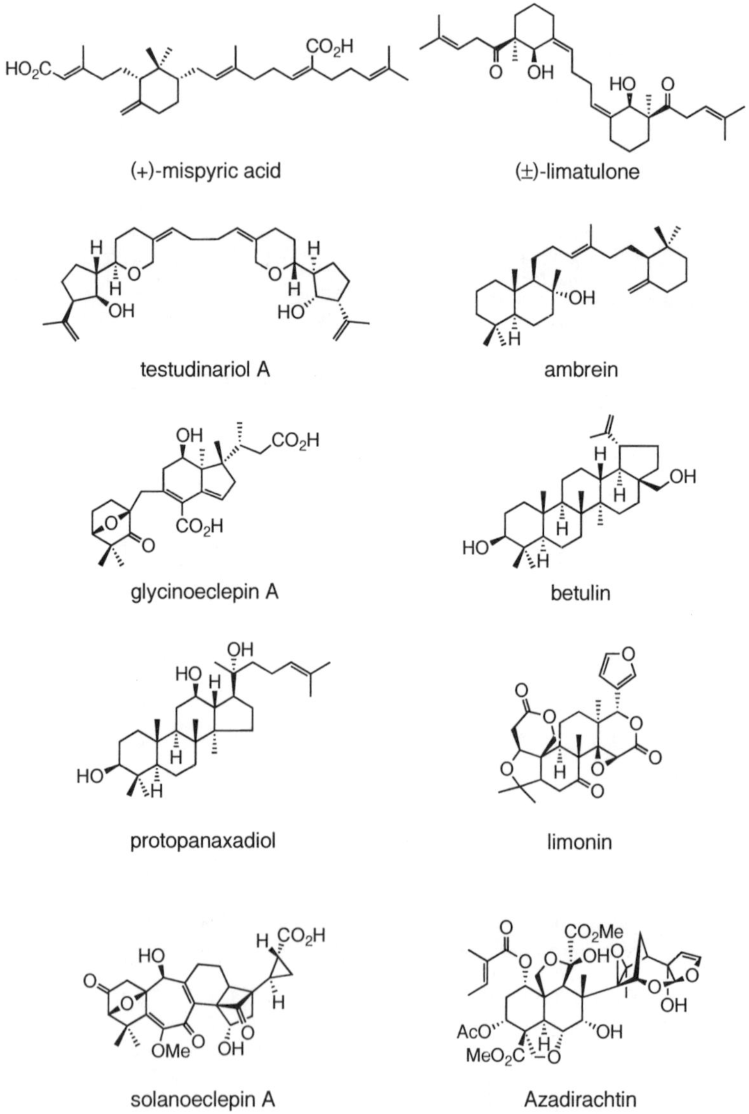

(70) 19. 天然有機化合物（その1）テルペノイド，ステロイド，カロテノイド

(+)-mispyric acid

(±)-limatulone

testudinariol A

ambrein

glycinoeclepin A

betulin

protopanaxadiol

limonin

solanoeclepin A

Azadirachtin

図 19.34 生物活性物質としてのトリテルペノイドの例

(+)-ミスピリン酸は，植物由来の DNA ポリメラーゼ β 阻害作用物質である。(±)-リマツロンは二枚貝 *Collisella limatula* の外敵に対する防御物質である。この貝は不思議なことにラセミ体とメソ体のリマツロンを生合成している。テスツディナリオール A もリマツロン同様の海産トリテルペンである。アンブレインはマッコウクジラの分泌物で竜涎香という香料素材である。グリシノエクレピン A は 1982 年に正宗　直（北大・理）が単離した大豆シスト線虫卵のふ化促進因子で，10^{-9} g/l という低濃度で卵をふ化させる。すでに村井章夫（北大・理）ら，渡辺秀典（東大・農）と私，E. J. Corey（ハーバード大）らが合成を完成している。ベツリンは高山のシラカバの樹皮上に見られる白い粉末である。プロトパナクサジオールは柴田承二（東大・薬）らによって研究された薬用人参の有効成分である。リモニンはミカンの苦味成分である。ソラノエクレピン A は 1999 年にオランダの研究者により 245 μg 単離されたジャガイモシスト線虫の卵のふ化促進物質である。X 線結晶解析で構造が決定された。グリシノエクレピン A 同様 10^{-9} g/l で卵をふ化させる。合成は 2006 年現在まだ達成されていない。アザディラクチンはニームの木から単離された昆虫摂食阻害物質であり，第三世界で殺虫剤としても用いられており，盛んに合成研究が行われている。

19.6.3　ステロイドの構造決定のいきさつ

　動物由来の C_{27}-C_{29} の第二アルコールで mp 100-200℃のものを**ステロール** [sterol: < Gr > stereos (=solid) + ol] と称した。そのような化合物の総称が**ステロイド**（steroid）である。**コレステロール**（cholesterol）の発見は，1812 年の Chevreul の研究までさかのぼることが出来る。また**胆汁酸**（cholic acid < Gr > cole = 胆汁）は，1828 年に Gmelin によって雄羊の胆汁の不ケン化物から単離された。

　ステロイドの化学構造の研究に大きな貢献をしたのは，H. Wieland（1877-1957 年）と A. Windaus（1876-1959 年）の 2 人のドイツ人化学者である。27 才（1903 年）の頃から Windaus はコレステロールの構造研究を開始し，また Wieland は 35 才（1912 年）の頃から胆汁酸の構造研究を始めた。この二つの化合物が共通の炭素骨格（ステロイド骨格）を持つことがやがてわかり，1927 年に Wieland が胆汁酸の研究で，そして 1928 年に Windaus が

19. 天然有機化合物（その1）テルペノイド，ステロイド，カロテノイド

コレステロールとビタミンDの研究でノーベル賞を得た。

　図19.35の一番上の左は1928年にコレステロールに与えられていた構造であり，右は胆汁酸に与えられていた構造である。その下に示した現在認められている式とはずいぶん異なる。しかしWielandとWindausの二つの研究グループは，それぞれ10年または20年以上の努力をした。その結果をWieland.がまとめて提出した式が1928年の式である。この式では2個の炭素原子CH_2CH_2がどこについているのか不明obdachlos（homeless）であった。

　この袋小路から脱して正しい式に到達するきっかけは，X線結晶学者のBernalによって与えられた。彼は1932年に酵母から得られたビタミンD_2とエルゴステロールとコレステロールの結晶を研究し，それらが皆，単斜晶系に属し，単位格子に2分子入っていることを知った。そしてエルゴステロールの分子の大きさは7.2×5×17-20 nmであることを見つけた。Wieland式では3個の環が1個の4級炭素原子から始まっているため，分子は平面的でなく立体的となり分子の大きさを計算すると11×7.5×15 nmであって単位格子に適合しない。つまりエルゴステロールや胆汁酸はもっと平面的な分子である。

　水との界面で生ずるステロイドの単分子層よりなる表面膜の研究をしていたRosenheimはBernalの結果を知って1927年のDielsの実験を思い出した。DielsはコレステロールのPdまたはSeとの加熱脱水素反応で図19.35に示すようにクリセンを得ていたのである。ステロイド母核がパーヒドロクリセン環であると仮定して，RosenheimとKingがデオキシ胆汁酸に与えた式は1932年5月に発表された。この式で計算すると分子の大きさは7.5×4.5×20 nmとなる。

　胆汁酸について詳しく研究していたWindausは，上記の結果と従来の知見とを総合して1932年9月に，現在胆汁酸に与えられている正しい構造式に到達した。Rosenheimも同年8月と11月の論文で胆汁酸の正しい式を提案している。

　有機化学的分解反応だけでは袋小路に入ったステロイド母核の構造研究が，X線結晶学的手法から得られた知見により正しい解決へ到ったことは，学問が総合的であることの一例である。またWindausらとRosenheimらとの間の，

19.6 トリテルペノイドとステロイド (73)

cholesterol (1928)
Windaus

cholic acid (1928)
Wieland

cholesterol (present)
mp 145°C

cholic acid (present)

ergosterol
X-ray (Bernal, 1932)

Pd-C 500°C
or Se 240-310°C

chrysene, mp 255°C
(Diels, 1927)

deoxycholic acid
Rosenheim and King
(May, 1932)

cholic acid
Wieland and Dane (September, 1932)
Rosenheim and King (August, November, 1932)

Molecular dimension of ergosterol
- Found (Bernal): 7.2 × 5 × 17-20 nm
- Wieland-Windaus formula: 11 × 7.5 × 15 nm
- Rosenheim-King formula: 7.5 × 4.5 × 20 nm

図 19.35 ステロイド母核の構造決定

19. 天然有機化合物（その1）テルペノイド，ステロイド，カロテノイド

正しい構造に到るまでの激しい競争も教訓的である。学問は，総合的であり，かつ競争的である。

1927年にDielsは，コレステロールのセレニウムによる脱水素反応で，Dielsの炭化水素とよばれる mp 126-127℃の炭化水素を得ていた。Harperは1934年にそれを図19.36に示すようにして合成した。ステロイド母核の初めての合成である。ステロイド母核が1,2-シクロペンテノフェナントレン構造であることがこれで強く示唆された。ステロイドの母核構造の確定は1939年である。アメリカのW. E. Bachmannは女性ホルモンであるエキレニンを後述の図19.46と47に示すようにして全合成した。合成品が天然物と同じ強い女性ホルモン活性を示したので構造の正しさが証明された。ステロイド類の炭素原子の番号づけを図19.35においてコレステロールを例として示した。また環は左からA環，B環，C環，D環とよぶ。

ステロイドの立体構造が解明された現在では，立体式を書くと構造と性質の関係がよくわかる。図19.36の下部に胆汁酸の立体式を示した。上部が親油性であり，下部が3個の水酸基と1個のカルボキシル基のため親水性である。それで胆汁酸は界面活性剤として働き，食物中の脂肪を乳化して消化されやすくするのである。

19.6.4 ステロイドの生合成

1) コレステロールの生合成

図19.33のようにして生合成されたラノステロールは，酵母や動物では図19.37に示すようにしてコレステロールに変換される。

2) フィトステロールの生合成

植物や酵母のステロールすなわちフィトステロールは，図19.38に示すようにして生合成される。

3) 性ホルモンの生合成

ヒトを含めた高等動物の性ホルモンは，コレステロールから図19.39に示すようにして生合成される。

19.6.5 ステロイド性ホルモン

1) 女性ホルモン

高等動物雌における性ホルモンの存在は，卵巣の無細胞抽出液を雌に与え

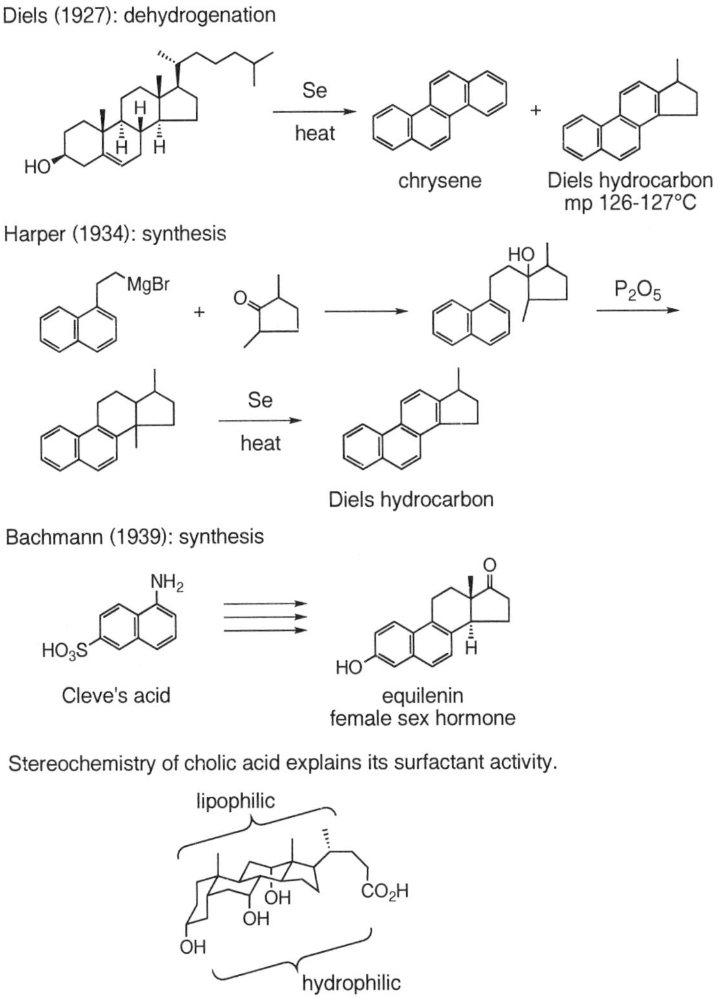

19.6 トリテルペノイドとステロイド

Diels (1927): dehydrogenation

chrysene + Diels hydrocarbon mp 126-127°C

Harper (1934): synthesis

Diels hydrocarbon

Bachmann (1939): synthesis

Cleve's acid ⟹ equilenin female sex hormone

Stereochemistry of cholic acid explains its surfactant activity.

lipophilic / hydrophilic

図 19.36 ステロイド母核構造の合成的証明

ると，排卵が起ることから推定された．1923 年に Allen と Doisy が，性周期が 4-6 日と短い雌ネズミを実験動物として使うことを提案してから研究が加速された．卵巣を除去した雌ネズミに女性ホルモンを含む試料を与えると，

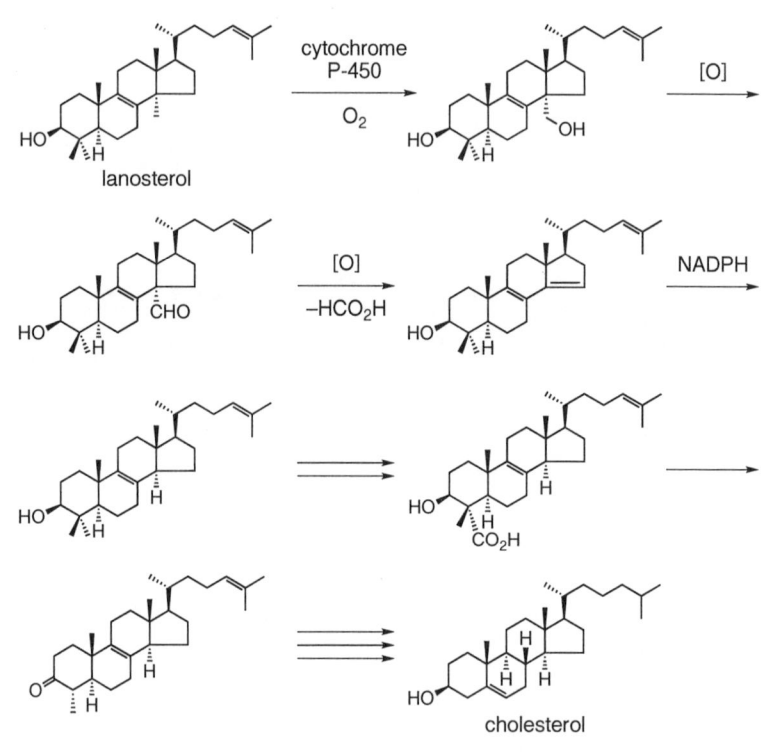

(76) 19. 天然有機化合物（その1）テルペノイド，ステロイド，カロテノイド

図 19.37　コレステロール生合成の概略

膣壁から採取した細胞に変化が見られることを顕微鏡下に観察してホルモン活性の検定を正確に速く行うことが可能となったのである。

　ドイツの製薬会社 Schering 社は 1927 年に女性ホルモンの研究を Windaus に依頼した。Windaus はそこで当時 24 才の弟子であった Butenandt に仕事を始めさせた。Butenandt は，妊婦の尿の抽出物から女性ホルモン活性物質を mp 260℃の結晶として単離した。同年アメリカの Doisy も同じ物質を単離した。このものは，ステロイドの一種で，図 19.40 に示す**エストロン**（estrone）である。Butenandt は当初，卵胞ホルモン（follicular hormone）または Progynon とよんだが，後に国際協約でエストロンと決まった。

　1932 年に Butenandt がエストロンをステロイドの一種と推定したのは，エ

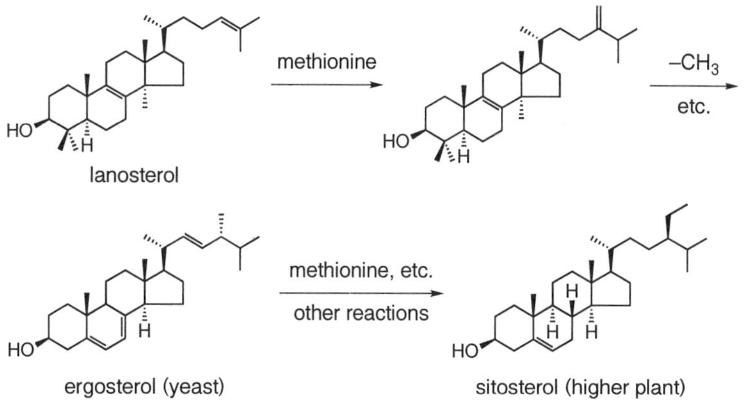

図 19.38 フィトステロールの生合成

ストロンから **A** という分解物が得られたからである。**A** の構造は 1934 年にイギリスの Cook が図示のようにして合成して，確定した。なお，エストロンは，もう一つの卵胞ホルモンであるエストラジオールから生合成される。**エストラジオール**は，ブタの卵巣4トンから 25 mg 得られた卵胞ホルモン（排卵誘起ホルモン）である。また**プロゲステロン**は 1934 年に 5 万頭の雌ブタの卵巣 625 kg から 20 mg 単離された黄体ホルモン（corpus luteum hormone）であり，妊娠の準備・継続作用を有する。これらのホルモンが代謝されて，エストリオール，エキリン，エキレニンというホルモン作用の弱い副次的な女性ホルモンに変化して行く（図 19.39 参照）。これらの女性ホルモン研究が，経口避妊薬ピルの研究へと発展した。

2) **男性ホルモン**

睾丸から男性ホルモンが分泌されていることは，1911 年に Pézard が行った実験で明らかとなった。すなわち雄鶏の睾丸を除去（去勢）すると，トサカが小さくなり，攻撃的でなくなる。これに睾丸抽出物など男性ホルモンを含む試料を与えるとトサカが大きくなる。そこでトサカの面積測定で男性ホルモンの定量が可能となった。Butenandt（1939 年ノーベル賞）は，1931 年に男性の尿 1,500 *l* から 16 mg の強い男性ホルモン作用を示す mp 183℃の結晶を単離し，**アンドロステロン**（androsterone <Gr.> andros = male）と命名した。

(78) 19. 天然有機化合物（その1）テルペノイド，ステロイド，カロテノイド

1934年にRuzickaは，既知ステロイドのクロム酸酸化を鍵反応としてアンドロステロンの合成に成功した（図19.41）。

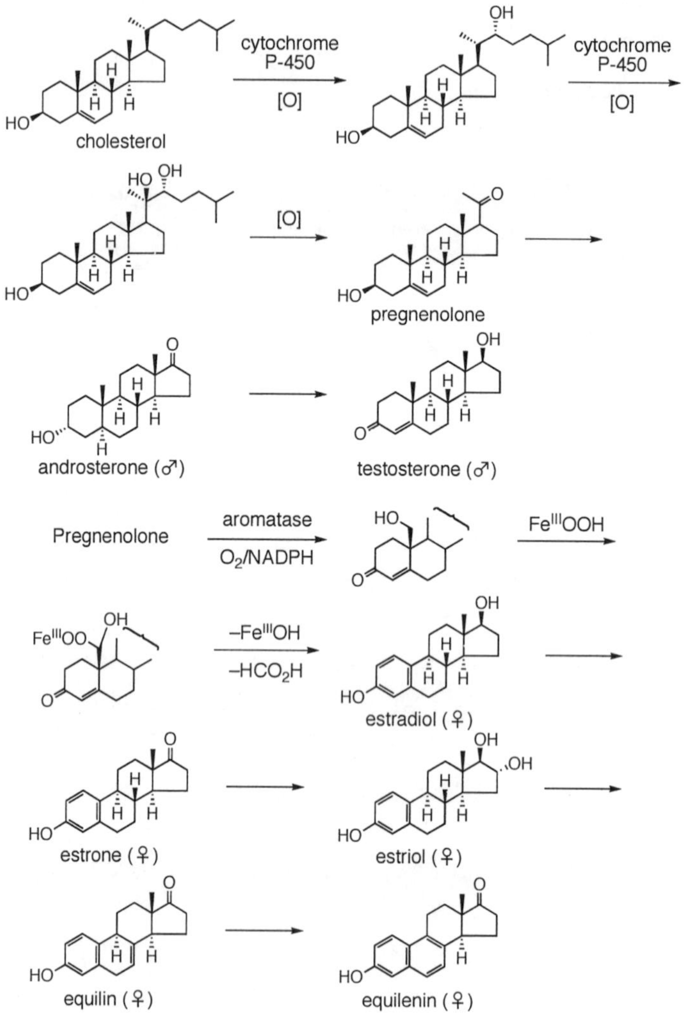

図 19.39 性ホルモンの生合成

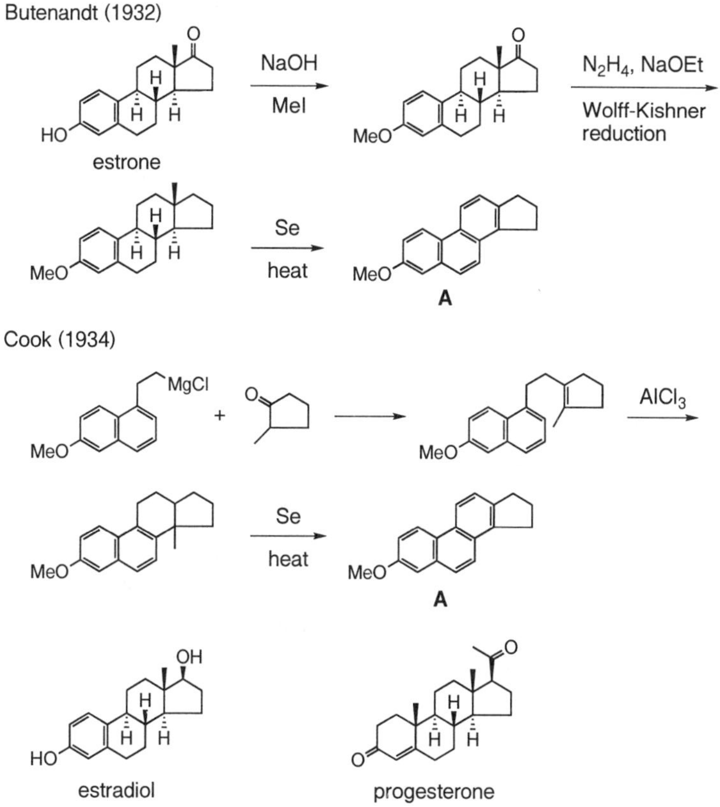

図 19.40　女性ホルモンの構造研究

さらに強力な男性ホルモンである**テストステロン**（testosteron, testis = 睾丸）は，Laqueur によって 1935 年に，100 kg の雄子牛睾丸から mp 155℃の結晶として 10 mg 単離された。同年 Butenandt は既知ステロイドよりテストステロンを合成し，推定構造を証明した（図 19.41 下方）。男性ホルモンとその類縁体は筋力増強剤として用いられ，スポーツ競技でドーピングとして問題となる。

3)　経口避妊薬（ピル）

経口避妊薬の開発の端緒となった発見は，1919 年にオーストリアの生理学

者 Haberlandt によるもので，雌ウサギに妊娠中の他の雌ウサギの卵巣を移植すると不妊になるという事実だった。1929 年に Butenandt は，卵胞ホルモン

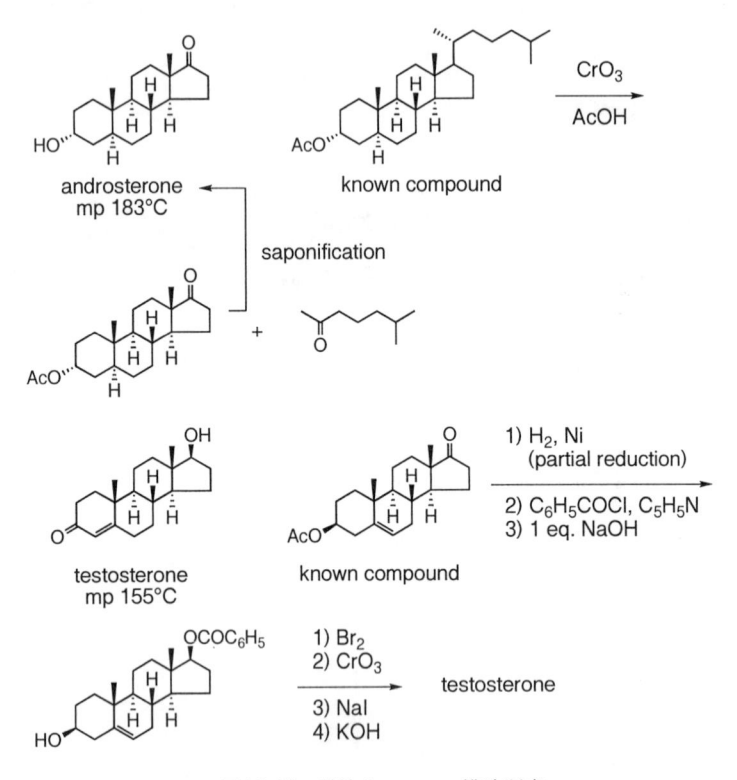

図 19.41　男性ホルモンの構造研究

であるエストロンと黄体ホルモンであるプロゲステロンの両者を雌に投与すると，排卵停止が起ることを発見した。しかし経口投与では，この二つのホルモンはすぐに代謝されてしまって，無効となる。

　1938 年にドイツの Inhoffen と Hohlberg は，図 19.42 に示す 17α-エチニルエストラジオールという，三重結合を有する合成化合物が代謝が遅いため，経口避妊薬として有効なことを発見した。経口避妊薬が **ピル**（pill）として市場に出現したのは，1950 年にアメリカの Djerassi と Colton がした発見による。彼らは図 19.42 右上の"pill"と書いてある化合物を合成し，それが経口

避妊薬として優れていることを見つけたのだ。

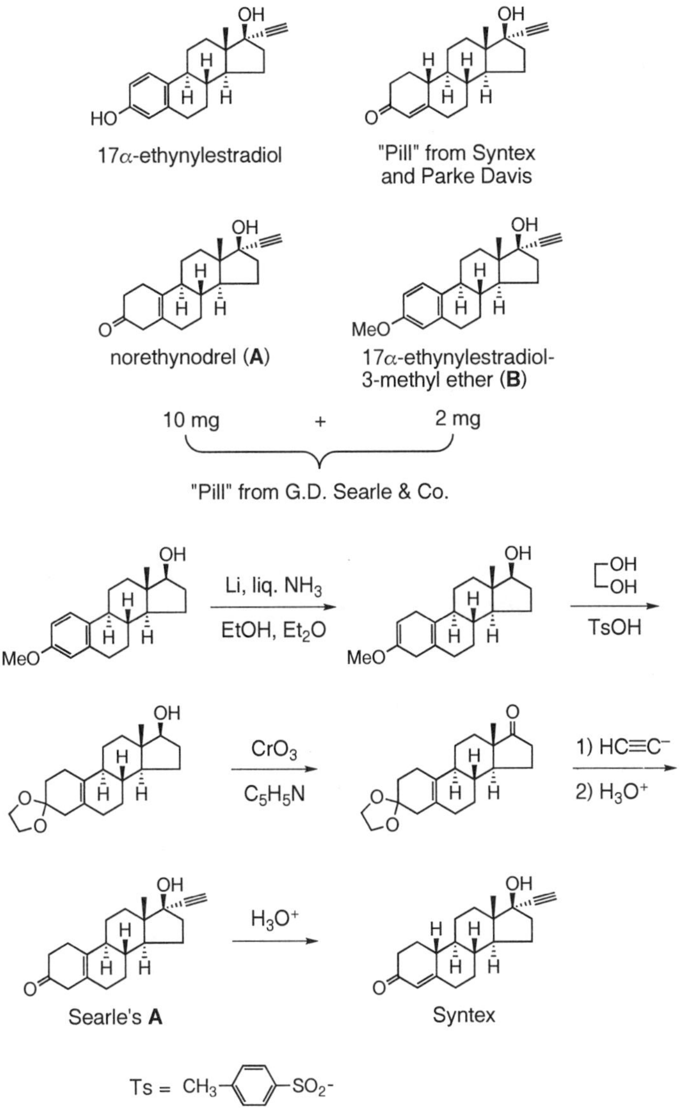
OH
HO
17α-ethynylestradiol
"Pill" from Syntex
and Parke Davis
norethynodrel (A)
MeO
17α-ethynylestradiol-
3-methyl ether (B)
10 mg
+
2 mg
"Pill" from G.D. Searle & Co.
Li, liq. NH3
EtOH, Et2O
TsOH
CrO3
C5H5N
1) HC≡C−
2) H3O+
H3O+
Searle's A
Syntex
Ts = CH3-⟨⟩-SO2-

図 19.42　経口避妊薬（ピル）の開発

続いてアメリカのG. D. Searle社は，図19.42のノルエチノドレル（**A**）10 mgと17α-エチニルエストラジオール3-メチルエーテル（**B**）2 mgの両方を女性性周期の5〜24日まで服用すると，月経があっても妊娠しないことを見つけ，経口避妊薬は実用化時代に入った。32トンの**A**と6.5トンの**B**を製造すれば，年間6億人の女性が避妊出来るとのことである。この薬剤の構造的特徴は，天然女性ホルモンと違ってA/B核間メチル基が無く，17位にα-エチニル基が付いていることである。製造法では，図示のようにリチウムと液体アンモニアを用いるBirch還元［12.23.44）参照］が鍵反応である。

19.6.6 副腎皮質ホルモン

副腎皮質ホルモンの研究は，アメリカのKendallとスイスのReichstein（1950年ノーベル賞）によって主として行われた。これは，糖質代謝・無機塩代謝・水代謝を制御するホルモンで，アレルギーや炎症を抑える作用もあり，広く研究され臨床応用されている。Reichsteinは，牛2万頭から500 kgの副腎皮質を得，それから抽出することで，図19.43に示すようにmg単位で数種の副腎皮質ホルモンを得た。

これらのホルモンがリューマチ性炎症に有効なことがわかり，医薬としての大量供給が望まれた時，とくに問題となったのは，C-11位への水酸基導入であった。C-11位は立体的に込み合っているからである。また，D環上の酸化度の高い側鎖をどう構築するかも問題であったが，これはメキシコ産のヤマイモ（cabeza de negro; *Dioscora* sp.）からとれるステロイドであるジオスゲニン（図19.44）を出発物として合成することで解決された。C-11位への酸素官能基導入は，化学的方法でも可能ではある。しかし，酸化能の強いカビである *Rhizopus nigricans* を用いて容易にC-11位に水酸基を導入出来ることが，Upjohn社のD. H. Petersonによって発見され，微生物反応が有機合成化学の問題解決に利用されるきっかけとなった。リューマチ薬として強い効果を示す人工ステロイドであるプレドニソンのディオスゲニンからの合成経路は，図19.44に示すとおりである。なおコーチソンは皮膚炎にも有効だが，大量使用するとムーンフェイスとよばれる水腫を起す。副腎皮質ホルモンが水分代謝調節に関係しているための副作用である。

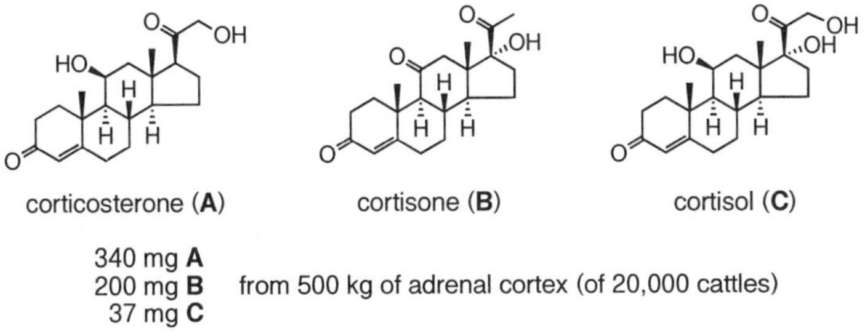

19.6 トリテルペノイドとステロイド (83)

corticosterone (**A**)   cortisone (**B**)   cortisol (**C**)

340 mg **A**
200 mg **B**   from 500 kg of adrenal cortex (of 20,000 cattles)
37 mg **C**

図 19.43　主な副腎皮質ホルモン

19.6.7　その他のステロイドの各論

　ビタミン D は，後に 22.6.5 で詳しく述べる。ビタミン D_3 はコレカルシフェロールともよばれるが，それが生体内で作用する時の活性型は，1α, 25-ジヒドロキシビタミン D_3 である（図 19.45）。

　心不全の治療薬となる**強心配糖体**（cardiac glycosides）の**アグリコン**（aglycone：非糖部）は，ステロイドである。ゴマノハグサ科の植物ジギタリス（*Digitalis lunata*）からは，**ジギトキシゲニン**が得られている。また，日本産ヒキガエルのガマノアブラに含まれる強心作用を有するステロイドは，**ガマブフォタリン**である。

　昆虫変態の際の脱皮ホルモンは，**α-エクダイソン**と**β-エクダイソン**であり，Butenandt らによって 1966 年に単離された。β-エクダイソンは，エビ，カニなど甲殻類の脱皮ホルモンとしても用いられている。不思議なことに，植物も昆虫脱皮ホルモンを生産する。マキの一種 *Podocarpus nakaii* は，**ポナステロン A** を生産するし，イノコヅチは**イノコステロン**を生産することが，1966 年頃，中西（当時東北大・理，後コロンビア大）と竹本（東北大・薬）によってそれぞれ独立に発見された。

　植物生長ホルモンとしては，1979 年にアメリカの Grove らにより**ブラシノライド**がセイヨウアブラナ（*Brassica napus*）の花粉から単離された。つづいて横田孝雄ら（当時東大・農）により**カスタステロン**がクリの木に住みつくクリタマバチの虫えいから得られた。フジマメ（*Dolichos lablab*）は**ドリコライド**を生産している。これらのステロイド系植物ホルモンは，**ブラシノステロ**

イド (brassinosteroids) と総称される。**アンテリジオール**は，水カビの一種である *Achlya bisexualis* の雌性菌糸が生産し，雄性菌糸に造精器を形成させるホルモンである。その他，いろいろなステロイドが多彩な生物活性を示す。

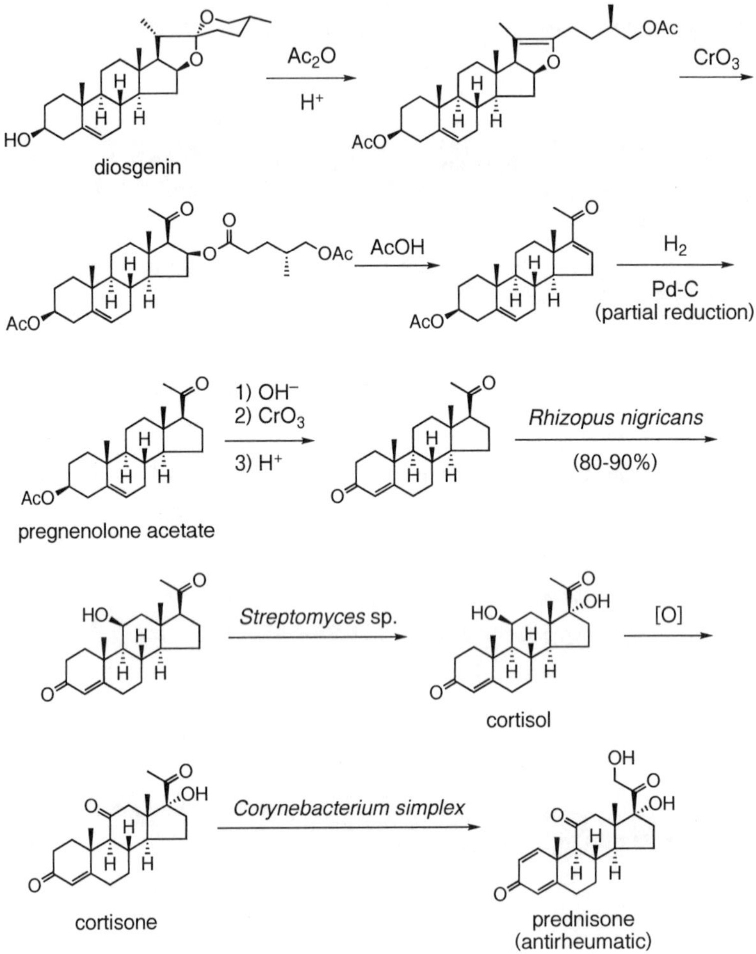

図 19.44 ジオスゲニンからコルチソンとプレドニソンとの製造

19.6 トリテルペノイドとステロイド (85)

(A) D vitamins

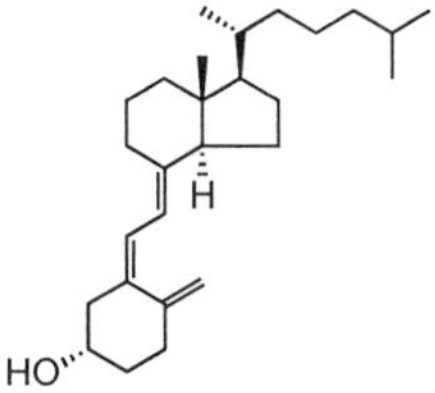

vitamin D$_3$

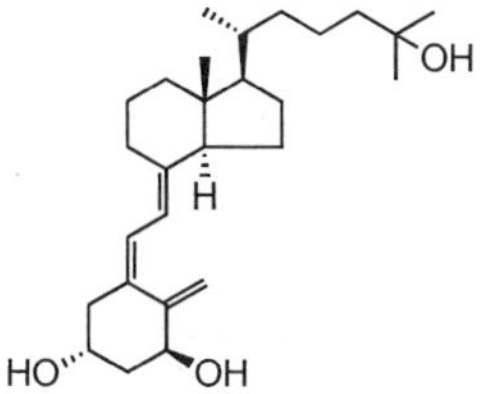

1α,25-dihydroxyvitamin D$_3$

(B) Cardiac steroids

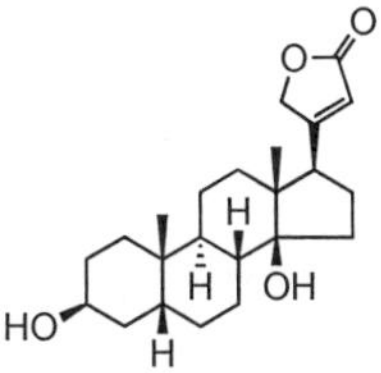

digitoxigenin

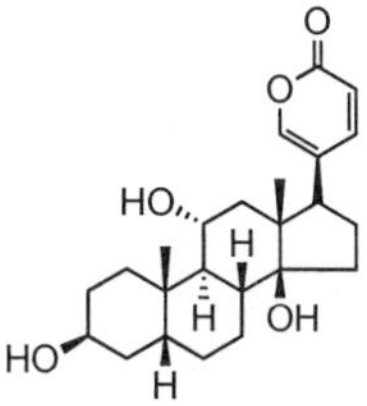

gamabufotalin

(C) Moulting hormones

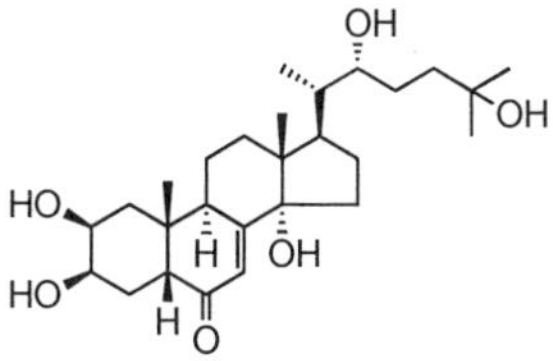

α-ecdysone (insect)

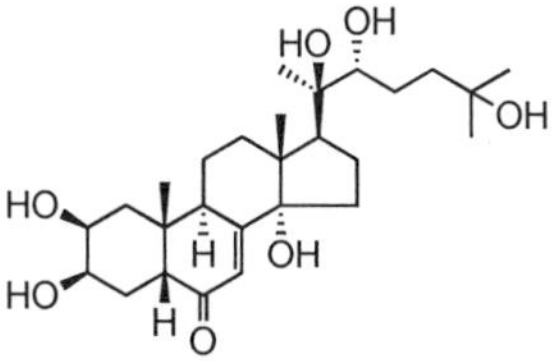

β-ecdysone (insect) = crustecdysone (crabs, shrimps)

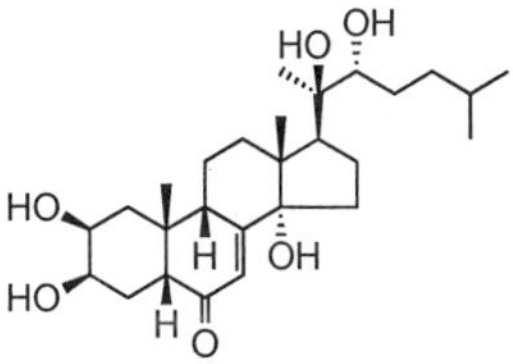

ponasterone A (plants)

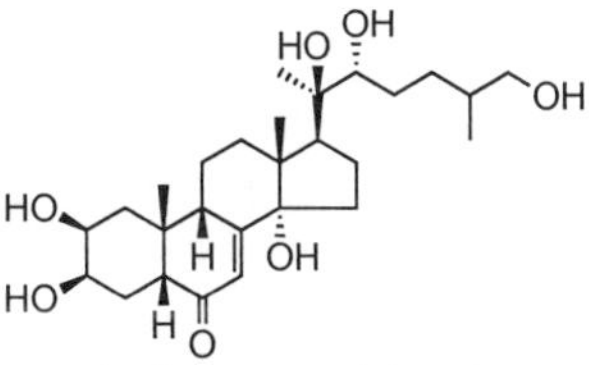

inokosterone (plants)

図 19.45 生物活性物質としてのステロイドの例（次ページに続く）

(D) Brassinosteroids, etc.

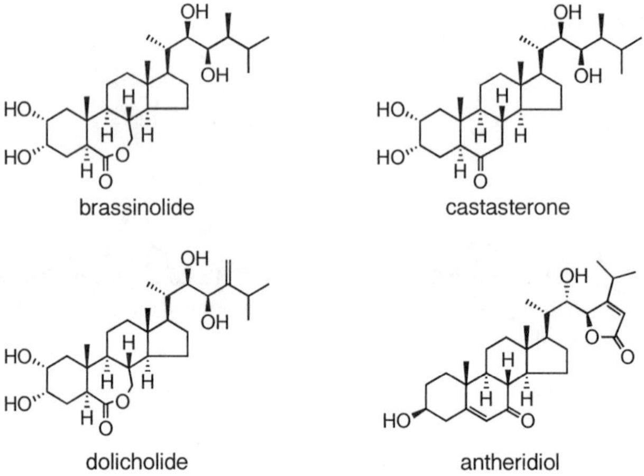

brassinolide

castasterone

dolicholide

antheridiol

図 19.45　生物活性物質としてのステロイドの例

19.6.8　ステロイドの化学合成

　ステロイドの化学合成については，きわめて多くの研究があり，医薬としてのステロイドの製造は大きな産業である．本書では効率化された最新の合成ではなく，1939年にアメリカのW. E. Bachmannらによってなされた最初の合成を勉強する．なぜなら有機化学 I, II ですでに学習した古典的反応だけでほとんどの段階の目的が達成されているからである．この合成によって，女性ホルモン活性を有する**エキレニン**（equilenin）が得られ，ステロイドの骨格構造が推定通りであることが確証された．なおエキレニンは，1932年にフランスのGirardによって牝馬の尿から単離されていた．
図19.46と19.47に合成経路を示す．立体選択的合成という概念が出来る前の合成だから，立体異性体が生成する段階では可能な異性体がすべて生成するが，それらを分離し，きわめて高い収率で最終物の (+)-エキレニンと，その残り3種の立体異性体を合成した．その結果，(+)-エキレニンが強い女性ホルモン活性を有することと，他の異性体は活性がきわめて弱いか，または無いことを見出した．Bachmannの仕事は，立体異性と生物活性との関係を正確な実験に基づいて研究した例としても重要である．

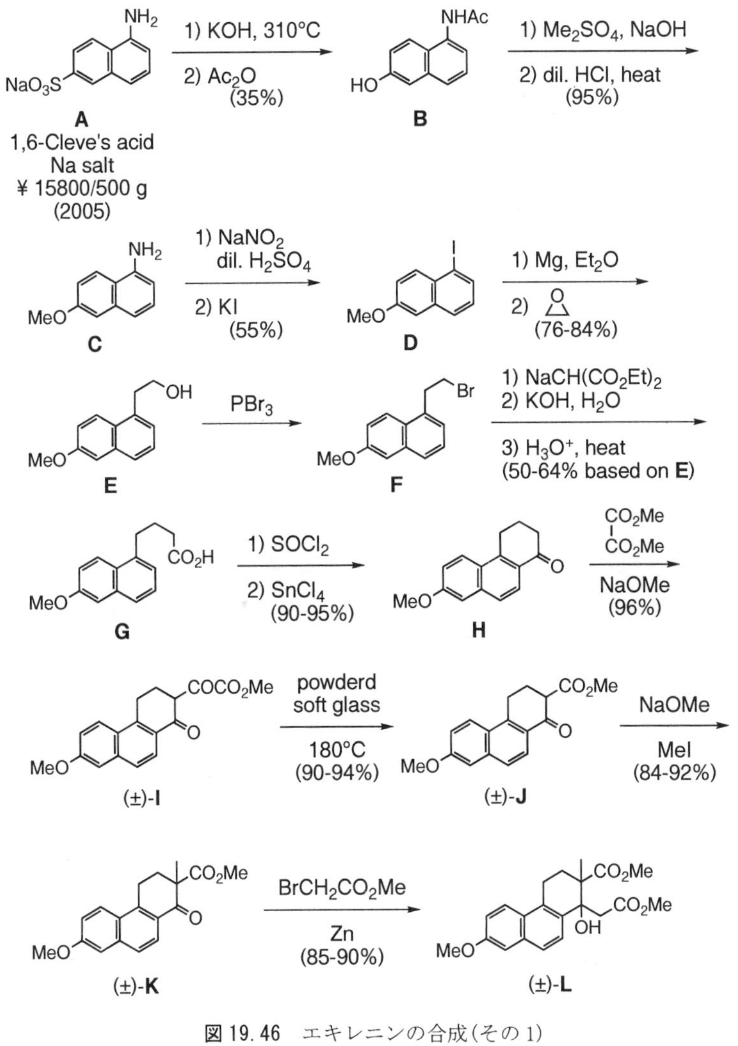

19.6 トリテルペノイドとステロイド (87)

図 19.46　エキレニンの合成(その1)

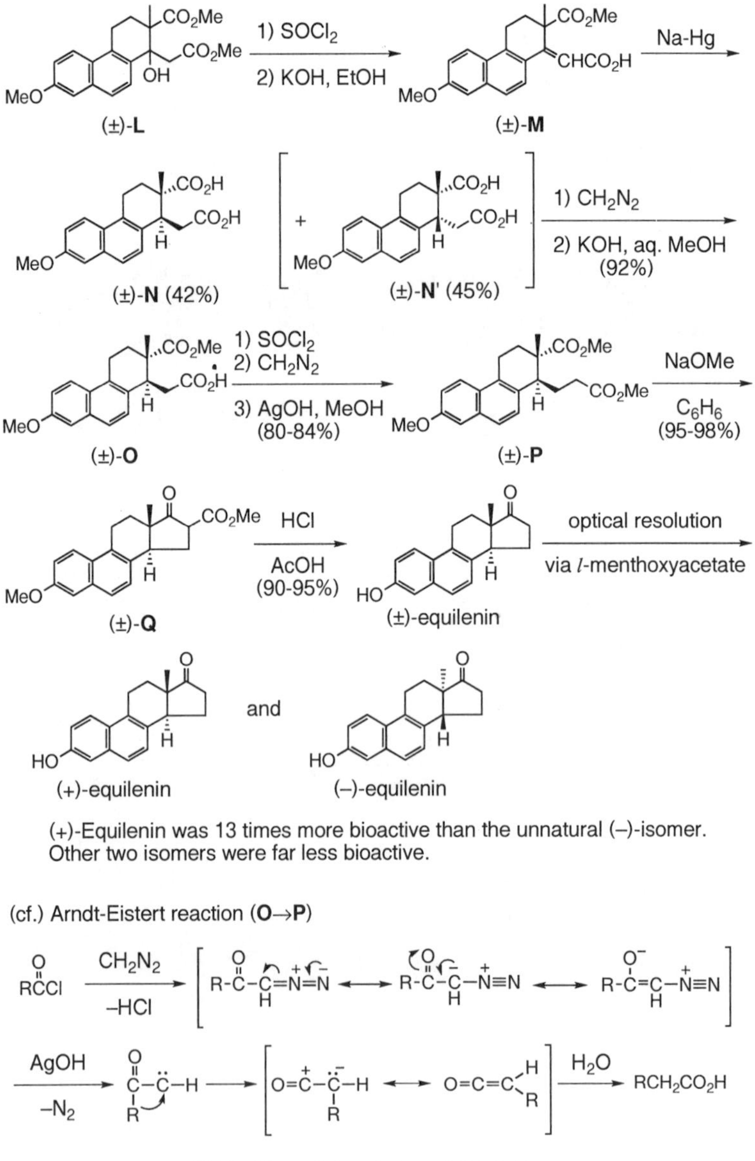

19. 天然有機化合物（その1）テルペノイド，ステロイド，カロテノイド

(+)-Equilenin was 13 times more bioactive than the unnatural (−)-isomer. Other two isomers were far less bioactive.

(cf.) Arndt-Eistert reaction (**O**→**P**)

図 19.47　エキレニンの合成（その2）

原料の Cleve の酸 (**A**) は，染料工業でよく利用される中間体である。**A** のアルカリ熔融 (12.22.1 参照) と *N*-アセチル化で **B** を得る。**B** を **C** に変換後，**C** に対する Sandmeyer 反応[16.5.4 2) 参照]で，**D** を得る。**D** を Grignard 試薬とし，エチレンオキシドと反応させて [6.9.5 4) の f) 参照]，**E** を得た。対応するブロミド **F** は，マロン酸エステル合成法 (14.7.5 参照) によって，カルボン酸 **G** とした。**G** を酸クロリドとした後，分子内 Friedel-Crafts 反応 (13.11.1 参照) でケトン **H** とした。次にケトン **H** に対するシュウ酸ジメチルの混合 Claisen 縮合 (15.12.3 参照) で **I** を得る。**I** の脱カルボニル化で得られる β-ケトエステル **J** のメチル化で **K** が生成する。**K** に対して Reformatsky 反応 (15.11.3 参照) を行い，**L** を得た。

次に，図 19.47 に移る。**L** の脱水とケン化で得た α, β-不飽和酸 **M** の二重結合をナトリウムアマルガムで還元すると，**N** と **N'** の混合物が生成する。再結晶で分離した **N** を半エステル **O** とした後，**O** に対して Arndt-Eistert の増炭反応 (RCOCl→RCOCHN$_2$→RCH$_2$CO$_2$H) を行い，**P** を得る。**P** の Dieckmann 環化 (15.12.2 参照) で **Q** を得，酸加水分解で (±)-エキレニンへ導いた。これを (-)-メントキシ酢酸 [12.2.2 2) 参照] でフェノール性水酸基をエステル化し，分別再結晶で光学分割した。その結果，天然型 (+)-エキレニンと非天然型 (-)-エキレニンが得られた。他の 2 個の立体異性体も **N'** から合成した。この合成の完成でステロイド母核の構造問題は決着した。

19.7 カロテノイド

19.7.1 カロテノイドの生合成

カロテノイドの生合成の第1段階は，スクアレンの生合成の場合と同様に，C_{20} のゲラニルゲラニル二リン酸の tail-to-tail の二量化である (図 19.48)。

図示のようにプレフィトエン二リン酸から，リコペルセンを経て，リコペンになり，環化によってカロテンが生成する。遺伝子工学の助けによりこの生合成経路を工業的に利用して，有用カロテノイドを製造する研究が行われている。

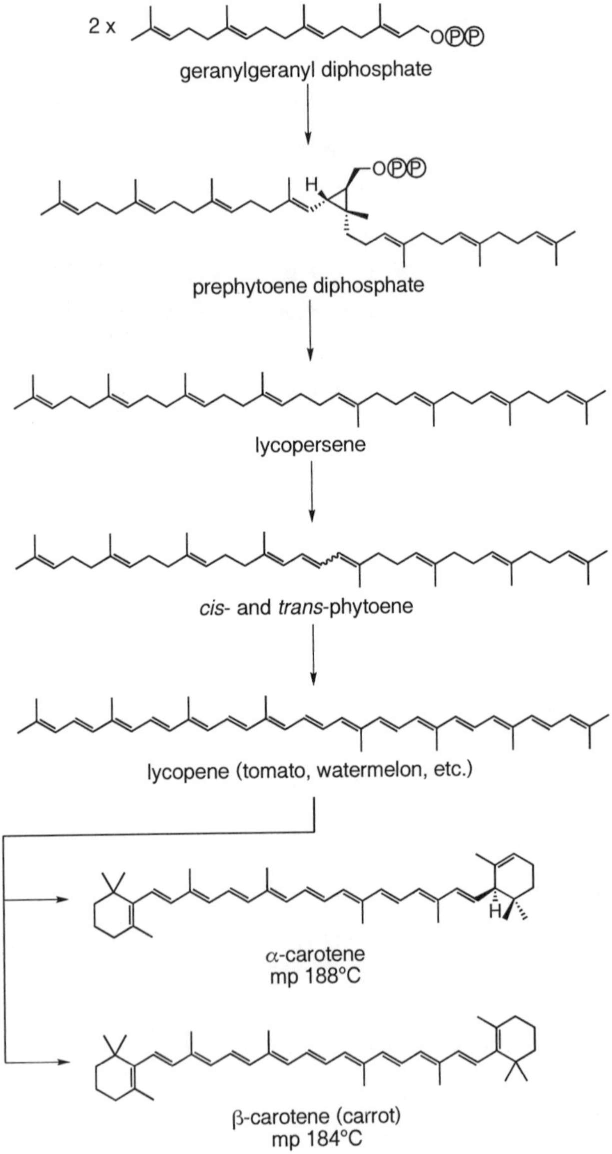

(90)　19.　天然有機化合物（その1）テルペノイド，ステロイド，カロテノイド

図19.48　カロテノイドの生合成

19.7.2 カロテノイドの各論

カロテノイドは,動植物色素として自然界に広く分布している。また,電子に富む共役系を有しており,抗酸化剤として老化防止に役立っている。β-カロテンは人参の橙赤色色素であるが,健康食品として用いられている。β-カロテンは卵の黄味の色素でもあるので,工業合成された β-カロテンがブロイラー用の飼料に添加され,卵黄の黄色を濃くするのに用いられている。その他図 19.49 に示すようなカロテノイド色素が知られている。アスタセンはエビ・カニの赤色色素であるが,生きている間はタンパク質と結合していて青い。ルテインは卵黄の色素,ビオラキサンチンはみかんの色素である。褐藻の色素であるフコキサンチンは,光学活性なアレン型の構造を有している。カプサンチンは,赤トウガラシの色素である。

19.7.3 カロテノイドの分解物

カロテノイドが酸化的に分解されて生成する物質には,生物活性を示すものが知られている。図 19.50 に示すビタミン A は β-カロテンの酸化的切断で生じる。

トリスポリン酸 C は,カビ *Blakeslea trispora* の性ホルモンである。レチナールは視覚の発現に重要である。アブシジン酸は高等植物の落葉と休眠を支配するホルモンである。テアスピロンは茶の香気成分として知られている。

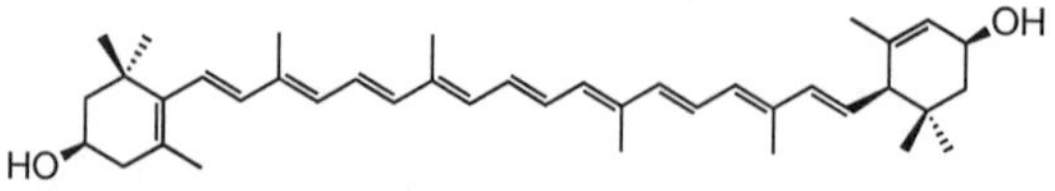

(92)　19.　天然有機化合物（その1）テルペノイド，ステロイド，カロテノイド

lutein (egg yolk)

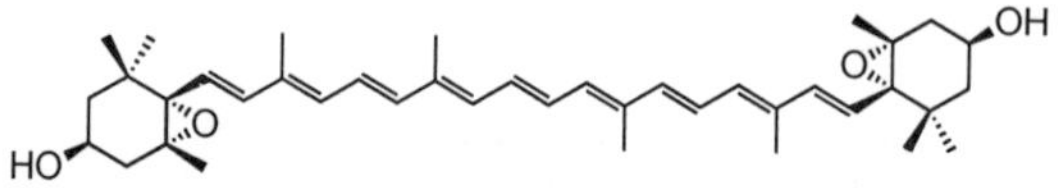

violaxanthin (mandalin orange)

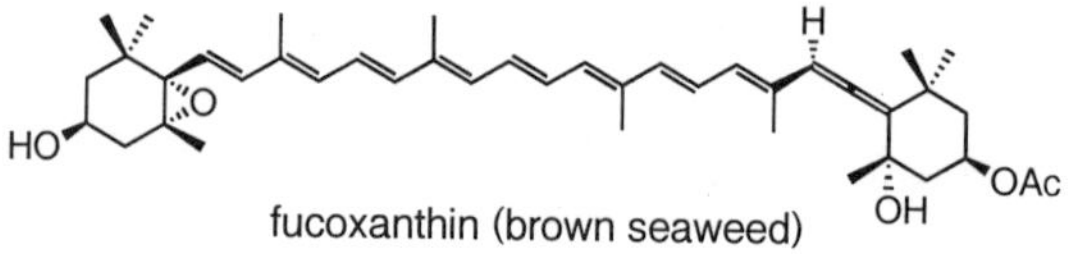

fucoxanthin (brown seaweed)

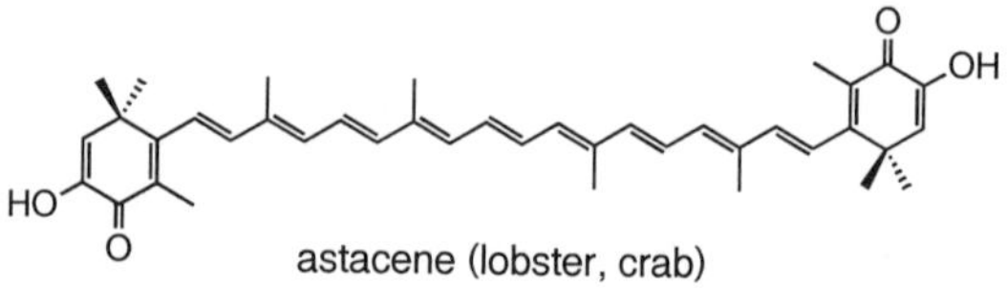

astacene (lobster, crab)

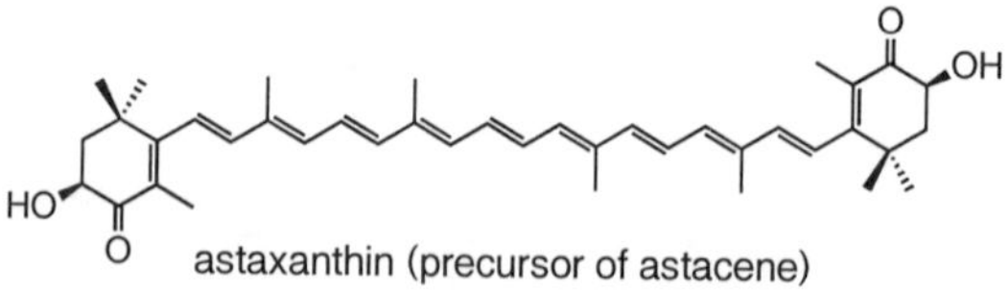

astaxanthin (precursor of astacene)

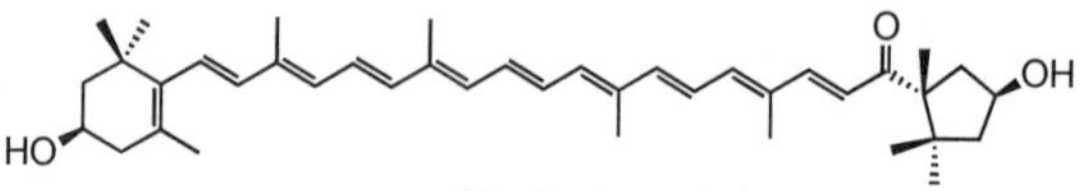

capsanthin (red pepper)

図 19.49　主要なカロテノイドの構造

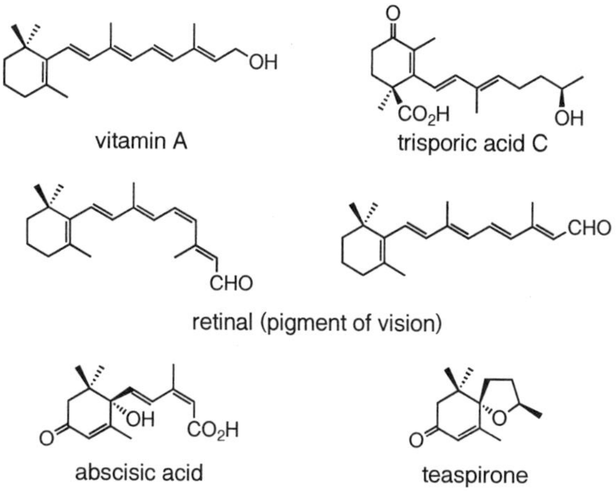

19.7 カロテノイド

vitamin A

trisporic acid C

retinal (pigment of vision)

abscisic acid

teaspirone

図 19.50　生物活性物質としてのカロテノイド分解物

20. 複素環化学

20.1 複素環化合物の概説

環状構造の化合物で，環内に酸素・窒素・硫黄など炭素以外の元素の原子を有するものを，**複素環化合物**（ヘテロ環化合物，heterocycles）ということは，一般教育の化学で学んだ。21, 22章で学ぶ天然有機化合物には，複素環化合物が多数あるので，本章では**複素環化学**（heterocyclic chemistry）の基本を学ぶ。

複素環化合物は天然有機化合物中に広く存在するだけでなく，現在利用されている農薬・医薬には複素環構造のものが多いので，実用上大事である。図20.1に農薬・医薬として用いられている合成複素環化合物を例示した。

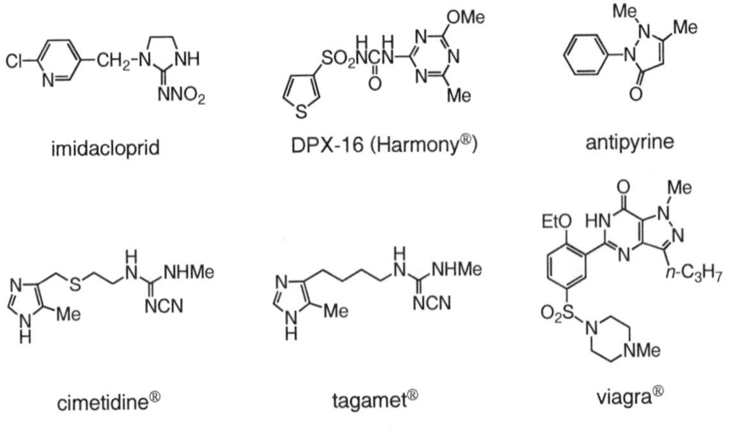

図20.1 医薬・農薬として有用な複素環化合物

イミダクロプリドは日本バイエルアグロケム社が開発した殺虫剤で世界の112カ国で用いられている。DPX-16（商品名ハーモニー）はアメリカ・デュポン社が開発した除草剤で，1アール当たりたった1gで有効という画期的な薬剤である。アンチピリンは1887年に発明され，今でも使われている解熱剤であり，シメチジンとタガメットは1960-1970年代に発明された胃潰瘍の

薬である。ヴァイアグラは，1997年に発明された勃起不全治療薬である。

複素環化合物の基本となる環構造の主なものを，図20.2に示す。複素環化合物は，非芳香族複素環化合物と芳香族複素環化合物とに二大別される。また，炭素原子以外の原子（**ヘテロ原子** hetero atom という）が1個のもの，2個のもの，3個のものなどがある。

(A) Non-aromatic heterocycles

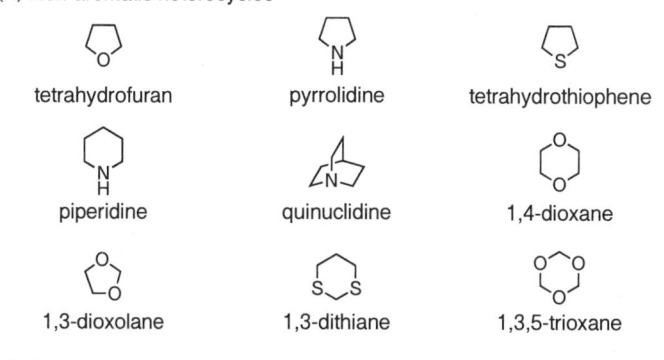

tetrahydrofuran pyrrolidine tetrahydrothiophene

piperidine quinuclidine 1,4-dioxane

1,3-dioxolane 1,3-dithiane 1,3,5-trioxane

(B) Aromatic heterocycles

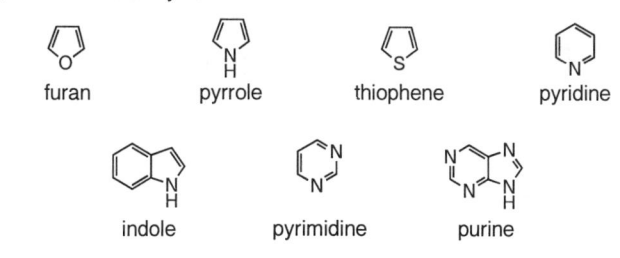

furan pyrrole thiophene pyridine

indole pyrimidine purine

図20.2 主な複素環骨格とその名称

20.2 三員環複素環化合物

20.2.1 構造と名称

酸素原子を含むエチレンオキシド（オキシラン），窒素原子を含むアジリジン（エチレンイミン），硫黄原子を含むエチレンスルフィド（チイラン）は3個の構成原子が60°の原子価角で結びつく形になるので，環に張力がかかり，不安定で，環が開きやすい。

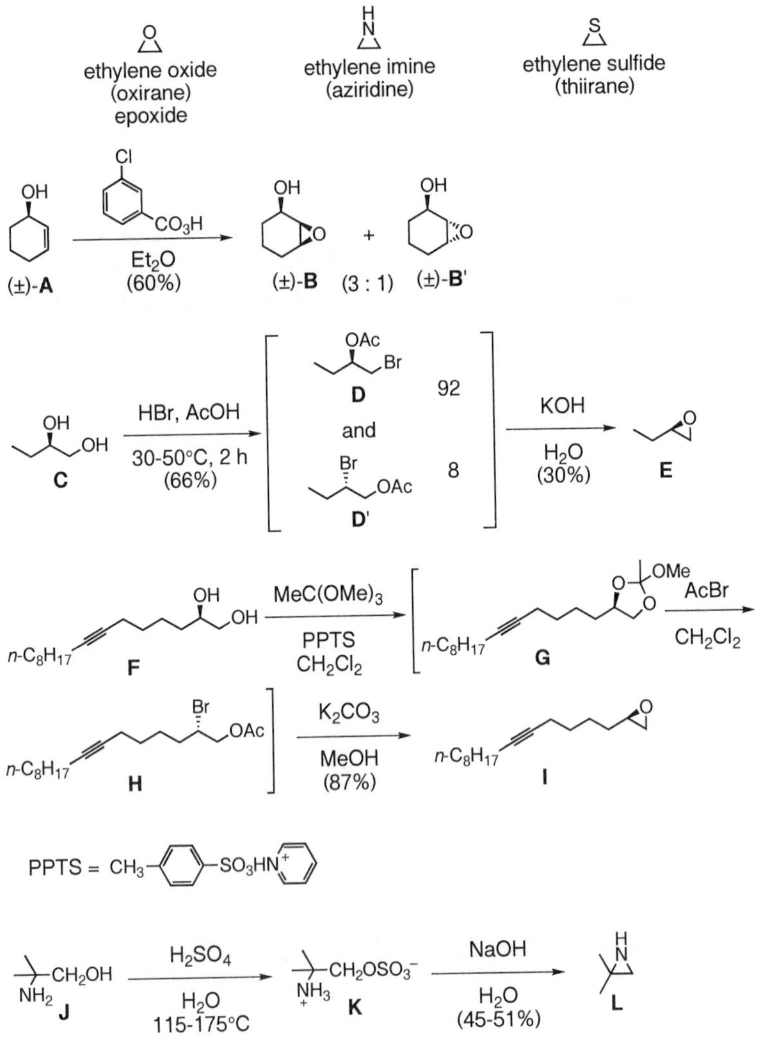

20. 複素環化学

図 20.3 （次ページに続く）

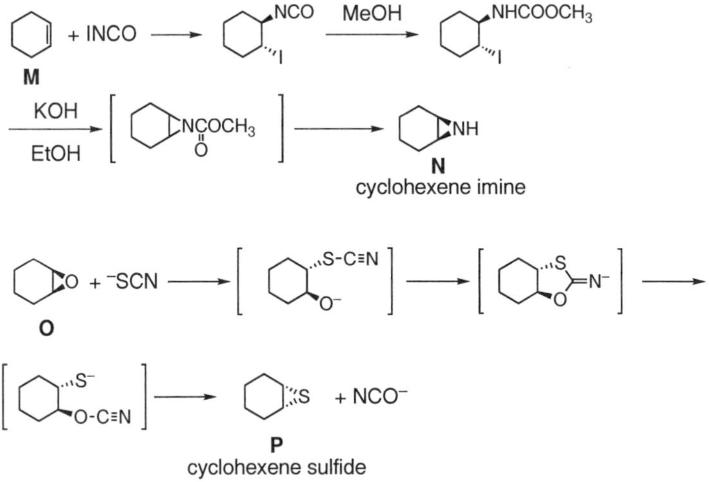

20.5 五員環の芳香族複素環化合物(1)フラン，ピロール，チオフェン (97)

図20.3 三員環複素環化合物の名称と製法

20.2.2 製法

エポキシドは求電子試薬としての反応性に富み，合成化学的に有用なので，いろいろな製法が開発されている。図20.3に例を3種あげた。**A**から**B**と**B'**との混合物への変換は，*m*-クロロ過安息香酸によるエポキシ化反応であり，7.7.5 3)で述べた。

光学活性エポキシドは，光学活性物質を合成する際の中間体として重要である。**C**や**F**のような光学活性1,2-ジオールは，不斉反応で合成可能であるし，光学活性な α-アミノ酸からも調製できる。臭化水素の酢酸溶液を用いる変換（**C→E**）は，反応条件が強酸性で苛酷であるが，**F**から**I**への変換はきわめて温和な条件で実行可能である。

アジリジンの合成法は，**J**から**L**と**M**から**N**と2種類示す。チイランは通常エポキシドから**O→P**のようにして合成される。

20.2.3 反応

複素三員環の求核試薬による開環反応を，図20.4に例示した。特に重要なのは，エポキシドの有機金属試薬による開裂（**A→C**と**D→F**）という炭素・炭素結合形成反応である。Grignard試薬によるエポキシドの開裂

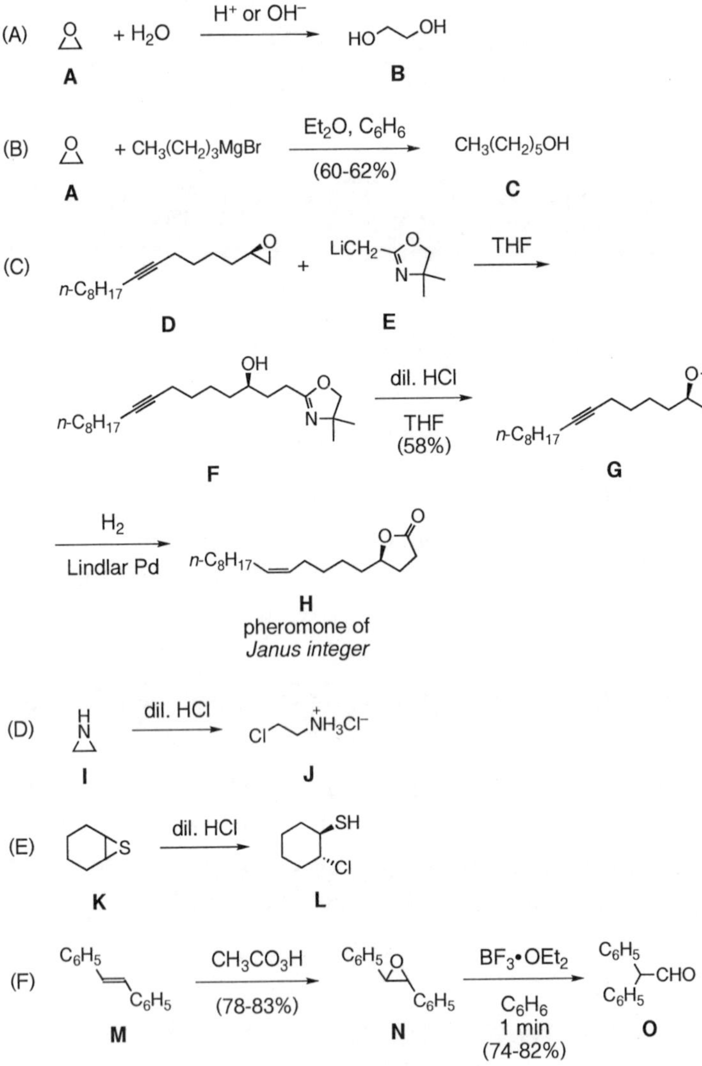

20. 複素環化学

図 20.4 三員環複素環化合物の反応

は，6.9.5 4) で述べた．

2,4,4-トリメチル-2-オキサゾリンと n-ブチルリチウムとから調製した試薬 (**E**) によるエポキシド **D** の開環は **F** を与え，**F** を酸加水分解すればラクトン **G** となる．**G** の Lindlar 還元［8.7.1 1) 参照］で得られるラクトン **H** は，アメリカの果樹害虫のフェロモンである．

アジリジンとチイランの開裂例に加えて，エポキシドの転位によるアルデヒドの生成（**N**→**O**）も，よく見られる反応である．

20.3　四員環複素環化合物

20.3.1　構造と名称，製法

酸素原子を含む**オキセタン**，窒素原子を含む**アゼチジン**，硫黄原子を含む**チエタン**は，三員環化合物と同様に，分子内閉環反応で合成される（図20.5）．

20.3.2　反応

複素四員環化合物もまた環に張力がかかり，環開裂反応を起す（図20.6）．

oxetane　azetidine　thiethane

(A)　AcOCH$_2$CH$_2$CH$_2$Cl　$\xrightarrow[\substack{H_2O \\ 140°C \\ (42-44\%)}]{KOH}$　**B** bp 47-48°C

A

(B)　BrCH$_2\overset{CH_3}{\underset{CH_3}{C}}CH_2$NHCH$_3$　$\xrightarrow[\substack{100°C \\ (80\%)}]{50\% \ KOH}$　**D**

C

(C)　ClCH$_2$CH$_2$CH$_2$Cl　$\xrightarrow[\substack{EtOH \\ (20-30\%)}]{Na_2S}$　**F**

E

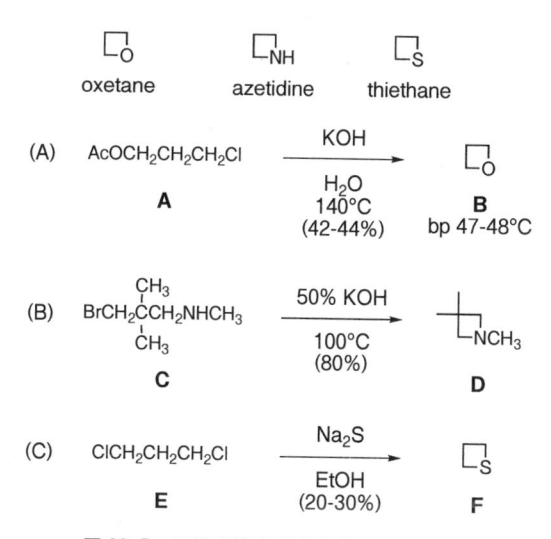

図 20.5　四員環複素環化合物の名称と製法

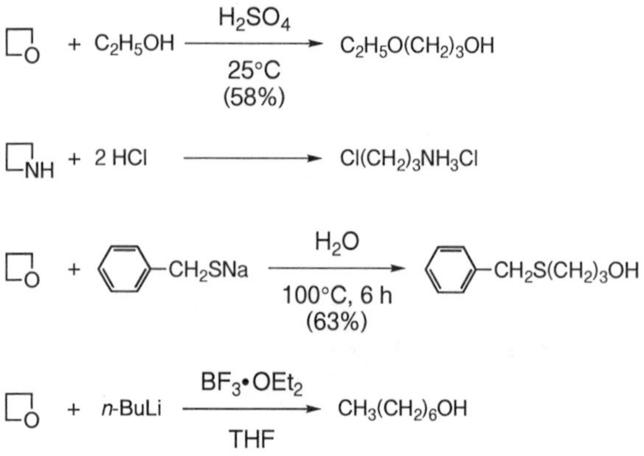

図 20.6　四員環複素環化合物の反応

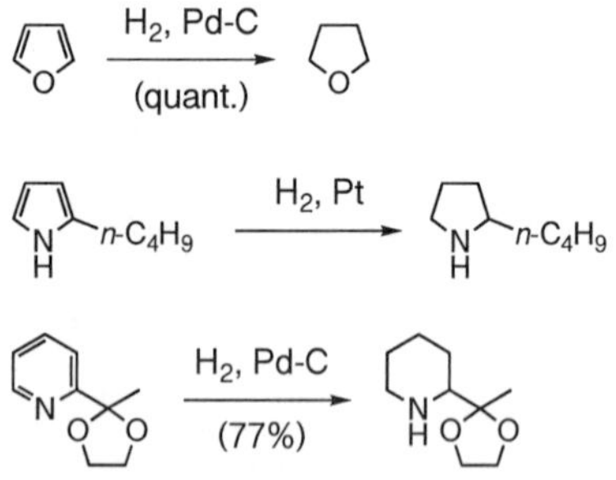

図 20.7　接触水素化によるテトラヒドロフラン，ピロリジン，ピペリジン類の製造

20.4　五，六員環複素環化合物

　五, 六員環複素環化合物は, 対応する芳香族複素環化合物の接触水素化（図20.7），または，鎖状化合物の分子内閉環で合成される。（図20.8）。

　五, 六員環複素環化合物は安定であり，通常の条件下では環開裂を起さない。

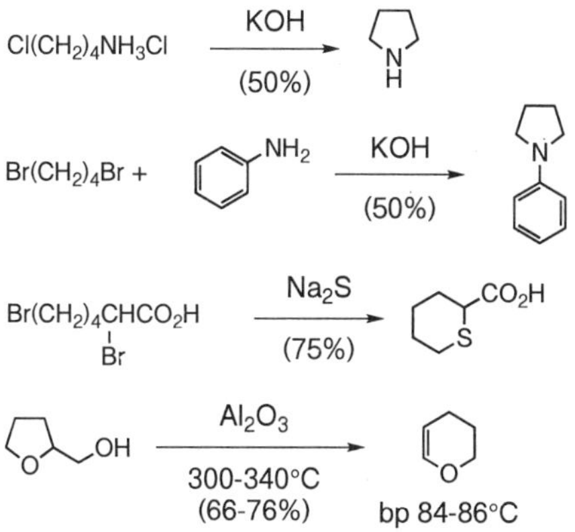

図 20.8　環化や環拡大による五員環および六員環複素環化合物の製造

20.5　五員環の芳香族複素環化合物 (1)
　　　　フラン，ピロール，チオフェン

20.5.1　構造と名称

酸素原子1個を含むフラン，窒素原子1個を含むピロール，硫黄原子1個を含むチオフェンは，Hückel の $(4n+2)\pi$ 電子の規則（9.2.1参照）に合致する6個の π 電子を有していて，芳香族性を示す（図20.9）。

20.5.2　製法

1) フラン

フランの製造は，もみがら，麦わら，トウモロコシの芯を希硫酸と加熱してフルフラールを得ることから始まる。農産廃物中のキシロースやアラビノースなどの五炭糖の多量体であるペントサンの酸分解で，図20.10の (A) に示すようにしてフルフラールが生成する。次に (B) に示すようにフルフラールの Cannizzaro 反応（13.9.4参照）でフラン-2-カルボン酸を得る。それを (C) 熱分解により脱炭酸すれば，フランが得られる。

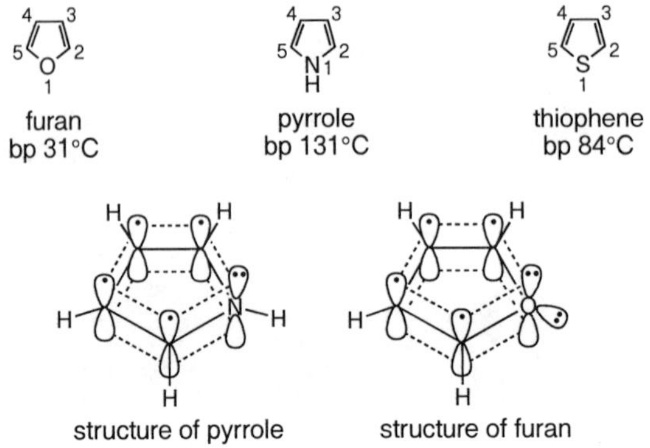

20. 複素環化学

furan
bp 31°C

pyrrole
bp 131°C

thiophene
bp 84°C

structure of pyrrole   structure of furan

図 20.9 フラン，ピロール，チオフェンの構造

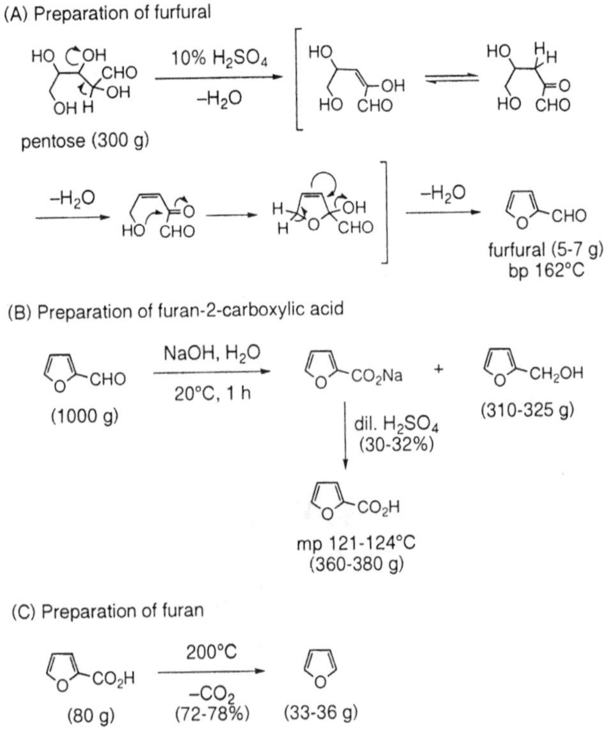

(A) Preparation of furfural

pentose (300 g) → [中間体] → furfural (5-7 g) bp 162°C

(B) Preparation of furan-2-carboxylic acid

furfural (1000 g) + NaOH, H$_2$O, 20°C, 1 h → CO$_2$Na体 + CH$_2$OH体 (310-325 g)

dil. H$_2$SO$_4$ (30-32%) → furan-2-carboxylic acid mp 121-124°C (360-380 g)

(C) Preparation of furan

furan-2-carboxylic acid (80 g) →[200°C, −CO$_2$ (72-78%)] furan (33-36 g)

図 20.10 フランの製法

20.5 五員環の芳香族複素環化合物(1) フラン，ピロール，チオフェン

2) ピロール

ピロールの昔から行われている製法は，粘液酸（mucic acid）のアンモニウム塩を熱分解することである［図20.11の(A)］。

3) チオフェン

実験室的にはチオフェンは，コハク酸ナトリウムを五硫化二リンで処理すると得られる［図20.11の(B)］。工業的には，ブタンやブテンやブタジ

(A) Preparation of pyrrole

mucic acid → pyrrole + $4H_2O$ + NH_3 + $2CO_2$
1) 20% NH_3, H_2O dry up
2) heat, 180-200°C (40-50%)

(B) Preparation of thiophene

NaO_2C–CH_2CH_2–CO_2Na → thiophene
P_2S_5 (25-30%)

(C) Industrial synthesis of thiophene

n-C_4H_{10} + S → thiophene + H_2S
600°C, 1 sec

図20.11 ピロールとチオフェンの製法

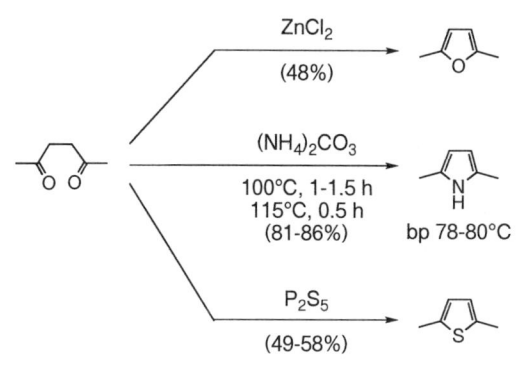

図20.12 Paal-Knorr 合成

- $ZnCl_2$ (48%) → 2,5-ジメチルフラン
- $(NH_4)_2CO_3$ 100°C, 1-1.5 h; 115°C, 0.5 h (81-86%) → 2,5-ジメチルピロール，bp 78-80°C
- P_2S_5 (49-58%) → 2,5-ジメチルチオフェン

(　104　) 20. 複素環化学

エンを硫黄と 600℃に 1 秒間加熱することで製造されている[図 20. 11 の (C)]。

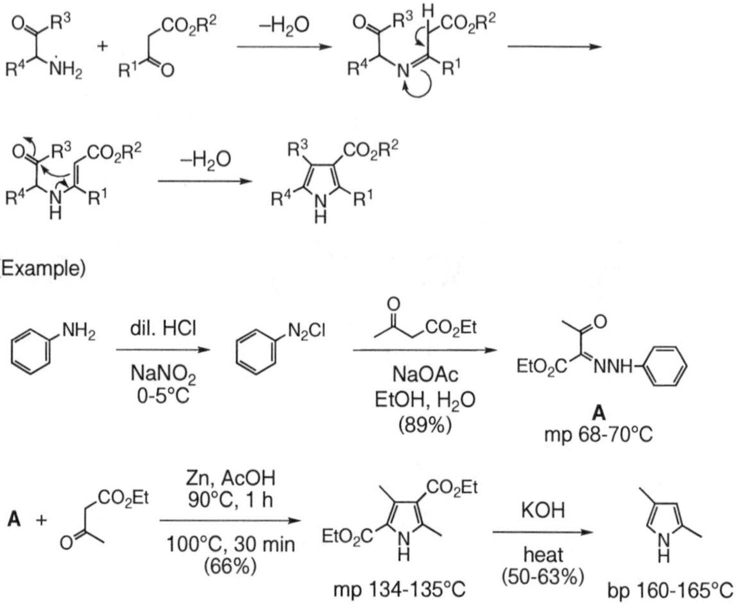

(Example)

図 20. 13　Knorr のピロール合成

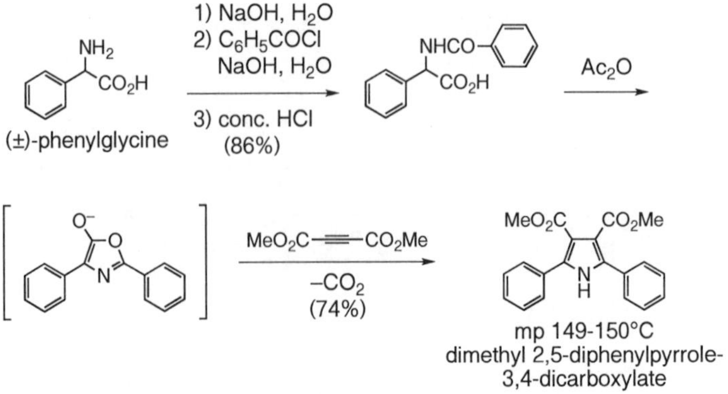

図 20. 14　ヘテロ Diels-Alder 反応を利用したピロール誘導体の合成

20.5 五員環の芳香族複素環化合物(1)フラン，ピロール，チオフェン

4) Paal-Knorr 合成

1,4-ジカルボニル化合物を，脱水剤，またはアンモニア，または五硫化二リンと反応させると，それぞれフラン環，ピロール環，チオフェン環を有する化合物が形成される。これを **Paal-Knorr 合成**とよぶ（図20. 12）。

5) Knorr のピロール合成

1886年に Knorr によって考案されたピロール合成法は，α-アミノケトンとβ-ケトエステルとを酢酸中で縮合させるものであり，現在でも広く利用されている（図20. 13）。

6) その他の方法

その他多くの方法で，フラン・ピロール・チオフェン誘導体は合成される。図20. 14 に，ヘテロ Diels-Alder 反応を利用した合成を示す。

20.5.3 反応

1) 求電子的置換反応

求電子的置換反応に対する反応性は，ピロールが最大で，次にフラン，それからチオフェンの順であるが，チオフェンはベンゼンよりもはるかに反応性が大きい。置換は，図20. 15 に示すように，1位（α位という）に主に起り，2位（β位という）には余り起らない。

2) 加水分解や加水素分解による開環

フラン環は，酸加水分解により開環する。図20. 16 に示すように，この開環反応は直鎖ジカルボニル化合物の良い製法である。チオフェン誘導体は，Raney ニッケルで処理すると硫黄原子が還元的に除去されて，鎖状炭化水素となる。

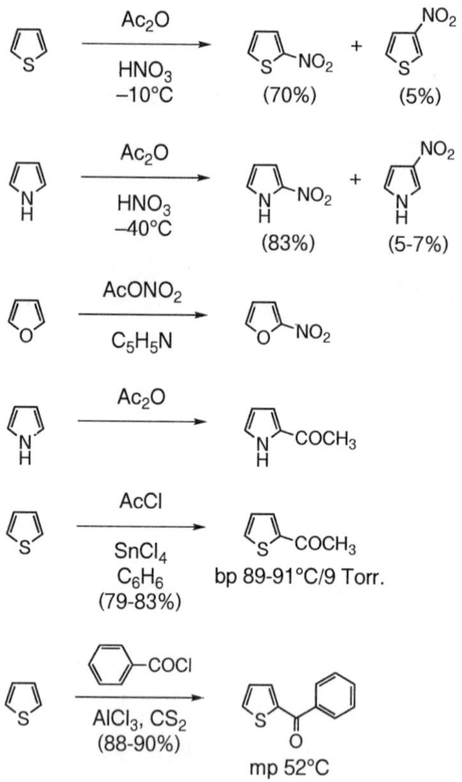

図 20.15 フラン，ピロール，チオフェンの求電子的置換反応

3) アニオン形成とアニオンの反応

　ピロールの窒素原子上の水素原子は，弱い酸性を示す（pKa = 17.5）ので，強塩基で脱プロトン化される。ナトリウムおよびカリウム塩はイオン性であり，窒素原子上で置換反応が起る。マグネシウム塩は，より共有結合性があり，窒素原子上より炭素原子（α位）で反応が起る（図 20.17）。

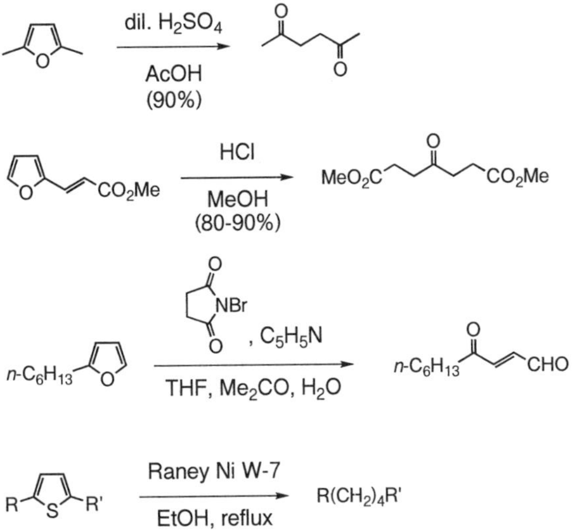

20.5 五員環の芳香族複素環化合物(1)フラン，ピロール，チオフェン

図20.16 フラン類とチオフェン類との開環反応

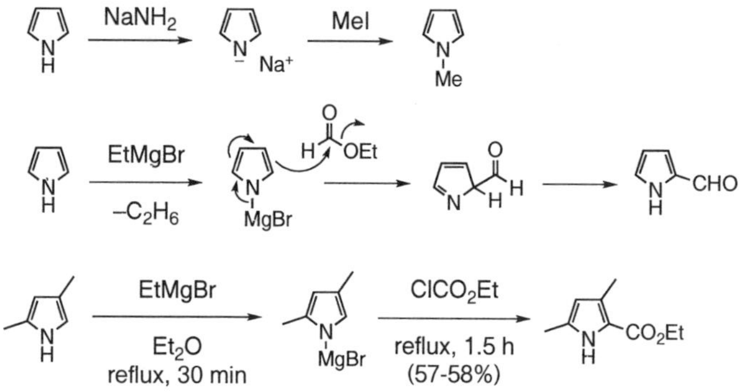

図20.17 ピロールのアニオンとその反応

20.6 縮合フラン，ピロール，チオフェン

20.6.1 構造と名称

ベンゾフラン，インドール，ベンゾチオフェン，カルバゾールなどのベンゼン環と接合している化合物は，ナフタレン同様芳香族性を示し，元の五員複素環よりも安定である。図 20.18 に，構造・名称と番号付けを示す。

benzofuran　　indole　　benzothiophene　　carbazole

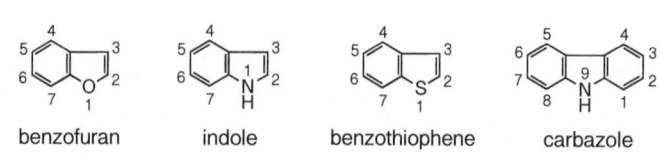

図 20.18　ベンゾフラン，インドール，ベンゾチオフェン，カルバゾールの構造と名称

20.6.2　製法

1) Fischer のインドール合成

ドイツの E. Fischer は，1886 年にインドール化合物の一般合成法を開発した。この方法は原料に芳香族ヒドラジンを用いる。図 20.19 の (A) にフェニルヒドラジンの合成法を示すが，これは大学卒業直後 22 才の Fischer が，恩師 A. von Baeyer の実験室でやった仕事である。フェニルヒドラジンはインドール環の合成だけでなく，後述［22.2.2 2) 参照］のように糖化学の領域でも Fischer によって多用された。

芳香族ヒドラジンをアルデヒドまたはケトンと脱水縮合させて得られるヒドラゾンを鉱酸や塩化亜鉛と加熱するとインドール環が生成する。図 20.19 の (B) に 2-フェニルインドールの合成法を示した。この反応の機構を (C) に記した。(D) には，Fischer 法による 1,2,3,4-テトラヒドロカルバゾールの合成と，そのパラジウム脱水素［11.4.1 2) 参照］によるカルバゾールの調製を示した。

2) その他のインドール合成

インドール環は，21.12 で述べるように種々のアルカロイドの重要な構造単位であるので，多くの合成法が考案されている。図 20.20 に，2-メチルインドールの Fischer 法によらない合成と，1994 年に福山　透（東大・薬）が

発表したラジカル環化によるインドール-3-酢酸メチルエステルの合成を例示する。

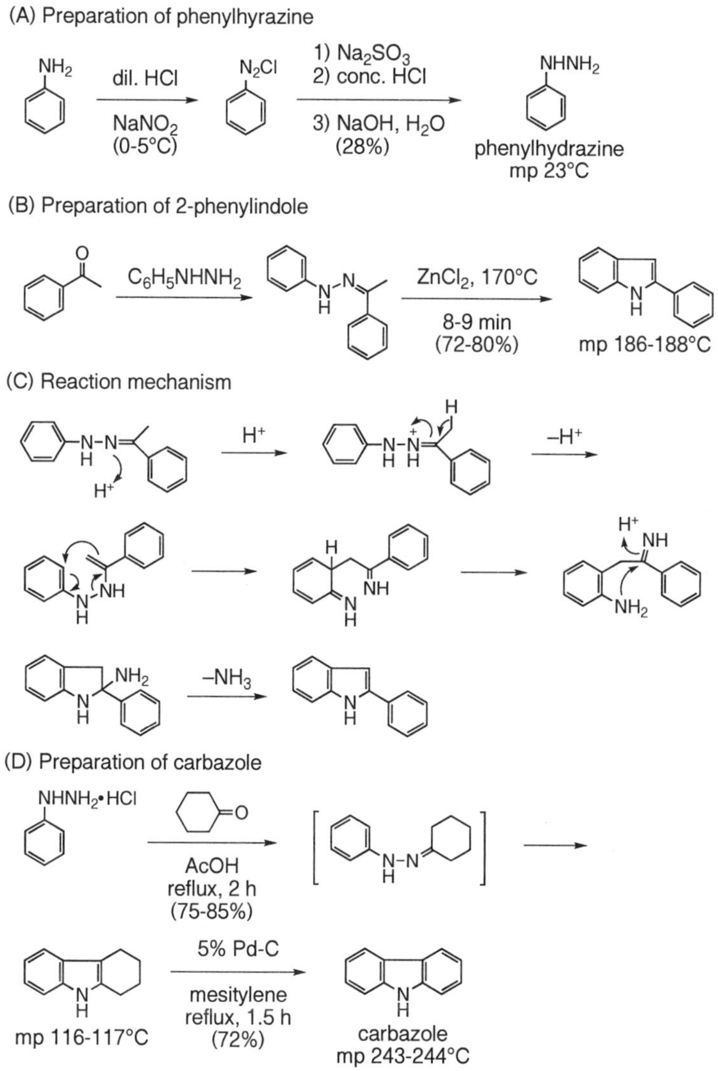

(A) Preparation of phenylhyrazine

(B) Preparation of 2-phenylindole

(C) Reaction mechanism

(D) Preparation of carbazole

図 20.19　Fischer のインドール合成

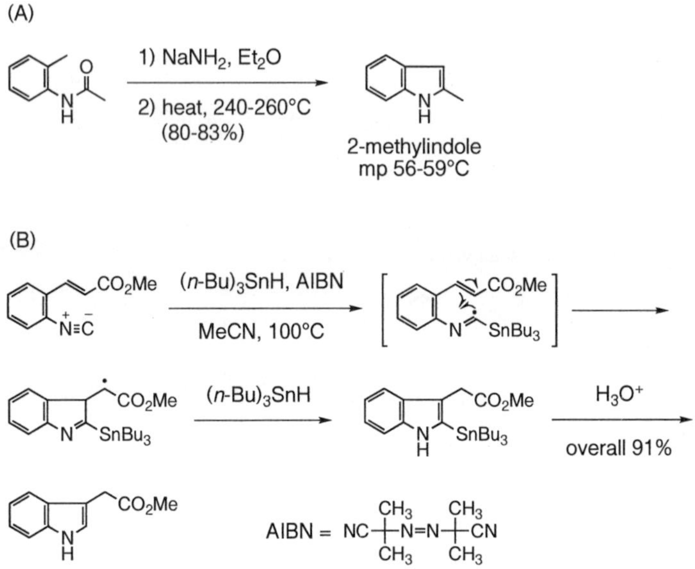
(A)
1) NaNH2, Et2O
2) heat, 240-260°C
(80-83%)
2-methylindole
mp 56-59°C
(B)
CO2Me
(n-Bu)3SnH, AIBN
MeCN, 100°C
SnBu3
(n-Bu)3SnH
H3O+
overall 91%
AIBN = NC-C(CH3)2-N=N-C(CH3)2-CN

図 20. 20　Fischer 法以外のインドール環合成法の例

3) ベンゾフランの合成

ベンゾフランは，クマリンから図 20. 21 に示すような環縮小反応で調製される。

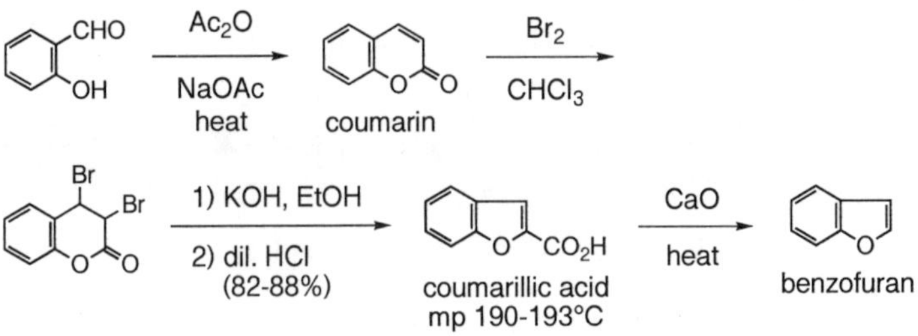
CHO
OH
Ac2O
NaOAc
heat
coumarin
Br2
CHCl3
Br
1) KOH, EtOH
2) dil. HCl
(82-88%)
CO2H
coumarillic acid
mp 190-193°C
CaO
heat
benzofuran

図 20. 21　ベンゾフランの製法

20.6.3 反 応
1) 求電子的置換反応

ベンゾフラン，インドール，ベンゾチオフェンでの求電子的置換反応は，ベンゼン環よりもむしろ複素環部分で起るが，フラン，ピロール，チオフェンよりは，はるかに反応性が小さい。

ベンゾフランでは，2 位が反応性最大である。ベンゾチオフェンでは，2 位，3 位ともに反応するが，3 位の方が反応性大である。インドールでは 3 位で反応する。図 20.22 に代表的反応を示した。

インドールで 3 位のみに反応が起るのは，図 20.22 の (D) (E) に示した反応機構のためである。すなわち，3 位に置換が起る際の反応中間体 **A** では，ベンゼン環の芳香族性が保持されるのに，2 位で反応が起る際の中間体 **B** では芳香族性が保持されず，不安定であるからと考えられている。

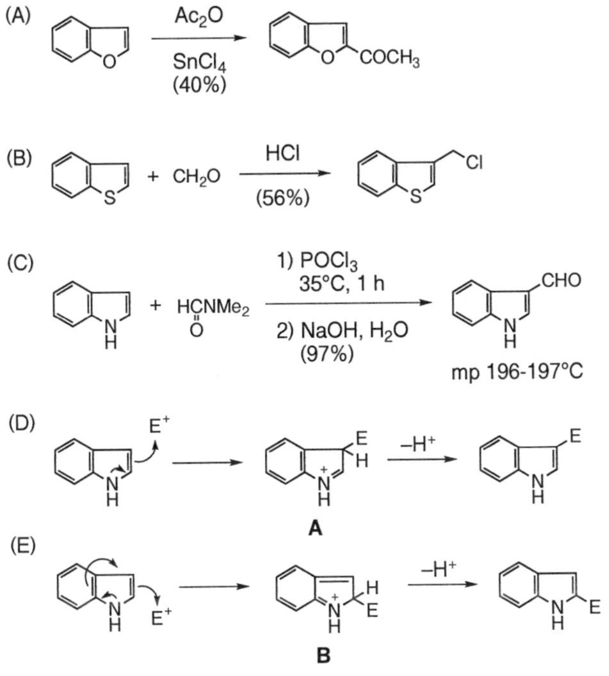

図 20.22 ベンゾフラン，ベンゾチオフェン，インドールの求電子的置換反応

2) アニオン形成とアニオンの反応

インドール（pKa = 17）を，ブチルリチウムや水素化ナトリウムや Grignard 試薬のような強塩基で処理すると，アニオンが生成する。生成したアニオンは，窒素原子上または3位の炭素原子上で反応する。Li, Na, K がカウンターイオンであると N 原子上で反応するが，Mg がカウンターイオンの時は C-3 位で反応する（図 20. 23）。NH が NCH$_3$ とメチル化されていると，脱プロトン化が2位で起り，生成したアニオンのアルキル化で2位が置換されたインドール誘導体を合成することができる。

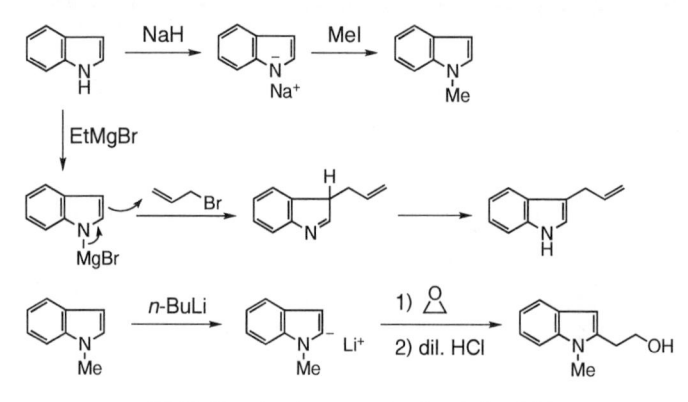

図 20.23　インドールのアニオンとその反応

20.7　アゾール

20.7.1　構造と名称

アゾール類は，図 20. 24 に示すように，フラン，ピロール，チオフェンの環内に更にもう一つの窒素原子を含む5員環の芳香族複素環化合物の総称である。これらのアゾール類のうち，イミダゾールとピラゾールとは，水素結合が分子間で可能であるため，沸点・融点ともに，他のものより高い。

チアゾール（pKa 2.4），ピラゾール（pKa 2.5）とオキサゾール（pKa 0.8）は，弱塩基であるが，イミダゾールは pKa 7.0 で塩基性が強い。これは，イミダゾールのプロトン化で生ずる共役酸が，図 20. 24 に示すように対称性を有しており，共鳴安定化するからだと考えられている。イミダゾールは pKa 7.0

であるので，中性の水中で半分プロトン化されている．イミダゾール環を含むアミノ酸である (S)-ヒスチジン（図 20.25）は，酵素タンパク中の活性部位として，プロトンの授受に関与している．アゾール環を含む生物活性天然物の例を図 20.25 に示した．

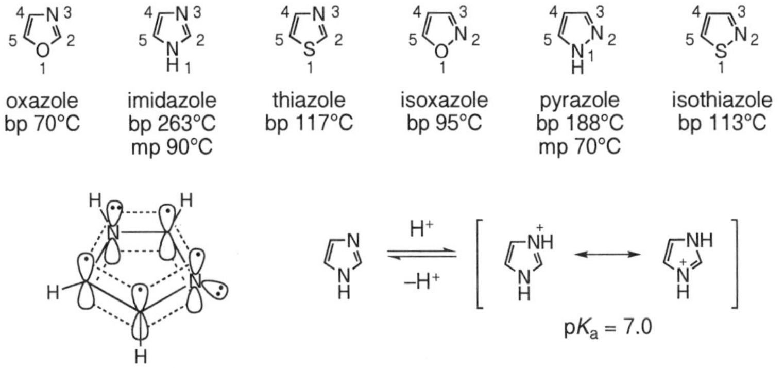

oxazole
bp 70°C

imidazole
bp 263°C
mp 90°C

thiazole
bp 117°C

isoxazole
bp 95°C

pyrazole
bp 188°C
mp 70°C

isothiazole
bp 113°C

$pK_a = 7.0$

図 20.24 アゾール類の構造と名称

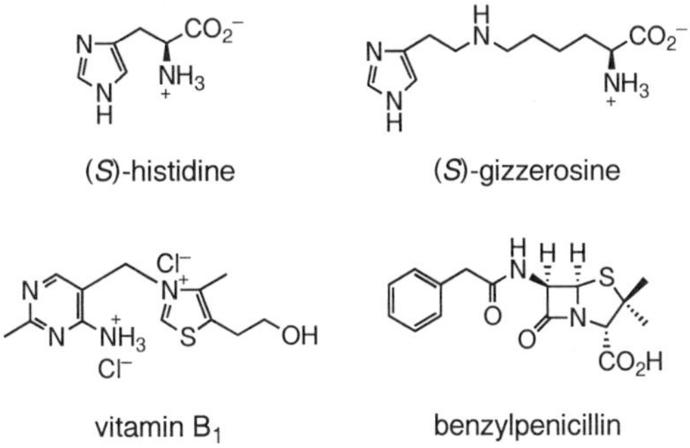

(S)-histidine

(S)-gizzerosine

vitamin B$_1$

benzylpenicillin

図 20.25 生物活性を示すアゾール類

ジゼロシンは，加熱乾燥した魚粉中に時に存在し，ニワトリのスナギモに潰瘍を生じさせる毒物である．ビタミン B$_1$ は抗脚気ビタミン，ベンジルペニシリンは，抗菌性抗生物質である．

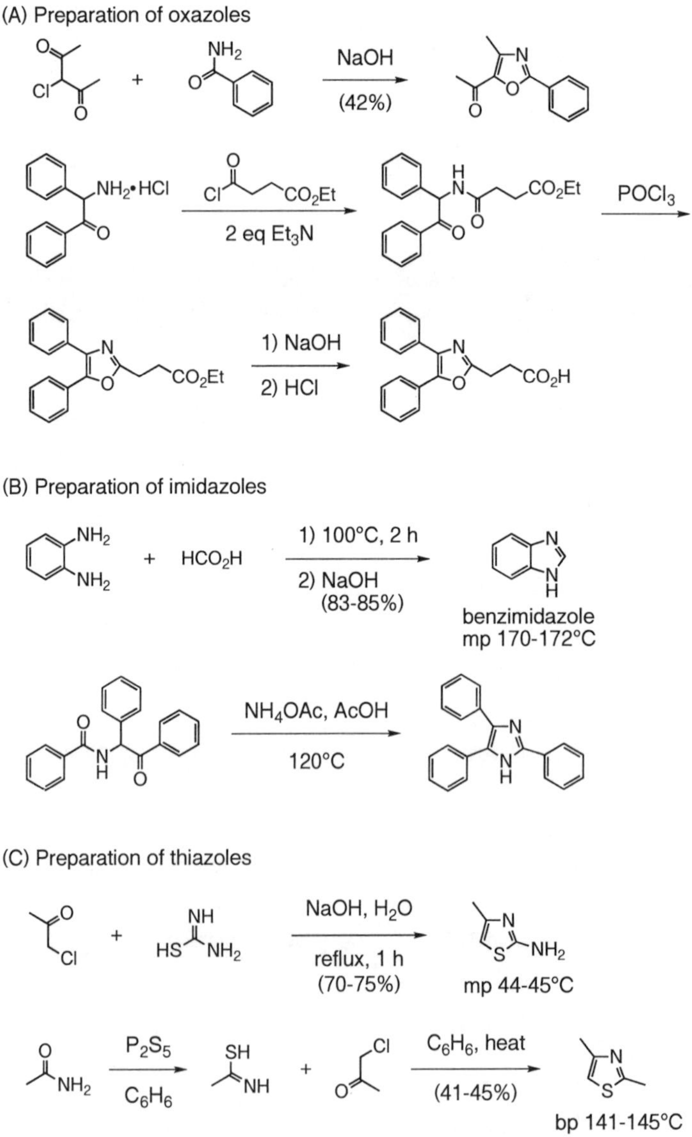

(A) Preparation of oxazoles

(B) Preparation of imidazoles

(C) Preparation of thiazoles

図 20.26　オキサゾール，イミダゾール，チアゾール類の合成

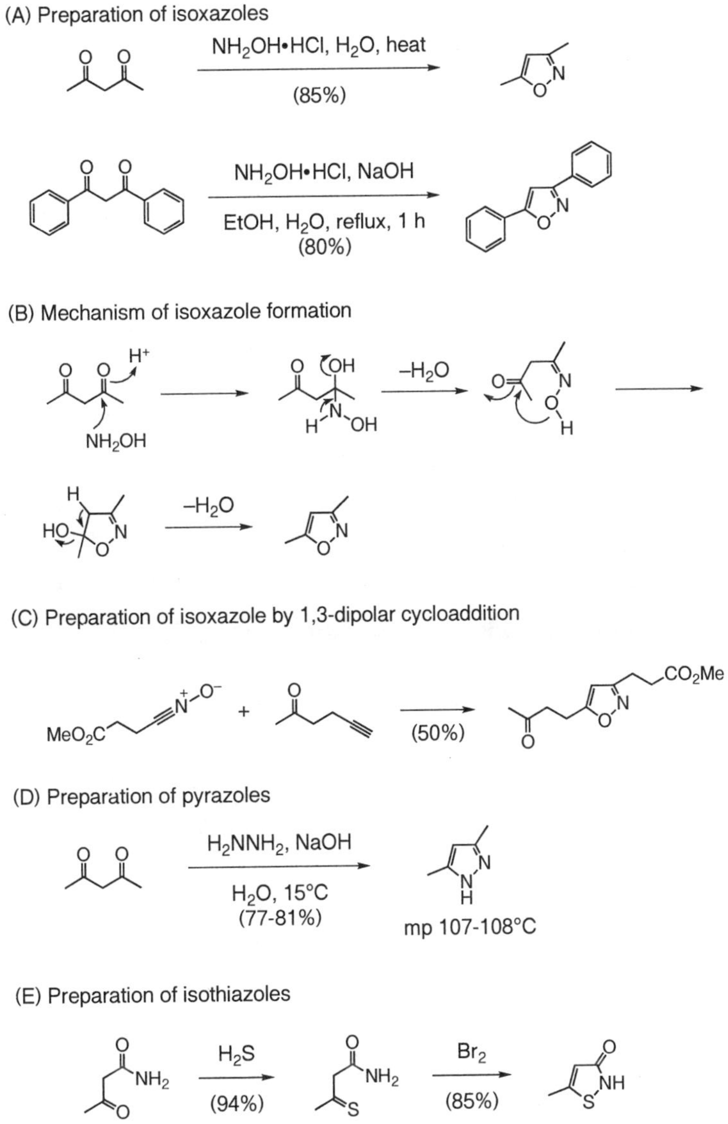

(A) Preparation of isoxazoles

(B) Mechanism of isoxazole formation

(C) Preparation of isoxazole by 1,3-dipolar cycloaddition

(D) Preparation of pyrazoles

mp 107-108°C

(E) Preparation of isothiazoles

図 20.27 イソキサゾール，ピラゾール，イソチアゾール類の合成

20.7.2 製法
1) オキサゾール，イミダゾール，チアゾール類の合成

図20.26に示すように，オキサゾールは，アミドと2-クロロケトンの縮合・脱水反応や2-アミノケトン由来のカルボキシアミドの分子内脱水反応で合成される。イミダゾールは，1,2-ジアミンとギ酸との縮合脱水反応や，2-アミノケトン由来のアミドを酢酸アンモニウムと加熱して作られる。チアゾールは，チオ尿素やチオアミドを2-クロロケトンと反応させて得られる。

2) イソキサゾール，ピラゾール類の合成

イソキサゾールとピラゾールは，図20.27の(A)(D)に示すように，1,3-ジカルボニル化合物にヒドロキシルアミンまたはヒドラジンを反応させて合成する。オキシムやヒドラゾンの生成後，環化する。イソキサゾール生成の反応機構を(B)に示した。イソキサゾールは(C)のような**1,3-双極子環化付加反応**（1,3-dipolar cycloaddition）でも合成される。

20.7.3 反応
1) 求電子的置換反応

アゾール類は，フラン，ピロール，チオフェンより反応性に乏しい。これはアゾール環内に，電気陰性度が大きい窒素原子があるためである。反応性は，ピラゾール，イソチアゾール，イソキサゾールの順に減少する。また，イミダゾール，チアゾール，オキサゾールの順に減少する。反応例を図20.28に示した。

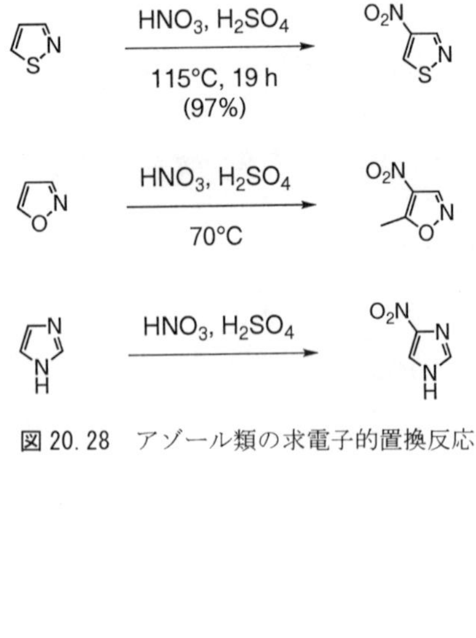

図20.28 アゾール類の求電子的置換反応

2) アニオン形成とアニオンの反応

イソチアゾール及び，NH が置換されて NR となっているピラゾールは，ブチルリチウムによって C-5 位がアニオンとなり，C-5 位で求電子試薬と反応する。3,5-ジメチルイソキサゾールでは 5 位のメチル基のプロトンがブチルリチウムで奪われるので 5 位のメチル基に対して求電子試薬を反応させることが可能である（図 20.29）。

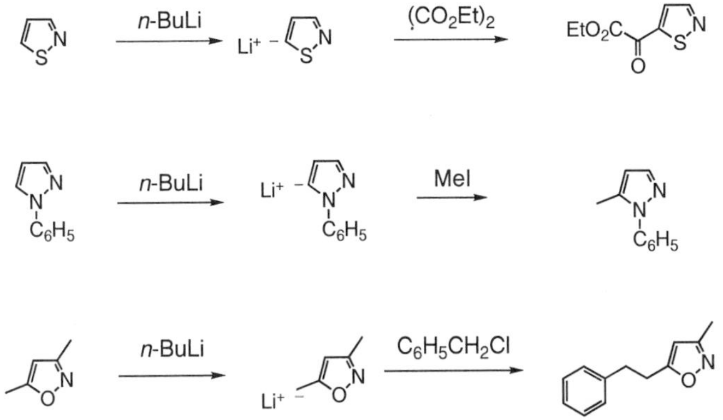

図 20.29　アゾール類のアニオンとその反応

20.8　ピリジン

20.8.1　構造と名称

ピリジンは，ベンゼンの CH が N に置換された芳香族化合物である。図 20.30 に示すように，窒素の孤立電子対は 6π 電子系形成に関与していない。従ってピリジンはピペリジンより大きな双極子モーメントを有し，塩基性を示す（pKa 5.2）。また窒素孤立電子対を用いて，塩化水素や三酸化硫黄やヨウ化メチルなどと錯体を形成する。

窒素の電気陰性度が炭素より大であるため，ピリジンはベンゼンよりも求電子的置換反応を受けにくく，求核的置換反応が起る。

ピリジンのアルキル置換体は，19 世紀にコールタールの塩基性画分から得られ，図 20.31 に示すような慣用名が与えられている。ピリジンとそのアルキル置換体は，不快な臭気のする液体である。

図 20.30　ピリジンの構造, 双極子モーメントと錯体形成

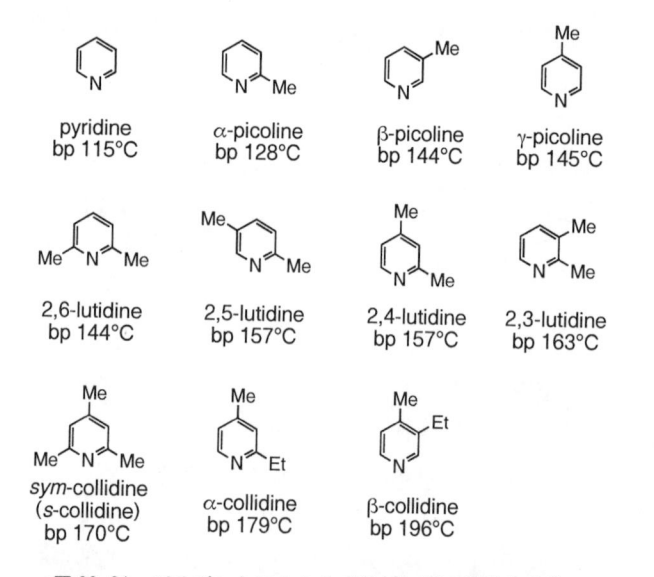

図 20.31　ピリジンとアルキルピリジン類の構造と名称

20.8.2　製法

1) Chichibabin のピリジン合成

脂肪族アルデヒドにアンモニアを高温で作用させてピリジン類を合成する工業的な方法で, 1906 年にロシアの A. E. Chichibabin によって開発された。図 20.32 にアルデヒドコリジンとよばれるピリジン誘導体の Chichibabin 法

20.8 ピリジン

による合成を示す。

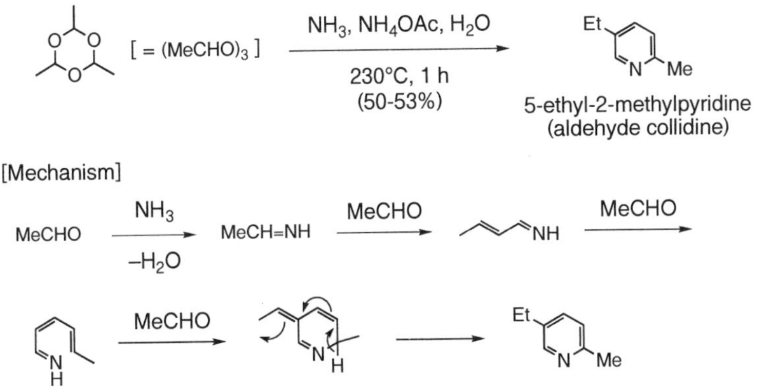

[Mechanism]

図 20.32 Chichibabin のピリジン合成

2) **Hantzsch のピリジン合成**

ドイツの A. Hantzsch は 1882 年に，β-ケトエステルとアルデヒドとアンモニアとを縮合させると，1,4-ジヒドロピリジン-3,5-ジカルボン酸エステル類が生成することを見出した。これを酸化により芳香化してからケン化・脱炭酸すると，ピリジン類が合成できる。図 20.33 の (A) に 2,6-ルチジンの合成法を記した。

Hantzsch 合成で得られるジヒドロピリジンジエステル類には，高血圧治療の降圧剤として有用なものがある。1983 年に Pfizer 社が，カルシウムイオンチャンネル阻害剤として作用して血圧降下をもたらすアムロディピン [amlodipine, 図 20.33 (B) 参照] を開発し，私を含めた多くの人が用いている。この薬物の効果は主として (-)-異性体に由来している。図 20.33 (C) には，Hantzsch 合成の反応機構を示した。

20.8.3 反応

1) **アシル化反応の触媒作用**

アルコールのアシル化反応で副生する酸の除去剤，あるいは反応の触媒としてのピリジン類の役割は，15.7.2 で述べたが，ピリジンと，4-N,N-ジメチルアミノピリジン (DMAP) の場合について，もう一度復習する。ピリジンは，図 20.34 の (A) に示すように，酸クロリドとアルコールとの反応

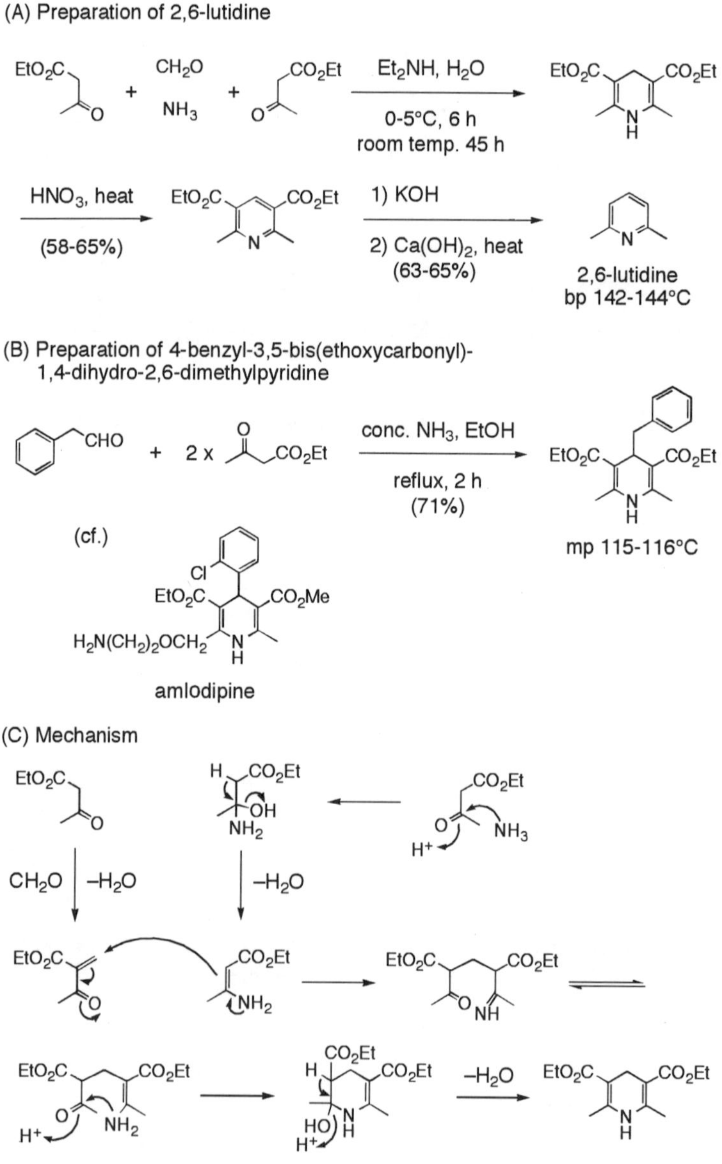

20. 複素環化学

(A) Preparation of 2,6-lutidine

EtO$_2$C-CO-CH$_3$ + CH$_2$O + NH$_3$ + CH$_3$-CO-CH$_2$-CO$_2$Et →(Et$_2$NH, H$_2$O / 0-5°C, 6 h / room temp. 45 h)→ 3,5-bis(ethoxycarbonyl)-2,6-dimethyl-1,4-dihydropyridine

→(HNO$_3$, heat / (58-65%))→ 3,5-bis(ethoxycarbonyl)-2,6-dimethylpyridine →(1) KOH; 2) Ca(OH)$_2$, heat / (63-65%))→ 2,6-lutidine, bp 142-144°C

(B) Preparation of 4-benzyl-3,5-bis(ethoxycarbonyl)-1,4-dihydro-2,6-dimethylpyridine

PhCH$_2$CHO + 2 × CH$_3$-CO-CH$_2$-CO$_2$Et →(conc. NH$_3$, EtOH / reflux, 2 h / (71%))→ product, mp 115-116°C

(cf.) amlodipine

(C) Mechanism

図 20.33 Hantzsch のピリジン合成

で生成する塩化水素の除去剤として，アシル化反応を完結に導く．ドイツの W. Steglich により開発された DMAP は，図 20.34 の (B) に示す機構により，無水酢酸によるアセチル化反応を強力に加速する．

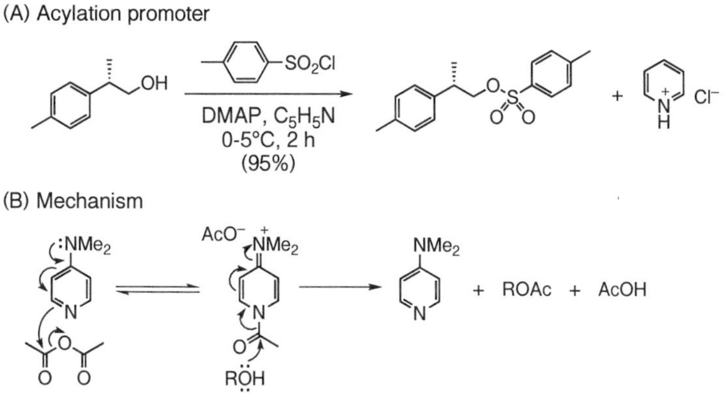

(A) Acylation promoter

(B) Mechanism

図 20.34　ピリジンと 4-(N, N-ジメチルアミノ)ピリジンとのアルコールのエステル化における役割

2) ピリジン誘導体の酸化

ピリジン環は酸化に対して抵抗性であり，ピリジン誘導体の酸化では，図 20.35 に示すように，ピリジン環が残存する．

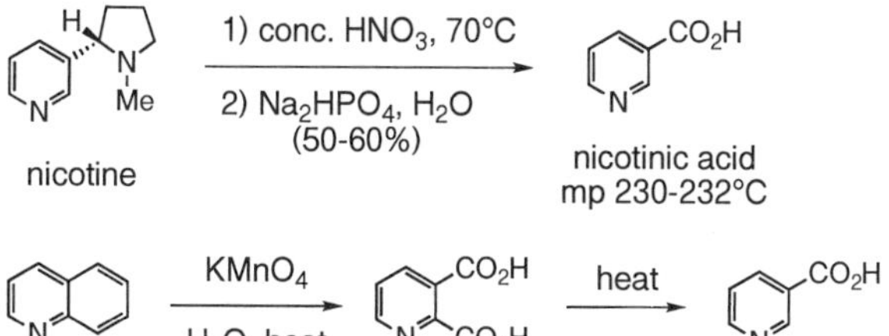

図 20.35　ピリジン誘導体の酸化

3) 求電子的置換反応

ピリジンに対し求電子的置換反応を行わせようとすると，窒素原子が，プロトン化や Lewis 酸との錯体形成で N^+ となるため，環の電子密度が低下する．従って求電子的置換反応は起りにくい．起る際には C-3 位への置換が起こる．

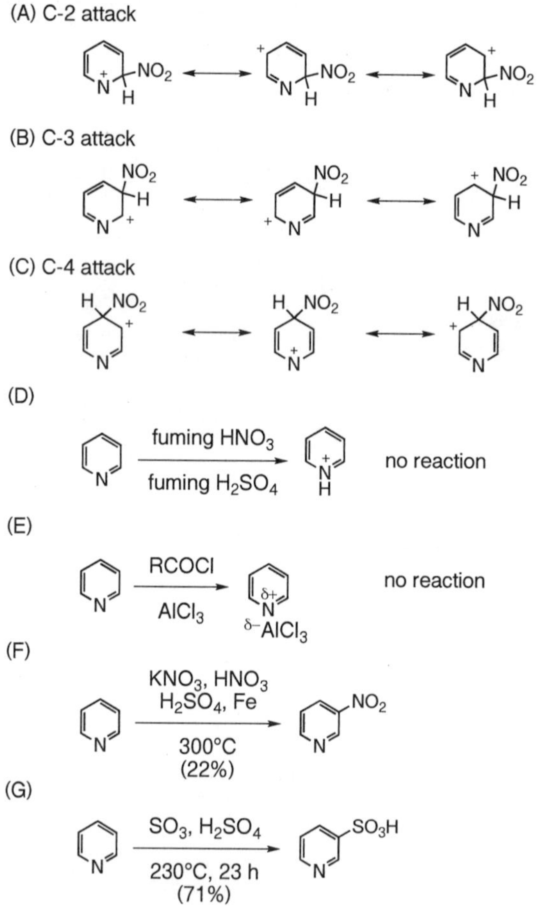

(A) C-2 attack

(B) C-3 attack

(C) C-4 attack

(D) ピリジン + fuming HNO₃ / fuming H₂SO₄ → ピリジニウム, no reaction

(E) ピリジン + RCOCl / AlCl₃ → 錯体 ($\delta+$ N, $\delta-$ AlCl₃), no reaction

(F) ピリジン + KNO₃, HNO₃, H₂SO₄, Fe / 300°C (22%) → 3-ニトロピリジン

(G) ピリジン + SO₃, H₂SO₄ / 230°C, 23 h (71%) → ピリジン-3-スルホン酸

図 20.36 ピリジンの求電子的置換反応

C-2 位と C-4 位への置換では，電気陰性度大な N が，N^+ となる中間体カチオンが生じなければならない［図 20.36（A）（C）］。ところが C-3 位への置換の際には図 20.36（B）に示すように，N^+ が生じないためである。

4) ピリジン N-オキシドの形成とその反応

ピリジンを過酢酸などの過酸で酸化すると，N-オキシドが生成する。N-オキシドは，ベンゼンよりフェノールが求電子置換反応を受け易いのと同じ理

由で，C-4 位に求電子的置換反応を受ける．その後，窒素原子上の酸素原子を還元的に除去すれば，4-置換ピリジンが得られる［図 20.37（A）］．

5) Chichibabin 反応

ロシアの Chichibabin は 1914 年に，ピリジンをナトリウムアミドと反応させると 2-アミノピリジンが求核的置換反応によって生成することを見出した［図 20.37（B）］．

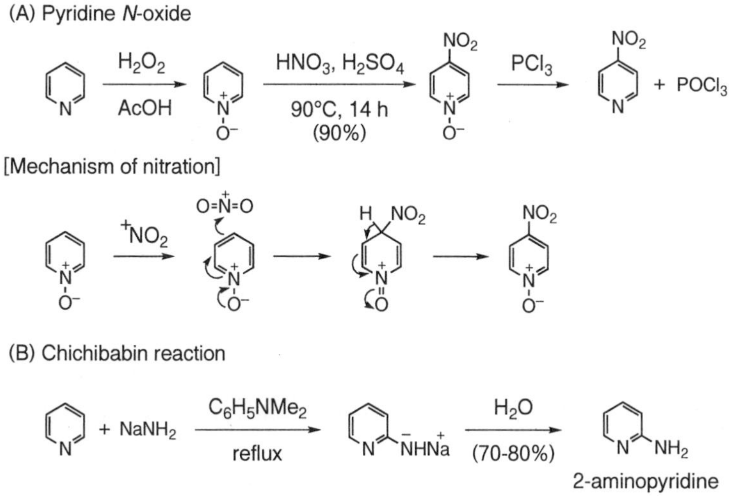

(A) Pyridine *N*-oxide

[Mechanism of nitration]

(B) Chichibabin reaction

図 20.37　(a) ピリジン *N*-オキシドの形成とそれに対するニトロ化反応と (b) Chichibabin 反応

20.9　キノリンとイソキノリン

20.9.1　構造と名称

ベンゼン環とピリジン環とが一辺を共有して接合したのが，図 20.38 に示す**キノリン**と**イソキノリン**とである．これらはいずれも，弱い塩基性を示し，次章で述べるアルカロイド類の構成骨格として，植物界に広く分布している．

quinoline
bp 238°C
pK_a 4.9

isoquinoline
bp 243°C
pK_a 5.1

図 20.38　キノリンとイソキノリンとの構造

20.9.2　製法

1) Skraup のキノリン合成

ドイツの Z. H. Skraup は 1880 年に，アニリン類とグリセロールとを硫酸及び酸化剤［五酸化二比素（As_2O_5），3 価の鉄塩，ニトロ化合物など］の存在下加熱すると，キノリン骨格が生成することを見出した。図 20.39 の (A) にキノリンの調製とその反応機構を示した。(B) には，置換キノリンの合成例をあげた。

2) Friedländer のキノリン合成

塩基の存在下，o-アミノベンズアルデヒド類をアセト酢酸エチルのような活性メチレン化合物と縮合させると，キノリン類が得られる（図 20.40）。1882 年にドイツの P. Friedländer が見出した。

3) Bischler-Napieralski のイソキノリン合成

1893 年に A. Bischler と B. Napieralski とは，ジヒドロイソキノリンの合成法を見出した。N-アシル-β-フェニルエチルアミンを，キシレンやトルエンのような無極性溶媒中で，五酸化二リン，オキシ塩化リン，ポリリン酸などの脱水剤と加熱すると，3,4-ジヒドロイソキノリン類が生成する（図 20.41）。3,4-ジヒドロイソキノリンは，脱水素反応により，イソキノリンを与える。この反応は，イソキノリンアルカロイドの合成によく用いられる。

4) Pictet-Spengler のイソキノリン合成

β-フェニルエチルアミンとアルデヒド類とを脱水縮合させて，テトラヒドロイソキノリン類を合成する反応で，1911 年に A. Pictet と T. Spengler によって見出された（図 20.42）。

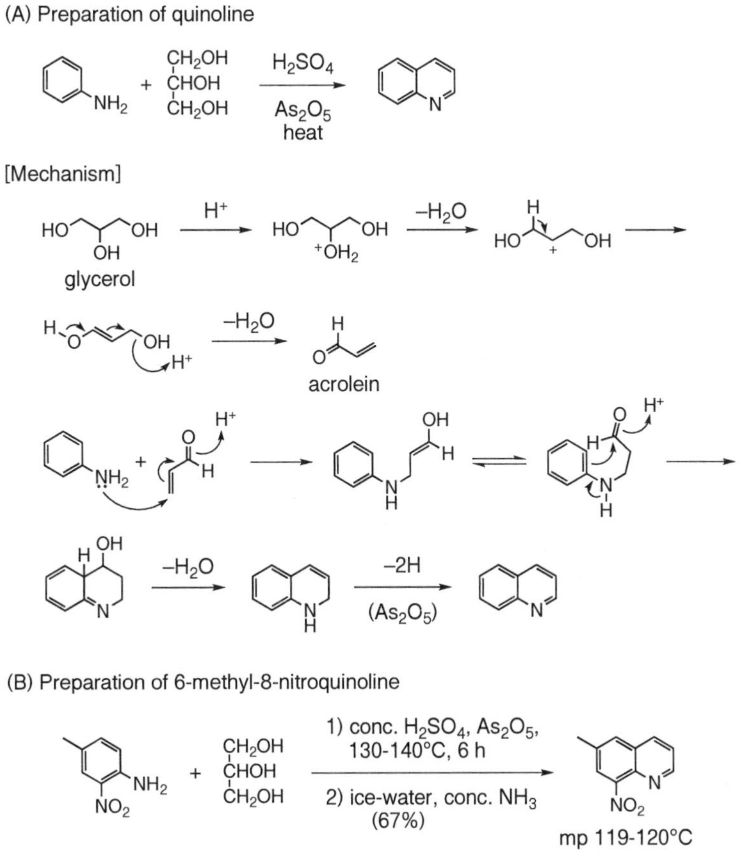

20.9 キノリンとイソキノリン

(A) Preparation of quinoline

[Mechanism]

(B) Preparation of 6-methyl-8-nitroquinoline

図 20.39　Skraup 合成によるキノリン類の調製

20.9.3　反　応
1)　求電子的置換反応

キノリンとイソキノリンは，ピリジンよりは求電子的置換反応を受けやすい。ニトロ化やスルホン化のように強酸性条件下で行う反応では，環内窒素はプロトン化されており，置換はC-5とC-8とで起る（図20.43）。

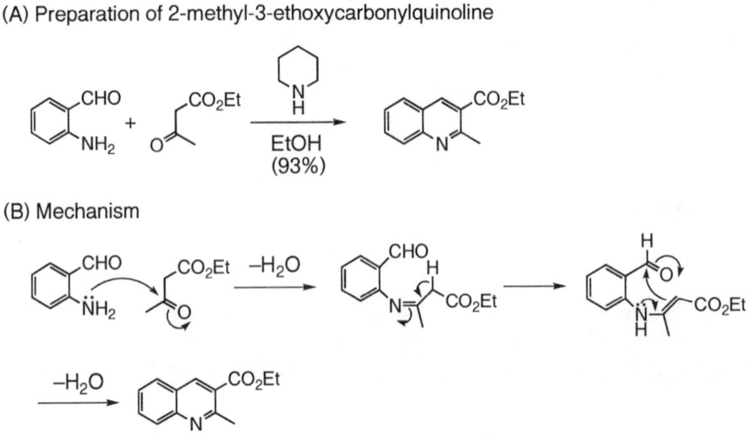

(A) Preparation of 2-methyl-3-ethoxycarbonylquinoline

(B) Mechanism

図 20.40　Friedländer 合成によるキノリン類の調製

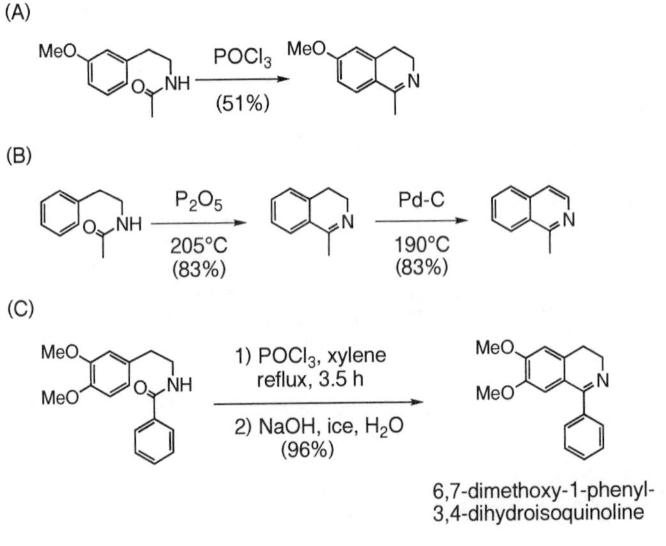

(A)

(B)

(C)

6,7-dimethoxy-1-phenyl-
3,4-dihydroisoquinoline

図 20.41　Bischler-Napieralski のイソキノリン合成

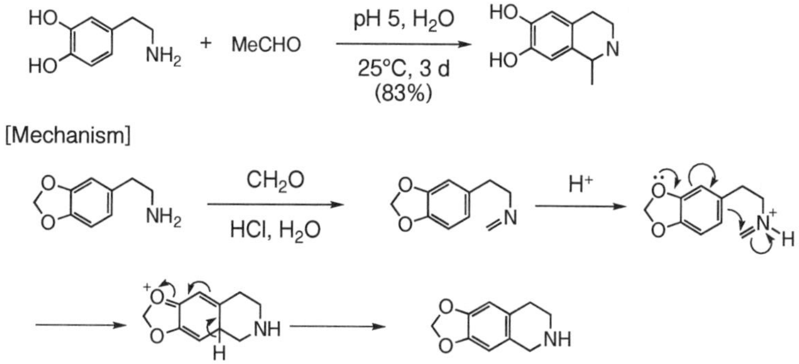

図 20.42 Pictet-Spengler のイソキノリン合成

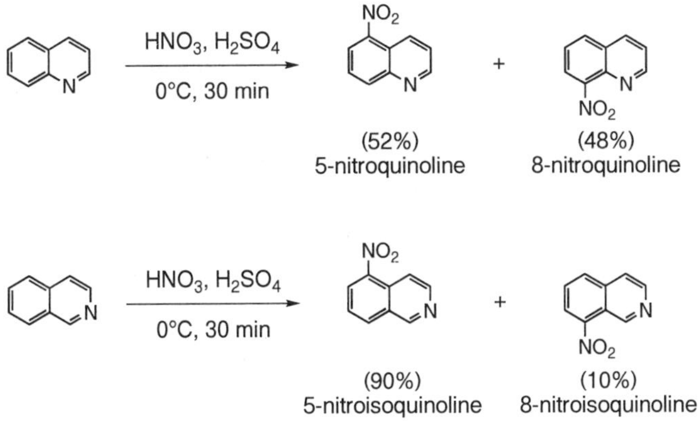

図 20.43 キノリンとイソキノリンとのニトロ化

2) 求核的置換反応

キノリンとイソキノリンでは，ピリジン同様に求核的置換反応が起る。図 20.44 の (A) と (C) とは，Chichibabin 型の反応である。

3) アニオン形成とアニオンの反応

キノリンとイソキノリンのピリジン環部分の C-2 や C-4 に付いているメチル基の水素原子あるいはアルキル基の α 位の水素原子は強塩基でプロトンとして引き抜かれてアニオンが生ずる。生じたアニオンは，アルキル化剤やカ

ルボニル化合物と反応する（図 20. 45）

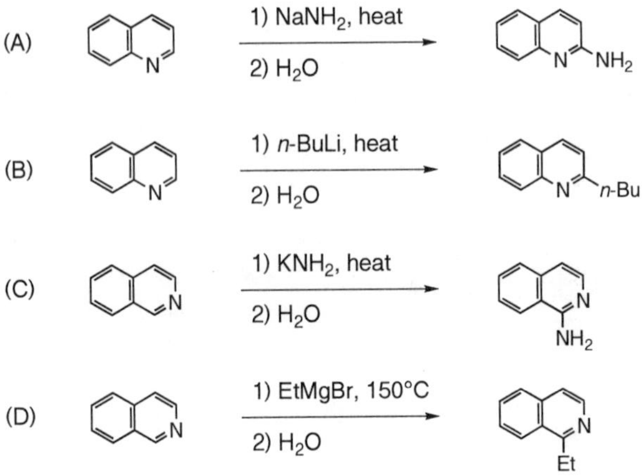

(A) キノリン + 1) NaNH$_2$, heat / 2) H$_2$O → 2-アミノキノリン

(B) キノリン + 1) n-BuLi, heat / 2) H$_2$O → 2-n-Bu-キノリン

(C) イソキノリン + 1) KNH$_2$, heat / 2) H$_2$O → 1-アミノイソキノリン

(D) イソキノリン + 1) EtMgBr, 150°C / 2) H$_2$O → 1-Et-イソキノリン

図 20.44　キノリンとイソキノリンとの求核的置換反応

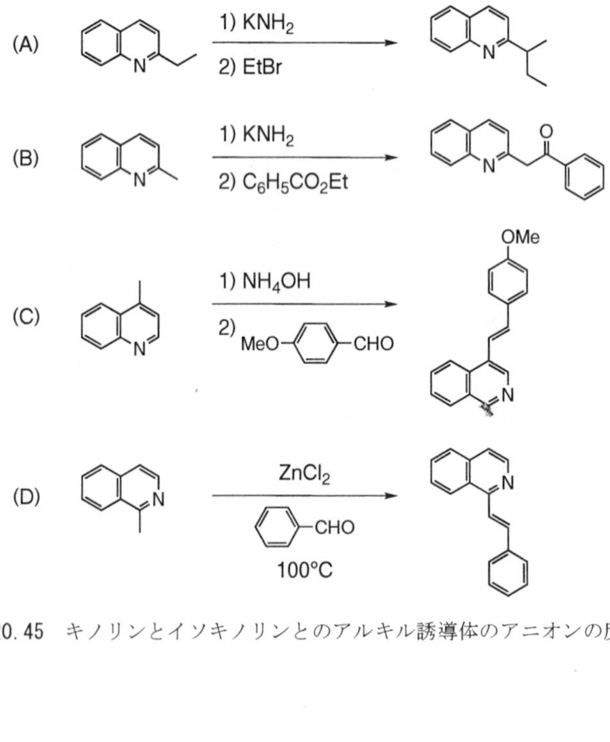

(A) 2-エチルキノリン + 1) KNH$_2$ / 2) EtBr → 2-(sec-ブチル)キノリン

(B) 2-メチルキノリン + 1) KNH$_2$ / 2) C$_6$H$_5$CO$_2$Et → 2-(フェナシル)キノリン

(C) 4-メチルキノリン + 1) NH$_4$OH / 2) MeO-C$_6$H$_4$-CHO → 4-(4-メトキシスチリル)イソキノリン

(D) 1-メチルイソキノリン + ZnCl$_2$ / C$_6$H$_5$CHO, 100°C → 1-スチリルイソキノリン

図 20.45　キノリンとイソキノリンとのアルキル誘導体のアニオンの反応

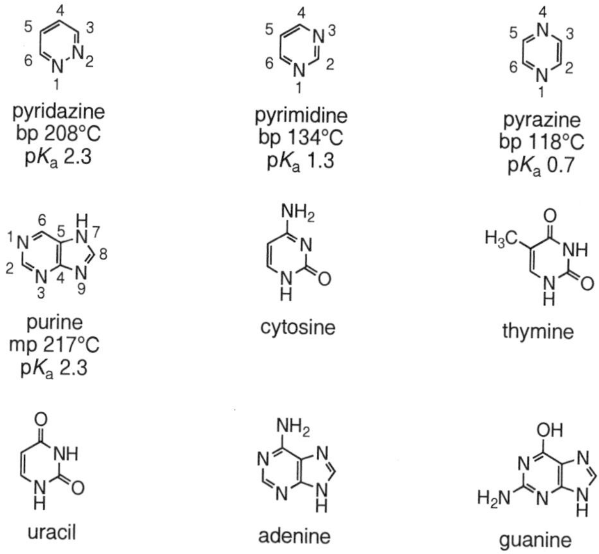

20.10 ジアジン (129)

pyridazine
bp 208°C
pK_a 2.3

pyrimidine
bp 134°C
pK_a 1.3

pyrazine
bp 118°C
pK_a 0.7

purine
mp 217°C
pK_a 2.3

cytosine

thymine

uracil

adenine

guanine

図 20.46　ジアジン類の構造と名称

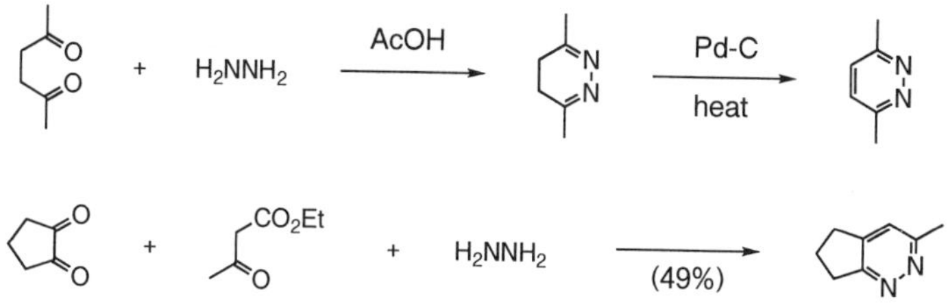

図 20.47　ピリダジン類の製法

20.10　ジアジン

20.10.1　構造と名称

　ジアジンすなわちジアザベンゼンには，ピリダジン，ピリミジン，ピラジンの3種がある。このうちピリミジン類及びそれに更にイミダゾール環が一辺を共有して接合した形のプリン類は，核酸塩基のシトシン，チミン，ウラシル，アデニン，グアニンとして広く生物界に分布している（図20.46）。

20.10.2 製法
1) ピリダジン類
1,4-ジカルボニル化合物をヒドラジンと反応させると，ピリダジンが生成する（図20.47）。

2) ピリミジン類
ピリミジン類を合成するためには，1,3-ジカルボニル化合物と，尿素あるいはチオ尿素またはグアニジンのようなN-C-N型の化合物を反応させればよい。図20.48の(A)-(E)に例をあげ，(F)に反応機構を示した。

3) ピラジン類
ピラジン類はα-アミノカルボニル化合物の二量化で合成される。また1,2-ジアミノ化合物と，1,2-ジカルボニル化合物との縮合でも作られる（図20.49）。

20.10.3 反応
ジアジン類の反応を図20.50にまとめた。

有機化学の勉強法

有機化学の教科書には，多彩な記述がある。どうすればそれを頭に入れることが出来るか。

頭に入れるためには，教科書をよく読むこと，構造式を書いてみること，分子模型を組んで眺めること，反応機構の矢印を自分で書いてみること，演習書を自習することなどをとおして自分の手を動かして構造式を書くことが大事だ。昔の人が写経や写本で勉強したのを見習えばよい。

そのへんの紙片に構造式を書き散らしているうちに，その構造式が頭に入る。反応機構を考えて矢印を書いているうちに，反応に伴う電子の動きがわかるようになる。そして，先生にお願いしていろいろな化合物の実物を見せていただくとよい。ピリジンが臭いものだということは，一度においをかいだら忘れない。

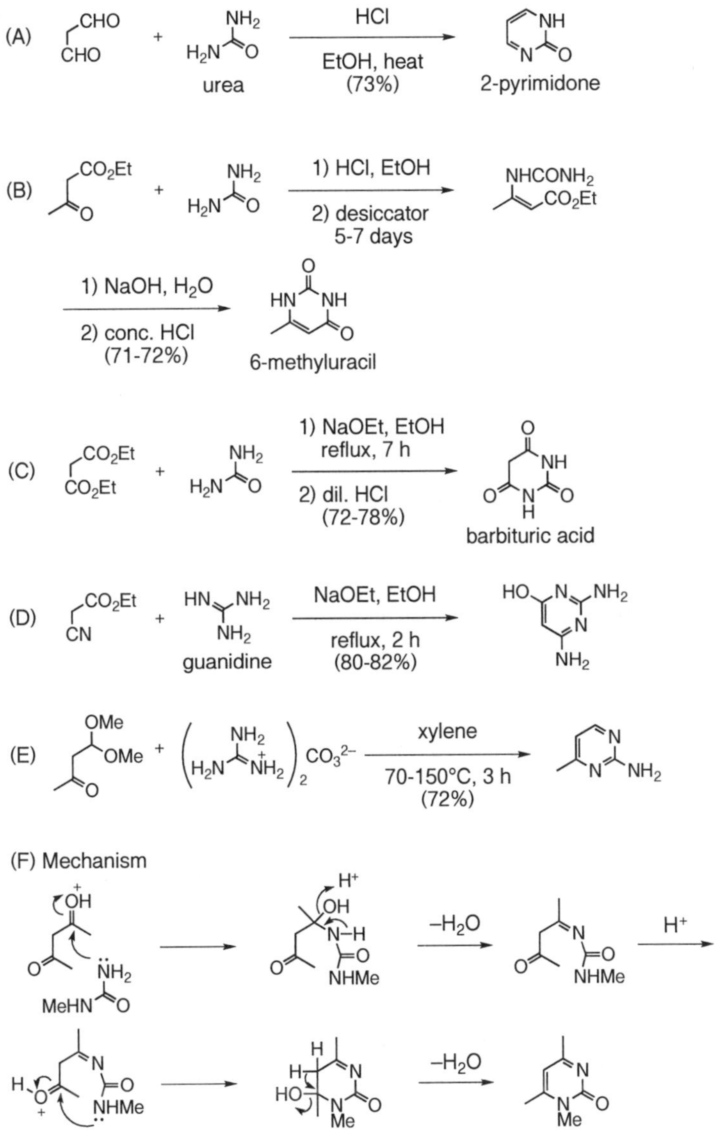

図 20.48　ピリミジン類の製法

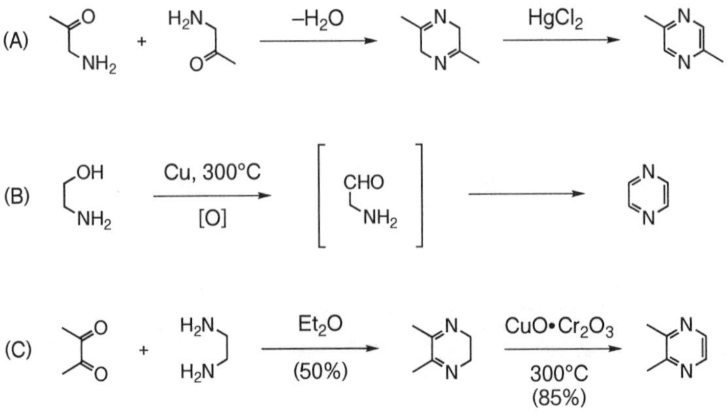
(A)
–H2O
HgCl2
(B)
Cu, 300°C
[O]
CHO
NH2
(C)
Et2O
(50%)
CuO•Cr2O3
300°C
(85%)

図 20.49　ピラジン類の製法

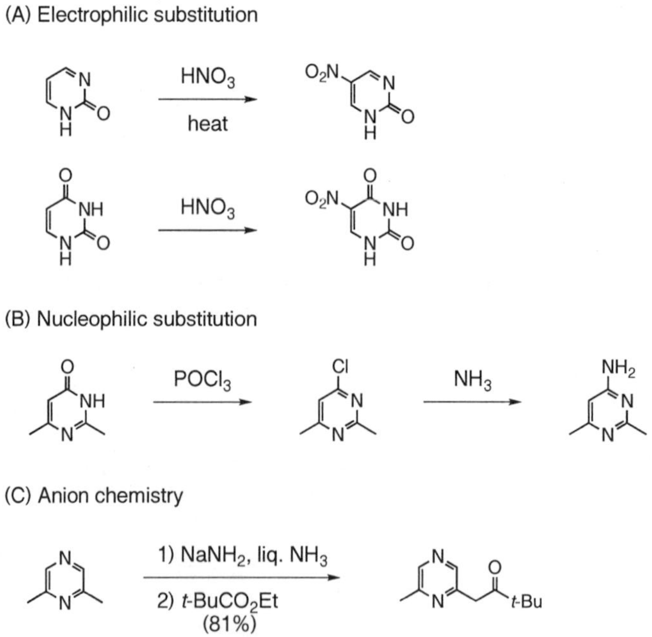
(A) Electrophilic substitution
HNO3
heat
HNO3
(B) Nucleophilic substitution
POCl3
NH3
(C) Anion chemistry
1) NaNH2, liq. NH3
2) t-BuCO2Et
(81%)

図 20.50　ジアジン類の反応

20.11 α-ピロン，γ-ピロン，クマリンとクロモン

20.11.1 構造と名称

ピリリウムカチオンは，ピリジンと同様に芳香族性を示す。その誘導体としては，**α-ピロン，γ-ピロン，クマリン，クロモン**がある。このような母核を有する天然有機化合物は次章で学ぶが，少し例をあげる。麹酸は1924年に薮田貞治郎（東大・農）が構造決定した麹菌の代謝産物である。デルフィニジンは，青い花の色素である。フラボン系化合物は，植物に広く分布している（図20.51）。

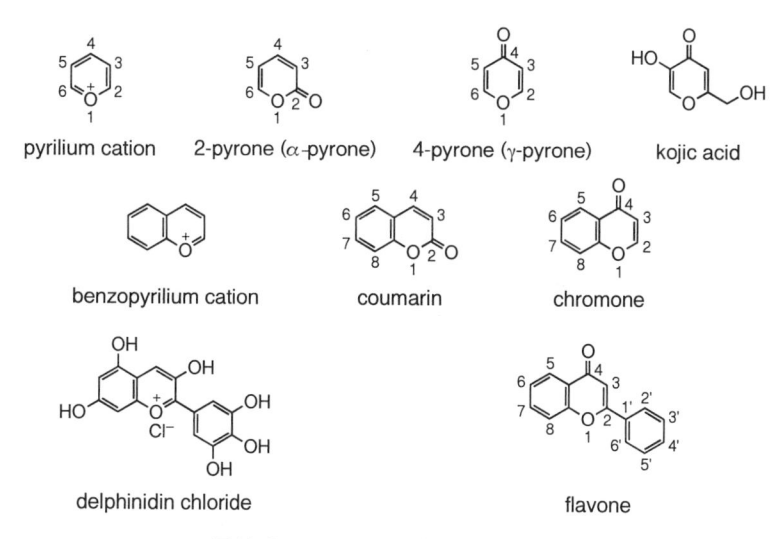

図20.51 ピロンと関連物の構造と名称

20.11.2 製 法

α-ピロンは，リンゴ酸から図20.52の（A）のようにして作られる。2,6-ジメチル-γ-ピロンは，2,4,6-ヘプタントリオンの環化脱水反応で，(B)のようにして得られる。4-メチルクマリンの合成法を（C）に，2-エチルクロモンの合成法を（D）に記した。植物色素の基本骨格として広く分布するフラボン類の合成を（E）（F）に示した。

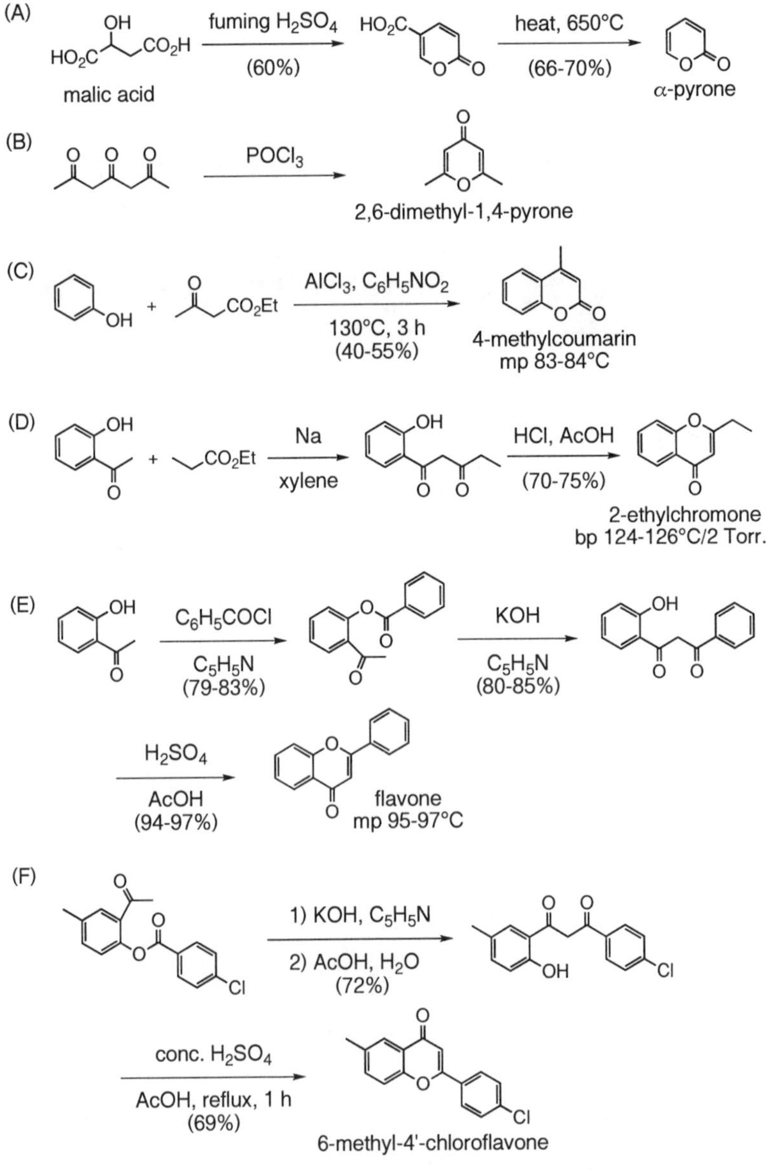

図 20.52 ピロンと関連物の製法

20.11.3 反応

ピロン類はアンモニアやアミンと反応して，ピリドン類に変換される（図20.53）。ただし，クマリンやクロモンでは，このような反応は起らない。

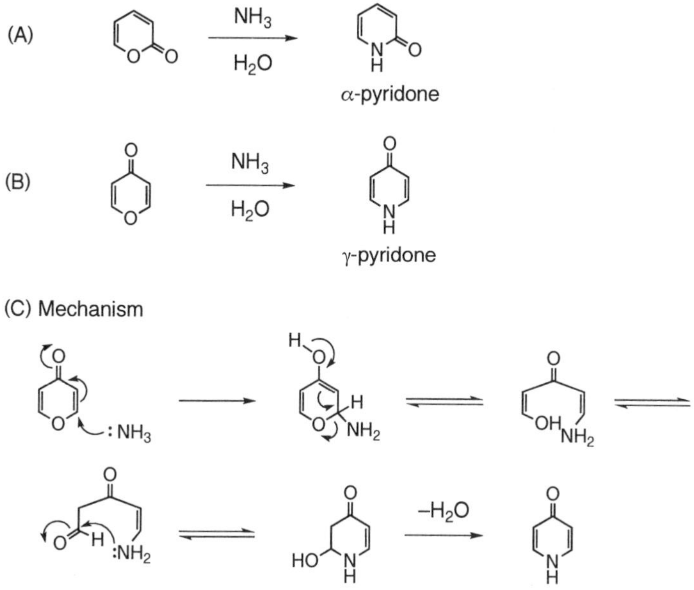

図20.53 ピロンのピリドンへの変換

20.12 複素環医薬品の化学合成-ヴァイアグラ®を例として-

ヴァイアグラ®［viagra, 一般名シルデナフィル（sildenafil）］は，環状グアノシン一リン酸特異的ホスホジエステラーゼ5型（PDE5）の阻害剤として，高血圧あるいは狭心症に対する薬としてファイザー社で開発研究が行われていたが，男性被験者に対する副作用として陰茎の勃起が観察された。そこで勃起不全治療薬として開発され，1998年に上市された。2000年には約20億ドルの売上高があった。その工業的合成法を図20.54に示す。なお同様な勃起不全改善薬としては，2003年にバイエル社からLevitra®（化学構造はViagra®とよく似ている）が，またイーライ・リリー社からCialis®が上市されている。

後者の構造も，図 20.54 に示した。

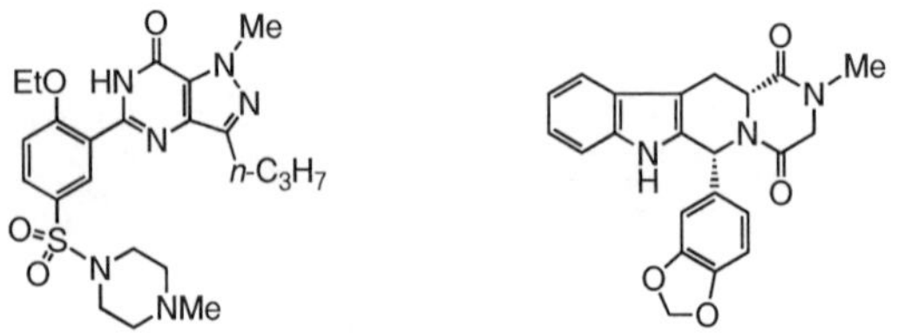

viagra® (Pfizer)　　　cialis® (Eli Lily)

図 20.54　ヴァイアグラ®の合成(1)

　図 20.54 の (2) を見ると，複雑な構造の最終産物の合成が，各段階とも高収率で進行しており，水や酢酸エチルのような毒性の小さい溶媒を用いて注意深く行われていることがわかる。イギリス・ファイザー社のこの仕事は，環境汚染を招かないよう充分配慮した合成法として，グリーンケミストリー賞を受賞している。

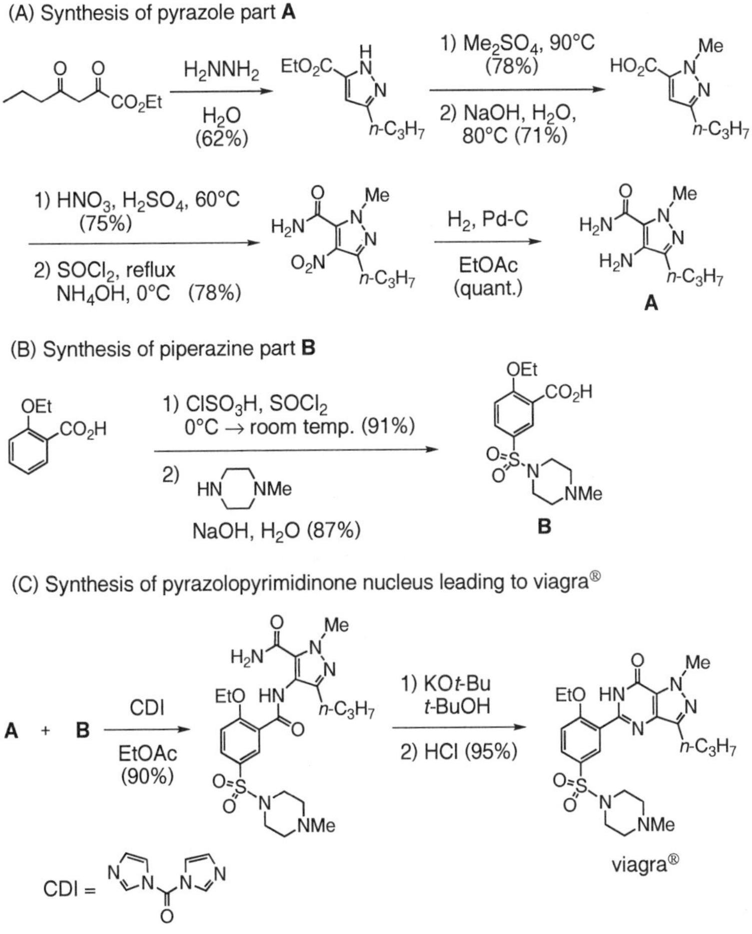

20.12 複素環医薬品の化学合成-ヴァイアグラ®を例として-

(A) Synthesis of pyrazole part **A**

(B) Synthesis of piperazine part **B**

(C) Synthesis of pyrazolopyrimidinone nucleus leading to viagra®

図 20.54 ヴァイアグラ®の合成(2)

21. 天然有機化合物（その2）

ポリケチド，フェニルプロパノイド，アルカロイド

　本章では，含酸素・含窒素複素環化合物が多数取り扱われる。また大麻成分のテトラヒドロカンナビノールや，麦角アルカロイド誘導体のLSDなど奇妙な生理作用を示すものも出て来る。天然物有機化学の大筋をつかむことを心掛けて学ぼう。

21.1 ポリケチドの概説

21.1.1 ポリケチドとは何か

　ポリケチド（polyketide）とは，酢酸単位（時にはプロピオン酸単位やn-酪酸単位）が順に縮合したポリβ-ケトメチレン鎖($-CH_2COCH_2COCH_2CO-\cdot\cdot$)から生合成的に誘導される化合物の総称である。

　生体成分であるフェノール型化合物が酢酸単位の縮合閉環で生成すると言う仮説は，1893年から1908年にかけてイギリスのJ. N. Collieが提案した。彼は，弱アルカリ性条件下でジアセチルアセトン（2, 4, 6-ヘプタントリオン）**A**がアルドール反応で二量化閉環し，ナフタレン誘導体**B**を与えることを見出した（図21.1）。また，アセト酢酸エチルの熱分解で得られるデヒドロ酢酸**C**を弱アルカリ性で放置すると，天然物としてすでに知られていたオルセリニン酸**D**が得られることを発見した。そこで彼は，ポリ酢酸の脱水縮合でフェノール性天然物が生合成されると言うポリケチド仮説を提唱したのである。登山家としても知られていたCollieは，山を登りながらそんなことを考えていたのであろう。Collieの仮説は長い間忘れられていた。

　ところが1953年にオーストラリアのA. J. Birchは，放射性炭素^{14}Cで標識された酢酸を青カビ *Penicillium griseofulvum* に与え，代謝産物として6-メチルサリチル酸を得，その分子のどこの炭素が放射性であるか調べた。その結果，図21.1の下方に示すように，Collieの説に従った位置が，黒丸で示すように標識されていることが判明した。これで，フェノール性天然物はポリケチド経由で生成すると言うCollieの説が認められて，ポリケチドの生合成研

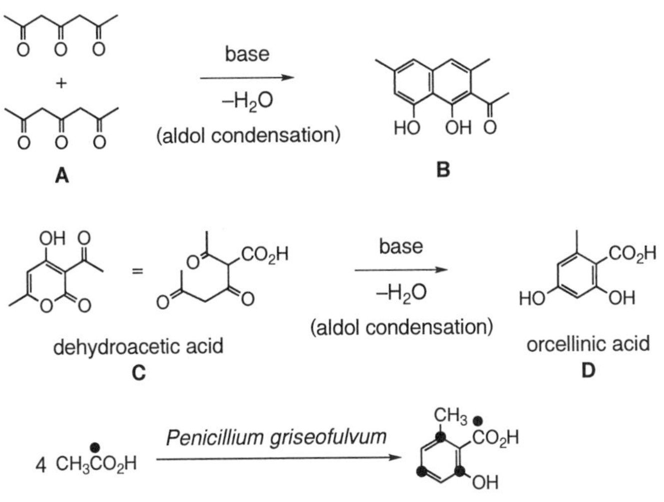

21.2 ポリケチドの生合成 (139)

図 21.1 Collie の実験とポリケチド仮説の Birch による証明

究が更に発展することとなった。

21.1.2 ポリケチド型天然有機化合物の種類

酢酸単位の縮合による鎖長の伸長で脂肪酸やそれから派生する天然物が得られるが，それらは第 22 章で学ぶ。ポリケチドに由来する芳香族フェノール性化合物には，7-クロロテトラサイクリンのような有用な抗生物質がある。また，抗菌性抗生物質のエリスロマイシンは，ポリケチドが芳香化せずに大環状となったもので，**マクロリド類**と総称される化合物群の一つである。ポリケチド由来で芳香化していない他の化合物群としては，抗生物質やオカダ酸のような海産生物の毒によく見られる**ポリエーテル類**がある（図 21.2）。

21.2 ポリケチドの生合成

21.2.1 マロニル CoA とアセト酢酸単位の生合成

チオエステル（RCOSR'）は，エステル（RCOOR'）よりもカルボニル基の分極が大で，カルボニル基の α 位の炭素原子に結合した水素原子がプロトン化しやすい（酸性度が大きい）ことが知られている。しかしチオエステルの縮合反応で R'SH が放出されると，低分子量の R'SH には悪臭がある（12.24

参照)ので,有機合成化学でのチオエステルの使用は敬遠される。ところがポリケチドの生合成では,チオエステルの大きな反応性が,分子量が大きく有害でない R'SH として補酵素 A (CoA) を生体が用いることにより,うまく利用されている。解糖系をとおしてアセチル CoA が生ずる機構は生化学の授業で学習したはずである。CoA の構造は,図 19.5 に示してある。

ポリケチドの生合成でもう一つ重要な補酵素は,ビオチンである。図 21.3 にビオチンの構造を示すとともに,アセトアセチル CoA の生成機構を図示した。

アセトアセチル CoA の生合成の途中で,アセチル CoA が一旦マロニル CoA となる。これは,マロニル CoA のメチレン基が活性メチレン基 [15.12.5 2)参照] であり,アセチル CoA のアセチル基を受容しやすいからである。また脱炭酸反応を伴うので反応が非可逆的となり,Claisen 縮合 (15.2.1 参照) が,より容易に起ることとなる。図 21.3 に示すようにして生成したアセト酢酸単位に,更にマロニル CoA が縮合することで,炭素鎖はもう一度延長されることとなる。

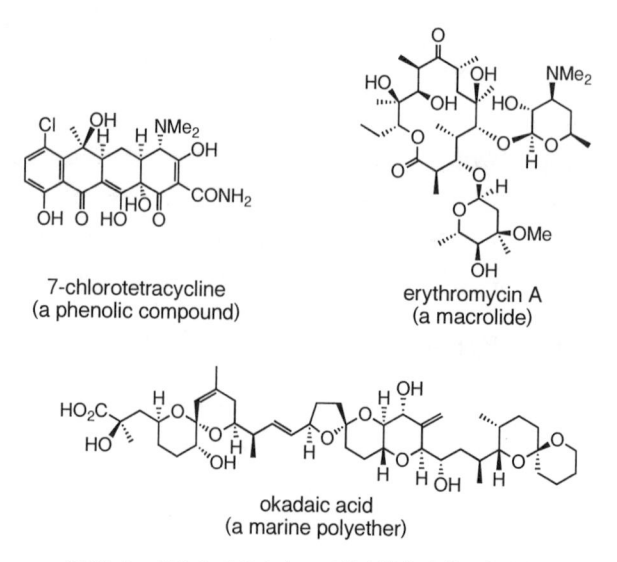

7-chlorotetracycline
(a phenolic compound)

erythromycin A
(a macrolide)

okadaic acid
(a marine polyether)

図 21.2 ポリケチド由来の天然有機化合物の例(1)

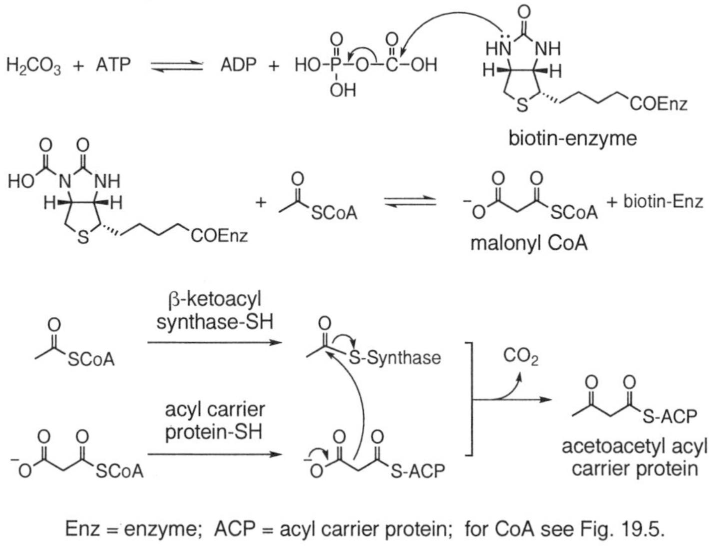

図 21.3 マロニル CoA とアセト酢酸経路

21.2.2 ポリケチド由来の天然有機化合物の生合成
1) メレインの生合成

メレインは 1933 年に，西川英次郎（鳥取高農）がカビ *Aspergillus melleus* の代謝産物として単離した。同一の物質はカビ *Aspergillus ochraceus* の代謝産物オクラシン（ochracin）として，同じ年に薮田貞治郎と住木諭介（東大・農）によっても報告されている。この化合物の生合成は，図 21.4 に示すようだと考えられている。

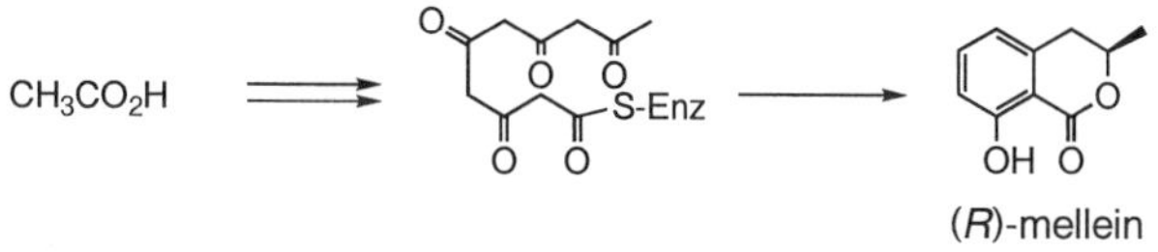

図 21.4 メレインの生合成

2) シトリニンの生合成

シトリニンは 1931 年にイギリスの Raistrick らによって，青カビ *Penicillium*

citrinum の代謝産物として単離された。後になってこの化合物は黄変米のカビ毒の一つであって腎臓に有害であることが判明した。この化合物の生合成を，図 21.5 に示す。途中でメチル化が起っているが，生体内でのメチル化は，*S*-アデノシルメチオニンから生ずるメチルカチオンによって起ることがわかっている。

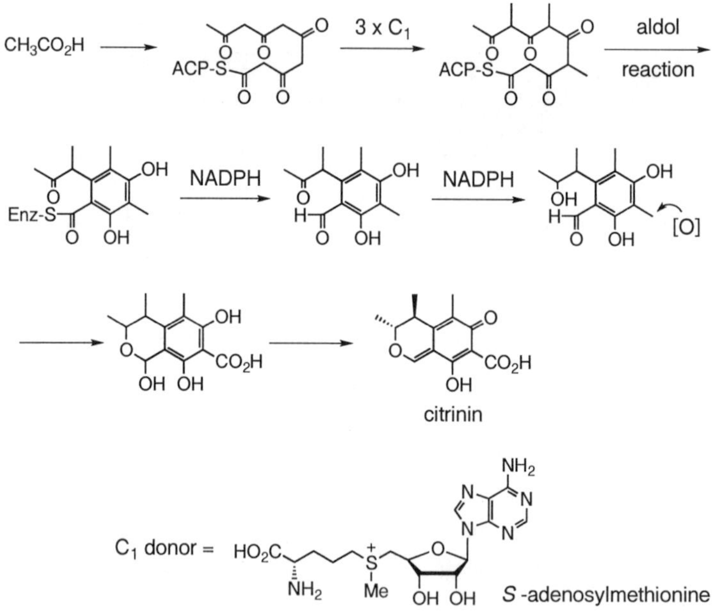

図 21.5 シトリニンの生合成

3) グリセオフルビンの生合成

グリセオフルビンは 1952 年にイギリスの J. F. Grove らによってカビ *Penicillium griseofulvum* の代謝産物として単離された抗カビ性抗生物質である。水虫治療に有効な内服薬として一時注目された。1958 年に Birch らは，カルボキシル基が放射性炭素[14]Cで標識された酢酸を *P. griseofulvum* に与えると，図 21.6 に示すようにグリセオフルビンが標識されることを示した。この事実は，図示のポリケチド由来の生合成機構で説明される。

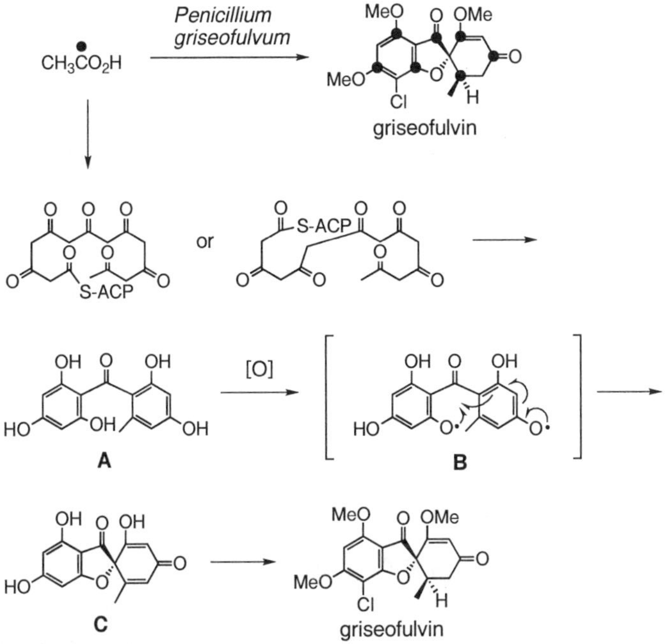

図 21.6　グリセオフルビンの生合成

4) フェノールの酸化的カップリング

グリセオフルビンの生合成（図 21.6）の **A** からフェノキシラジカル **B** が生成して，新たに C-O 結合が形成され閉環して **C** が生成するような反応を，**フェノールの酸化的カップリング**（oxidative coupling）とよぶ。この反応は，フェノール性天然有機化合物やアルカロイドの生合成でよく見られる。1922年に Pummerer が研究した p-クレゾールのフェリシアン化カリウムによる酸化反応で Pummerer のケトンとよばれるケトンが生成する。1956年に Barton はその構造と生成機構を解明した（図 21.7）。この研究で，フェノールの酸化的カップリングと総称される反応が明らかになった。

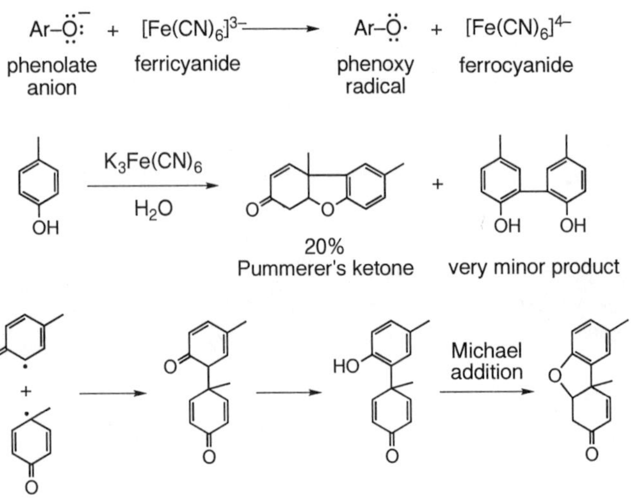

図 21.7　p-クレゾールの酸化的カップリング

5) ポリケチド抗生物質の生合成

放線菌（Streptomyces）によって生産されるポリケチドである**マクロリド抗生物質**（macrolide antibiotics）の一つのエリスロマイシンは，図 21.8 に示すように，炭素鎖の伸長にメチルマロニル CoA とプロピオニル CoA とを用いている。生合成が開始されるのは，プロピオニル CoA からである。開始に用いられる生合成単位を**開始単位**（starter unit）と言う。7-クロロテトラサイクリンではマロン酸アミド（$H_2NCOCH_2COSCoA$）が開始単位である。

天然の開始単位の生合成をコードしている遺伝子を除去した変異株に，非天然型の生合成開始単位を添加して生合成を進行させると，非天然型の代謝産物を得ることができる。このやり方を "mutasynthesis" とよぶ。オーレオチンは Streptomyces thioluteus が生産する抗カビ・抗ガン・抗ウイルス性抗生物質である（図 21.8）。このものの生合成開始単位である p-ニトロ安息香酸の代わりに p-シアノ安息香酸を開始単位とすることで，新規抗生物質オーレオニトリルが生産された。この新抗生物質の抗ガン性は，もとのオーレオチンより大きくなった。

マクロリド抗生物質の生合成遺伝子の全容が解明され，遺伝子操作で種々

の新規抗生物質を得ることが，現在可能となってきている．このような学問分野を**生合成工学**（biosynthetic engineering）とよぶ．

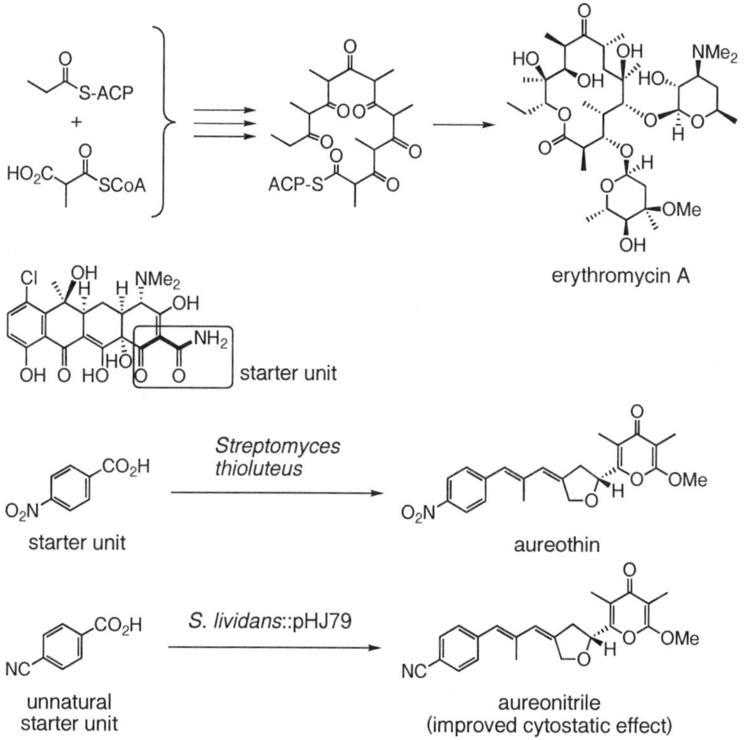

図 21.8　放線菌による抗生物質の生合成

21.2.3　ポリケチドとイソプレノイド両経路の混合での生合成

　天然有機化合物には，二つの生合成系の協力で作られるものがある．図21.9にその一例として，インド大麻（*Cannabis sativa* L.，ハシシ，マリファナ）の幻覚作用物質であるテトラヒドロカンナビノールの生合成経路を示した．なお，最後の脱炭酸は喫煙の際の熱で起こる．

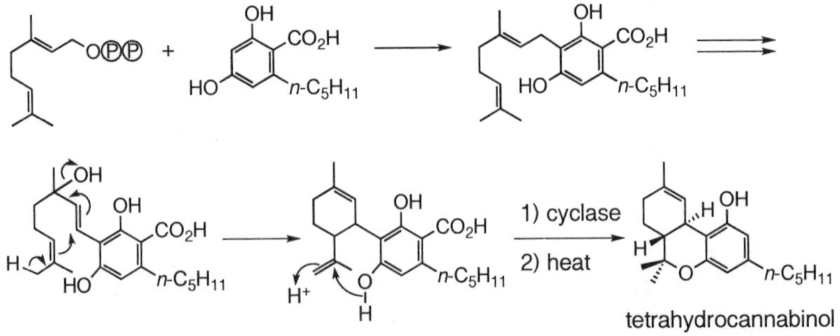

図 21.9　テトラヒドロカンナビノールの生合成

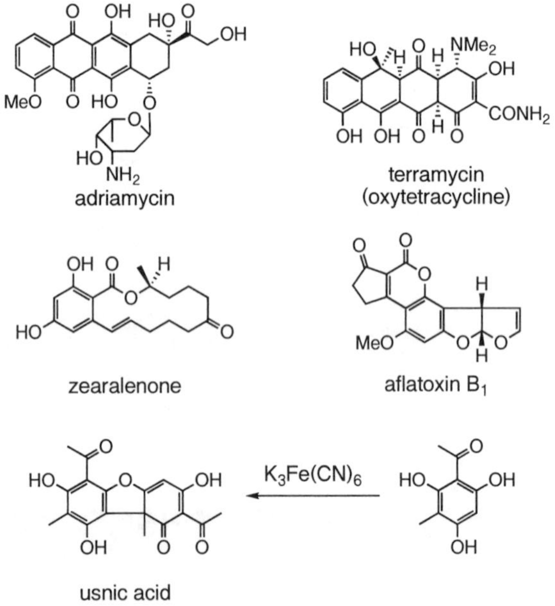

図 21.10　ポリケチド由来の天然有機化合物の例(2)

21.3　ポリケチドの各論

今までに例示しなかったポリケチド化合物で，興味深いものをいくつか図

21.10に示す。アドリアマイシンは，抗ガン抗生物質であり，テラマイシンは，抗菌抗生物質として有用である。

ゼアラレノンは，*Gibberella zeae* と言うカビの代謝産物で，女性ホルモン活性を有している。このカビで汚染された牧草を食べた家畜が流産を起すことから研究され，ゼアラレノンが発見された。

アフラトキシン B_1 は，カビ毒の一つで，*Aspergillus flavus* が生産し，肝臓ガンを引き起こす。1960年代にカビの生えた落花生を飼料とした家畜の大量死事件が発生し，それをきっかけに研究された。*Asp. oryzae* や *Asp. flavus* を用いて製造する日本の味噌・醤油にアフラトキシン B_1 があるのではないかと，一時問題となったが，安全性が証明された。

ウスニン酸は，地衣類の成分として単離された。天然物には(+)-体，(-)-体，(±)-体があることがわかっている。Barton はフェノール性単量体の酸化的カップリングによる二量化で，(±)-ウスニン酸を合成した。

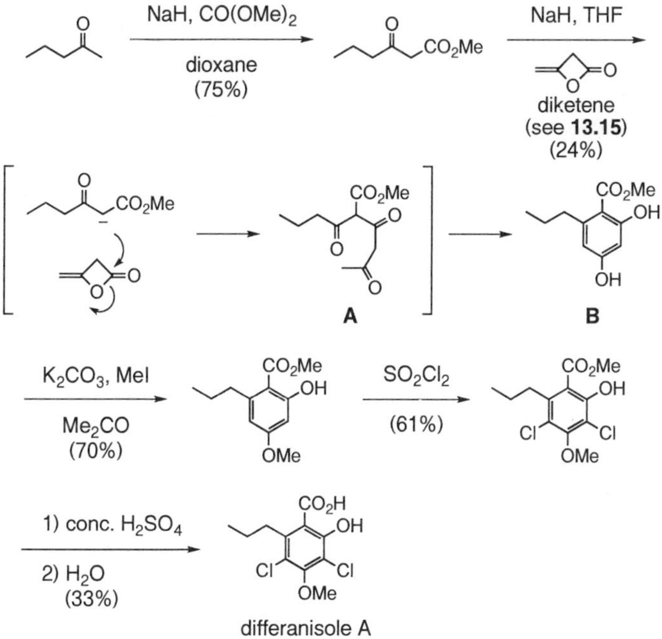

図21.11 ディフェラニソールAの合成

21.4 ポリケチドの化学合成

簡単なポリケチドであるディフェラニソールAの合成経路を図21.11に示す。この化合物は，Friendが発見したウイルスで誘導されるマウス白血病細胞の分化を誘導する。脱分化した細胞の分化誘導は，ガン治療との関連でいろいろ研究されている。図21.11に示す合成では，ポリケチド鎖の閉環反応（**A→B**）が鍵反応となっている（森，鎌田，1989年）。

21.5 フェニルプロパノイドの概説

フェニルプロパノイドとは，1-フェニルプロパン骨格から派生して来る天然有機化合物の総称である。後述のように，シキミ酸を経由して生合成される。図21.12に代表例を示す。

フェニルプロパン単位1個からなる化合物としては，桂皮にある桂皮酸やフェニルアラニンや，ういきょう（anise）の香気成分であるアネトール，桜の香気成分（桜もちのにおい）であるクマリンがある。

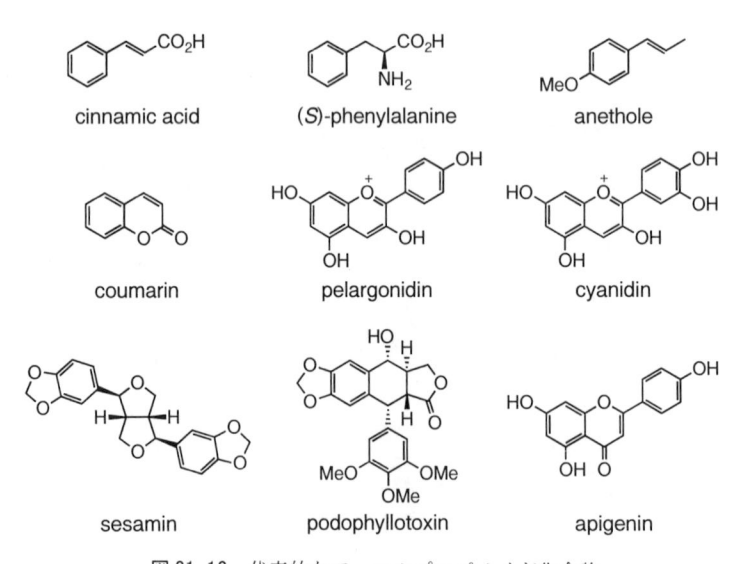

図21.12 代表的なフェニルプロパノイド化合物

フェニルプロパン単位1個に更にマロニルCoAが3個付いたものとしては，花の色素であるペラルゴニジン（ゼラニウムの赤色）やシアニジン（バラの赤色）がある。アピゲニンは，白コスモスの淡黄色色素である。

フェニルプロパン単位2個の二量化で生成したものとしては，ゴマ油の抗酸化成分であるセサミンや，抗ガン剤として知られるポドフィロトキシンがある。

21.6 フェニルプロパノイドの生合成

21.6.1 シキミ酸の生合成

フェニルプロパノイドの生合成における重要な中間体は，日本産の植物であるシキミ（*Illicium religiosum* Sieb. et Zucc.）の果実から，J. F. Eykmanによって1885年に単離された**シキミ酸**と言うmp 178-180℃の化合物である。シキミ酸の構造は，1934年から37年にかけてのH. O. L. Fischer（E. Fischerの長

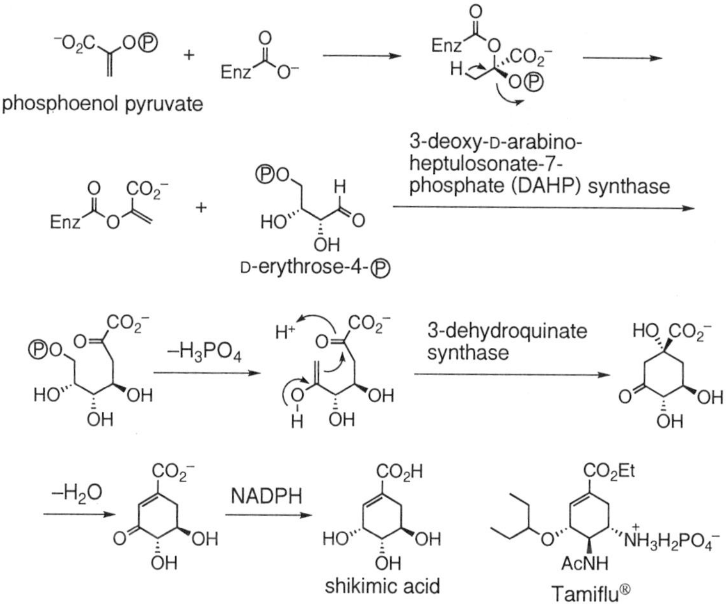

図21.13 シキミ酸の生合成

男）の研究で明らかとなった。この酸は，風邪薬 Tamiflu®の原料である。

　シキミ酸は，ホスホエノールピルビン酸と D-エリトロース-4-リン酸とから図 21.13 に示すようにして生合成される。D-エリトロース-4-リン酸は光合成の際 Calvin サイクルをとおして生成する。すなわち，フェニルプロパノイドは植物の光合成と密接に関連した天然有機化合物である。

21.6.2　シキミ酸から芳香族アミノ酸の生合成

　シキミ酸は，図 21.14 に示した経路で，フェニルアラニン，チロシンなどの芳香族 α-アミノ酸に変換される。この経路では，コリスミン酸からプレフェン酸への変換が Claisen 転位反応［12.23.4 2）参照］を介して進行している。トリプトファンの生合成は，図 21.15 に示すようにアントラニル酸を中間体

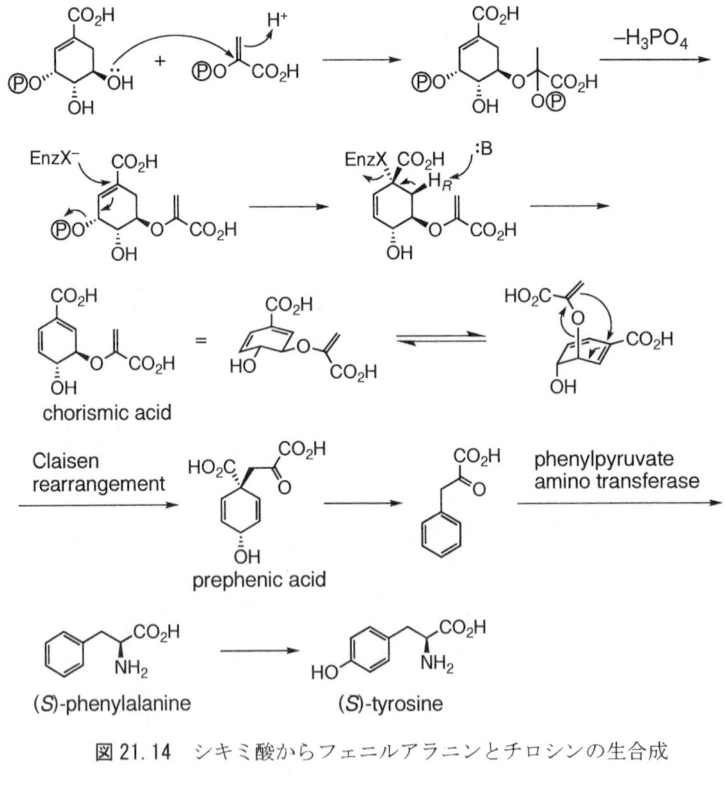

図 21.14　シキミ酸からフェニルアラニンとチロシンの生合成

として進行している。

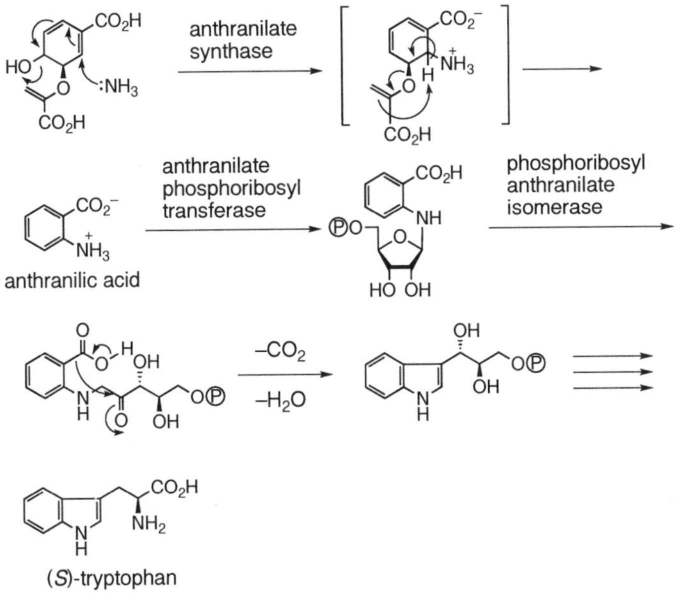

図 21.15 トリプトファンの生合成

21.6.3 フェニルアラニンとチロシンから各種フェニルプロパノイドの生合成

1) リグナン類とリグニンの生合成

フェニルアラニンやチロシンは，脱アンモニアで桂皮酸型のフェニルプロパノイドとなる。それが二量化すればリグナン類となり，多量化すればリグニンとなる。リグニンは樹木の木質部細胞壁の主要構成成分であり，図 21.16 に示すように，コニフェリルアルコールのようなフェニルプロパノイドの酸化的カップリングによる重合で生成する。

2) クマリン類の生合成

夏ミカンの香気成分の一つであるウンベリフェロンの生合成研究では，C-2 位を放射性炭素 ^{14}C で標識したフェニルアラニンがウンベリフェロンに取り込まれたので，フェニルアラニンから生合成されていることが明らかになっ

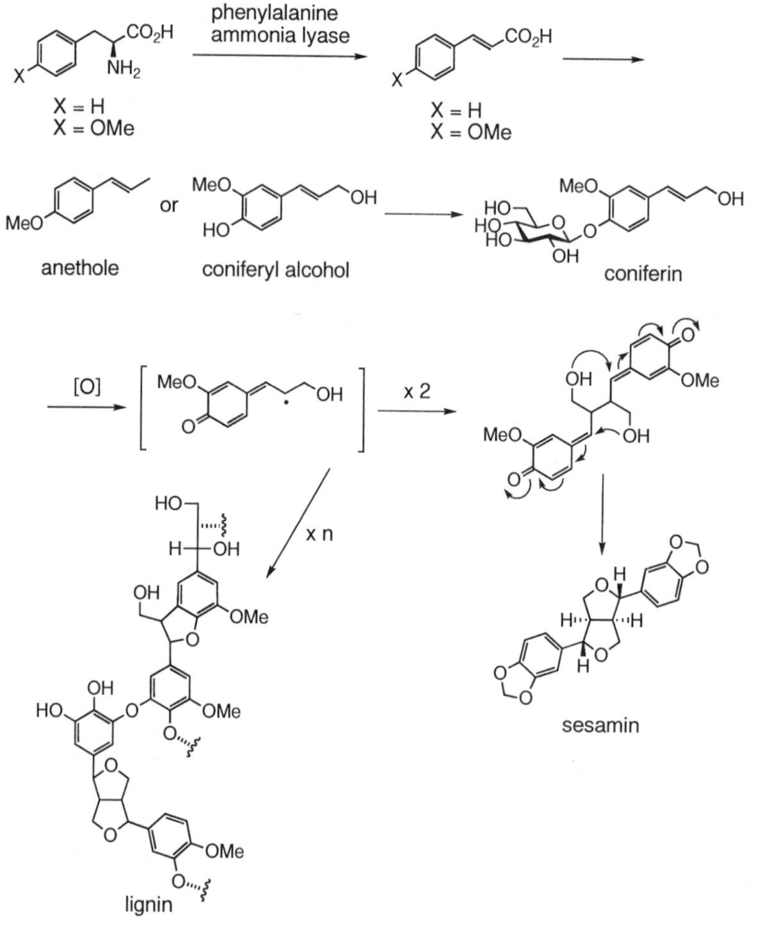

図21.16 リグナン類とリグニンの生合成

た（図21.17）。新鮮な桜の葉は無臭だが，桜もちはクマリンのにおいがする。クマリンは，桜に含まれている配糖体が変化して生成する。

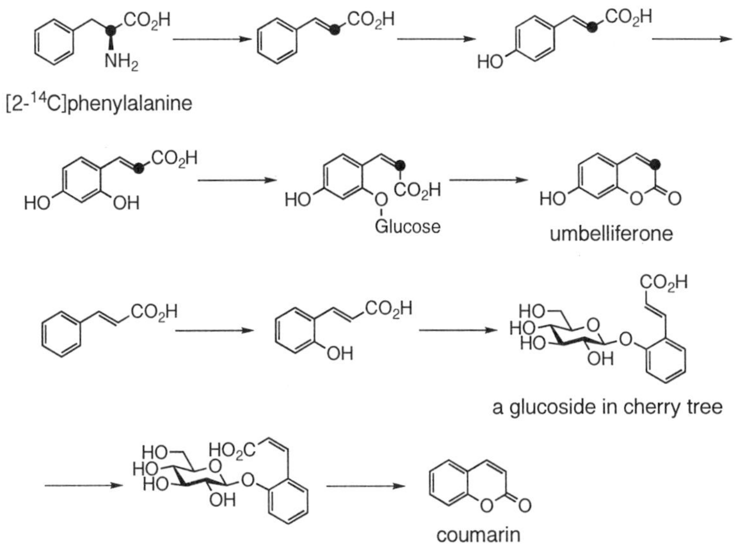

図 21.17　クマリン類の生合成

3) フラボノイドとイソフラボノイドの生合成

　フラボノイドの配糖体は，花の色素として広く高等植物に存在する．生合成では，フェニルプロパン単位1個と3個のマロニルCoAとから，まずカルコンが形成され，それから図21.18に示すような種々のフラボノイドが生成する．

　花の色素の生合成経路が判明したことで，従来存在しなかった青色のバラがサントリー（株）によって創製された．図21.19に青いバラの色素の生合成経路を示す．パンジーの有する青色色素デルフィニジンの生合成に関与しているフラボノイド-3',5'-ヒドロキシラーゼ遺伝子（F3',5'-H gene）をバラに導入することで，バラの中でデルフィニジンが生合成され，青いバラとなったのである．遺伝子導入で，微生物にフラボノイドを作らせる試みも研究され，成功している（東大・農　堀之内末治ら）．

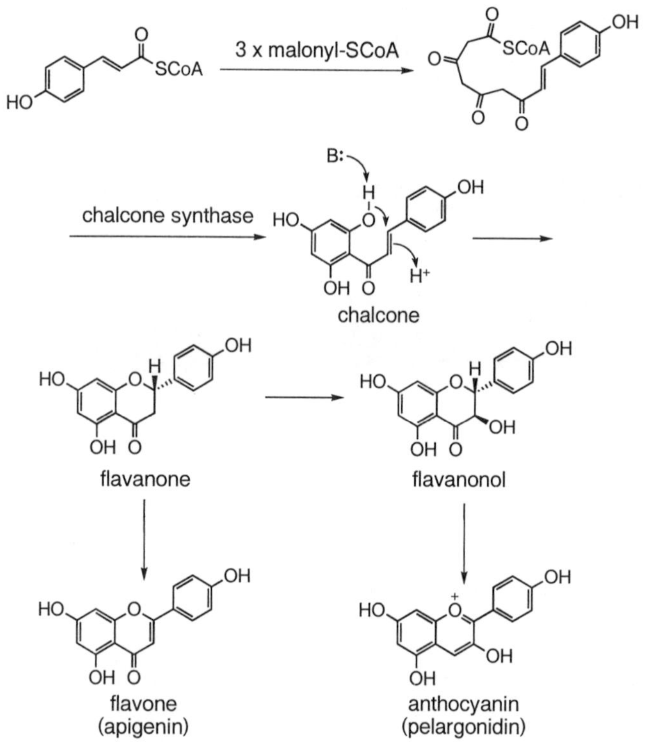

図 21.18 フラボノイドの生合成

　天然殺虫剤として有名なロテノンや豆が作るファイトアレキシンとして有名なピサチン（両者の構造は図 21.22 にある）は，イソフラボン類に属する。つまりフラボンとはフェニル基の付着位置が異なっている。イソフラボンの生合成は，フラバノンが含鉄酸化酵素による酸化的転位反応によって異性化して生ずるものと考えられている（図 21.20）。

4) ビタミン K などナフトキノン類の生合成

　カルボキシル基を放射性炭素 ^{14}C で標識したシキミ酸を用いた実験から，ビタミン K は図 21.21 のようにして生合成されていることが明らかとなった。

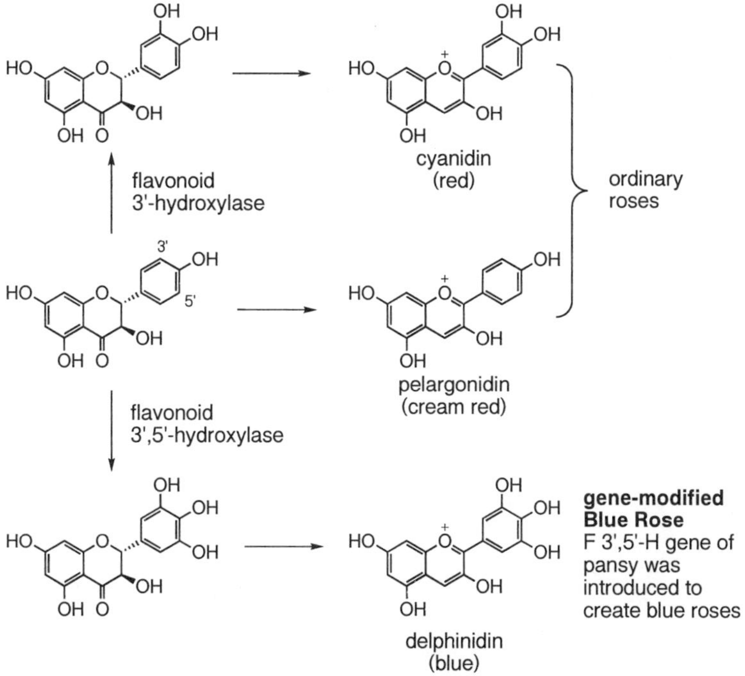

21.6 フェニルプロパノイドの生合成

図 21.19 パンジーの F 3', 5'-H 遺伝子導入による青いバラの創製

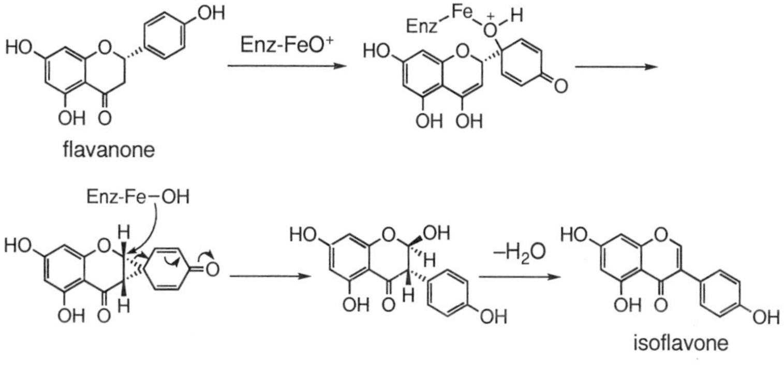

gene-modified Blue Rose
F 3',5'-H gene of pansy was introduced to create blue roses

図 21.20 イソフラボンの生合成

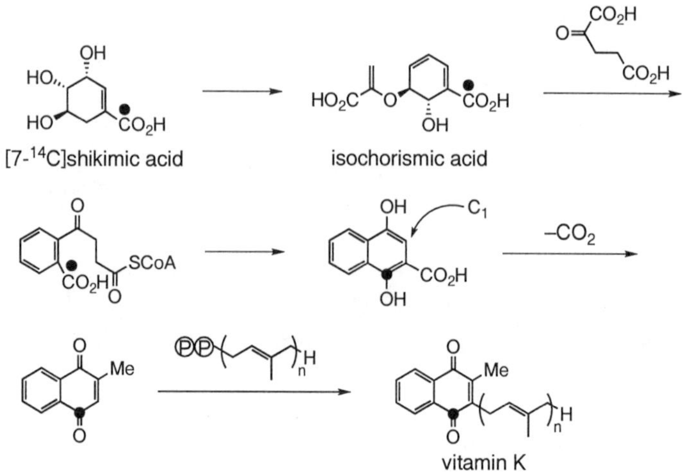

図 21.21　ビタミン K の生合成

21.7　フェニルプロパノイドの各論

フェニルプロパノイドには,種々の生物活性を示す化合物が知られている。その一部を図 21.22 に示す。

ジャスティシジン B は,殺虫性と殺魚性とを示す。イソケルシトリンは桑の葉に含まれているカイコの摂食誘引物質である。カイコが桑葉を好んで食べるのはイソケルシトリンのためである。クメストロールは牧草の一種 Ladino clover 中にあり,女性ホルモン作用を示すので,これを食べた家畜の雌は発情する。ピサチンはエンドウ豆が病原菌に侵された際に作るファイトアレキシンで,抗カビ性がある。ロテノンは,台湾産のマメ科植物である魚藤 (*Derris eliptica* Benth) の根に存在する殺虫剤である。魚毒性があり, 台湾の高地族はこの根を石ですりつぶし,川に流して,下流で浮き上がる魚をとっていた。人間への毒性は低い。電子伝達系阻害剤である。ロテノンの構造は1932年に,ドイツの Butenandt, アメリカの La Forge, 日本の武居三吉 (京大・農), イギリスの Robertson ら四つのグループによって同時に決定された。ロテノンの合成は,宮野眞光と松井正直ら (東大・農), L. Crombie ら (イギリス) に

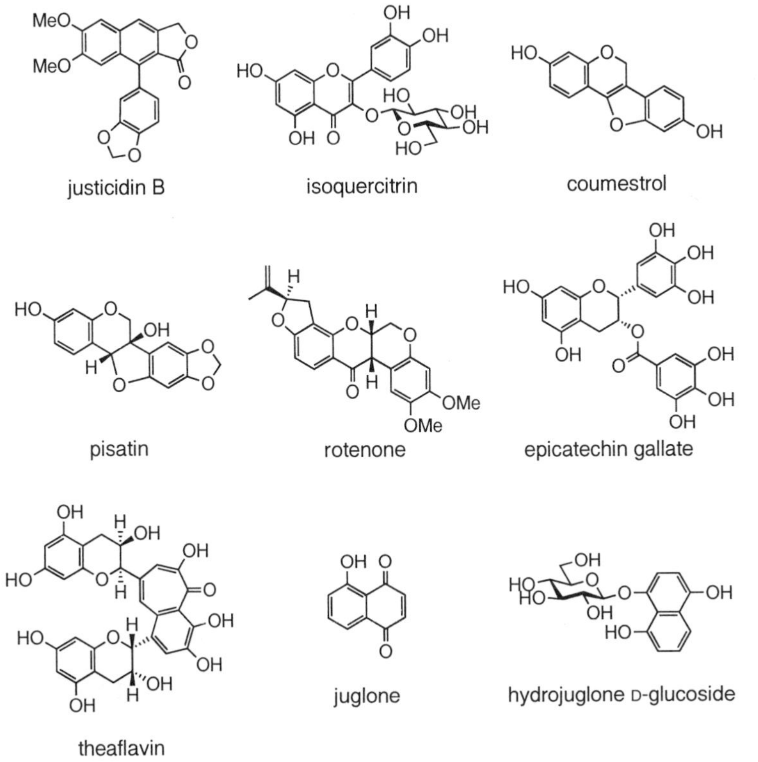

21.7 フェニルプロパノイドの各論 (157)

justicidin B　　isoquercitrin　　coumestrol

pisatin　　rotenone　　epicatechin gallate

theaflavin　　juglone　　hydrojuglone D-glucoside

図 21.22　生物活性を有するフェニルプロパノイド化合物など

より，1960 年代に達成された。

　エピカテキン没食子酸エステルは，緑茶に含まれる抗酸化・抗菌成分であり，テアフラビンは紅茶の赤色色素で，抗酸化性がある。クルミの葉にはポリケチドであるヒドロジュグロンのグルコシドが含まれており，落葉して地表で分解するとグルコシドからヒドロジュグロンが加水分解で放出される。ヒドロジュグロンは，ただちに酸化されてジュグロンとなる。ジュグロンは他の植物の生育を妨げるので，クルミの樹の下には余り草が生えない。

21.8 フェニルプロパノイドの化学合成

21.8.1 マグノサリシンの合成

フェニルプロパン単位の二量体であるリグナンの一種マグノサリシンの合成経路を図21.23に示す。マグノサリシンは1984年に三川　潮（東大・薬）らによりタムシバ（*Magnalia salicifolia*）より単離・構造決定された。タムシバは，漢方薬として鼻炎の治療に用いられており，マグノサリシンはラットの腹膜肥満細胞からのヒスタミン放出を抑制する。なお，マグノサリシンは，タムシバからラセミ体として単離されている。

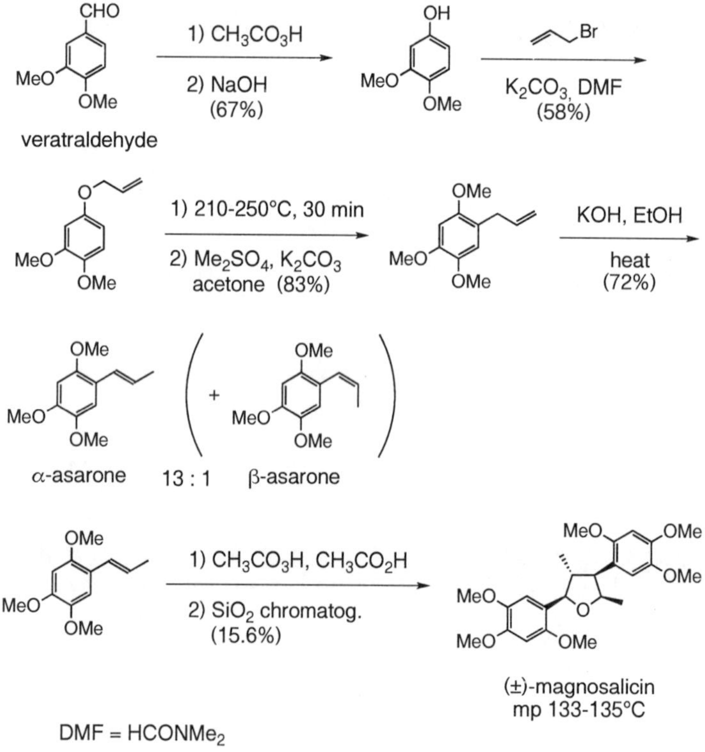

図 21.23　マグノサリシンの合成

21.8 フェニルプロパノイドの化学合成 (159)

タムシバの精油成分の一つであるα-アサロンを合成し，それを過酢酸で酸化したら，一段階で（±）-マグノサリシンが得られた（森，小松，1986年）。

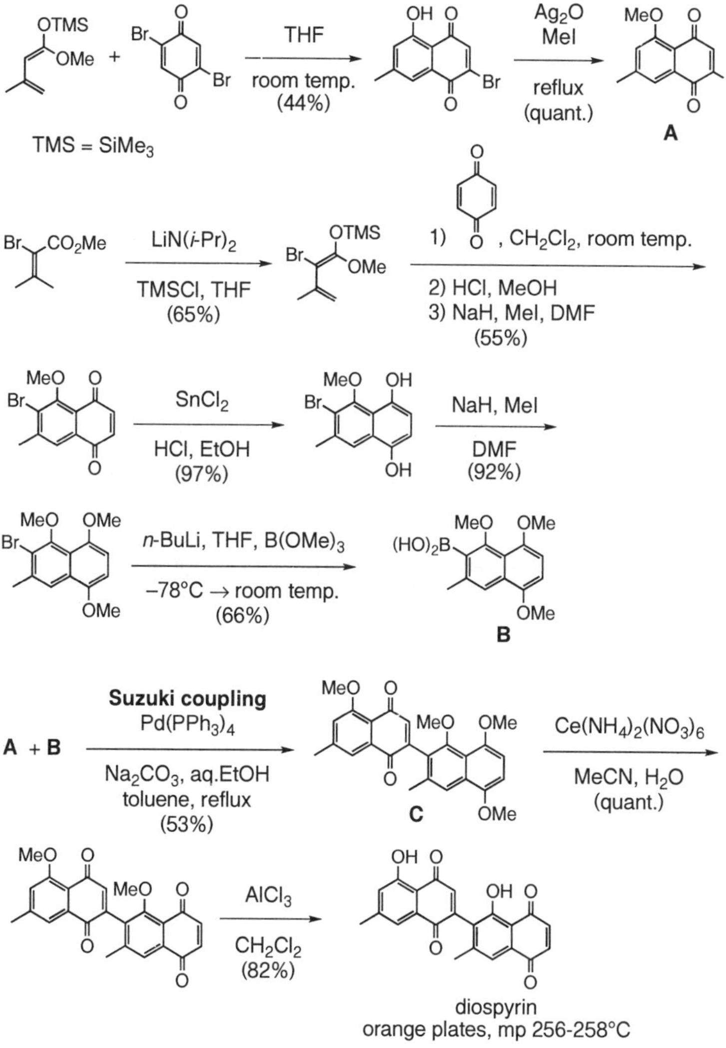

図 21.24 ジオスピリンの合成

21.8.2 ジオスピリンの合成

ジオスピリンは，インド産植物 *Diospyros montana* から 1961 年に単離された橙赤色の化合物である。それが 5-ヒドロキシ-7-メチル-1,4-ナフトキノンが二量化（一方の2位と他方の6位とが結合して）した構造を有することは，1967 年に明らかになっていた。1995 年に，ジオスピリンがマラリア原虫および眠り病トリパノゾーマ原虫を殺す活性を示すことが判明したので，その合成が図 21.24 に示すようにして達成された（森，吉田，2000 年）。

合成に必要な中間体 **A** と **B** は，共に Diels-Alder 反応を利用して作った。このブロモ体 **A** とホウ酸化合物 **B** とをアルカリ性条件下でパラジウム触媒と処理すると炭素・炭素結合が生成する。この反応は鈴木章・宮浦憲夫（北大・工）により 1979 年に発見され，**鈴木カップリング反応**として有名である。

21.9 アルカロイドの概説

アルカロイドとは，アルカリのようなものと言うことで，生物由来の含窒素塩基性化合物の総称である。炭水化物，タンパク質，核酸が全生物に共通であるのに対し，アルカロイドは多数の異なる種類の化合物が異なる種類の生物によって生産されている。哺乳類で生産するものは稀であり，菌類，高等植物，昆虫，両棲類や海洋生物によって生産されている。生態系では，他の生物に食べられてしまうことを防ぐ摂食阻害物質や防御物質として機能している。アルカロイドは苦味を示すものが多いので，アルカロイドを含有している植物は，一般に動物に敬遠され，食害されない。

アルカロイドは，人間にとって毒薬であったり麻薬であったりして，人間の生活と文化にいろいろな影を落としてきた。その結果，闇の中の秘密を明るみに出したい人間の好奇心の対象となり，図 21.25 に示すような化合物が古くから研究されてきた。

西洋毒ニンジン（*Conium maculatum* L.）は，古代ギリシアの昔から有毒植物として知られ，パセリと間違えて食べて死ぬ人がいた。紀元前 400 年頃にソクラテスは，このものの入った毒杯をあおいで死んだ。有毒成分は 1827 年に無色油状物質として単離され，**コニイン**と命名された。平面構造は，1885 年に W. A. von Hofmann（Hofmann 反応の発見者）により決定された。

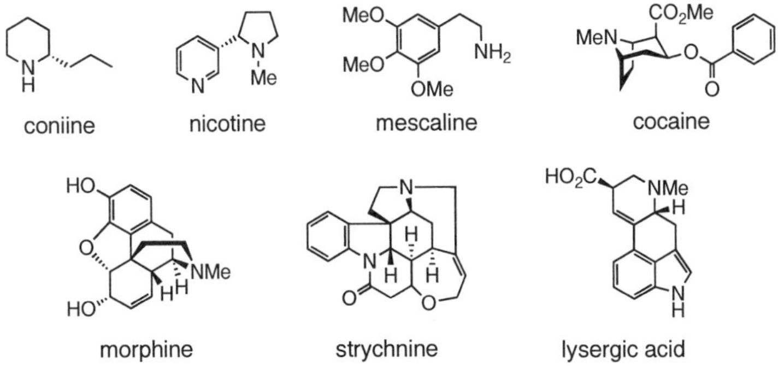

図 21.25 人間生活とかかわりのあるアルカロイド類

ニコチンは，タバコ（*Nicotiana tabacum* L.）の主アルカロイドであり，1823年に単離された。1843 年には，$C_{10}H_{14}N_2$ という正しい分子式が決定され，続いて 1894 年に Pinner により平面構造が決定された。ニコチン自体は，殺虫剤として利用されている。

メスカリンは，peyotl と呼ばれるメキシコのサボテンの一種 *Lophophora williamsii* (Lemaire) Coulter 中に存在する幻覚作用物質であり，メキシコ北部の先住民に長く用いられていた。

コカインは，コカ（*Erythroxylon coca* Lam.）の葉の成分で，1862 年に mp 98℃の結晶として単離された。コカはペルー原産の木であり，コカの葉は，先住民によって労働の際にチューインガムのように噛んで元気を出すために用いられていた。現在では，コカインは習慣性が強く，興奮性と毒性の大きい麻薬として，社会問題になっている。

モルヒネは阿片中に約 10%含まれ，阿片ケシ（*Papaver somniferum* L.）の未熟子房から出る乳液中に存在する。乳液を乾燥し，黒くなったものが**阿片** (opium) である。鎮痛・催眠作用を示すが，習慣性が強く，麻酔剤として有用であるとともに麻薬として有害である。人間が 10-12 mg 服用すると，約 15 分後に快感と眠りが訪れ，眠りは約 6 時間続く。モルヒネは 1805 年に，Sertürner によって結晶として単離された。これが，アルカロイドが純品として単離された最初の例である。モルヒネと言う名称は，ギリシャ神話の夢を司る神 Morpheus に由来している。モルヒネによる快感と眠りは，エジプト

文明時代からすでに知られていたが，17世紀に東欧で広まり，更にインドから中国へと伝わって行った。阿片を禁止しようとした清国と売り込もうとした英国との阿片戦争（1839-1842年）は，東洋人にとって見過ごすことの出来ない史実である。

ストリキニンは，東洋とくにインド産のフジウツボ種（Loganiaceae）の植物 *Strychnos nux-vomica* L.の種子と *S. ignatii* Berg.の豆に約2-3% 存在する。ストリキニンは1817年にPelletierとCaventouによって発見された。きわめて有毒で，32 mgのストリキニンを服用すると，20分以内に人は死ぬ。また大変苦く，水に70万分の1加えても人の舌で苦味を感じられる。山野の害獣駆除の薬としてだけでなく殺人にしばしば用いられた。

リセルギン酸は，麦角アルカロイドの酸部分として単離された。麦角（ばっかく，ergot）アルカロイドとは，ライ麦のめしべに寄生するカビである麦角菌（*Claviceps purpurea*）が生産するアルカロイドで，リセルギン酸とペプチドとがアミド結合でつながったものである。麦角アルカロイドは有害で，1606年以来，東欧・中欧で多くの中毒例が知られている。しかし，現代社会で（+）-リセルギン酸のもつ問題点は，そのジエチルアミドである **LSD** の麻薬としての作用にある。この作用が発見されたのは1943年，スイスの製薬会社 Sandoz の A. Hofmann によってである。彼はLSDを再結晶していて，突然外界が夢の中のようになり，色がついて見えた。眼を閉じても万華鏡のような色が見えたのである。やがて，再結晶中に指に1滴ついたLSD溶液でそれらの現象が起ったことがわかった。LSDの作用は，メスカリンの5,000倍の強さであり，50 µgで統合失調症の典型的な症状が出るという。LSDをクモに与えると，クモは細部まで正確に規則正しいクモの巣をはったと言う。外界に鈍感になり，自己集中出来たらしい。

21.10 脂肪族アミノ酸に由来するアルカロイド

21.10.1 脂肪族アミノ酸からアルカロイドの生合成

1) オルニチンからコカインの生合成

(*S*)-オルニチン（2,5-ジアミノペンタン酸）は，デカルボキシラーゼにより脱炭酸されてプトレッシン（1,4-ジアミノブタン）となる。プトレッシン

21.10 脂肪族アミノ酸に由来するアルカロイド

は，最初は腐敗組織（死体）から発見されたが，実は全ての組織に普遍的に存在する。このものの酸化的脱アミノ反応で，4-アミノブタナールが生成すると環化してピロリジン環を形成する。それに2個のアセチルCoAが付いて，炭素鎖伸長と第2回目の環形成が起り，図21.26に示すようにコカインが生合成される。

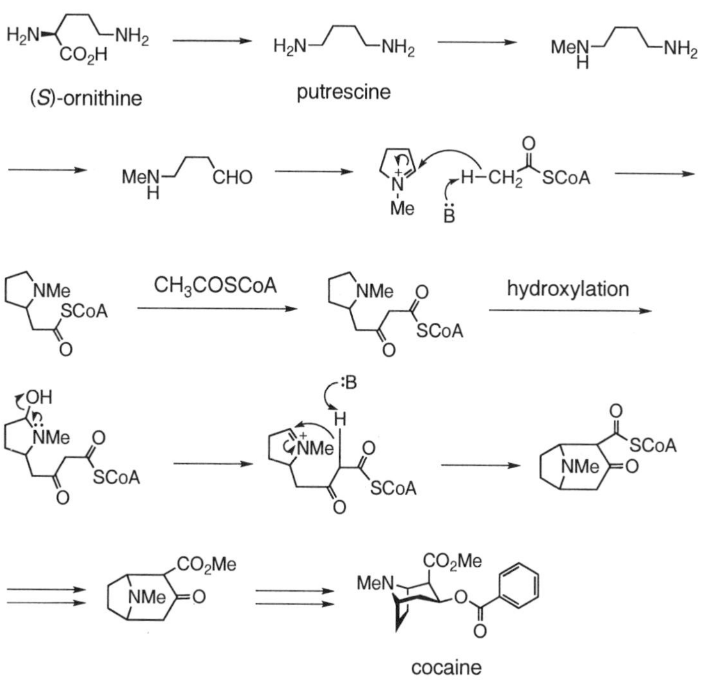

図 21.26　オルニチンよりコカインの生合成

2) リジンからペレティエリンの生合成

オルニチンより炭素鎖が一つ長い (S)-リジンからは，図21.27に示すように，六員環のピペリジンが形成される。コニインの生合成に限らず，ピペリジン環を有するアルカロイドは5-アミノペンタナールの環化反応で生合成される。ザクロのアルカロイドであるペレティエリンの生合成を図示してある。

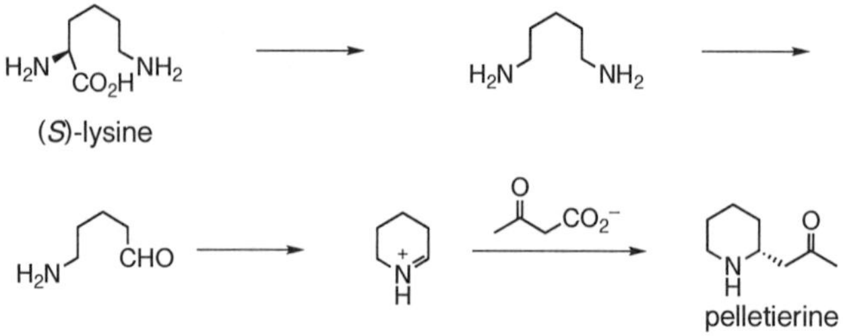

図 21.27 ペレティエリンの生合成

3) ニコチンの生合成

6位をトリチウムで標識したニコチン酸を出発物として，タバコによるニコチンの生合成を調べたところ，トリチウムはニコチン中には取り込まれていなかった。よって図 21.28 に示すように，ニコチンの生合成途上でニコチン酸は一旦ジヒドロピリジン型に還元されてからピロリジン部分と結合すると考えられる。

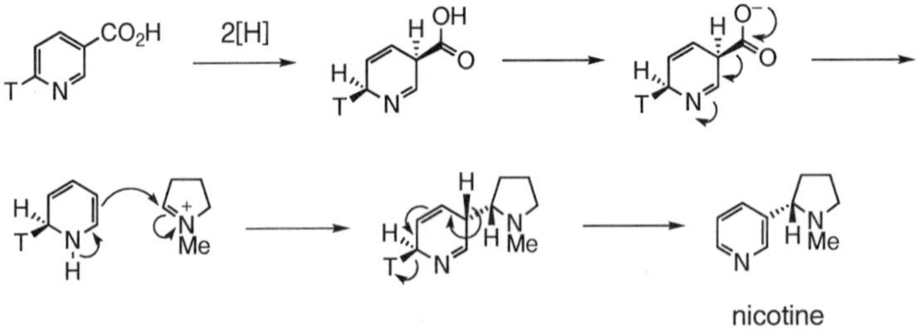

図 21.28 ニコチンの生合成

4) ピロリジディンアルカロイドの生合成と化学生態学

ピロリジディン環を有するピロリジディンアルカロイドは，キク科最大の属で，1,000 種以上もあるセネシオ属（サワギク属）に広く分布している。1909 年に Watt は，セネシオフォリンと言う，分子内にエステル結合を有するアルカロイドの加水分解で，アルコール部としてレトロネシン（図 21.29）を得た。レトロネシンは，(S)-オルニチンから，図示のようにして生合成されることが，放射性炭素 ^{14}C を用いた実験で明らかとなった。

ピロリジディンアルカロイドはセネシオニン（図 21.29）で代表されるよ

21.10 脂肪族アミノ酸に由来するアルカロイド (165)

うに，エステルとして植物中に存在する．このアルカロイドは動物の肝臓に対して強い毒性を示すので，放牧されている家畜はセネシオ科の草は食べない．

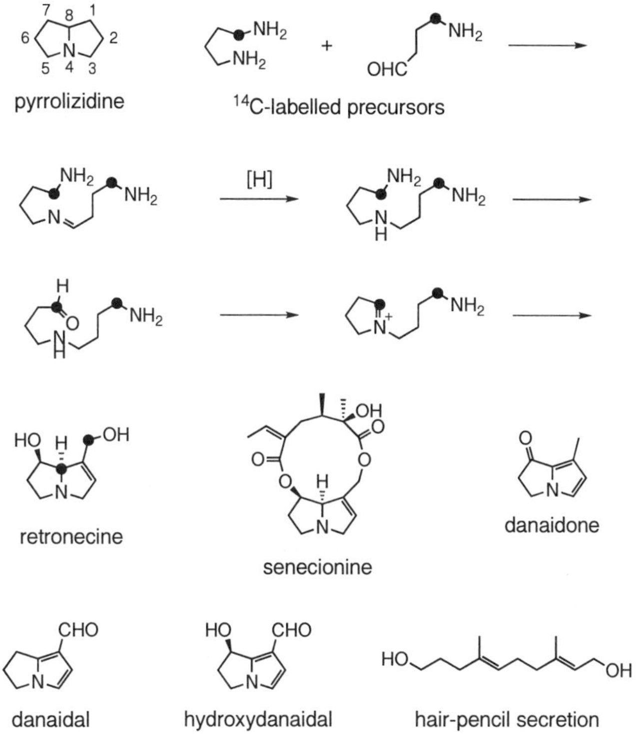

図 21.29 ピロリジディンアルカロイドの生合成と化学生態学

マダラチョウという熱帯産の美しいチョウが，セネシオ属植物のアルカロイドを彼らの生殖にうまく用いていることが，アメリカの J. Meinwald と T. Eisner との研究によって明らかとなった．マダラチョウの一種の *Lycorea ceres ceres* の雄は，配偶行動の際に腹端に一対あるヘアーペンシルと言う器官を，わっと広げる．その結果，チアガールの演技の時の球のように広がったものを見せびらかせて，雌の触角や頭にくっ付ける．そうするとファルネソール由来のヘアーペンシルのジオール（これにはフェロモン活性はなく，ただの

潤滑油か増量剤である）と，ダナイドンやダナイダール，ヒドロキシダナイダールと言う催淫剤フェロモンとが雌に付着し，雌はおとなしくなって交尾する。ダナイドンなどのフェロモンとジオールの構造は，図21.29に示した。ダナイドンなどは，ピロリジディンアルカロイドの代謝産物である。

　観察の結果，この種のチョウの雄は，幼虫時代に有毒なセネシオ属の植物を食べないと，成虫になってからのフェロモン産生がなく，交尾出来ないことがわかった。また，幼虫時代に摂取したセネシオ属植物中のピロリジディンアルカロイドは，雄の体内に大部分そのまま残存し，チョウ自体には毒性がないが，他の動物に対して毒性を保っていることがわかった。つまり，ピロリジディンアルカロイドを体内に多量保有する雄チョウは，有毒なので害敵に食べられないし，フェロモンを多く作るので交尾の機会が多い。雌の側から見ると，多量のフェロモンを放出する雄は，多量のピロリジディンアルカロイドを体内に保有しており，その大部分は交尾の際に精液とともに雌の体内に移り，更に卵へと移る。毒物は最終的に卵に保有され，卵は害敵による食害を免かれるから，その雌雄は子孫を残すことが出来る。要するに雌は，自分の子孫繁栄にとって有利な雄を，雄のフェロモンの多少によって選んでいるのである。

　化学物質が生物の行動や生態にどのように影響しているかを研究する学問分野を，**化学生態学**（chemical ecology）と言う。個体レベルでの巨視的な行動に対する化学物質の作用を調べるこの分野には，分子生物学やゲノムの生物学とは一味違う面白さがある。

21.10.2　脂肪族アミノ酸由来アルカロイドの化学合成
1）トロピノンの生合成を模した合成とトロピノン関連物

　イギリスのR. Robinson（1947年ノーベル賞）は1917年に，トロピノンの化学構造を眺め，これはメチルアミンとコハク酸ジアルデヒド（ブタンジアール）とアセトンとから作れるのではないかと考え，図21.30に示すようにしてトロピノンを簡単に合成することに成功した。後にドイツのC. Schöpfが更に改良した。このような合成のやり方を，**生合成を模した合成**（biomimetic synthesis）と言う。

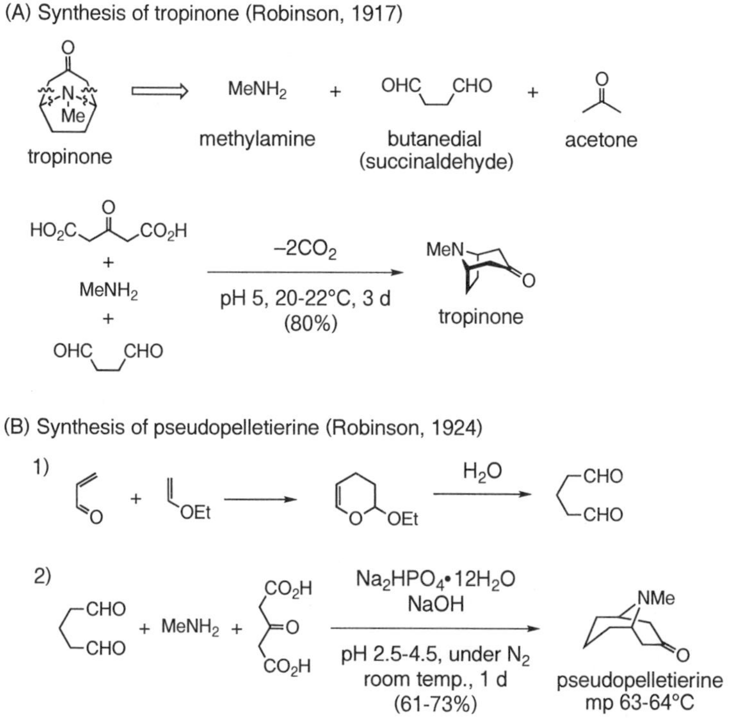

21.10 脂肪族アミノ酸に由来するアルカロイド (167)

(A) Synthesis of tropinone (Robinson, 1917)

tropinone ⇒ MeNH$_2$ + OHC−CHO + acetone
            methylamine butanedial
                         (succinaldehyde)

HO$_2$C−CO−CH$_2$−CO$_2$H
+
MeNH$_2$ −2CO$_2$
+   ―――――――――→   tropinone (MeN...O)
OHC−CH$_2$−CH$_2$−CHO   pH 5, 20–22°C, 3 d
                (80%)

(B) Synthesis of pseudopelletierine (Robinson, 1924)

1) CH$_2$=CH−CHO + CH$_2$=CH−OEt ⟶ (dihydropyran−OEt) $\xrightarrow{H_2O}$ OHC−(CH$_2$)$_3$−CHO

2) OHC−(CH$_2$)$_3$−CHO + MeNH$_2$ + HO$_2$C−CH$_2$−CO−CH$_2$−CO$_2$H
$\xrightarrow[\text{pH 2.5–4.5, under N}_2]{\text{Na}_2\text{HPO}_4 \cdot 12\text{H}_2\text{O, NaOH}}$
room temp., 1 d
(61–73%)
⟶ pseudopelletierine
mp 63–64°C

図 21.30　トロピノンとプソイドペレティエリンの合成

　トロピノン型の縮合ピロリジン・ピペリジン骨格を有するトロパンアルカロイドには，麻酔剤などの生理作用を示すものがある。代表的なもの2種を図 21.31 に示す。**ヒオスシアミン**は，ベラドンナ（*Atropa belladonna* L.）やヒオス（*Hyoscyamus niger* L.）やチョウセンアサガオ（*Datum metel* L.）に含まれている副交感神経遮断薬で，アセチルコリン受容体に作用する。少量用いると鎮痛剤・麻酔剤となる。江戸時代の医師華岡青州が妻の乳ガン手術の麻酔剤としたことで有名である。なお，図示の天然型左旋性ヒオスシアミンは容易にラセミ化してしまう。ラセミ体を**アトロピン**（atropine）とよぶ。アトロピンは，副交感神経遮断作用を有し，平滑筋の痙攣を止緩させたり，瞳孔を散大させたりするのに用いられる。

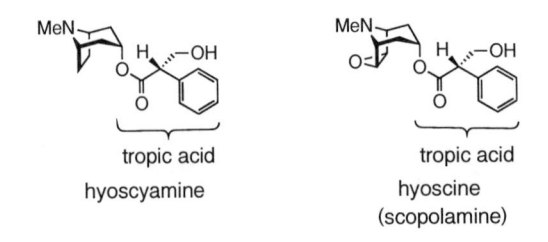

図 21.31 トロパンアルカロイドの例

ヒオスシン（スコポラミンとも言う）は，ナス科の植物である *Scopolia atropoides* Bercht et Presl. や *Datura metel* L. などに広く存在している。 幻覚剤や船酔いの薬として使われた。 鎮静作用や抗パーキンソン病作用もあるが，服用すると錯乱や言語障害に到ることがある。

2) カルパミン酸の合成

バンレイシ科の樹である北米のポーポ（papawtree, *Carica papaya* L.）は，ピペリジンアルカロイドの一種で心臓毒であるカルパインを含んでいる。カルパインは，その毒性にもかかわらず解熱薬として使われていた。カルパインの単量体がカルパミン酸である（図 21.32）。カルパミン酸のピペリジン環は，アミノ基による分子内カルボニル基への求核的攻撃によって形成され得る（**A→B**；森，増田，2006 年）。**B** のエクアトリアル配向の水酸基をアキシァル配向に変換するためには，**B** を Dess-Martin 試薬（超原子価ヨウ素を有する酸化剤）で酸化して **C** とし，それを還元するという方法をとった。

3) セダミンとニコチンの合成

ピペリジンアルカロイドの一つである (+)-セダミンの合成経路を図 21.33 の上部に示す（フランスの J. Cossy, 2000 年）。この合成の際は，1992 年にアメリカの R. H. Grubbs（2005 年ノーベル賞）によって開発された Grubbs の第一世代触媒とよばれるルテニウム錯体を触媒とする**閉環オレフィンメタセシス**（ring-closing olefin metathesis）反応で環形成を行っている。

ニコチンの最近の合成（ドイツの G. Helmchen, 2005）を，図 21.33 の下部に示す。この合成でピロリジン環の形成は，Grubbs の第二世代触媒を用いる閉環メタセシス反応によって行われた。閉環メタセシス反応は環状化合物の

21.10 脂肪族アミノ酸に由来するアルカロイド

合成にきわめて有用な方法である。

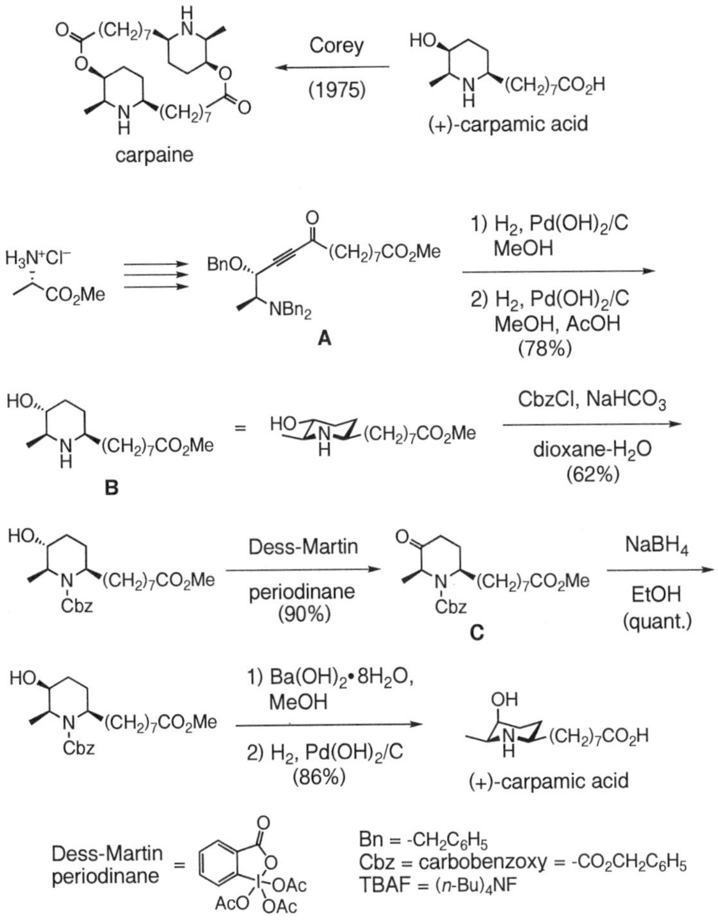

図 21.32 (+)-カルパミン酸の合成

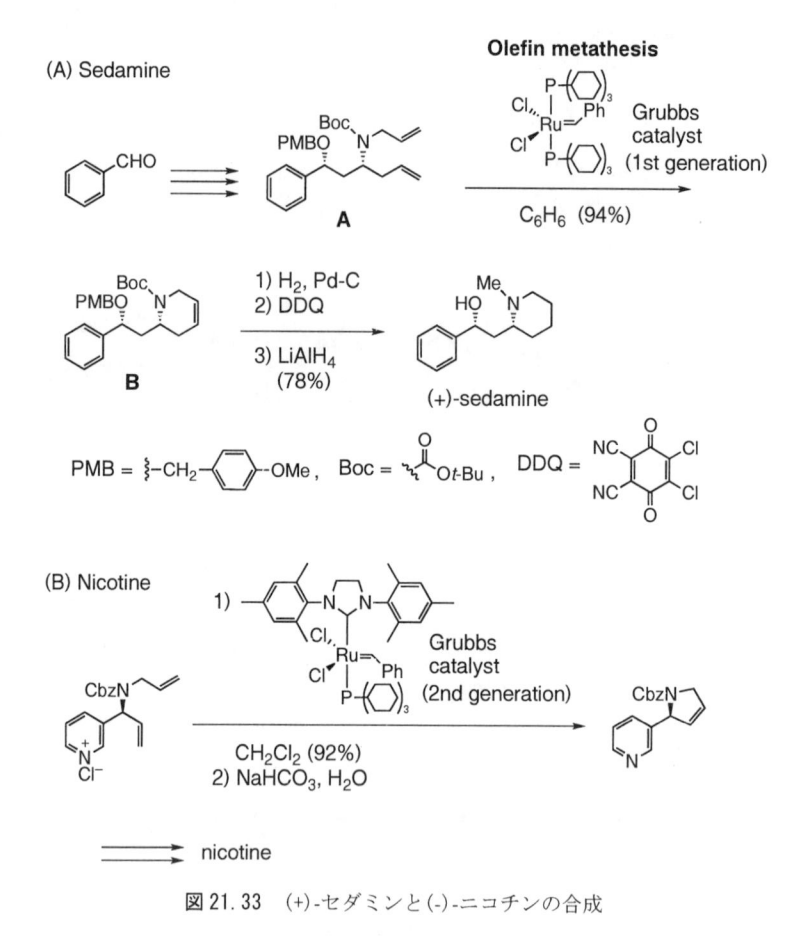

図 21.33 (+)-セダミンと(-)-ニコチンの合成

21.11 フェニルアラニンとチロシンに由来するアルカロイド

21.11.1 フェニルアラニンやチロシンからアルカロイドの生合成

1) β-フェニルエチルアミン型のアルカロイドの生合成

β-フェニルエチルアミン型のアルカロイドには，副腎髄質ホルモンとして知られる**アドレナリン**がある。このホルモンは高峰譲吉によって 1900 年に結晶状に単離されたもので，神経伝達物質であり，血圧上昇，心拍数増加，気

管支拡張作用がある（図21.34）。

アドレナリンと関連物の(S)-チロシンからの生合成経路を図21.34に示した。アドレナリンの気管支拡張作用を保って血圧上昇作用を示さない喘息薬としてサルブタモルやターブタリンが開発された。既述のメスカリンも，このアルカロイドの仲間である。

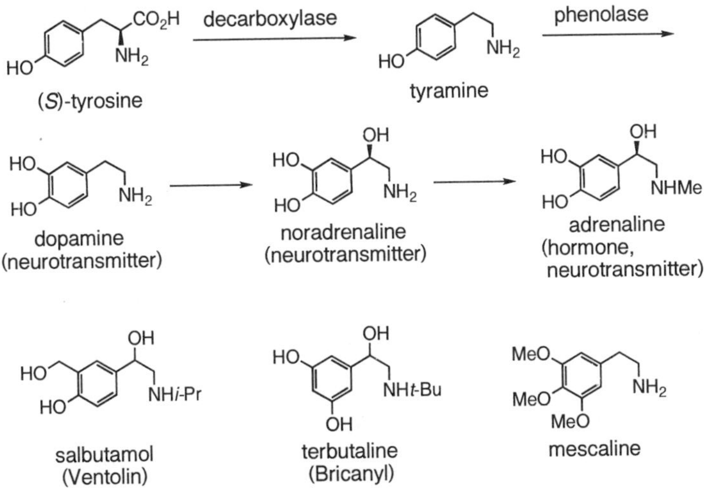

図21.34 アドレナリンの生合成とその類縁体

2) エフェドリンの生合成

古くから発汗・解熱・鎮咳などに用いられてきた漢方薬麻黄（*Ephedra sinica*）の成分として，1887年に長井長義（東大・薬）により単離された(-)-**エフェドリン**は，血圧上昇・発汗・血管収縮などの薬理活性がある（図21.35）。

この化合物の生合成は，アドレナリンなどとは異なることが $[2,3^{-13}C]$ ピルビン酸を用いた実験で明らかになった。エフェドリンの生合成経路を，図21.35に示す。

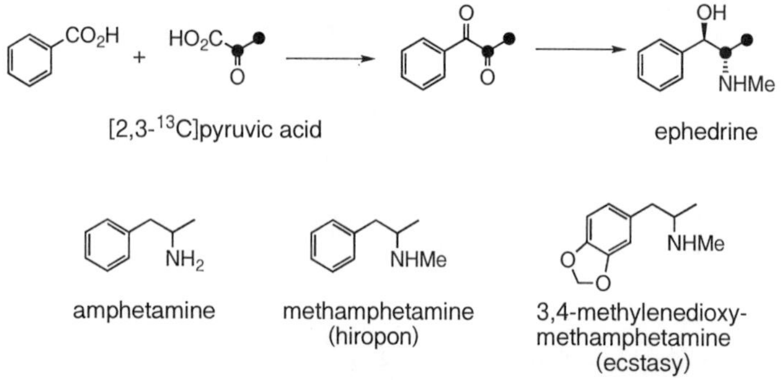

図 21.35 エフェドリンの生合成と類似構造の向精神薬

エフェドリンに似た構造の合成薬物が,向精神薬として知られており,依存性があるので社会問題となる。アンフェタミンは中枢興奮薬・食欲減少薬で,抑うつ状態や神経症に有効であるが,依存性がある。メタンフェタミンは,俗にヒロポンとよばれ,大脳を刺激・興奮させる。徹夜の仕事の眠気覚ましに使って依存症になったとか種々の社会問題を60年前の敗戦後の日本で起した。今,問題となっている向精神薬は,3,4-メチレンジオキシメタンフェタミン(俗称エクスタシー)である。

3) イソキノリンアルカロイドの生合成

図 21.36 に示すように,イソキノリンアルカロイドは20.9.24)で説明したPictet-Spengler合成反応と同様な形で生合成される。

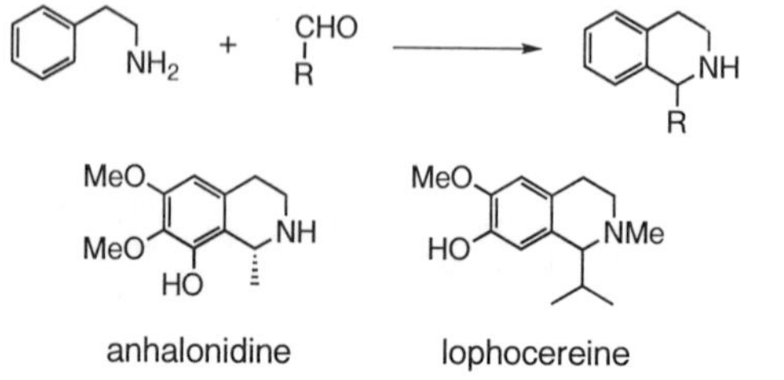

図 21.36 イソキノリンアルカロイドの例と生合成

メスカリンを生産するメキシコのサボテン *Lophophora williamsii* や,同じくサボテンの *Anhalonium lewinii* は,アンハロニジンを生産する。ロホセレイ

21.11 フェニルアラニンとチロシンに由来するアルカロイド (173)

ンはサボテン *Lophocereus schottii* の生産物である。両者ともに幻覚を生じさせる。

21.11.2 ベンジルイソキノリンアルカロイドの生合成
1) モルヒネの生合成

ベンジルイソキノリン型アルカロイドの中でも，モルヒネはその顕著な生理作用と特異な構造のため，生合成が詳しく研究された。イギリスのBattersbyらは1962年に，ケシに ［2-^{14}C］チロシンを投与し，放射性のテバインを得て，その9，16の両位置に^{14}Cがあることを確認した。この実験で，テバインが (*S*)-チロシンから生合成されることが確定した（図21.37）。

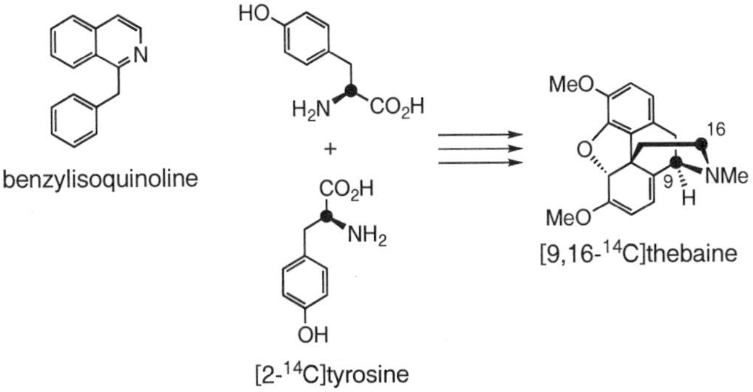

benzylisoquinoline + [2-^{14}C]tyrosine ⟹ [9,16-^{14}C]thebaine

図21.37 Battersbyらによるチロシンのテバインへの取り込み実験

1950年代から，R. Robinsonを先駆者として，R. B. Woodward（1965年ノーベル賞），D. H. R. Barton（1969年ノーベル賞），E. Wenkert, A. R. Battersby, A. I. Scott ら米英の研究者によってアルカロイド生合成は詳しく研究された。天然有機化合物の構造は，その生成過程が暗号で要約されたものである。これは世界各国の現代社会の構造が，その国の歴史の上に成り立っているのと同じである。モルヒネの構造中に $C_6H_5CH_2CH_2N$ と言う部分2個を認識できれば，モルヒネはチロシン2分子から生合成されるという考えが湧いてくるのである。

生合成研究が1950-1960年代に進展したのは，(1)放射性炭素^{14}Cで標識された基質が入手可能となったこと，(2)複雑なアルカロイドの単離・同定・分解が少量で実験可能となったこと，(3)生合成の理論的仮説が蓄積

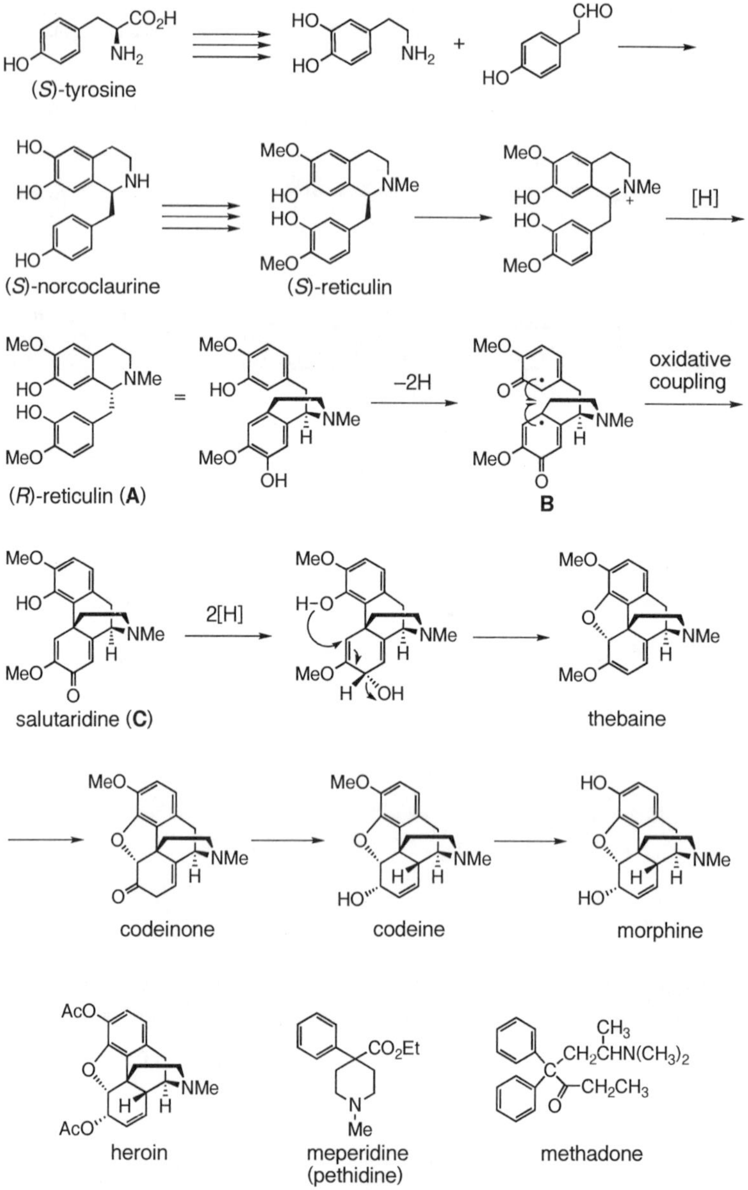

図 21.38 モルヒネの生合成と合成麻酔剤

されたこと，の3点によっている。現在は，^{13}C NMR 分析と遺伝子工学の発展により，遺伝子操作をしながら，非放射性の ^{13}C 標識化合物を用いて生合成を研究する時代となっている。

モルヒネの生合成経路を図 21.38 に示す。この経路の研究で最も興味深いのは，1925 年に R. Robinson がモルヒネの構造を提案した際考えた仮説すなわち「モルヒネはレチクリン（**A**）のようなイソキノリンアルカロイドの分子内閉環で生成する。」が実証されたことである。Barton は，**A**→**B**→**C** のようにフェノールの酸化的カップリング［21.2.2 4）参照］で閉環すると考え，トリチウムと放射性炭素 ^{14}C とで二重標識したレチクリンをケシ植物に与え，テバインが放射性となることを 1965 年に確認した。モルヒネやそのジアセタートである**ヘロイン**は，麻酔薬として重要であるが，習慣性がある。そこで，より優れた麻酔薬を創製する努力がなされ，メペリジンやメタドンが合成された。

脳内のオピオイド受容体と結合して快感を与える生体内物質は，1975 年にペプチドのエンケファリンやエンドルフィンであることが判明した。モルヒネは，それらのペプチドと類似した構造部分を有するため，受容体と結合し，快感を生み出すのである。最近，哺乳類も体内で超微量のモルヒネを生合成していることが明らかになった。なお，コディンは鎮咳薬として用いられている。図 21.38 の **A**→**C** の酸化反応を鍵段階としたモルヒネアルカロイドの有機合成も，実現されている。

2) イソテバインの生合成

東洋ケシ（*Papaver orientale* L.）は，アポルフィンアルカロイドの一種であるイソテバインを含有している。イソテバインは，図 21.39 に示すようなモルヒネとは別の酸化的カップリング反応で，オリエンタリンから生成していると考えられる。

3) ヒガンバナアルカロイドの生合成

ヒガンバナ科（Amaryllidaceae）の植物の球根には，有毒アルカロイドが含まれており，飢餓の時，球根を食べて中毒死することが古来よくあった。ヒガンバナアルカロイドの生合成は，図 21.40 のようであることが判明した。すなわち生合成前駆体であるノルベラジンから，どのように酸化的カップリ

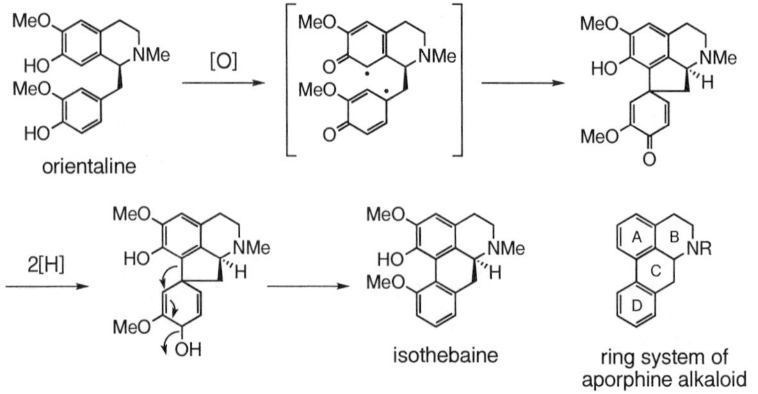

図 21.39 イソテバインの生合成

ングが起るかで，生成物の骨格構造が異なってくる。

ヒガンバナ（*Lycoris radiata* Herb.）の毒成分として 1897 年森島により単離されたリコリン，ハマユウなど *Crinum* 属の毒成分であるクリニン，そして *Galanthus elivesii* から得られ，コリンエステラーゼ阻害作用を有し，一時小児麻痺の薬となるかと思われたが，今は Alzheimer 症に有効と言われるガランタミンは，それぞれ図示のようにして生合成されると考えられている。

4) ベルベリンの生合成

イソキノリンアルカロイドの一つであるベルベリンは，ミカン科のキハダ（*Phellodendron amurense* Ruprecht）や，キンポウゲ科のオウレン（*Coptis japonica* Makino）の根茎から，黄色の塩酸塩として単離され，苦味が極めて強く，胃腸薬として用いられる。このアルカロイドは，最初はヒイラギ・ナンテン属の樹である *Berberis vulgaris* L. から 1837 年に得られ，W. H. Perkin, Jr. によって 1889 年に構造が決定されていた。その生合成は，図 21.41 に示す二つの経路で進行すると考えられている。

5) コルヒチンの生合成

ユリ科の植物イヌサフラン（*Colchicum autumnale* L.）の種子や根茎は古くから痛風の薬として用いられていた。19 世紀前半に，それからコルヒチンが Hesse によって単離された。コルヒチンは痛風に有効だが毒性があり，3 mg

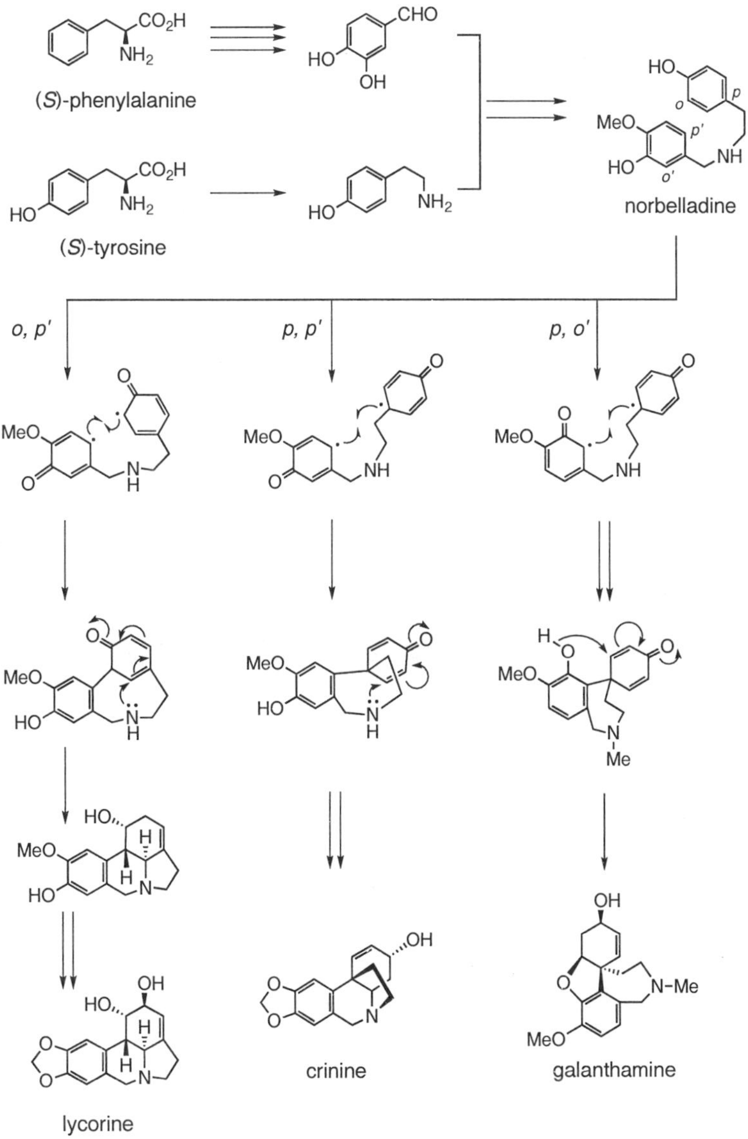

21.11 フェニルアラニンとチロシンに由来するアルカロイド (177)

(S)-phenylalanine

(S)-tyrosine

norbelladine

o, p'

p, p'

p, o'

lycorine

crinine

galanthamine

図 21.40 ヒガンバナアルカロイドの生合成

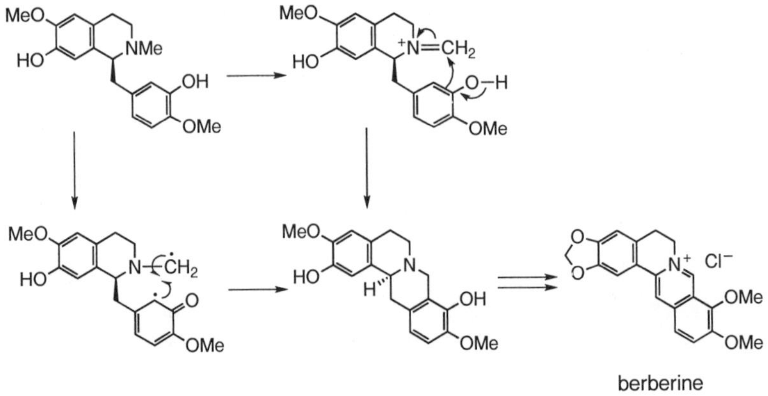

(178) 21 天然有機化合物（その2）ポリケチド，フェニルプロパノイド，アルカロイド

図21.41 ベルベリンの生合成

で人は死ぬと言う。また，コルヒチンには染色体倍増作用があるので，遺伝・育種学の研究に用いられる。たとえば，種子なし西瓜は，コルヒチンで西瓜を処理して得られる。構造でわかるとおり，アミドなので塩基性を示さないが，アルカロイドに分類される。トロポロン環 ［9.2.2 2) 参照］ を含むのが，構造上の特徴である。コルヒチンの生合成は，イソキノリンアルカロイドを経由した図21.42のようなものだと考えられている。

6) ベンジルイソキノリンアルカロイド生合成の鍵反応

以上学んできたように，モルヒネを始めとするベンジルイソキノリンアルカロイドの生合成の鍵反応は，フェノールの酸化的カップリングである。D. H. R. Barton が1950年代に，Pummerer のケトンの構造解明 ［21.2.2 4) 参照］ から始めて，酸化的カップリングによってアルカロイドの生合成が説明可能だという仮説を提出して以来，その線に沿った形で現在の生合成知識体系が出来たのだから，正しい仮説が学問発展に果たす役割はきわめて大きい。

21.11.3 ベンジルイソキノリンアルカロイドの化学合成
　　　　ーモルヒネを例としてー

図21.38に示したモルヒネの生合成経路で，鍵となる環形成反応 **A→B→C** を，Barton はフェリシアン化カリウム $K_3Fe(CN)_6$ を酸化剤として試みたが，収率は0.02%でしかなかった。その後この反応の収率は大いに改善され

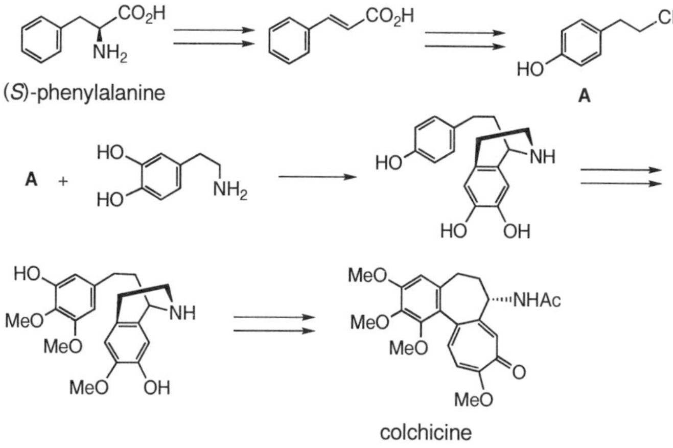

21.12 トリプトファンに由来するアルカロイド

図 21.42 コルヒチンの生合成

たが未だに定量的に進行するようにはなっていない。

途中で光学分割を行うことで完成したモルヒネの合成は，まず 1952 年にアメリカの M. Gates らによって，そして 1954 年にイスラエルの D. Ginsburg らによって完成された。本書では，最近の不斉合成反応を利用した L. E. Overman（アメリカ）らの 1993 年に発表された合成を紹介する（図 21.43）。

A→B への還元の際の不斉の導入は，Corey の還元剤（いわゆる CBS reagent）によっている。**C→D** への環形成反応は，アルケンとハロベンゼンとをパラジウム触媒を用いて結合させる**溝呂木-Heck 反応**によっており，60% 収率で進行している。

21.12 トリプトファンに由来するアルカロイド

21.12.1 トリプトファンからアルカロイドの生合成

1) 比較的単純なトリプトファン由来アルカロイドの生合成

インドールアルカロイドと総称されるトリプトファン由来のアルカロイドは，自然界に数千種は存在すると考えられており，多様性に富んでいる。

インドール環を有するアルカロイドで，比較的単純な構造でも顕著な生理活性を示すものを図 21.44 に示す。

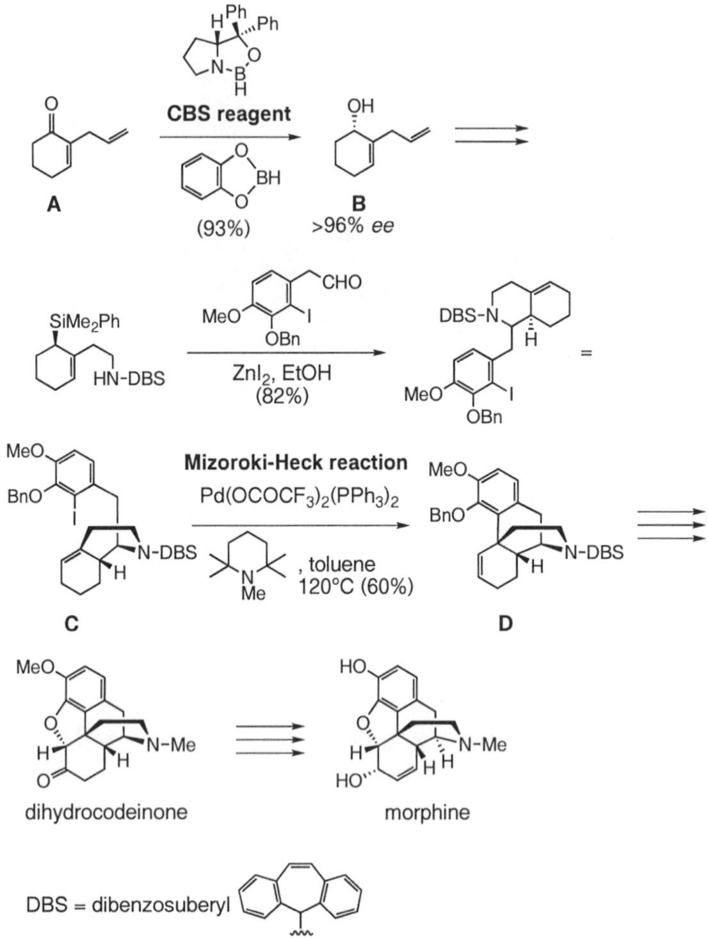

図 21.43 Overman のモルヒネ合成

　セロトニンは神経伝達物質であり，時差ボケを直すのに有効だと言われる。そのアミノ基がジメチル化されたブフォテニンは，ガマガエル（*Bufo vulgaris*）の分泌物であるが，ある種の豆やキノコ *Amanita mappa* にもあって幻覚作用を示す。

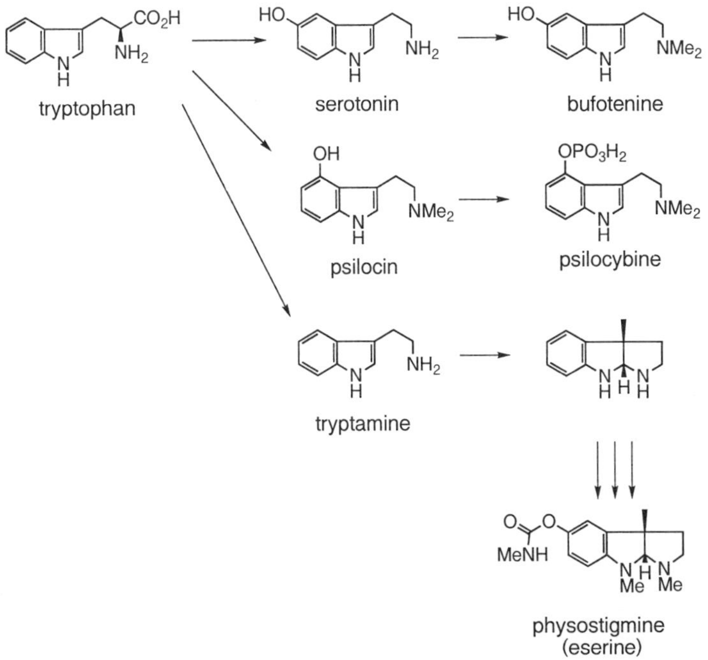

21.12 トリプトファンに由来するアルカロイド (181)

図 21.44 簡単なインドールアルカロイドの生合成

プシロシンとプシロシビンは，メキシコのキノコ *Psilocybe mexicana* Heim が生産する。乾燥したキノコには，0.2-0.4%のプシロシビンが含まれており，摂取すると幻覚作用を示し，数時間持続する。フィソスティグミン（エゼリンとも言う）は，西アフリカのカラバルマメ（*Physostigma venenosum* Balf.）に含まれている。これは，致死量 10 mg の猛毒で，アセチルコリンエステラーゼ阻害剤である。毒を吐くと助かり，飲むと死ぬので，原住民の神聖裁判に用いられた。

2) 麦角アルカロイドの生合成

麦角菌（*Claviceps purpurea*）によるリセルギン酸の生合成は，図 21.45 のように進行すると考えられている。

麦角アルカロイド類，たとえばエルゴメトリン，には，強い血管収縮作用

があり，麦角菌の菌核である麦角（ergot）は，古くから中国でもローロッパでも分娩促進剤（エルゴメトリン 0.2 mg の筋肉あるいは静脈注射で有効）あるいは産後の大出血の処置に用いられていた．片頭痛にも有効で，1日続く頭痛が1時間で治ったりするが，用量を間違えると危険である．図21.45からわかるように，このアルカロイドの生合成には，イソプレノイドの生合成素材であるジメチルアリル二リン酸がかかわっている．

3) インドールアルカロイドの生合成

インドールアルカロイド類には，図21.46に示すようなものがある．その骨格構造には，いずれも炭素数9から10個の構造単位が含まれている．この構造単位が何に由来するのか，種々研究された．

R. B. Woodward, E. Wenkert と E. Leete は，それぞれ図21.47の上部に示したような化合物が C_9-C_{10} 単位の前駆体だと主張したが，間違っていた．1966年に A. R. Battersby によって [2-^{14}C]ゲラニオールが図21.47に示すようにカタランチンなどのインドールアルカロイドに取り込まれることが判明し，C_9-C_{10} 単位はモノテルペンであると考えられるようになった．メバロン酸がインドールアルカロイドに取り込まれることも証明された．

続いて1968年に，モノテルペングルコシドであるロガニン（図21.47）がインドールアルカロイドに取り込まれることが，Battersby によって証明された．現在ではインドールアルカロイドは図21.48のようにして生合成されることが判明している．

インドールアルカロイドの生合成研究は，以上のように (1)仮説提案 (2)標識された前駆体の取り込み実験による仮説の証明または否定 (3)証明された仮説に基づく更に詳細な生合成経路の研究という順序で進められた．現在では，生合成に関与する酵素とそれをコードしている遺伝子の研究へと進んできている．

21.12.3 インドールアルカロイド及びその他のアルカロイドの各論

アルカロイドには興味深い生物活性を示すものが多数あるが，それを全部記すことは，本書の目的外である．有名なアルカロイドでこれまでの論議で紹介しなかったものを，いくつか図21.49に示す．

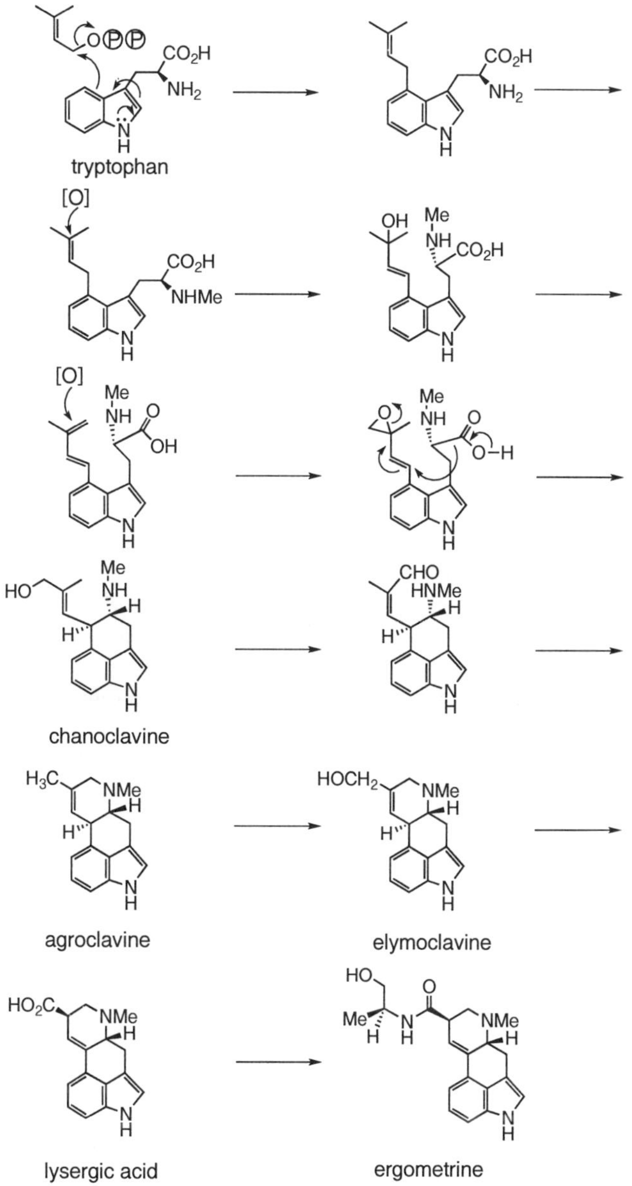

21.12 トリプトファンに由来するアルカロイド (183)

図 21.45 麦角アルカロイドの生合成

[A] Corynantheine-strychnine group

corynantheine strychnine C_9-C_{10} unit

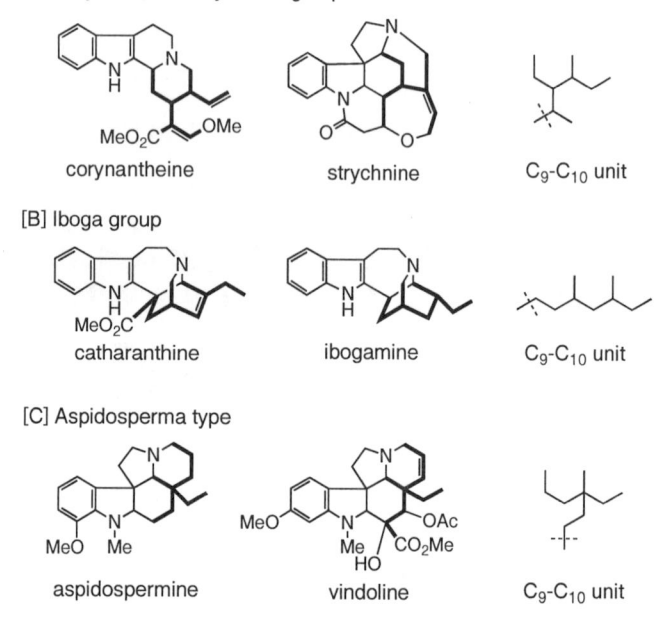

[B] Iboga group

catharanthine ibogamine C_9-C_{10} unit

[C] Aspidosperma type

aspidospermine vindoline C_9-C_{10} unit

図 21.46 インドールアルカロイド中の C_9 - C_{10} 単位

ヨヒンビンは，アフリカのカメルーンやコンゴ産のアカネ科 (Rubiaceae) の植物 *Pausinystalia yohimbe* Pierre に含まれ，住民によって催淫剤として用いられていた。

ビンブラスチンは，ニチニチソウアルカロイドの一つで，ニチニチソウ (*Vinca rosea*) から得られる。悪性リンパ腫の治療薬である。2002 年に福山　透（東大・薬）らにより合成された。

キニン（英語ではクァイナイン）は，アンデス山地東側の原産でアカネ科の *Cinchona* および *Remijia* 属植物に 1-5% 含有されている。マラリアの特効薬として有名で，東南アジアで栽培生産されている。1820 年に Pelletier と Caventou により単離され，1854 年に Strecker によって正しい分子式が提案された。1908 年に Rabe により平面構造が決定され，1944年に Woodward と Doering によって合成された。天然型キニンの立体選択的な合成は 2001 年に Stork によっ

21.12 トリプトファンに由来するアルカロイド (185)

Woodward: H_2N‐CH(‐CO_2H)‐CH$_2$‐(3,4-dihydroxyphenyl) + 2C_1 unit

Wenkert: HO_2C‐CH$_2$‐C(=O)‐(cyclohexadienone-OH)‐CO_2H + 1C_1 unit

Leete: HO_2C‐CH$_2$‐C(=O)‐C(=O)‐CH$_3$; HO_2C‐CH$_2$‐CO_2H + 1C_1 unit

Battersby (1966)

[2-^{14}C]geraniol was fed to *Vinca rosea*

→ *Vinca rosea* → catharanthine (MeO_2C‐)

↓

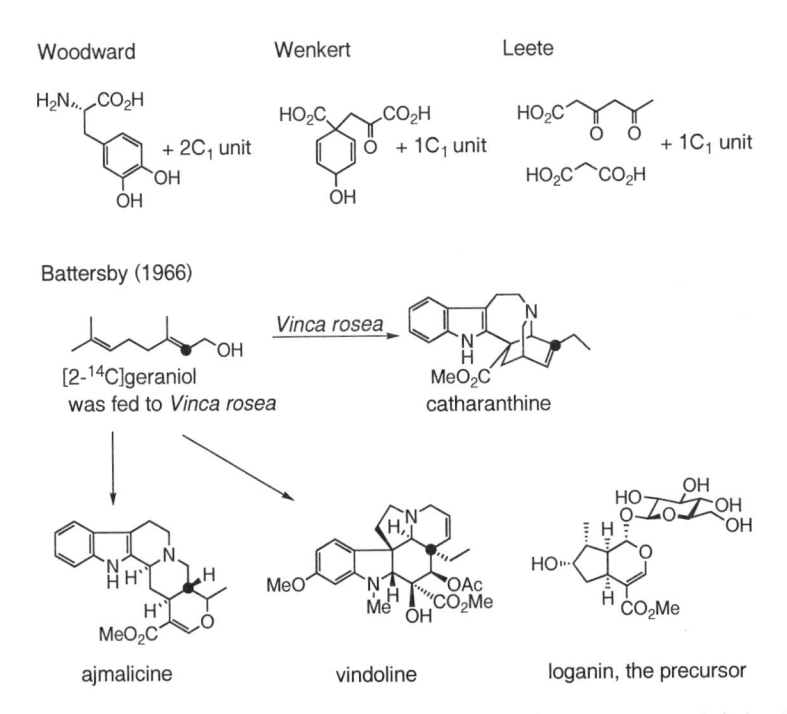

ajmalicine (MeO_2C‐)

vindoline (MeO‐, Me‐N, ‐OH, ‐OAc, ‐CO_2Me)

loganin, the precursor (glucose‐O‐, ‐CO_2Me)

図 21.47 ロガニンというモノテルペノイドがインドールアルカロイド生合成の前駆体である

tryptamine + secologanin (MeO_2C‐, glucose‐O‐)

⟶

strictosidine (MeO_2C‐, glucose‐O‐)

⇛ indole alkaloids

図 21.48 インドールアルカロイドの生合成

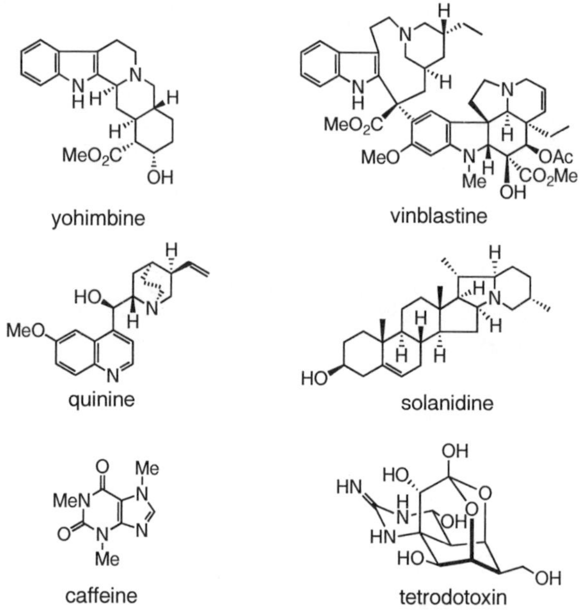

図 21.49 各種アルカロイドの構造

て達成された。キニンの発見から合成までを詳しく述べた Kaufman の総説を巻末参考書の部に挙げておく。

ソラニジンは，ナス科植物であるジャガイモ（*Solanum tuberosum*）の配糖体アルカロイドであるソラニンのアグリコン部で，有毒である。日光に当たり発芽して緑色になってきたジャガイモに特に多く，芽の部分は毒性を示す。

カフェインは茶，コーヒー，ココア中の中枢神経興奮アルカロイドである。テトロドトキシンは，フグ毒として有名であり，16.6.5 で述べた。

21.12.4　インドールアルカロイドの化学合成-ヨヒンビンを例として-

医薬品として有用なものが多いインドールアルカロイドの合成研究は，現在も盛んに行われている。図 21.50 に，G. Stork によって 1972 年に達成された（±）-ヨヒンビンの合成を示す。出発物からの第一段階が Stork のエナミン法（16.6.9 参照）の利用である。

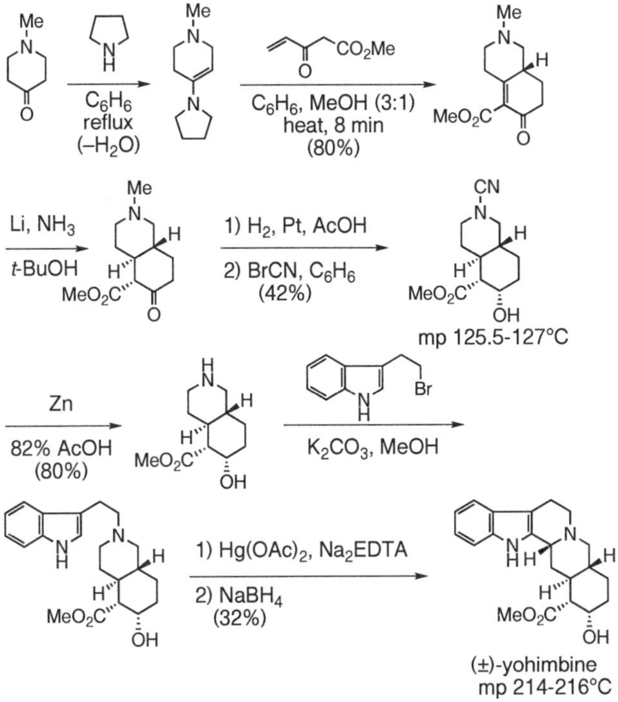

図 21.50　Stork の(±)-ヨヒンビン合成

21.13　ペニシリンとセファロスポリンの生合成と作用機構

アルカロイドではないが，α-アミノ酸から生合成される化合物として重要なのは，抗菌性抗生物質のペニシリンとセファロスポリンである。図 21.51 に示すように，これらは L-α-アミノアジピン酸，L-システィンと D-バリンとから生合成される。

三種のアミノ酸から生合成されるトリペプチドの脱水素閉環でイソペニシリン N が生成する。この際，トリペプチド分子内の四角でかこった水素原子が酸化的に除去されることが判明している。イソペニシリン N の末端アミノ酸部分のエピメリ化で生ずるペニシリン N から，医薬工業で重要なペニシリン G やセファロスポリン C が生合成される。

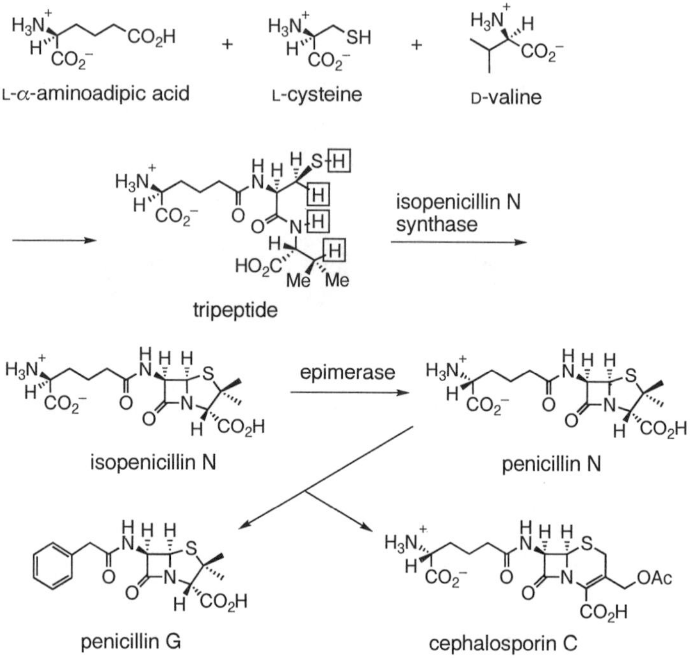

図 21.51　ペニシリンとセファロスポリンの生合成

これらの β-ラクタム抗生物質の抗菌性は，反応性に富む β-ラクタム環が細菌のトランスペプチダーゼと反応し，酵素を失活させることで発現する．酵素が失活すれば，細胞壁が合成されずに細菌は死滅する．

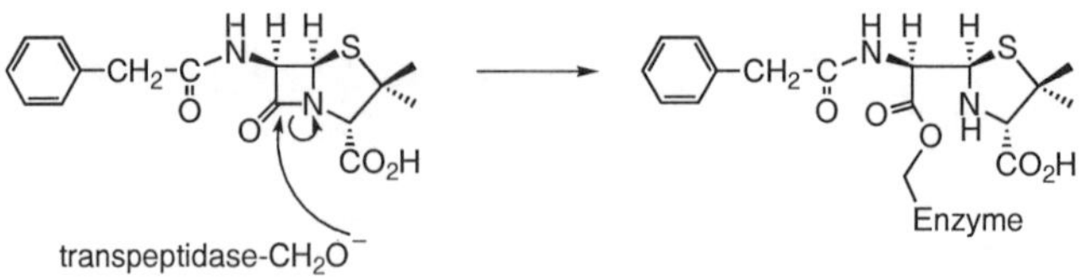

図 21.52　ペニシリン G による細菌細胞壁合成酵素（トランスペプチダーゼ）の阻害機構

22. 天然有機化合物（その3）

炭水化物，脂質，アミノ酸，核酸，ビタミン

　本章では，生化学の授業では必ずしも教えられない有機化学的側面に光を当てて，炭水化物，脂質，アミノ酸，核酸，ビタミンを学ぶ。有機化学者がこれらをきちんと研究したことで，近代生化学が始まったことをわかってほしい。特に Emil Fischer による糖の立体配置決定の論理は，化学研究の最高峰の一つである。

22.1 一次代謝産物の概説

　光合成によって，高等植物は二酸化炭素を有機化合物に変換する。光合成産物を原料として，炭水化物，脂質，アミノ酸，タンパク質，核酸など生命維持の根幹をなす**一次代謝産物**（primary metabolites）が生合成される。そしてビタミンは，生体内反応を円滑に進行させるために体内に摂取される。

　一次代謝産物とビタミンとは，生命現象の基本物質である。したがって生命科学系大学の授業では，生化学，栄養学，食品化学などの講義の冒頭で取り扱われる［たとえば，農芸化学全書中の小林恒夫著，生物化学 I，生体成分の化学，養賢堂（1979）］。本章では，これらの化合物を有機化学の立場から学習する。たとえば天然産の 6 炭糖である D-グルコース，D-マンノース，D-ガラクトースは本章では，図 22.1 に示すように立体式で表現して考える。また D-リボースや D-デオキシリボースについて，核酸構成成分であるとともに，それらが有機合成の原料になることを学ぶ。

　一次代謝産物であっても，それが興味深い生理活性物質に変換されるアラキドン酸とか，動物の脳内にある睡眠誘導物質として 1995 年に発見された (Z)-9-オクタデセンアミドとかも学ぼう。アジア象の雌が放出する性フェロモンとして 1996 年に発見された 7-ドデセニルアセタート（$E/Z = 3:97$）も，一次代謝産物から誘導される。

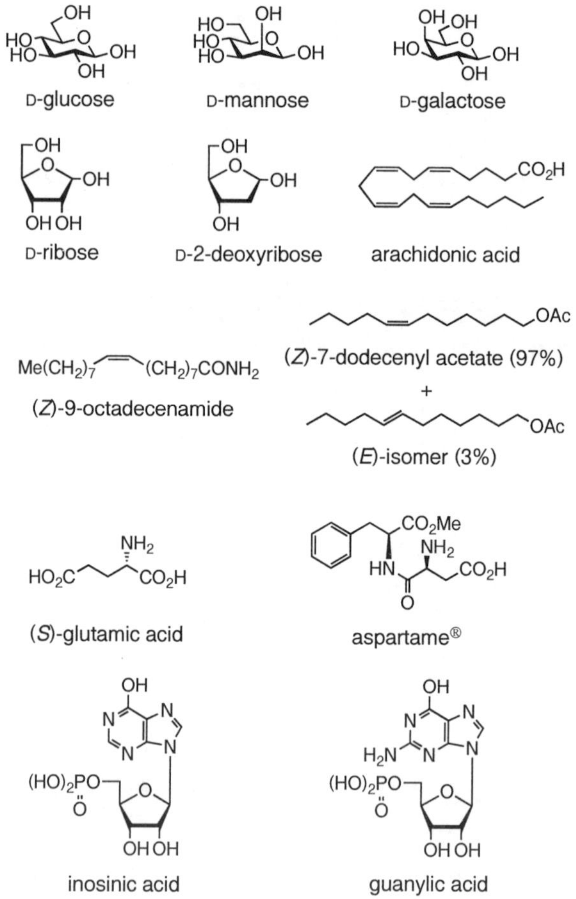

図 22.1　一次代謝産物と関連物の構造

　工業的に製造されている (S)-グルタミン酸やアスパルテーム®については，その絶対立体配置をきちんと考えよう．イノシン酸やグアニル酸が呈味増強剤として大量生産されていることも，きちんと学ぼう．本章と次章とでは，有機化学の立場から，これらの一次代謝産物とビタミンの化学とを学ぶこととする．

22.2 炭水化物

22.2.1 炭水化物の概説
1) 炭水化物の研究史

炭水化物（carbohydrate）は，炭化水素（hydrocarbon）ではない。40年近く前の，ある夕方の実験室で実際にあった話である。開発されたばかりのインスタントラーメンを食べていた4年の学生が，私を見てにこにこして「炭化水素です」と言った。直ちに私が炭化水素と炭水化物の違いの講義を始めたのは当然である。炭水化物〔carbohydrate（英），Kohlenhydrat（独），hydrate de carbone（仏）〕という言葉は，1844年にC. Schmidtが最初に使ったといわれている。純粋なグルコースの実験式は当時すでに知られていて，CH_2Oと炭素の水和物に相当するのでそうよばれたのである。後に分子式が明らかになると，グルコースは$C_6H_{12}O_6$ すなわち $C_6(H_2O)_6$でショ糖は$C_{12}H_{22}O_{11}$すなわち$C_{12}(H_2O)_{11}$であり，一般に**糖類**（sugars, saccharides）は$C_x(H_2O)_y$の分子式を有する化合物群と考えられ，炭水化物と命名された。

糖類でも蜂蜜やショ糖は，有史前から人類に知られていたが，純品となるまで糖を精製し，化学的研究の対象とするようになったのは，比較的近年である。古くから結晶として知られていたのはグルコースとショ糖であって，乳糖は1615年，果糖（フルクトース）は1847年，アラビノースは1868年の発見である。

フルクトースが鎖状ヒドロキシケトンであり，グルコースが鎖状ヒドロキシアルデヒドであることは1880年代にKilianiが明らかにしたが，糖化学の真の発展はEmil Fischer（1852-1919年，1902年ノーベル賞）によってもたらされた。Fischerは，D-グルコースの立体配置を決定し，β-アミグダリンやα-マルターゼなどの配糖体加水分解酵素の働きを明らかにした。さらにW. N. Haworth（1883-1950年，1937年ノーベル賞）による糖の環状構造と立体化学の研究を経て，現代糖化学へと発展した。

2) 炭水化物の生体での分布と役割

植物の光合成によってグルコースが生成し，それはデンプンやセルロースに変換される。地球上の生物体を構成する有機化合物の半分以上は，炭水化

物であると推定されている。炭水化物は，デンプンやグリコーゲンのような形で生体エネルギーの貯蔵物質となり，またセルロースとして植物体の支持材料となる。血液型の決定物質や細胞表層の自己・非自己の識別に，糖類がきわめて重要なことが次第に判明し，現在は免疫学の分野で糖研究が盛んである。

3) 炭水化物の分類

構成単位糖の数による分類　炭水化物を薄い鉱酸や加水分解酵素と処理すると，単一の分子種でそれ以上変化しないものと，いくつかの単位糖に加水分解されるものとに分かれる。それ以上小さな分子に加水分解されない炭水化物を**単糖**（monosaccharide）という。ショ糖のようにグルコースとフルクトースの二つの糖を与えるもの，またマルトース（麦芽糖）のようにグルコース2分子を与えるものを**二糖**（disaccharide）という。デンプンやセルロースのように，数千個ものグルコースを与えるものを**多糖**(polysaccharide)という（図22.2）。

官能基や構成炭素原子の数による単糖類の分類　単糖類のうち，グルコースのようにアルデヒドであるものを**アルドース**（aldose）という。フルクトースのようにケトンであるものは，**ケトース**（ketose）とよぶ（図22.3）。
単糖類は，構成する炭素原子の数でも分類される。3炭素原子からなるグリセルアルデヒドは**トリオース**，エリトロースのように4炭素原子からなるものを**テトロース**，リボースのように5炭素原子からなるものを**ペントース**，グルコースのように6炭素原子からなるものを**ヘキソース**という。以上の分類法二つを組み合わせると，グルコースはアルドヘキソース，フルクトースはケトヘキソースであるとよぶ。

22.2.2 単糖類の構造と反応

1) グルコースとフルクトースの炭素骨格

グルコースの実験式が CH_2O であることは，1843年にDumasにより明らかにされた。1870年には，グルコースが結晶性のアセチル誘導体を与えることから分子量が決定され，FittigらとBaeyerらとによりグルコースの分子式は $C_6H_{12}O_6$ と決定された。

22.2 炭水化物

(A) Photosynthesis

$$6CO_2 + 6H_2O \xrightarrow{h\nu} 6O_2 + C_6H_{12}O_6 \longrightarrow \text{starch, cellulose}$$

(B) Monosaccharides

```
   CHO              CH2OH
H-C-OH              C=O
HO-C-H           HO-C-H
H-C-OH            H-C-OH
H-C-OH            H-C-OH
  CH2OH             CH2OH

D-glucose         D-fructose
```

(C) Disaccharides

$$C_{12}H_{22}O_{11} + H_2O \xrightarrow{\text{dilute acid}} C_6H_{12}O_6 + C_6H_{12}O_6$$

sucrose (disaccharide) → glucose + fructose (monosaccharides)

(D) Polysaccharides

starch, cellulose $\xrightarrow{\text{dilute acid}}$ many glucose molecules

図 22.2　光合成と炭水化物の分類

```
  triose         tetrose        pentose           hexose
                                              ┌────────┴────────┐
                                  CHO           CHO          CH2OH
    CHO           CHO           H-C-OH        H-C-OH          C=O
  H-C-OH        H-C-OH          H-C-OH       HO-C-H         HO-C-H
   CH2OH        H-C-OH          H-C-OH        H-C-OH         H-C-OH
                 CH2OH           CH2OH        H-C-OH         H-C-OH
                                               CH2OH          CH2OH

D-glyceraldehyde  D-erythrose   D-ribose     D-glucose     D-fructose
   C3H6O3         C4H8O4        C5H10O5      C6H12O6        C6H12O6
```

aldose　　　　　　　　　　　　　　　　　　　ketose

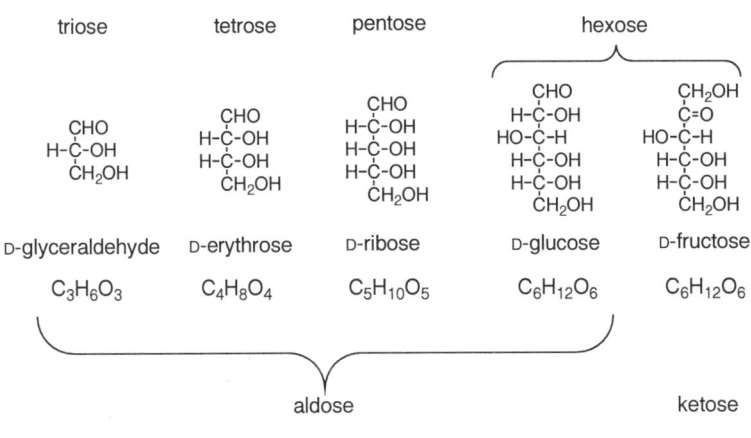

図 22.3　単糖類の分類

22　天然有機化合物（その3）炭水化物，脂質，アミノ酸，核酸，ビタミン

グルコースは，アンモニア性硝酸銀水溶液を還元して銀鏡反応を呈し，またFehling液を還元して赤色の酸化銅(I)を生成させる。臭素水によりグルコースは酸化されてカルボン酸を与えるから，アルデヒド基を有している。

1886年に，H. Kilianiは，図22.4に示す実験によりグルコースが直鎖構造を有していることを知った。すなわち，グルコースのシアノヒドリンを加水分解して得たヒドロキシカルボン酸をヨウ化水素酸と赤リンとで還元してヘプタン酸を得たのである。

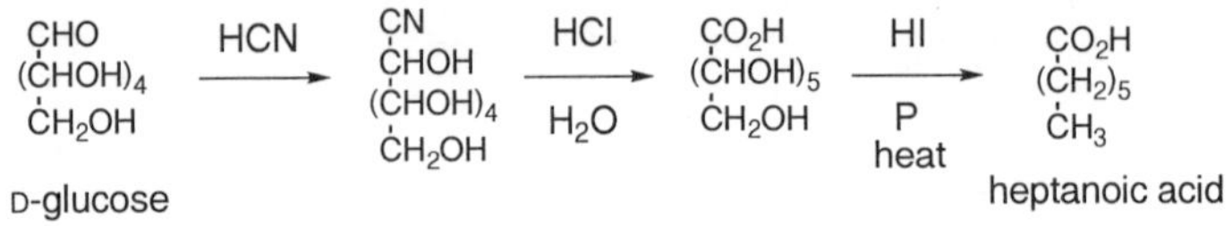

$$\underset{\text{D-glucose}}{\begin{array}{c}CHO\\(CHOH)_4\\CH_2OH\end{array}} \xrightarrow{HCN} \begin{array}{c}CN\\CHOH\\(CHOH)_4\\CH_2OH\end{array} \xrightarrow[H_2O]{HCl} \begin{array}{c}CO_2H\\(CHOH)_5\\CH_2OH\end{array} \xrightarrow[\substack{P\\heat}]{HI} \underset{\text{heptanoic acid}}{\begin{array}{c}CO_2H\\(CH_2)_5\\CH_3\end{array}}$$

図22.4　Kilianiによるグルコースの直鎖構造の証明

Kilianiは同様な反応をフルクトースに対して行い，今度は2-メチルヘキサン酸を得た（図22.5）。そこで，フルクトースは2位にカルボニル基を有するヒドロキシケトンであることが判明した。なおフルクトースは，アルカリ性ではエノラートを経由して図22.5に示すように異性化するので，銀鏡反応とFehling反応が陽性である。

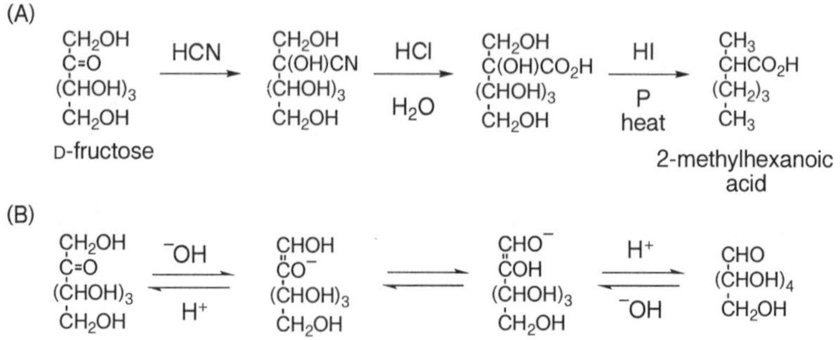

(A)
$$\underset{\text{D-fructose}}{\begin{array}{c}CH_2OH\\C=O\\(CHOH)_3\\CH_2OH\end{array}} \xrightarrow{HCN} \begin{array}{c}CH_2OH\\C(OH)CN\\(CHOH)_3\\CH_2OH\end{array} \xrightarrow[H_2O]{HCl} \begin{array}{c}CH_2OH\\C(OH)CO_2H\\(CHOH)_3\\CH_2OH\end{array} \xrightarrow[\substack{P\\heat}]{HI} \underset{\substack{\text{2-methylhexanoic}\\\text{acid}}}{\begin{array}{c}CH_3\\CHCO_2H\\(CH_2)_3\\CH_3\end{array}}$$

(B)
$$\begin{array}{c}CH_2OH\\C=O\\(CHOH)_3\\CH_2OH\end{array} \xrightleftharpoons[H^+]{^-OH} \begin{array}{c}CHOH\\CO^-\\(CHOH)_3\\CH_2OH\end{array} \xrightarrow{} \begin{array}{c}CHO^-\\COH\\(CHOH)_3\\CH_2OH\end{array} \xrightleftharpoons[^-OH]{H^+} \begin{array}{c}CHO\\(CHOH)_4\\CH_2OH\end{array}$$

図22.5　Kilianiによるフルクトースの直鎖構造の証明とアルカリによるフルクトースの異性化

2) オサゾンの生成

フェニルヒドラジンは，E. Fischer が 1874 年に初めて合成した化合物であり［16.5.4 3)参照］，アルデヒドやケトンと反応してフェニルヒドラゾンを与える［13.8.4 3)参照］。

糖類は水に易溶で，結晶性がよくない。19 世紀の有機化学実験法では，結晶性でない化合物の精製は困難であった。クロマトグラフィーという精製手段が知られていなかったからである。1884 年に E. Fischer は，グルコースやフルクトースがフェニルヒドラジンと反応すると，糖 1 分子に 2 分子のフェニルヒドラジンが付いた黄色結晶性化合物が生成することを発見した。

(A) Glucosazone from glucose

$$\begin{array}{c} \text{CHO} \\ \text{CHOH} \\ \text{(CHOH)}_3 \\ \text{CH}_2\text{OH} \end{array} \xrightarrow{3C_6H_5NHNH_2} \begin{array}{c} \text{CH=NNHC}_6\text{H}_5 \\ \text{C=NNHC}_6\text{H}_5 \\ \text{(CHOH)}_3 \\ \text{CH}_2\text{OH} \end{array} \begin{array}{l} + C_6H_5NH_2 \\ \quad \text{aniline} \\ + NH_3 \\ + 2H_2O \end{array}$$

D-glucose 　　　　　D-glucosazone
　　　　　　　　　　yellow needles
　　　　　　　　　　mp 208°C

(B) Mechanism of formation

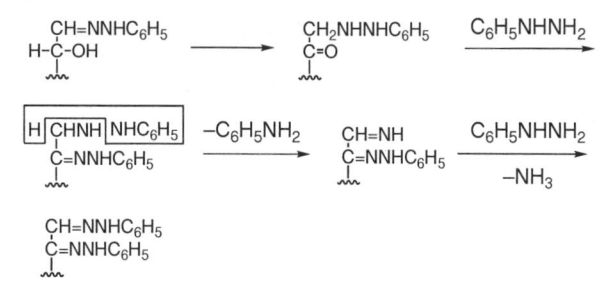

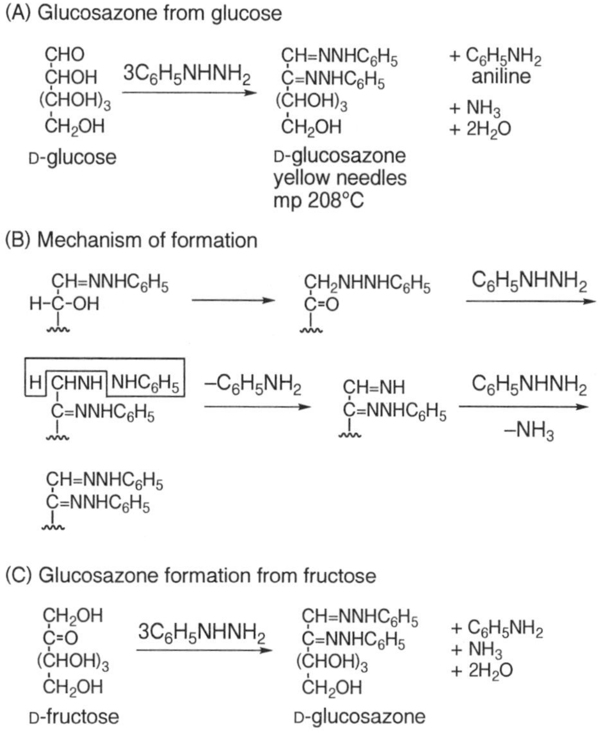

$$\begin{array}{c}\text{CH=NNHC}_6\text{H}_5 \\ \text{H-C-OH} \end{array} \longrightarrow \begin{array}{c}\text{CH}_2\text{NHNHC}_6\text{H}_5 \\ \text{C=O} \end{array} \xrightarrow{C_6H_5NHNH_2}$$

$$\boxed{\begin{array}{c}\text{H} \mid \text{CHNH} \mid \text{NHC}_6\text{H}_5 \\ \text{C=NNHC}_6\text{H}_5 \end{array}} \xrightarrow{-C_6H_5NH_2} \begin{array}{c}\text{CH=NH} \\ \text{C=NNHC}_6\text{H}_5 \end{array} \xrightarrow[-NH_3]{C_6H_5NHNH_2}$$

$$\begin{array}{c}\text{CH=NNHC}_6\text{H}_5 \\ \text{C=NNHC}_6\text{H}_5 \end{array}$$

(C) Glucosazone formation from fructose

$$\begin{array}{c}\text{CH}_2\text{OH} \\ \text{C=O} \\ \text{(CHOH)}_3 \\ \text{CH}_2\text{OH} \end{array} \xrightarrow{3C_6H_5NHNH_2} \begin{array}{c}\text{CH=NNHC}_6\text{H}_5 \\ \text{C=NNHC}_6\text{H}_5 \\ \text{(CHOH)}_3 \\ \text{CH}_2\text{OH} \end{array} \begin{array}{l}+ C_6H_5NH_2 \\ + NH_3 \\ + 2H_2O \end{array}$$

D-fructose 　　　　　D-glucosazone

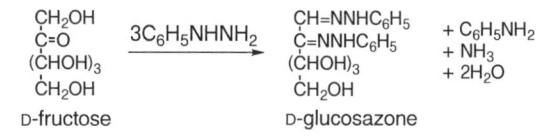

図 22.6　グルコサゾンの生成とその機構

しかもグルコースとフルクトースとから生成する黄色物質(**オサゾン**と命名した。この場合はグルコサゾン $C_{18}H_{22}O_4N_4$)は,同一物であることを知った(図22.6)。オサゾンの結晶の分解点や結晶形を比較することで,オサゾンの同定が可能なことをFischerは見出し,それを彼の糖化学研究に多用したのである。当時はIRやNMRなどの分光学的方法は,まだなかったのだ。オサゾンの生成に際し,3分子のフェニルヒドラジンが消費されて,1分子のオサゾンと1分子のアニリンが生ずることは,1940年にF. Weygandが明らかにした。

Fischerは,フルクトースのみならずマンノースも,グルコースから生成するのと同じグルコサゾンを与えることを知り,グルコースとフルクトースとマンノースのC-3, 4, 5位の絶対立体配置が共通で同じだと結論した。

3) **Kilianiの組み上げ法**

Kilianiは,シアノヒドリン反応を用いればアルドースの炭素鎖を1炭素原子

(A) Kiliani synthesis

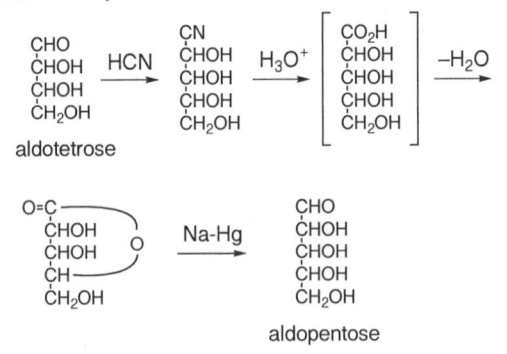

(B) Wohl degradation

図22.7 Kiliani合成とWohl分解

22.2 炭水化物 (197)

延長出来ることに気付いた。図22.7にアルドテトロースのアルドペントースへの変換を示す。

4) Wohlの分解法

Wohlは，シアノヒドリン形成反応がアルカリ性では逆行することを利用して，糖鎖を1炭素原子短くする方法を考案した（図22.7）。これをWohl分解という。KilianiとWohlの方法を用いて糖鎖を長くしたり短くしたりして，単糖類の相互関連づけを行うことが可能となった。

5) 還元と酸化

本節以降では糖の立体配置を，Fischer投影式とDL-表示法で示す（5.3.3-5.3.6を復習すること）。

D-グルコースを電解還元するか，またはニッケルや白金を触媒として接触水素化すると，D-ソルビトールがmp 97℃の吸湿性結晶として得られる。ソルビトールは低カロリー甘味剤として用いられる。

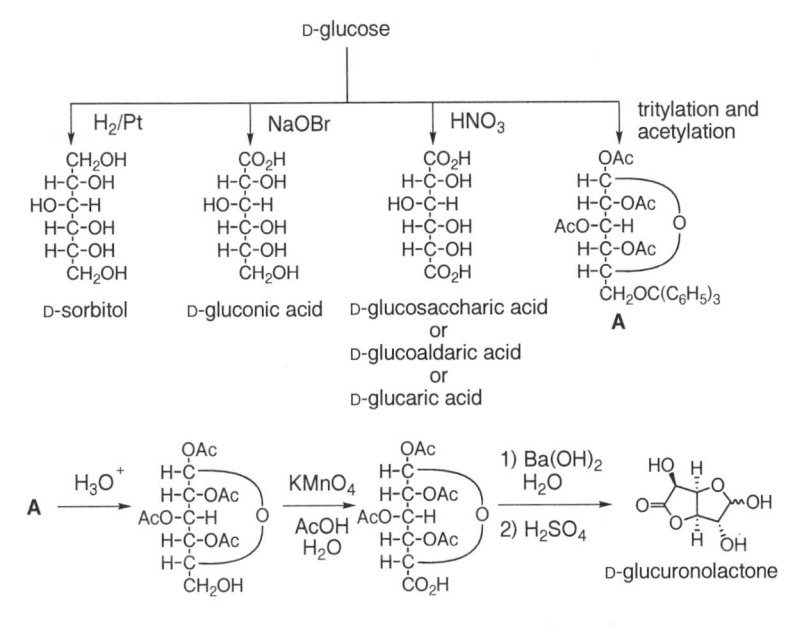

```
                           D-glucose
         ┌──────────┬──────────┬──────────┬──────────┐
         │H₂/Pt     │NaOBr     │HNO₃      │tritylation and
         ↓          ↓          ↓          │acetylation
                                          ↓
      CH₂OH      CO₂H       CO₂H        OAc
      H-C-OH     H-C-OH     H-C-OH      H-C
      HO-C-H     HO-C-H     HO-C-H      H-C-OAc
      H-C-OH     H-C-OH     H-C-OH      AcO-C-H   O
      H-C-OH     H-C-OH     H-C-OH      H-C-OAc
      CH₂OH      CH₂OH      CO₂H        H-C
                                        CH₂OC(C₆H₅)₃
   D-sorbitol  D-gluconic acid  D-glucosaccharic acid    A
                              or
                              D-glucoaldaric acid
                              or
                              D-glucaric acid
```

```
           OAc                   OAc
           H-C                   H-C                           HO   H
    H₃O⁺   H-C-OAc    KMnO₄      H-C-OAc    1) Ba(OH)₂         \  /
A ──────→  AcO-C-H  O ───────→   AcO-C-H  O    H₂O        O=⟨    ⟩─OH
           H-C-OAc     AcOH      H-C-OAc                    \  /
           H-C         H₂O       H-C       2) H₂SO₄          H  OH
           CH₂OH                 CO₂H
                                                        D-glucuronolactone
```

図22.8 D-グルコースの還元および酸化反応

D-グルコースを次亜臭素酸で酸化すると，D-グルコン酸が得られる。D-グルコースを硝酸で酸化すると，D-グルコ糖酸（グルコアルダル酸またはグルカル酸ともいう）が得られる。D-グルコースの第一水酸基が酸化されてアルデヒド基はそのまま残っている酸は，D-グルクロン酸である。D-グルクロン酸は，体内の不用物をグルクロニド配糖体として排泄するのに用いられる。D-グルクロン酸は図22.8の下部に示すやや込み入った方法で合成される。

糖の還元と酸化に関連して述べておきたいのは，1889年にE. Fischerが報告したD-グルコースからD-フルクトースへの変換反応である（図22.9）。既述のように，D-グルコースをフェニルヒドラジンと希酢酸中で80℃に20分ほど加熱すると黄色のD-グルコサゾンが生成し沈澱する。この結晶を希塩酸で加水分解するかあるいはベンズアルデヒドで処理すると，D-グルコソンが生成する。D-グルコソンは反応性に富み，フェニルヒドラジンと室温で反応してD-グルコサゾンへと戻る。亜鉛と酢酸でD-グルコソンを還元すると，アルデヒド基が選択的に還元され，D-フルクトースが生成する。

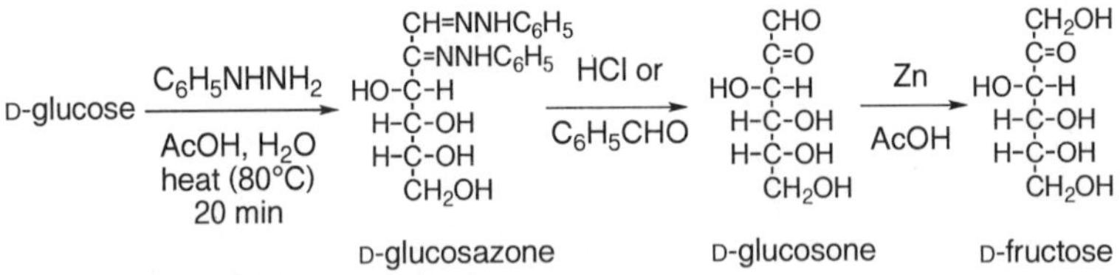

図22.9 D-グルコースのD-グルコソンを経由するD-フルクトースへの変換

22.2.3 単糖類の立体配置の決定

van't Hoff-Le Belの炭素正四面体説による光学異性現象の説明は，1874年のことだったが（5.2.6参照），その説を応用してD-グルコースの立体配置を決定したのはE. Fischerで，1891年のことであった。

1) D-アルドテトロース類とD-アルドペントース類の立体配置

四炭糖（テトロース）であるD-エリトロースとD-トレオースの立体配置は，硝酸酸化で前者は光学不活性な*meso*-酒石酸を与え，後者は光学活性なD-(-)-酒石酸を与えることで決定された（図22.10）。

次に五炭糖（ペントース）であるが，D-リボースとD-アラビノースは，

22.2 炭水化物

Wohl 分解で D-エリトロースを与える。従って C-3, C-4 位の立体配置は，共に D-エリトロースと同一である。ところが D-リボースを硝酸酸化すると光学不活性なアルダル酸が得られる。また D-アラビノースの硝酸酸化では光学活性なアルダル酸が得られる。したがって D-リボースから導かれるアルダル酸は対称構造であり，D-アラビノースから導かれるアルダル酸は非対称構造であって，図 22.10 に示すようになる。

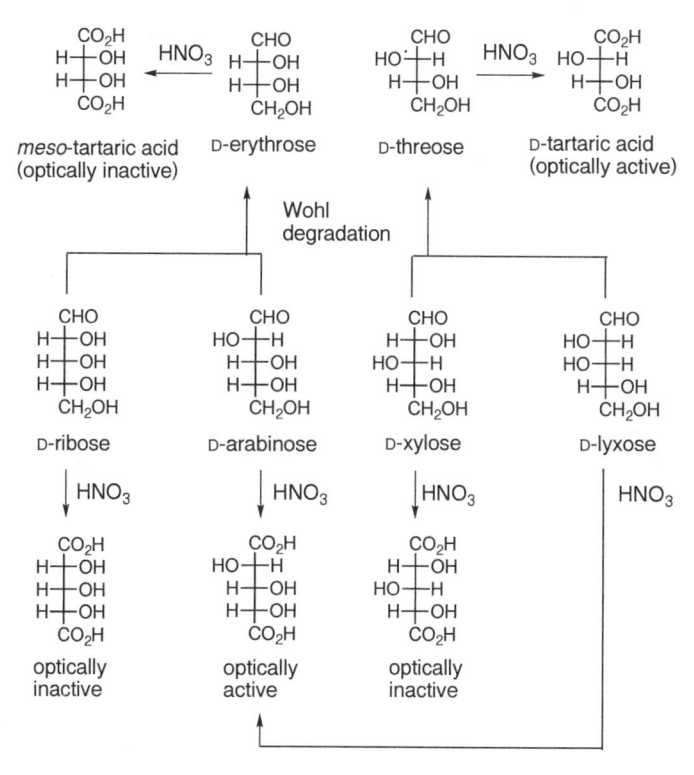

```
        CO₂H              CHO                 CHO              CO₂H
       H―OH    HNO₃     H―OH               HO―H     HNO₃     HO―H
       H―OH   ←―――     H―OH               H―OH    ―――→     H―OH
        CO₂H            CH₂OH               CH₂OH              CO₂H

  meso-tartaric acid   D-erythrose         D-threose       D-tartaric acid
  (optically inactive)                                     (optically active)

                          ↑      Wohl      ↑
                          └── degradation ──┘

         CHO              CHO                 CHO              CHO
       H―OH             HO―H               H―OH             HO―H
       H―OH             H―OH               HO―H             HO―H
       H―OH             H―OH               H―OH             H―OH
       CH₂OH            CH₂OH              CH₂OH             CH₂OH

      D-ribose         D-arabinose         D-xylose          D-lyxose

       ↓ HNO₃           ↓ HNO₃             ↓ HNO₃             HNO₃

        CO₂H             CO₂H               CO₂H
       H―OH             HO―H               H―OH
       H―OH             H―OH               HO―H
       H―OH             H―OH               H―OH
        CO₂H             CO₂H               CO₂H
      optically        optically          optically
      inactive         active             inactive
```

図 22.10 テトロース類とペントース類の立体配置の決定

同様の考えを進めると，D-キシロースと D-リキソースは共に Wohl 分解で D-トレオースを与えるから，C-3, C-4 位の立体配置は共に D-トレオースと同じである。また D-キシロースを硝酸酸化すれば，光学不活性なアルダル酸が得られる。したがって D-キシロースと D-リキソースの立体配置は，図 22.10

に示すように決定された。メソ型対称構造の化合物は旋光性を示さないという事実をうまく用いた仕事である。

2) 天然型(+)-グルコースの立体配置決定の論理

Fischer の (+)-グルコースの立体配置決定の論理は，アルドテトロースやアルドペントースの立体配置決定の場合と同じである。すなわち，アルドヘキソースの硝酸酸化で得られる二塩基性の糖酸において，メソ型対称構造のものは旋光性を示さず，非対称構造のものが旋光性を示すという van't Hoff-Le Bel の論理である。

当時知られていた天然アルドヘキソースは，(+)-グルコース，(+)-マンノース，(+)-ガラクトースの 3 種であった。それに対し，4 個の不斉炭素原子を有するアルドヘキソースに可能な立体配置は $2^4 = 16$ 種である。 Fischer は，D-トレオースが D-酒石酸と関連づけられ，そして D-酒石酸が D-グリセルアルデヒドと関連づけられたことに基づいて，16 種のうち 8 種の天然型アルドヘキソースは，全て天然型 D-グリセルアルデヒドと立体化学的に関連づけられると考えた。そして (+)-グルコ糖酸の C-5 位の水酸基は，Fischer 投影式で表記すると右側に位置していると規定した。この任意な規定が正しかったことは，1951 年に J. M. Bijvoet により証明された（5.3.5 参照）。

(+)-グルコースを含む 8 種のアルドヘキソースは，図 22.11 の 1-8 である。このうちどれが (+)-グルコースかを決めなければならない。

(+)-グルコースを硝酸酸化して得られるグルコ糖酸は，光学活性で右旋性である。よって (+)-グルコースは，図 22.11 の上方に示すように，2, 3, 4, 5, 6, 8 のうちのどれかである。(+)-グルコースを Wohl 分解で 1 炭素だけ短くしてから硝酸酸化すると，光学活性な，炭素数 5 の二塩基性酸が得られるから，図 22.11 の下方に示すように，2, 3, 4, 5, 6, 8 のうち 3 か 4 または 8 が (+)-グルコースである。ところで (+)-グルコースは (+)-マンノースから得られるのと同一のグルコサゾンを与える。また，(+)-マンノースの硝酸酸化で得られるマンノ糖酸は光学活性である。もし (+)-グルコースが 8 ならば，(+)-マンノースは 7 ということになるが，7 の硝酸酸化生成物は，光学不活性のはずである。したがって (+)-グルコースは 8 ではなく 3 か 4 である。これが Fischer の推論の筋道であった。

22.2 炭水化物

optical activity

no	yes	yes	yes	yes	yes	no	yes
CO₂H	CO₂H	CO₂H	CO₂H	CO₂H	CO₂H	CO₂H	CO₂H

(aldaric acid Fischer projections for the eight D-aldohexoses)

↑ ↑ ↑ ↑ ↑ ↑ ↑ ↑

oxidation with HNO₃

CHO	CHO	CHO	CHO	CHO	CHO	CHO	CHO
D-allose	D-altrose	D-glucose	D-mannose	D-gulose	D-idose	D-galactose	D-talose
1	2	3	4	5	6	7	8

Wohl degradation followed by HNO₃ oxidation

↓ ↓ ↓ ↓ ↓ ↓ ↓ ↓

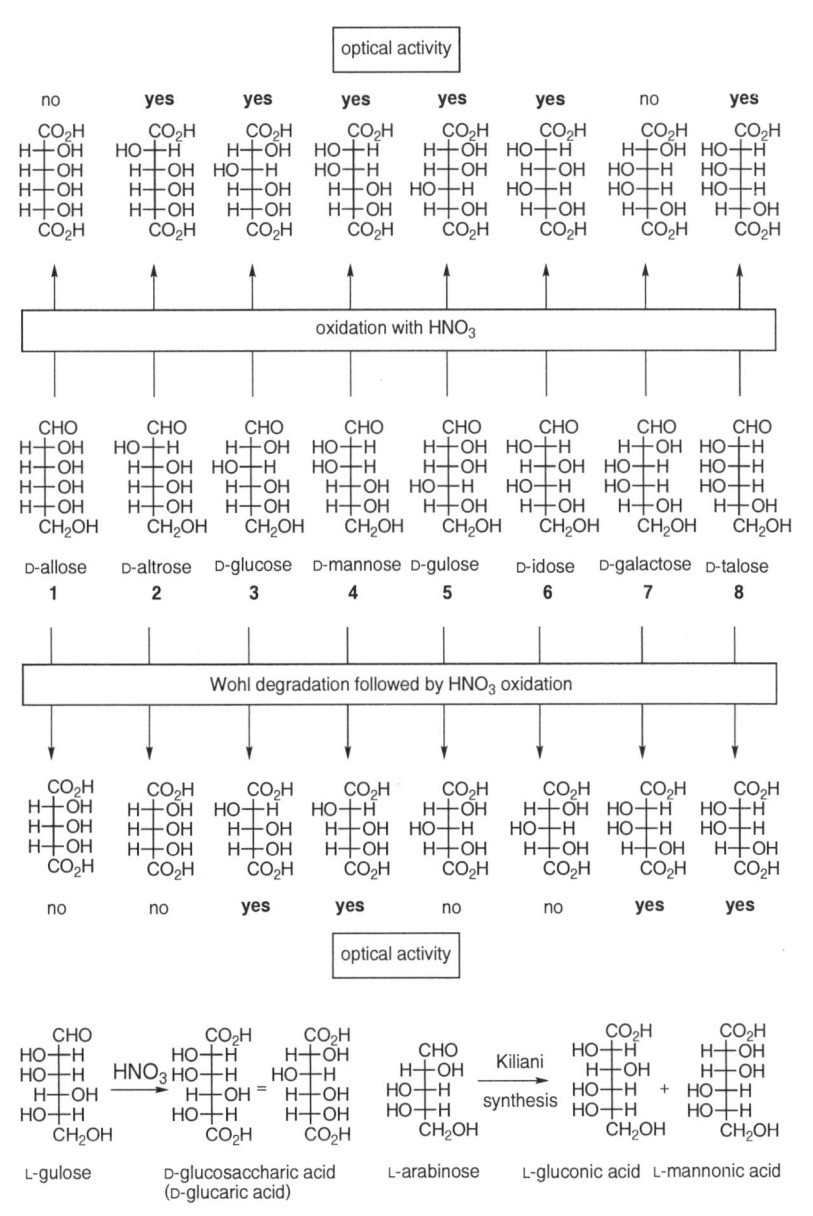

CO₂H	CO₂H	CO₂H	CO₂H	CO₂H	CO₂H	CO₂H	CO₂H
no	no	**yes**	**yes**	no	no	**yes**	**yes**

optical activity

L-gulose $\xrightarrow{HNO_3}$ D-glucosaccharic acid (D-glucaric acid)

L-arabinose $\xrightarrow{\text{Kiliani synthesis}}$ L-gluconic acid + L-mannonic acid

図 22.11 Fischer による D-グルコースの立体配置決定

以上の大筋に加えてFischerは，次の2点を考慮した。(1) (-)-ギュロースの硝酸酸化による (+)-グルコ糖酸の生成。もしも (+)-グルコースが 4 であるならば，4 の硝酸酸化で得られる糖酸が他のヘキソースから生成するはずがない。ところで (+)-マンノースの硝酸酸化で得られるマンノ糖酸（マンナル酸）は，他のヘキソースの酸化では得られない。(2)天然型 L-アラビノースの Kiliani 合成による1炭素鎖伸長反応で得られるカルボン酸は L-グルコン酸と L-マンノン酸であるから，D-アラビノースと D-グルコースは同じ立体化学系列に属する。これらを総合してFischerは (+)-グルコースは3で (+)-マンノースは4 であると正しく結論した。

可能な立体異性体全ての構造を挙げて，それらが示す物性を推論し，自分が問題としている異性体の物性と比較する。そして合致しない構造を除外して，最後に正しい構造に到達する，というのは現在も変らぬ化学の論理である。

3) アルドヘキソース類の名称と立体配置との記憶法

大学受験の化学では，イオン化傾向の順序の覚え方とか，周期律表の暗記法とかいうのが昔からあるが，アルドヘキソースの名称と立体配置の記憶法が提案されている。Textbook of Organic Chemistry (1950) という当時ハーバード大学教授の L. F. Fieser の著書中にある。私は大学生の頃この本で有機化学を勉強した。図 22.12 に示すように，アロース，アルトロース，グルコース，マンノース，ギュロース，イドース，ガラクトースという8種の糖の順序を All altruists gladly make gum in gallon tanks. （和訳すると「全ての利他主義者はガロン入りのタンクの中で喜んでゴム糊を作る」となり，何の意味もない）と覚える。そして8種の糖の CHO を上に，CH_2OH を下に書いて，縦線を引く。まず C-5（CH_2OH のすぐ上）に相当する場所の右側に短い横線を8個全部に引く。これは8個全部が D-系列に属することを示す。次に C-4 に相当する場所にはまず左から4個目までは，縦線の右側に短く線を引く。残りの4個では左側に短い線を引く。C-3 の所では，2個ずつ，右・左・右・左と線を引く。C-2 では1ずつ交互に右左・右左・右左・右左と短い線を引く。そして横線の先の OH を書くと，8種のアルドヘキソースの Fischer 式の完成である。

```
CHO      CHO       CHO       CHO       CHO       CHO       CHO       CHO
─OH   HO─      ─OH   HO─    ─OH   HO─     ─OH   HO─
─OH      ─OH    HO─    HO─      ─OH      ─OH    HO─    HO─
─OH      ─OH       ─OH       ─OH    HO─    HO─    HO─    HO─
─OH      ─OH       ─OH       ─OH       ─OH       ─OH       ─OH       ─OH
CH₂OH    CH₂OH     CH₂OH     CH₂OH     CH₂OH     CH₂OH     CH₂OH     CH₂OH
```

| allose | altrose | glucose | mannose | gulose | idose | galactose | talose |
| All | Altruists | Gladly | Make | Gum | In | Gallon | Tanks. |

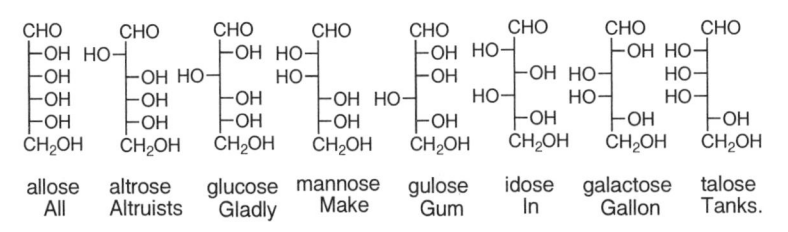

図 22.12　アルドヘキソース類の名称と立体配置の記憶法

22.2.4　糖の環状構造と変旋光

1)　α-グルコースとβ-グルコース

天然の(+)-グルコースは,水から室温で結晶化させると,mp 146℃,$[\alpha]_D^{26}$ = +112.2(H_2O) の結晶となる。このものをα-D-グルコースという。ところがα-D-グルコースの結晶 100 g に 10 ml の水を加えて加熱して熔解してから,100℃にあらかじめ熱してある氷酢酸 120 ml を加えると,粒状の結晶が析出する。これを含水エタノールから 2 回再結晶すると, mp 148-150℃,$[\alpha]_D^{20}$ = +18.3 (H_2O)の結晶が得られる。1895 年に C. Tanret が初めて熱時析出させて作ったこのものはβ-D-グルコースとよばれる。α-異性体とβ-異性体との関係は不明だった。

2)　変旋光と糖の環状構造

上記のα-D-グルコースとβ-D-グルコースの水溶液の比旋光度を測定しているうちに,妙な現象が発見された。α-体の水溶液もβ-体の水溶液も両方とも,水に溶かしてから経時的に比旋光度が変化し,どちらから出発しても最終的に $[\alpha]_D^{20}$ = +52.6 (H_2O) となるのである。この現象は,T. M. Lowry によって 1899 年に**変旋光**(mutarotation)と命名された。この現象は,D-グルコースが分子内の水酸基とアルデヒド基とでヘミアセタール(13.8.2参照)を形成し,開環した鎖状体を経由して,α,β-両異性体が平衡状態に達するのだとして説明される(図 22.13)。

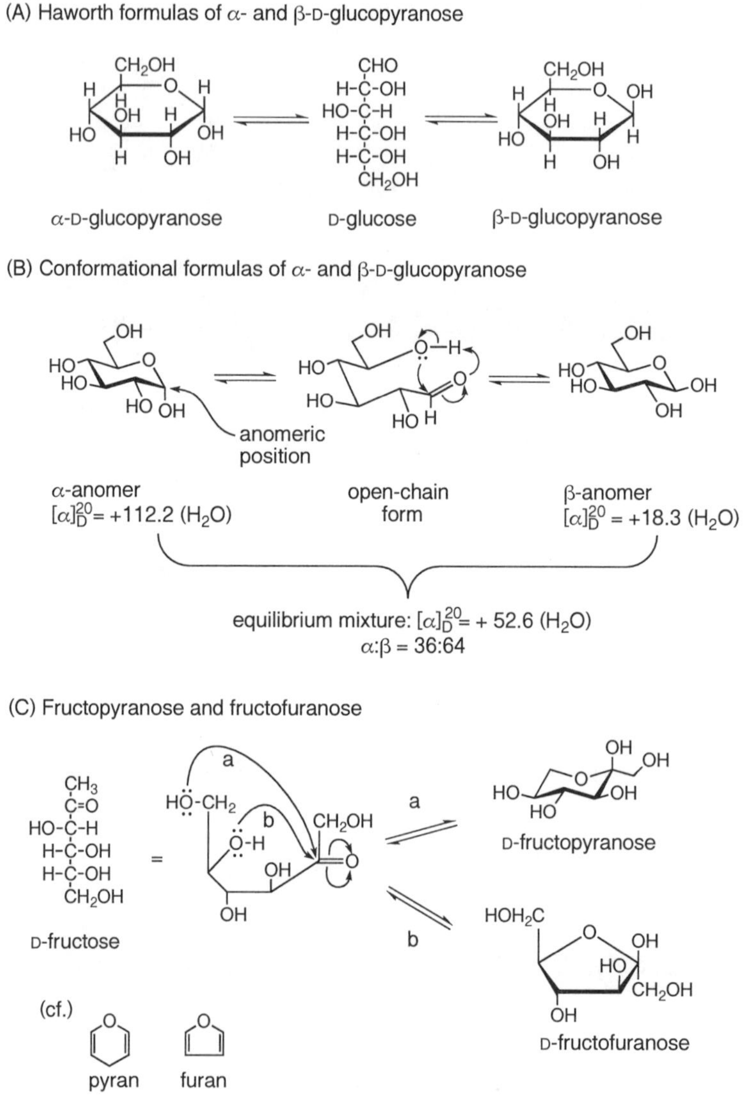

(A) Haworth formulas of α- and β-D-glucopyranose

α-D-glucopyranose ⇌ D-glucose ⇌ β-D-glucopyranose

(B) Conformational formulas of α- and β-D-glucopyranose

anomeric position

α-anomer
$[\alpha]_D^{20} = +112.2$ (H$_2$O)

open-chain form

β-anomer
$[\alpha]_D^{20} = +18.3$ (H$_2$O)

equilibrium mixture: $[\alpha]_D^{20} = +52.6$ (H$_2$O)
α:β = 36:64

(C) Fructopyranose and fructofuranose

D-fructose

D-fructopyranose

D-fructofuranose

(cf.) pyran   furan

図 22.13 糖の環状構造と変旋光

イギリスの W. N. Haworth（炭水化物とビタミン C の研究で 1937 年ノーベル賞）は，糖類の六員環ヘミアセタール構造を図 22.13 (A) のように表示することを提案した。C-1 位は**アノマー位**（anomeric position）とよばれ，α-異性体と β-異性体とは互いに**アノマー**（anomer）であるとよぶ。また，ピラン型の含酸素六員環を形成している糖を**ピラノース**とよぶ。したがって α-異性体は α-D-グルコピラノースとよばれる。生化学領域では，現在も Haworth 式がよく用いられるが，有機化学の反応や合成の論議では，シクロヘキサンの場合と同様な立体式が広く用いられている。

D-フルクトースの水溶液もまた変旋光を示す（-132 → -92）。これは D-フルクトフラノースと D-フルクトピラノースとの平衡に由来する。**フラノース**というのは，フランと同様な含酸素五員環を有する糖という意味である。

糖の環状構造のアノマー位の立体化学の証明について多くの化学的研究がなされてきたが，現在ではアノマー位のプロトンについて ^{1}H NMR スペクトルを測定して決定するのが普通だ。β-アノマーでは C-1 の H はアキシアルで，$J = 7.8$ Hz だが，α-アノマーの H はエクアトリアルで $J = 3$ Hz となる。

22.2.5 アノマー効果と糖の立体化学

1) ピラノースの配座異性体の命名法

シクロヘキサンの立体配座の項で，環の反転について学習した（4.5.3 参照）。糖のピラノース環でも同じことが起り，図 22.14 の上部に示すように，2 種のイス型配座が可能である。4 位の炭素が上で 1 位の炭素が下の，左側に示した配座を $^4C_1$ 配座と云い，その逆の配座を $^1C_4$ 配座という。

2) アノマー効果

4.5.4 で学んだように，シクロヘキサンでは置換基がエクアトリアル配向の配座異性体が安定である。β-D-グルコピラノースでは，図 22.14 の 2 列目に示すように，$^4C_1$ 配座をとる方が全ての置換基がエクアトリアルとなるため，β-D-グルコピラノースは，$^4C_1$ 配座で存在する。地球上最も多量に存在する有機物であるセルロースもまた $^4C_1$ 配座の β-D-グルコピラノースの重合体である。しかし，イス型の六員環化合物では，置換基がエクアトリアルの方がいつも絶対に安定というわけではない。図 22.14 の F では，アキシャル配向の水酸基をもつ配座では分子内水素結合による安定化が生じるため，アキシャ

22 天然有機化合物(その3) 炭水化物,脂質,アミノ酸,核酸,ビタミン

ルの方が安定である。

糖のアノマー位の置換基が上向きのβ-配向のものと,下向きのα-配向のものとの平衡状態での存在比を,図22.14の **A - E** に示した。ペンタアセチル

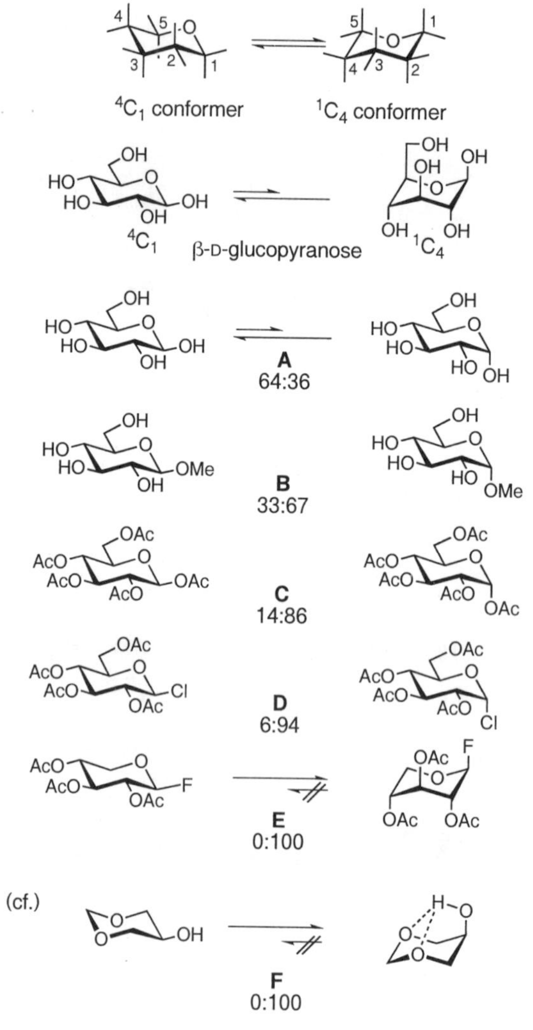

$^4C_1$ conformer　　$^1C_4$ conformer

β-D-glucopyranose

A 64:36

B 33:67

C 14:86

D 6:94

E 0:100

(cf.)

F 0:100

図22.14 アノマー効果のピラノースでの実例

-D-グルコピラノース（**C**）では，アキシアルのアセトキシ基を有するα-アノマーの方が86%，β-アノマーは14%存在していて，アキシャル異性体の方が優先配座である。**E**にいたっては，100%全てアキシャル配向である配座が優先している。

　ピラノース環内の酸素原子の非共有電子対とアノマー位の極性置換基との相互作用によって，アノマー位の置換基がアキシャル配向である方が安定となるような効果を**アノマー効果**（anomeric effect）とよぶ。炭水化物に限らず，有機化学全体で重要な概念である。もう少し深く学ぶためには，A. J. Kirby 著の良い書物があるので，巻末に紹介した。先述のD-グルコースの変旋光現象の際，アノマー位の水酸基がエクアトリアルであるβ-アノマーが100% 優先ではないのは，このためである。

22.2.6　糖のエステル化，エーテル化，配糖体，二糖，三糖，多糖

1）　エステル化とエーテル化

　糖類に存在する水酸基は，エステル化およびエーテル化される（図22.15）。但しメチルエーテル化を完全に行うためには，1908年にPurdieが始めたように，ヨウ化メチルと酸化銀とを用いる方法が有効である。

2）　配糖体の形成

　アセタールがヘミアセタールから形成されるのと同様に（13.8.2参照），D-グルコピラノースのようなヘミアセタールを，酸触媒存在下アルコールと反応させると，アセタールが生成する。D-グルコピラノースを，塩化水素存在下メタノールと反応させれば，メチルD-グルコピラノシドがα，β両アノマーの平衡混合物として得られる（図20.15の下方）。このように糖のアノマー水酸基とアルコールまたはフェノール水酸基との脱水縮合で生成する化合物を**配糖体**（glycoside）という。アルコールまたはフェノール相当部分を**アグリコン**（aglycone）という。配糖体は天然物として広く分布している。親水性の糖と結合させることで，ステロイドやテルペンのような疎水性化合物を水溶性にしたり，毒物を水溶性の配糖体に変えて体外に排出したり，また生物活性物質を体内に貯蔵しておくための生成部位から貯蔵部位への移動を容易にしたりする役割を配糖体が果たしている。

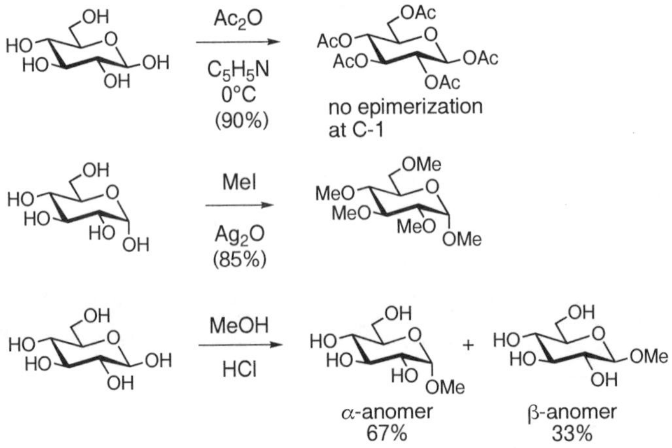

図 22.15 糖のエステル・エーテルと配糖体の合成

配糖体の合成法としては，Königs と Knorr が 1901 年に発表した方法（**Königs-Knorr 法**，図 22.16）が，標準的である。

この方法では，β-アノマー（β-グリコシド）が優先的に生成する。α-アノマーを優先的に生成する方法など，グリコシル化反応に関する研究はきわめて多い。Königs-Knorr 法では，アセトブロモ糖を糖供与体として用いる。

Königs-Knorr 反応で，α-ブロモ糖から β-グリコシドが選択的に生成するのは，図 22.17 に示すように隣接基関与［17.4.4 2）参照］のためである。

3）二糖・三糖・多糖

これらについては，生化学・食品化学で学習するので，単に立体式を示し（図 22.18），短く説明する。血液型や免疫など細胞間の認識に糖や糖の縮合した糖鎖は重要な役割を果たしている。

麦芽糖（マルトース）は，麦芽中のアミラーゼによるデンプンの加水分解産物で，水アメの甘味である。

セロビオースは，セルロースの部分加水分解産物である。

乳糖（ラクトース）は，あらゆる哺乳動物の母乳にある。人乳中に 6.7%，牛乳中には 4.5% 含まれている。

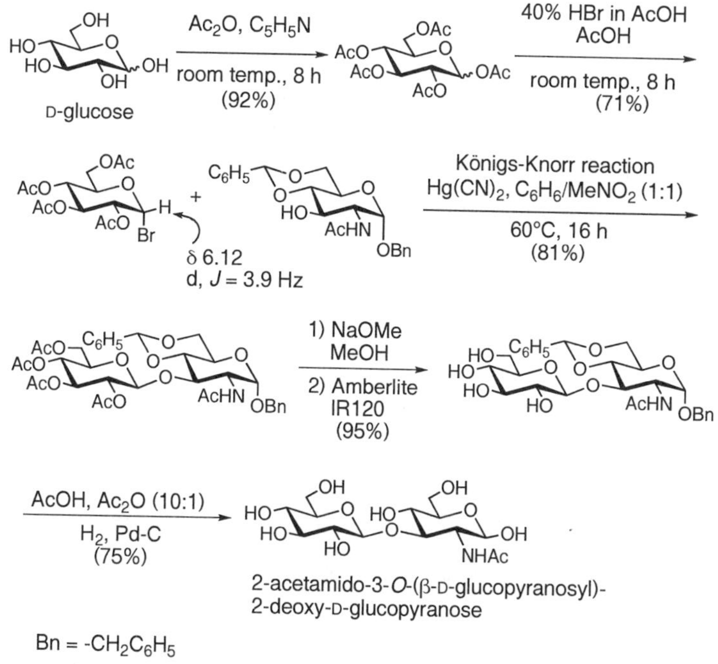

22.2 炭水化物

図22.16 Königs-Knorr 反応を用いた二糖合成の実例

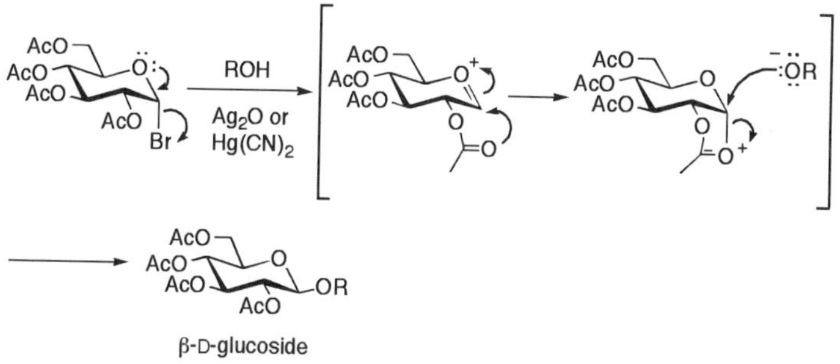

図22.17 Königs-Knorr 反応による β-グルコシドの生成機構

ショ糖（蔗糖，スクロース）は，サトウキビ（甘蔗）や，サトウダイコン（甜菜）から得られる甘味料である。いくつかの化学合成が達成されているが，今でも合成するよりは，サトウキビから取る方が早い。

ラフィノースは，甜菜中に 0.01 - 0.2％ 存在し，甜菜糖製造の母液より得られる。

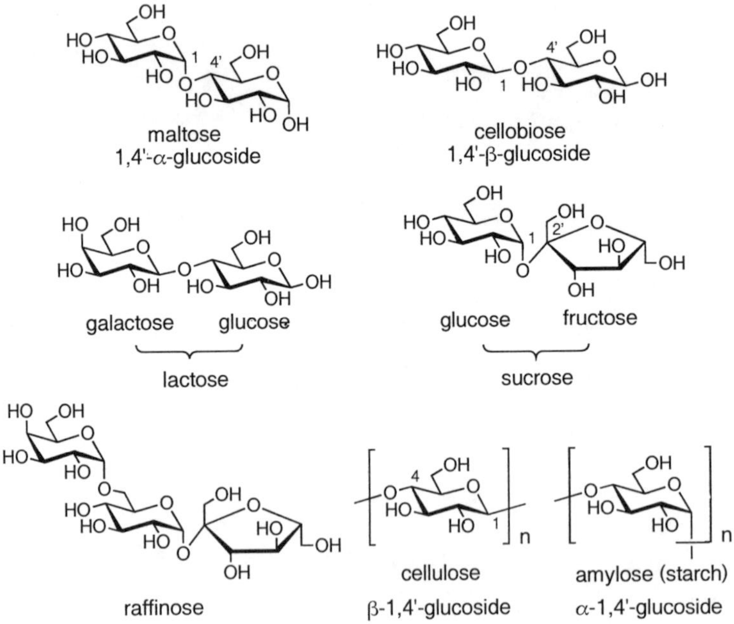

図 22.18　二糖・三糖・多糖の構造

セルロース（繊維素ともよばれた）は，植物細胞壁の構成成分であり，植物の支持材である。綿火薬はセルロースの硝酸エステルであり，アセテートレイヨンはセルロースの酢酸エステルである。

デンプンは，植物のエネルギー貯蔵物質であり，動物の食糧となる。直鎖のものはアミロースであり，枝分れしたものはアミロペクチンである。

4）生物活性を有する配糖体

脂溶性のアグリコンと水溶性の糖とを同一分子内に有する配糖体は，脂溶

性化合物の生体内移動・貯蔵・排泄などに広く関係している。重要な生物活性を有する糖誘導体や配糖体が近年多数発見されている。それらの一部を図22.19に示す。

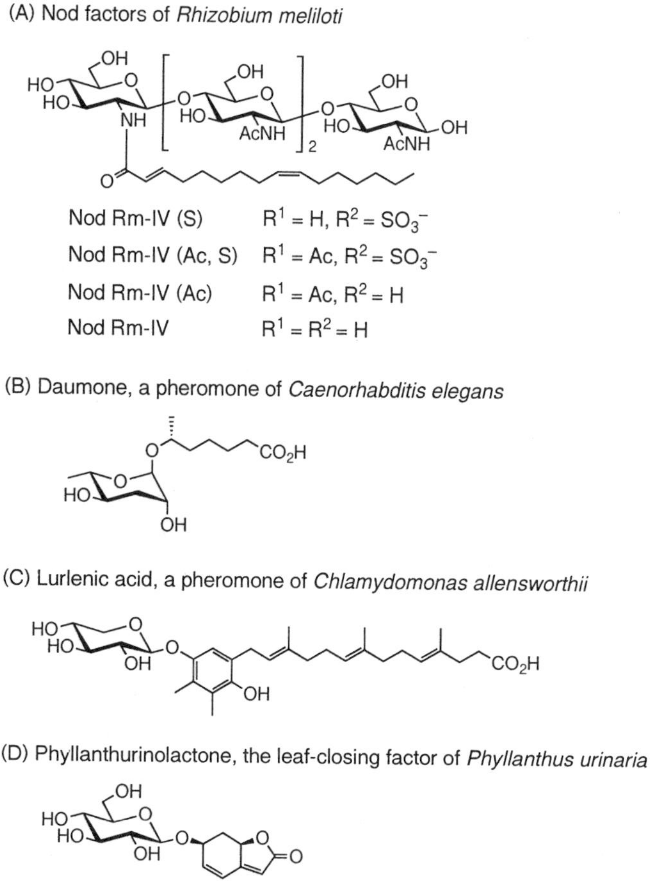

(A) Nod factors of *Rhizobium meliloti*

Nod Rm-IV (S) $R^1 = H, R^2 = SO_3^-$
Nod Rm-IV (Ac, S) $R^1 = Ac, R^2 = SO_3^-$
Nod Rm-IV (Ac) $R^1 = Ac, R^2 = H$
Nod Rm-IV $R^1 = R^2 = H$

(B) Daumone, a pheromone of *Caenorhabditis elegans*

(C) Lurlenic acid, a pheromone of *Chlamydomonas allensworthii*

(D) Phyllanthurinolactone, the leaf-closing factor of *Phyllanthus urinaria*

図 22.19　生物活性物質としての配糖体

図 22.19 の (A) は，根粒菌 *Rhizobium meliloti* の分泌する根粒形成信号物質 (Nod factors) である。Nod Rm-IV (S) と Nod Rm-IV (Ac, S) は，牧草アルファルファに根粒菌が共生する際に，根毛の変形，根粒菌の侵入と根粒形成

とを誘導し，Nod Rm-IV(Ac) と Nod Rm-IV とはソラマメを宿主とする際，作用する。

(B)は線虫 *Caenorhabditis elegans* の休止期（dauer，悪い環境条件下で老化しないで悪条件を耐え忍ぶ）誘導フェロモンである。ダウモン（daumone）と命名された。韓国の Jeong ら（2005年）の仕事である。

(C)はラーレン酸で，緑鞭毛藻である *Chlamydomonas allensworthii* の雌性配偶子が放出して，雄性配偶子を誘引するフェロモンである。

(D)はコミカンソウ（*Phyllanthus urinaria*）の就眠（夜になると葉を閉じること）誘導物質であり，フィラントリノラクトンとよばれる。

22.2.7 糖の化学合成

糖の化学合成は，医学・農学との絡みで，現在盛んに研究されている。主流は長い糖鎖を有する糖タンパク質や，免疫療法のワクチン用糖鎖の合成で，糖の保護基の化学とグリコシド結合のα，β両異性体の作り分けが重要となる。小川智也（理研）は，糖鎖の合成とともに，1989年にα-シクロデキストリン（18.4.3 参照）の世界最初の合成を達成している。

単糖類の化学合成は，ホルムアルデヒド（CH_2O）を重合させれば糖が出来るだろうとの予想で，Butleroff（1861年）や Leon（1886年）がホルムアルデヒドにうすいアルカリを作用させ，ホルモース（formose）とよばれる甘いシロップ（アルドースとケトースの混合物であった）を作って以来，種々試みられている。

2004年と2005年に非天然型のL-グルコースとL-マンノースの，プロリンを触媒として用いる触媒的不斉合成が発表された。図22.20に示す。アメリカのD. W. C. MacMillan は (*S*)-プロリンを触媒として用いて L-グルコースを合成し，スウェーデンのA. Córdova は (*R*)-プロリンを触媒として L-マンノースを合成した。単糖の合成と糖鎖の合成は21世紀の大きな研究課題である。

22.3 脂質

22.3.1 脂質の概説

脂質（lipids）は，人間の食糧として炭水化物・タンパク質とともに重要であり，生化学や食品化学で教えられる。本書では生物活性を示す脂質を中心

に取り上げる。

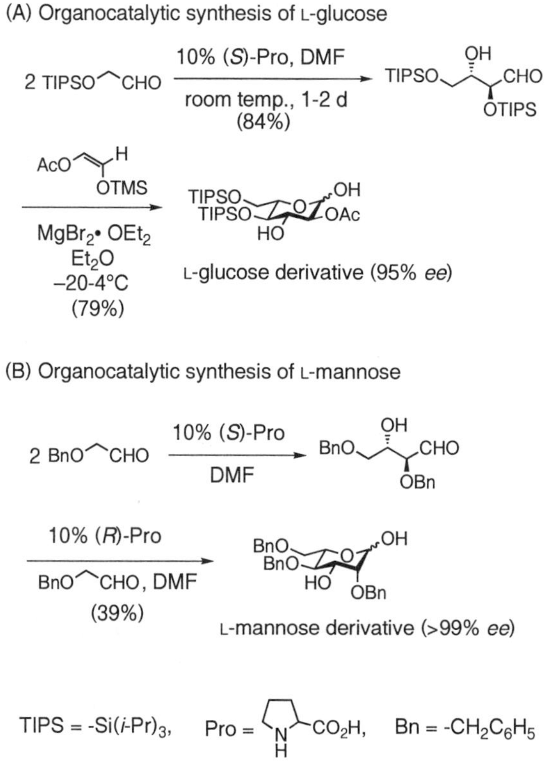
(A) Organocatalytic synthesis of L-glucose
2 TIPSO⌒CHO
10% (S)-Pro, DMF
room temp., 1-2 d
(84%)
TIPSO
OH
CHO
OTIPS
AcO
H
OTMS
MgBr2• OEt2
Et2O
−20-4°C
(79%)
TIPSO
TIPSO
HO
O
OH
OAc
L-glucose derivative (95% ee)
(B) Organocatalytic synthesis of L-mannose
2 BnO⌒CHO
10% (S)-Pro
DMF
BnO
OH
CHO
OBn
10% (R)-Pro
BnO⌒CHO, DMF
(39%)
BnO
BnO
HO
O
OH
OBn
L-mannose derivative (>99% ee)
TIPS = -Si(i-Pr)3,
Pro =
N
H
CO2H,
Bn = -CH2C6H5

図 22.20 L-グルコースと L-マンノースとの触媒的不斉合成

脂質とは，有機溶媒可溶で水に不溶の天然有機化合物の総称である。テルペンやステロイドも脂質に含まれるが，それらについてはすでに述べた。脂質は表 22.1 のように分類される。

単純脂質については，すでに 15.14 で概略を述べてある。スフィンゴ脂質では，さらにそれが配糖体になったものがあり，**スフィンゴ糖脂質**（glycosphingolipid）とよばれる。プロスタグランジンを始め，脂肪酸から生合成される生物活性物質についても，本章で学ぶ。

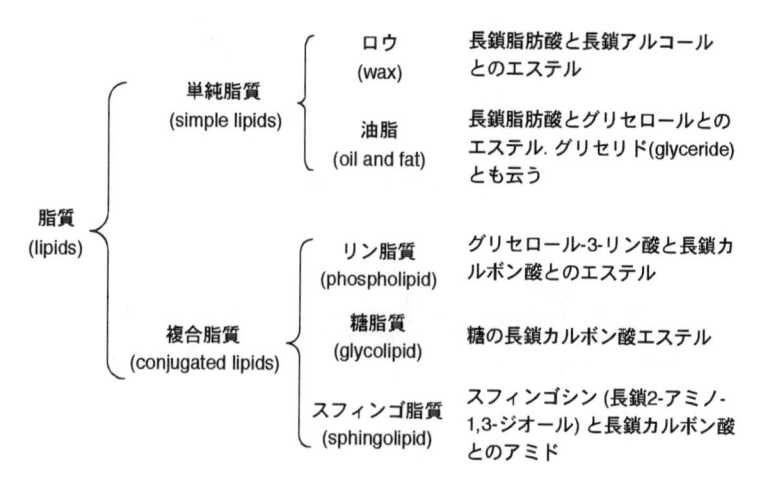

脂質 (lipids)
- 単純脂質 (simple lipids)
  - ロウ (wax): 長鎖脂肪酸と長鎖アルコールとのエステル
  - 油脂 (oil and fat): 長鎖脂肪酸とグリセロールとのエステル. グリセリド(glyceride)とも云う
- 複合脂質 (conjugated lipids)
  - リン脂質 (phospholipid): グリセロール-3-リン酸と長鎖カルボン酸とのエステル
  - 糖脂質 (glycolipid): 糖の長鎖カルボン酸エステル
  - スフィンゴ脂質 (sphingolipid): スフィンゴシン (長鎖2-アミノ-1,3-ジオール) と長鎖カルボン酸とのアミド

表 22.1　脂質の分類

22.3.2　脂肪酸と油脂

1)　脂肪酸の生合成

脂肪の構成成分となる長鎖カルボン酸を，**脂肪酸**（fatty acid）という。脂肪酸はポリケチドの生合成と同様，アセチル CoA から生合成される。

図 22.21 に示すように，アセトアセチル CoA のケトンカルボニル基が還元されてヒドロキシ基となり，その脱水による二重結合の形成から，さらに二重結合が還元されて，炭素鎖が 2 個ずつ伸長される。この生合成機構より明白なように，天然の脂肪酸は全て偶数個の炭素原子よりなる。最後にアシル CoA がチオエステラーゼにより加水分解されて脂肪酸となる。生体では炭素数 16 のパルミチン酸が約 70%，14 のミリスチン酸が 20%，18 のステアリン酸が 10% 生成する。

このようにして生成した飽和脂肪酸にデサツラーゼ（desaturase）が作用して，(Z)-二重結合が導入され，後述のプロスタグランジン類の生合成原料であるアラキドン酸を含む，図 22.22 に示すような各種の不飽和脂肪酸が生合成される。

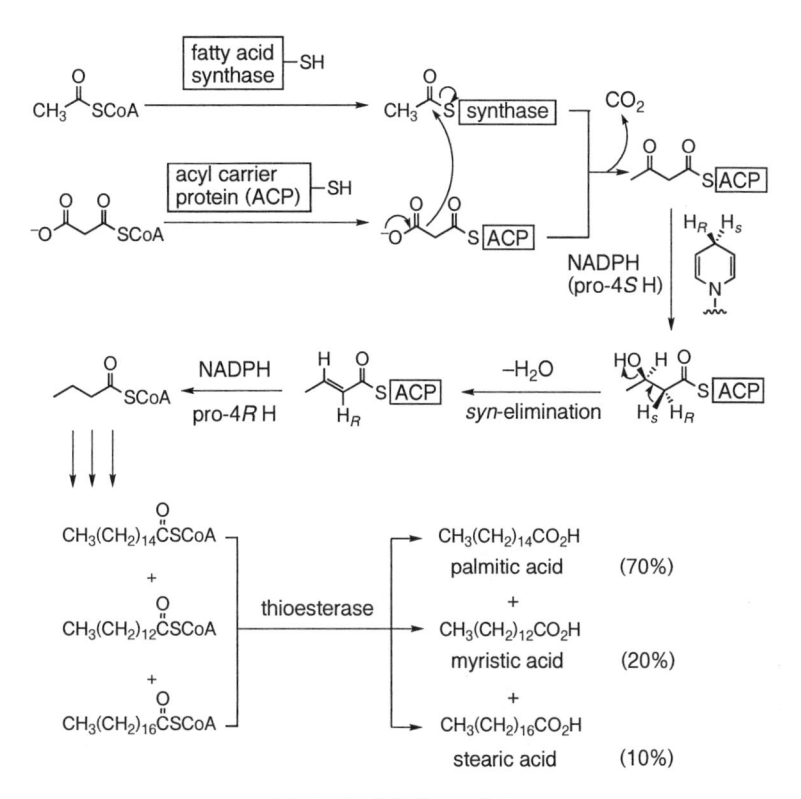

図 22.21 脂肪酸の生合成

2) 油　脂

　油脂は，脂肪酸とグリセロールのエステルであり，室温で油状のものを**油** (oil) と言い，固体のものを**脂肪** (fat) とよぶ。グリセロールの 3 個の水酸基に同一の脂肪酸がエステル結合を形成しているものが，**単純グリセリド** (simple glyceride) であり，異なる脂肪酸が結合しているものが**混合グリセリド** (mixed glyceride) である。図 22.23 に構造を示す。

3) 油脂の反応

　(i) 加水分解　油脂を水酸化ナトリウム水溶液を用いて加水分解すると，グリセロールと脂肪酸ナトリウム（ナトリウム石鹸）が生成する。この反応を，**ケン化** (saponification) とよぶ。水酸化カリウム水溶液で加水分解すると，

(216) 22 天然有機化合物（その3）炭水化物，脂質，アミノ酸，核酸，ビタミン

カリ石鹸が生成する［図22.24(A)］。

oleic acid
(Z)-9-octadecenoic acid

linoleic acid
(9Z,12Z)-9,12-octadecadienoic acid

linolenic acid
(9Z,12Z,15Z)-9,12,15-octadecatrienoic acid

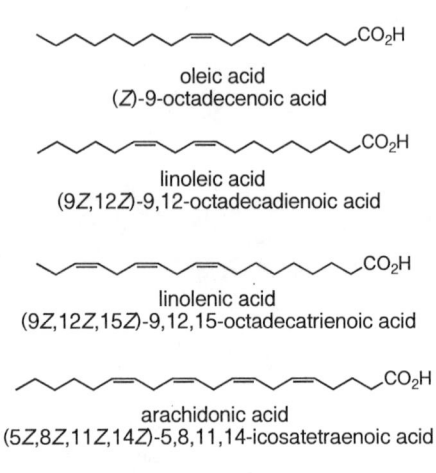

arachidonic acid
(5Z,8Z,11Z,14Z)-5,8,11,14-icosatetraenoic acid

図22.22　不飽和脂肪酸の構造

glyceryl tripalmitate
(tripalmitin)
mp 60°C

glyceryl 1-lauro-
2-palmito-3-stearate

glyceryl trioleate
(triolein)
mp −4〜−5°C

図22.23　油脂の構造

　(ii) 水素化　油を接触水素化すると，油の不飽和脂肪酸部分の二重結合が還元され，飽和脂肪酸部分となり，高融点の脂肪が生成する。この過程は**硬化**(hardening)とよばれ，マーガリンの製造に利用される［図22.24(B)］。

　(iii) 加水素分解　脂肪を，銅・クロム触媒または銅・亜鉛触媒を用いて高温・高圧で水素化すると，**加水素分解**(hydrogenolysis)が起り，グリセロールと長鎖の第一アルコールが生成する。長鎖アルコールの硫酸エステルのナトリウム塩は，合成洗剤として利用される［図22.24(C)］。

(**iv**) **酸敗（自動酸化）** 油脂は，空気中の酸素によって分子内の不飽和脂肪酸二重結合部分が酸化・切断され，変質して劣化する [図 22.24 (D)]。この酸敗現象を防ぐために，重量比で 0.01 - 0.001% の**酸化防止剤**（antioxidant）を加える。よく用いられる酸化防止剤は，3-*t*-ブチル-4-ヒドロキシアニソール（BHA）と 2,6-ジ-*t*-ブチル-4-メチルフェノール（BHT）である。

(A) Saponification

$$\text{CH}_2\text{OCOR} \atop \text{CHOCOR} \atop \text{CH}_2\text{OCOR} + 3\text{NaOH} \xrightarrow{\text{H}_2\text{O}} \text{CH}_2\text{OH} \atop \text{CHOH} \atop \text{CH}_2\text{OH} + 3\text{RCO}_2\text{Na (soap)}$$

(B) Hydrogenation (Hardening)

$$\text{CH}_2\text{OCO(CH}_2)_7\text{C=C(CH}_2)_7\text{CH}_3 \atop \text{CHOCO(CH}_2)_7\text{C=C(CH}_2)_7\text{CH}_3 \atop \text{CH}_2\text{OCO(CH}_2)_7\text{C=C(CH}_2)_7\text{CH}_3 \xrightarrow[\text{Raney Ni}]{\text{H}_2} \text{CH}_2\text{OCO(CH}_2)_{16}\text{CH}_3 \atop \text{CHOCO(CH}_2)_{16}\text{CH}_3 \atop \text{CH}_2\text{OCO(CH}_2)_{16}\text{CH}_3$$

triolein → tristearin

(C) Hydrogenolysis

$$\text{CH}_2\text{OCO(CH}_2)_{16}\text{CH}_3 \atop \text{CHOCO(CH}_2)_{16}\text{CH}_3 \atop \text{CH}_2\text{OCO(CH}_2)_{16}\text{CH}_3 \xrightarrow[\text{Cu-Cr or Cu-Zn}]{\text{H}_2} \text{CH}_2\text{OH} \atop \text{CHOH} \atop \text{CH}_2\text{OH} + 3\text{CH}_3(\text{CH}_2)_{16}\text{CH}_2\text{OH}$$

1-octadecanol

$$\downarrow$$

$$3\text{CH}_3(\text{CH}_2)_{16}\text{CH}_2\text{OSO}_3\text{Na}$$

surfactant (synthetic soap)

(D) Autooxidation

$$\text{CH}_3(\text{CH}_2)_7\text{C=C(CH}_2)_7\text{CO}_2\text{H} \xrightarrow[h\nu]{\text{O}_2 \text{ (air)}} \text{CH}_3(\text{CH}_2)_7\text{CO}_2\text{H}$$

oleic acid → pelargonic acid + $HO_2C(CH_2)_7CO_2H$ azelaic acid

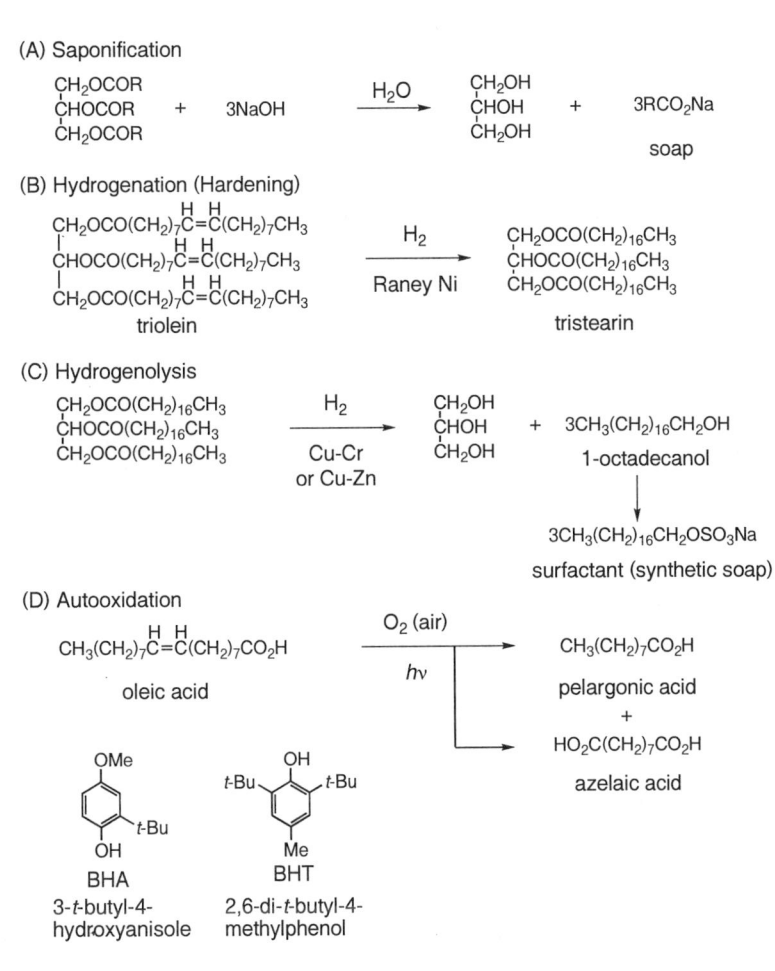

BHA
3-*t*-butyl-4-hydroxyanisole

BHT
2,6-di-*t*-butyl-4-methylphenol

図 22.24　油脂の反応

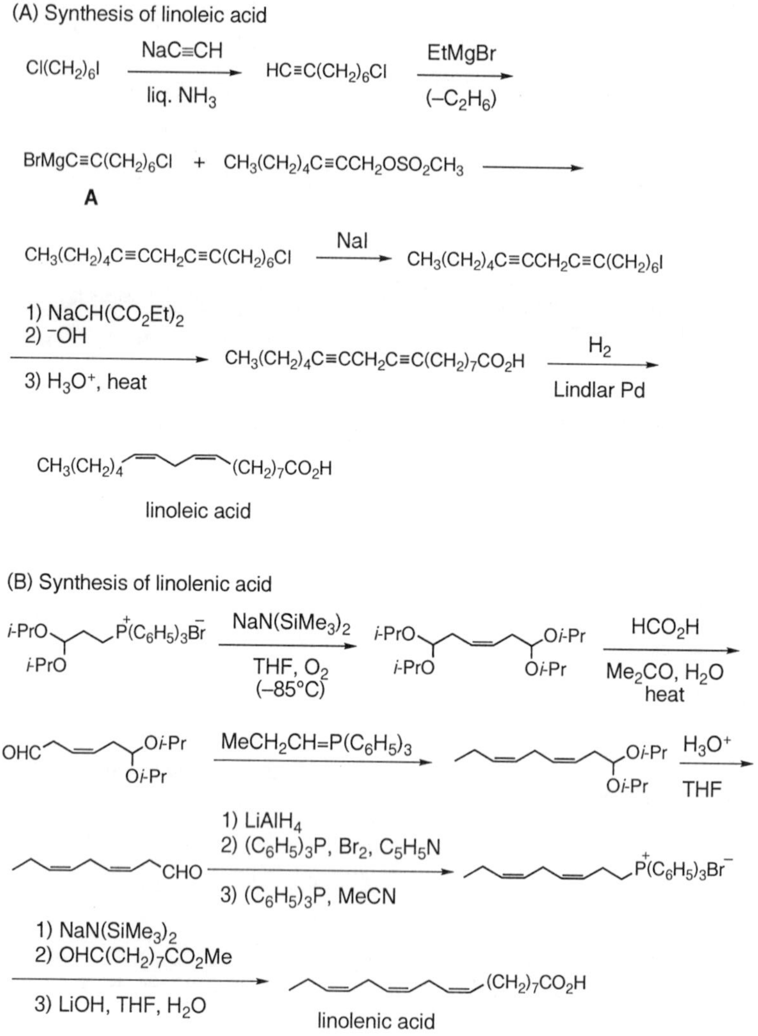

22 天然有機化合物（その3）炭水化物，脂質，アミノ酸，核酸，ビタミン

(A) Synthesis of linoleic acid

$Cl(CH_2)_6I \xrightarrow[\text{liq. NH}_3]{\text{NaC≡CH}} HC≡C(CH_2)_6Cl \xrightarrow[(-C_2H_6)]{\text{EtMgBr}}$

$BrMgC≡C(CH_2)_6Cl + CH_3(CH_2)_4C≡CCH_2OSO_2CH_3 \longrightarrow$
A

$CH_3(CH_2)_4C≡CCH_2C≡C(CH_2)_6Cl \xrightarrow{\text{NaI}} CH_3(CH_2)_4C≡CCH_2C≡C(CH_2)_6I$

$\xrightarrow[\text{3) H}_3\text{O}^+\text{, heat}]{\text{1) NaCH(CO}_2\text{Et)}_2 \text{ 2) }^-\text{OH}} CH_3(CH_2)_4C≡CCH_2C≡C(CH_2)_7CO_2H \xrightarrow[\text{Lindlar Pd}]{H_2}$

$CH_3(CH_2)_4 \diagup\!\!\!\diagdown (CH_2)_7CO_2H$
linoleic acid

(B) Synthesis of linolenic acid

$i\text{-PrO}\diagdown\!\!\!\diagup P^+(C_6H_5)_3Br^-$, $i\text{-PrO}$ $\xrightarrow[\substack{\text{THF, O}_2 \\ (-85°C)}]{\text{NaN(SiMe}_3)_2} i\text{-PrO}\diagdown\!\!\!\diagup \diagup\!\!\!\diagdown Oi\text{-Pr}$, $i\text{-PrO}$, $Oi\text{-Pr}$ $\xrightarrow[\substack{\text{Me}_2\text{CO, H}_2\text{O} \\ \text{heat}}]{\text{HCO}_2\text{H}}$

$OHC\diagdown\!\!\!\diagup Oi\text{-Pr}$, $Oi\text{-Pr}$ $\xrightarrow{\text{MeCH}_2\text{CH=P(C}_6\text{H}_5)_3} \diagup\!\!\!\diagdown\diagdown\!\!\!\diagup Oi\text{-Pr}$, $Oi\text{-Pr}$ $\xrightarrow[\text{THF}]{\text{H}_3\text{O}^+}$

$\diagup\!\!\!\diagdown\diagdown\!\!\!\diagup CHO \xrightarrow[\substack{\text{1) LiAlH}_4 \\ \text{2) (C}_6\text{H}_5)_3\text{P, Br}_2\text{, C}_5\text{H}_5\text{N} \\ \text{3) (C}_6\text{H}_5)_3\text{P, MeCN}}]{} \diagup\!\!\!\diagdown\diagdown\!\!\!\diagup P^+(C_6H_5)_3Br^-$

$\xrightarrow[\substack{\text{1) NaN(SiMe}_3)_2 \\ \text{2) OHC(CH}_2)_7\text{CO}_2\text{Me} \\ \text{3) LiOH, THF, H}_2\text{O}}]{} \diagup\!\!\!\diagdown\diagdown\!\!\!\diagup\diagdown\!\!\!\diagup(CH_2)_7CO_2H$
linolenic acid

図 22.25　リノール酸とリノレン酸の合成

3) 脂肪酸の化学合成

　脂肪酸は相互分離が容易ではないので，純品は合成によって得る。図 22.25 にリノール酸とリノレン酸との合成例を示した。リノール酸の二重結合は三

重結合の部分還元で，リノレン酸の二重結合はWittig反応で形成されている。

22.3.3 プロスタグランジンとロイコトリエン

1) プロスタグランジンと関連物の発見・単離・構造決定

プロスタグランジンは，生体の各所で微量だけ生成し，短時間後に分解し変化して行く物質群で，多彩でかつ強力な生物活性を示す。1930年に，その発見の端緒となったのは，ニューヨークの産婦人科医Kurzrokの次のような観察である。当時人工授精を行っていた彼は，女性に精液を注入すると子宮が収縮して精液が排出されてしまうことを見つけた。薬理学者のLiebは，ヒト子宮筋の切片に精液を加えると筋収縮が起ることを確かめ，精液が子宮を収縮させることが明白となった。

収縮活性の原因物質は何かという研究は，1934年にスウェーデンのvon Eulerによって開始された。彼は，精液や前立腺中に窒素を含まない脂溶性の酸性物質が存在し，それが血圧降下作用と子宮や腸管の筋肉である平滑筋収縮作用を示すことを見つけた。そして，その物質は前立腺（prostate gland）から分泌されると考えてプロスタグランジン（略称PG）と命名した。

PGの化学構造の決定は，スウェーデンのBergströmにより，1962年に発表された。彼はヒツジの精腺数トンから数mgのプロスタグランジンE_1と$F_{2\alpha}$を結晶状に単離し，その化学構造を決定したのである。彼がPG研究を思い立ったのが30才の時であり，構造が決まったのは46才の時であった。単離の手順は，(i) 組織より酸性成分の抽出，(ii) シリカゲルクロマトグラフィーによるPGE画分とPGF画分との分離，(iii) 逆相分配クロマトグラフィーによる個々のPGの単離であった。

図22.26にPG類の構造を示す。五員環部分の構造により，PGA, PGB, … PGFと分類される炭素数20の化合物である。五員環から2本出ている側鎖のうち，上の方はα鎖，下の方はω鎖とよばれる。PGE_1, E_2, E_3の1, 2, 3は，分子内の二重結合の数を示す。$PGF_{2\alpha}$のαは，C-9の水酸基がα配向であることを示す。PGEとPGFについて，まず研究が進んだが，PG類は生殖器のみならず，肺・胃・腸・腎臓・肝臓・副腎・神経・脳などに広く分布している重要な生理活性物質である。

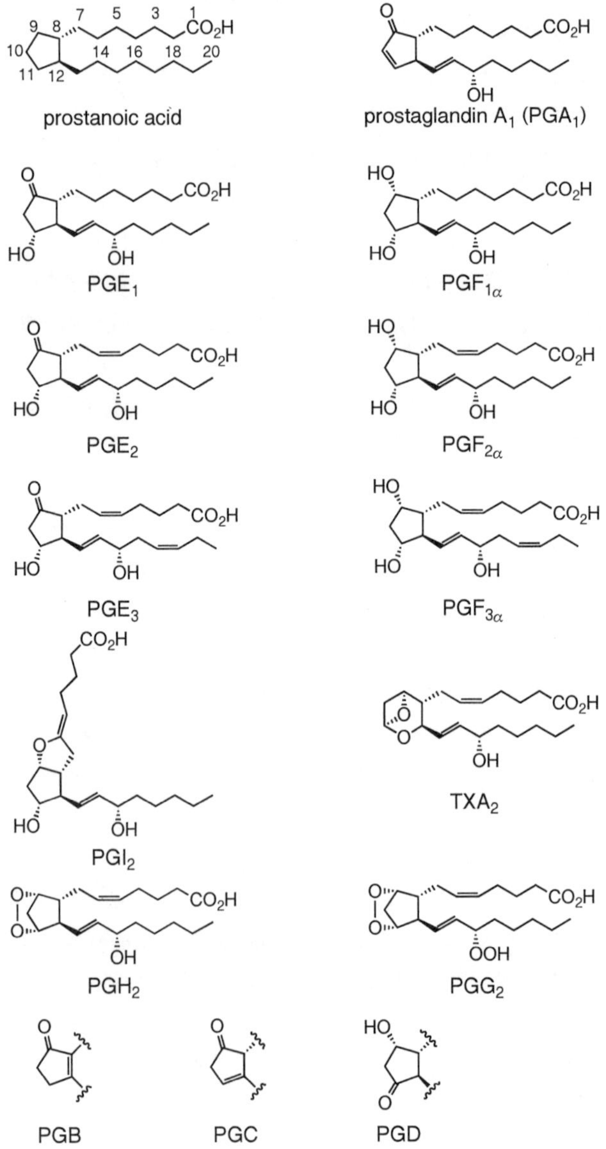

図 22.26 プロスタグランジン類の構造

1976年にイギリスのVaneは，PGH_2をブタの大動脈のミクロソームと反応させると，大動脈を弛緩させ血小板凝集を阻害する物質が生成することを見出し，**プロスタサイクリン**（prostacyclin）と命名した。現在これはPGI_2とよばれる。PGI_2は不安定で，半減期10分である。

1975年にスウェーデンのSamuelssonは，血小板凝集を引き起こす物質が，PGG_2と血小板との反応で生成することを見つけ，その物質を**トロンボキサンA_2**（thromboxane A_2, TXA_2と略す）と命名した。このものは，半減期30秒と，きわめて不安定である。これらの研究でBergström, Samuelsson, Vaneは1982年のノーベル生理学医学賞を授けられた。研究の端緒からノーベル賞まで50年以上経過している。

2) プロスタグランジン類の生合成

プロスタグランジン類は，炭素数20個で二重結合を4個含む不飽和脂肪酸である**アラキドン酸**（arachidonic acid）から，図22.27に示すようにして生合成される。これは，1964年のBergströmやオランダのvan Dorpらの研究から始まって明らかとなった。

アスピリンは，アラキドン酸の環化を阻害するので消炎・解熱剤として有効なのである。PGI_2は血小板凝集を阻害し，TXA_2は血小板を凝集させる。$PGF_{2\alpha}$は子宮を収縮させ，PGD_2は血小板凝集を阻害する。PGE_2は，気管支の収縮を調節する。構造が少し異なるだけで，生理作用が大きく異なるのがPG類の特徴である。天然型PGのみならず，構造を改変した各種のPG類縁体が医薬として用いられている。

3) ロイコトリエン類の構造と生合成

ロイコトリエン類は，喘息などのアレルギー性の病気の際に，平滑筋をゆっくりと持続的に収縮させる物質として，1938年頃SRS（slow reacting substance）として注目され，1980年頃スウェーデンのSamuelssonとアメリカのCoreyとの研究協力により構造が明らかとなった。図22.28に示すように，これらもまたアラキドン酸から生合成される。

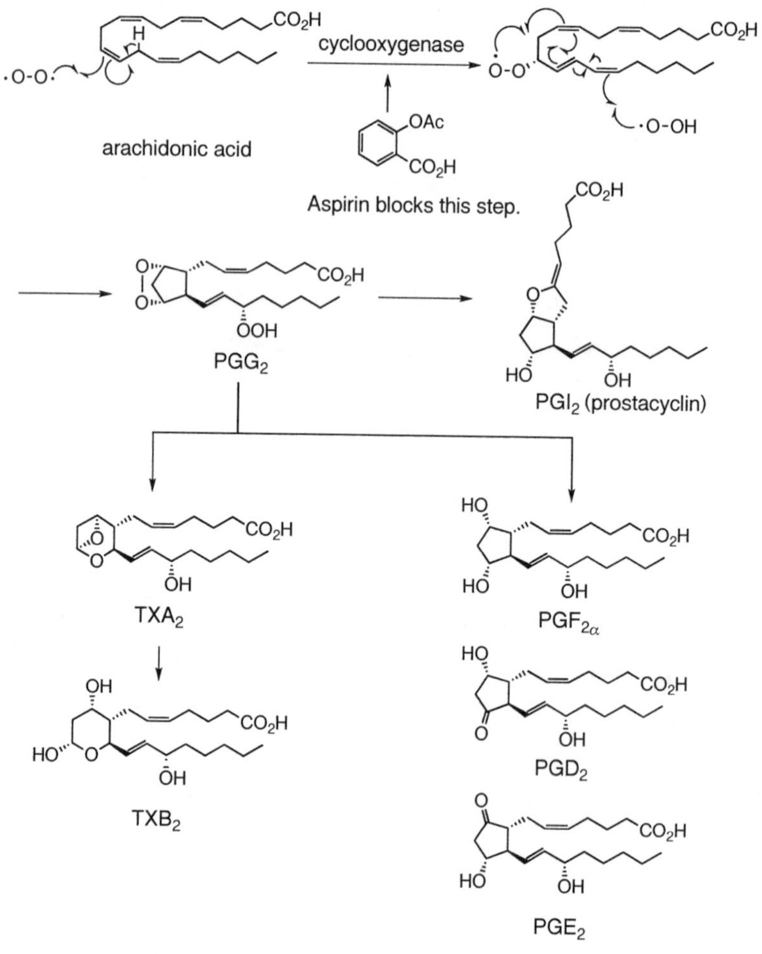

図 22.27 プロスタグランジン類の生合成

　ロイコトリエン C_4 や D_4 は，ヒトの気管支筋に対しヒスタミンの 1,000 倍も強い収縮作用を示し，喘息発作の原因物質である．ロイコトリエン B_4 は，白血球逃走作用や運動増加作用を示し，多数の白血球を炎症部位に集合させ，炎症を激化させる．過敏症・喘息・アレルギー性鼻炎などにロイコトリエンは関与している．

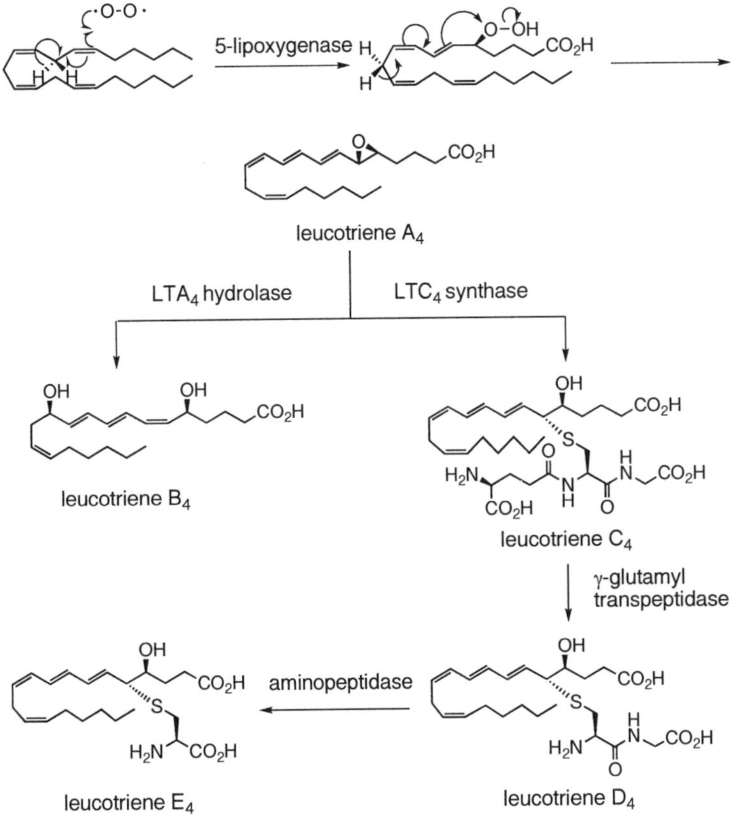

図 22.28 ロイコトリエン類の構造と生合成

4) プロスタグランジンの化学合成

アメリカの E. J. Corey（1990 年ノーベル賞）を中心に，PG 類と LT 類の合成は広汎に研究された。1969 年から 70 年にかけて行われた Corey による $PGF_{2\alpha}$ の合成を図 26.29 に示す。この合成では光学分割で光学活性体を得ているが，現在では PG 類の不斉合成が多数達成されている。

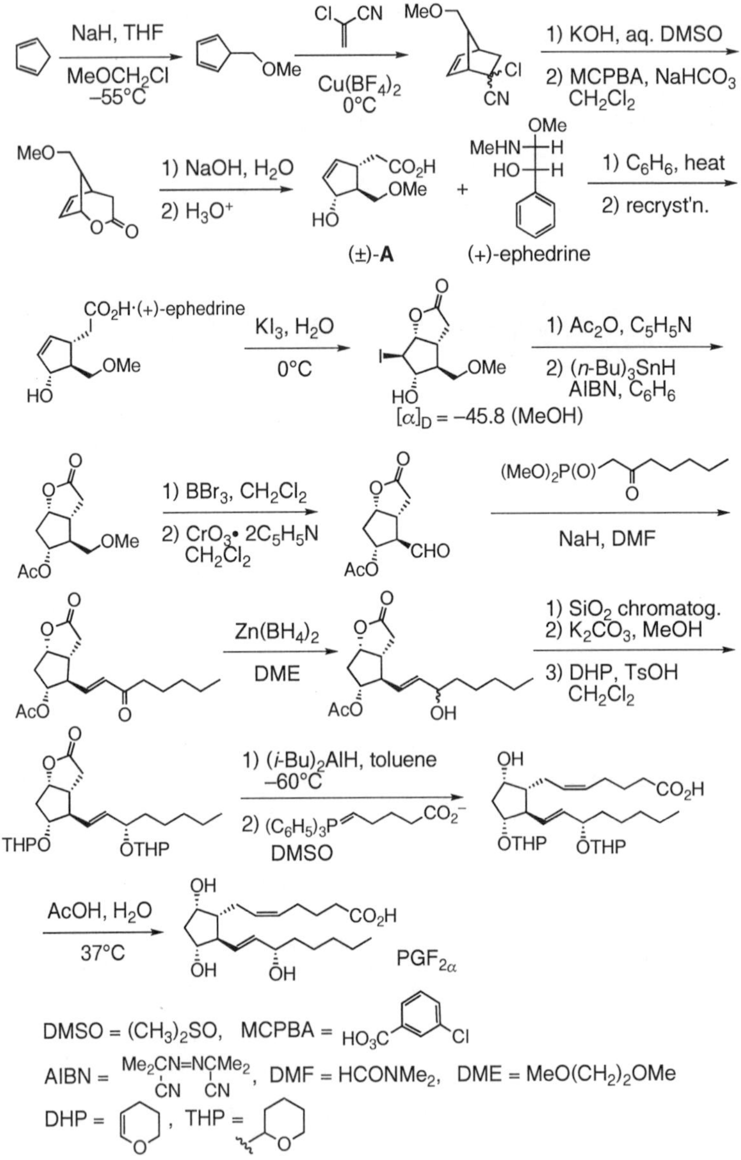

図 22.29 Corey のプロスタグランジン F$_{2\alpha}$ 合成

5) プロスタグランジン類縁体の医薬としての利用

分娩を昼間時間帯とするための分娩時期調節剤として，合成品の $PGF_{2\alpha}$ が用いられる。また種々の目的のために，様々に分子設計された PG 類縁体が，医薬として生産されている。東レ（株）での開発・生産事例を略述する。

東レ（株）では，PGI_2 の血小板凝集抑制作用に着目し，PGI_2 の構造を改変して，末梢循環障害改善薬を開発しようと考えた（図 22.30）。

解決すべき課題は，(i) 図示のように PGI_2 は水和により活性が消失するので，活性が持続するようにすることと (ii) PGI_2 の有する血圧低下作用は示さずに血小板凝集抑制作用のみを示すようにすることの 2 点であった。300 種以上の類縁体を合成し，その 301 番目の化合物ベラプロストナトリウムが，経口投与で血栓形成を抑制することを発見した。ドルナー® という商品名の本化合物は，慢性動脈閉塞症に伴う潰瘍，疼痛および冷感の改善に有効で，日・米・仏など各国で用いられている。

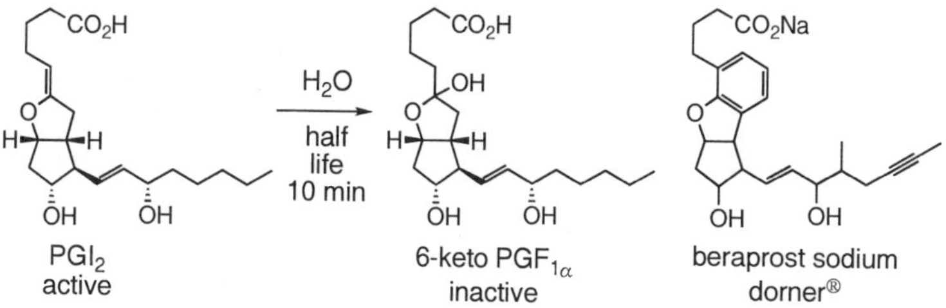

図 22.30　PGI_2 と，それから開発された医薬ドルナー® の構造

22.3.4　リン脂質と糖脂質

1)　リン脂質

生体内には，リン酸化された脂質が多種存在する。糖とリン酸の両者が結合している脂質は，糖脂質の項目で述べる。図 22.31 に主要なリン脂質を示す。

レシチンは，卵黄に多く存在し，マヨネーズ製造の際の乳化剤として有用である。

ホスファチジルイノシトール（PI）が G タンパクを介する細胞内情報伝達に重要な役割を果たしていることは，生化学で学んだ。ホスファチジルイノシトールは，*myo*-イノシトールを構成成分として含んでいる。*myo*-イノシ

トールの水酸基全てがリン酸エステル化されると**フィチン**となる。フィチンは米糠（ぬか）中に存在する。フィチンのリン酸結合を加水分解する酵素

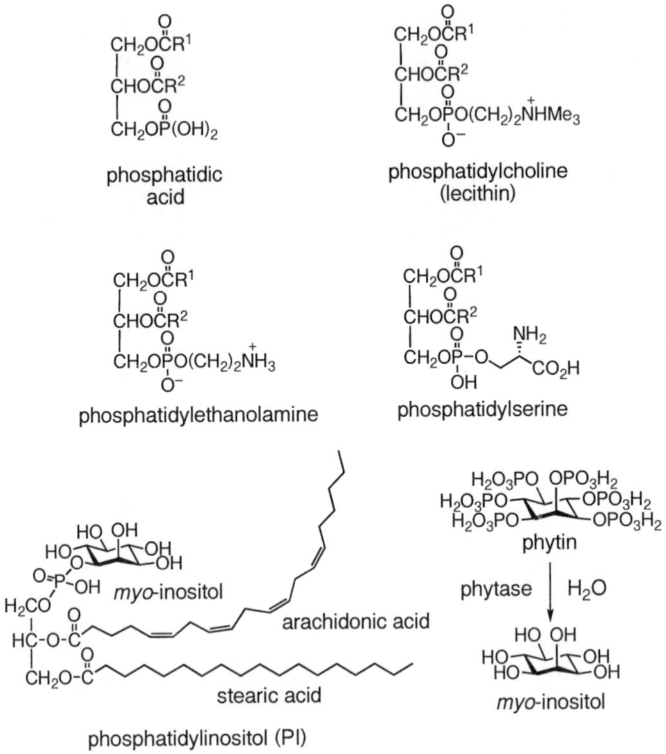

図 22.31　主要なリン脂質と関連物の構造

フィターゼは，世界で初めて発見されたホスファターゼである。1907年に鈴木梅太郎ら（東大・農）によって報告されている。動物細胞中のホスファチジルイノシトールは，PG の前駆体であるアラキドン酸を含んでいる。ホスファチジルイノシトールとそのリン酸エステルは，動物細胞中のリン脂質の約10%を占めている。

2) 糖脂質

　グリセロ糖脂質の一例と大腸菌（*Escherichia coli*）のリピドAとを図22.32

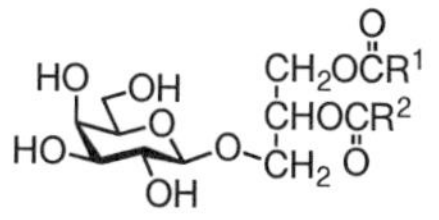

図 22.32 糖脂質の構造

に示す。

リピド A は，芝哲夫と楠本正一（阪大・理）らにより研究された細菌の毒素である。毒性だけでなく，免疫増強・サイトカイン誘導・抗ガンなどの好ましい活性をも示す。楠本らの合成で，構造が確定した。スフィンゴ脂質に糖が付いたスフィンゴ糖脂質は次節で扱う。

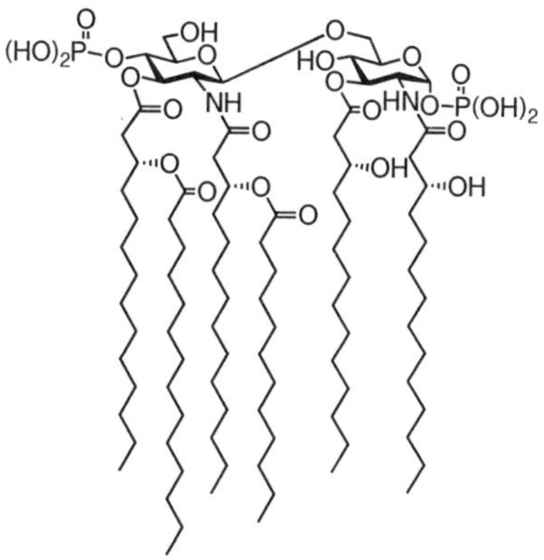

22.3.5 スフィンゴ脂質
1） 研究史

法医学者 Tudichum は，1884 年に刑死者の脳のエタノール抽出物から塩基性を有する構造不明の物質を取り出し，不明であることからエジプトのスフィンクスにちなんで**スフィンゴシン**と命名した。Tudichum は，図 22.33 に示すセラミド，セレブロシド，スフィンゴミエリンなども取り出した。

これらの物質の構造は 1950 年代に Carter によって解明され，図 22.33 のようなものだと判明した。

脳からは，1930 年代にガングリオシドが取り出され，遺伝性疾患とスフィンゴ脂質との関係が研究されるようになった。現在では，スフィンゴ脂質類は脂質生化学研究の中心課題になっており，表皮の構成成分としての研究に加えて，免疫現象との関連が研究されている。

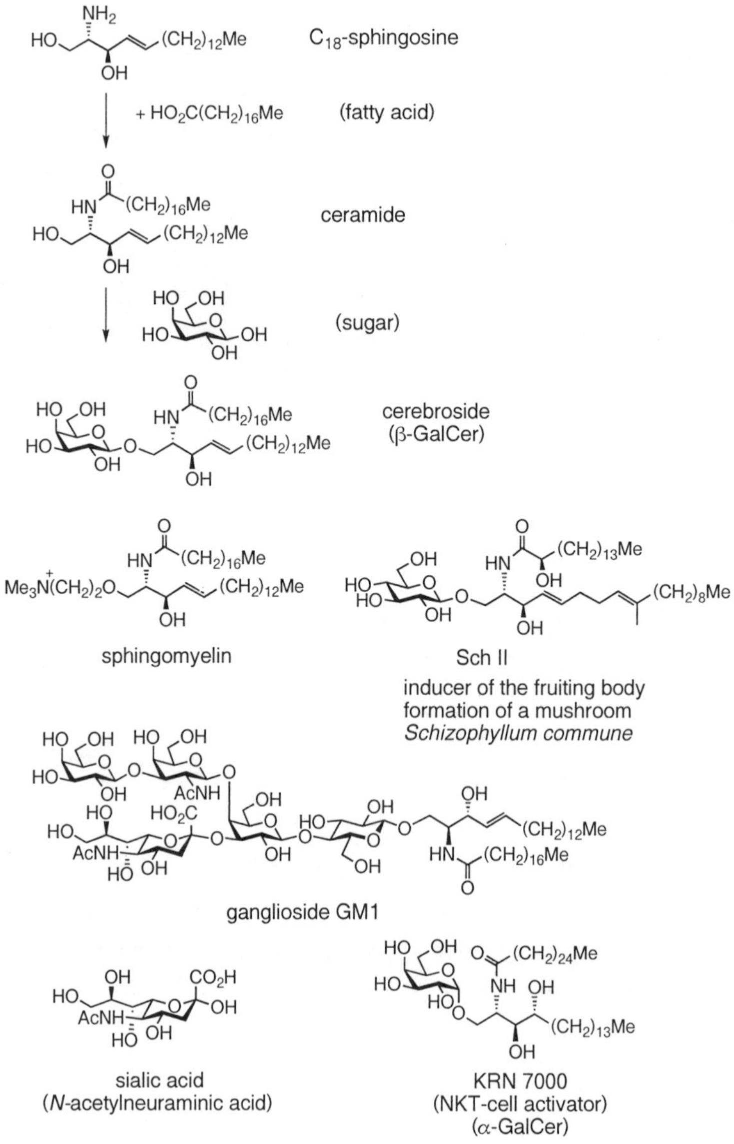

22 天然有機化合物（その3）炭水化物，脂質，アミノ酸，核酸，ビタミン

C_{18}-sphingosine

(fatty acid)

ceramide

(sugar)

cerebroside
(β-GalCer)

sphingomyelin

Sch II
inducer of the fruiting body formation of a mushroom *Schizophyllum commune*

ganglioside GM1

sialic acid
(*N*-acetylneuraminic acid)

KRN 7000
(NKT-cell activator)
(α-GalCer)

図 22.33　スフィンゴ脂質類の構造と名称

2) 構　造

スフィンゴ脂質の基本化合物は，パルミチン酸とL-セリンとから生合成されるスフィンゴシン[sphingosine, (2S, 3R, 4E)-2-amino-4-hexadecene-1, 3-diol]とよばれるアミノジオールである。それが長鎖脂肪酸で N-アシル化されたものがセラミドであり，セラミドのC-1位の水酸基に糖がグリコシド結合をして配糖体となっているものがセレブロシドである。

図22.33に示してある Sch II はスエヒロタケ (*Schizophyllum commune*) という担子菌の子実体形成誘導因子であり，この化合物の存在でキノコが出来る。ガングリオシド GM 1 の糖鎖には，シアル酸というやや複雑な糖が含まれている。KRN 7000 は，キリンビール（株）により開発されたサイトカイン産生促進剤である。KRN 7000 は，CD1d タンパクのリガンドとして提示され，NKT 細胞（natural killer T cell）を活性化することで，NKT 細胞によるインターフェロンやインターロイキンなどのサイトカインの産生を促進する。それによって免疫力が高まる。花粉症や自己免疫疾患の治療や，ガンの免疫療法に，KRN 7000 のようなスフィンゴ糖脂質が有用と考えられ，研究されている。KRN 7000 では，α-D-ガラクトピラノースがセラミドと結合している（α-GarCer）のが，構造上の特徴である。

3) 生 合 成

図22.34に示すようにL-セリンとパルミトイル CoA から，3-ケトスフィンガニンが生成し，還元されて (2S, 3R)-スフィンガニンとなる。それが N-アシル化されて，ジヒドロセラミドとなってからデサツラーゼによって二重結合が導入されて (2S, 3R)-セラミドが生成する。

4) 化 学 合 成

スフィンゴ脂質は，皮膚表層の疎水性保護壁として重要であるので，化粧品として利用される。それ以外にも医薬や生物活性物質としても興味深いので，近年化学合成が盛んに研究されている。L-セリンから Garner によって初めて 1987 年に調製された Garner のアルデヒド（図22.35のA）は，スフィンゴ脂質の合成原料としてしばしば用いられる。

図22.35に，人間の表皮から浜中すみ子らにより 1989 年に単離・構造決定されたヒト表皮セレブロシド（**B**，分子式 $C_{74}H_{135}NO_{10}$　分子量 1202.92）の合

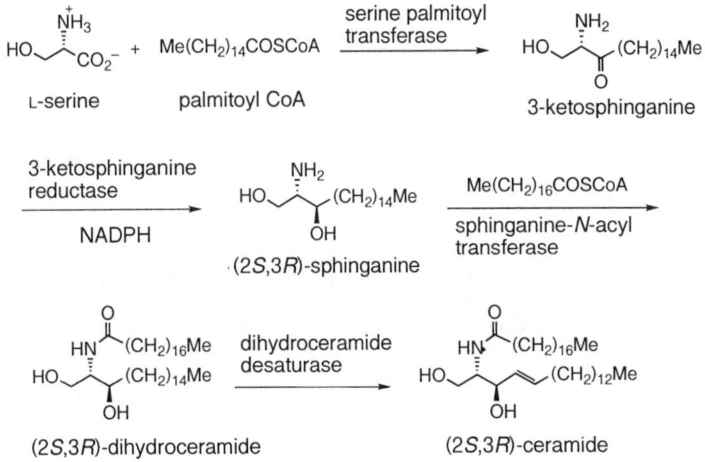

図22.34 スフィンゴ脂質の生合成

成(森,松田洋幸,1991年)の経路を示す。L-セリンから14段階かかり,8.7%の収率で74.2 mgの**B**を mp 122 - 126℃のロウ状固体として得た。

22.3.6 脂肪酸由来の生物活性物質

1) 睡眠誘導脳内脂質

1995年にアメリカのLernerとBogerらは,睡眠を妨害して不眠にしたネコの脊髄液から(Z)-9-オクタデセンアミドと(Z)-13-ドコセンアミド(図22.36の**A**と**B**)とを単離し,ネズミに**A**を与えると眠ることを見つけた。**B**の効果は**A**よりもずっと弱い。この発見は,脂質欠乏の人は深い眠りを持てないという事実と符合する。

2) 昆虫フェロモン

ステロイド性ホルモンの研究で1939年にノーベル賞を得たButenandtは,同年から1961年までの22年間,昆虫の性フェロモンの研究をした。その結果,カイコ蛾(*Bombyx mori*)の雌が雄を誘引する性フェロモンであるボンビコール(図22.36の**C**)の構造が決まった。ボンビコールは,パルミチン酸から誘導される脂肪酸関連物である。フェロモンに関しては,私の書いた「生物活性物質の化学」化学同人(2002)を見てほしい。

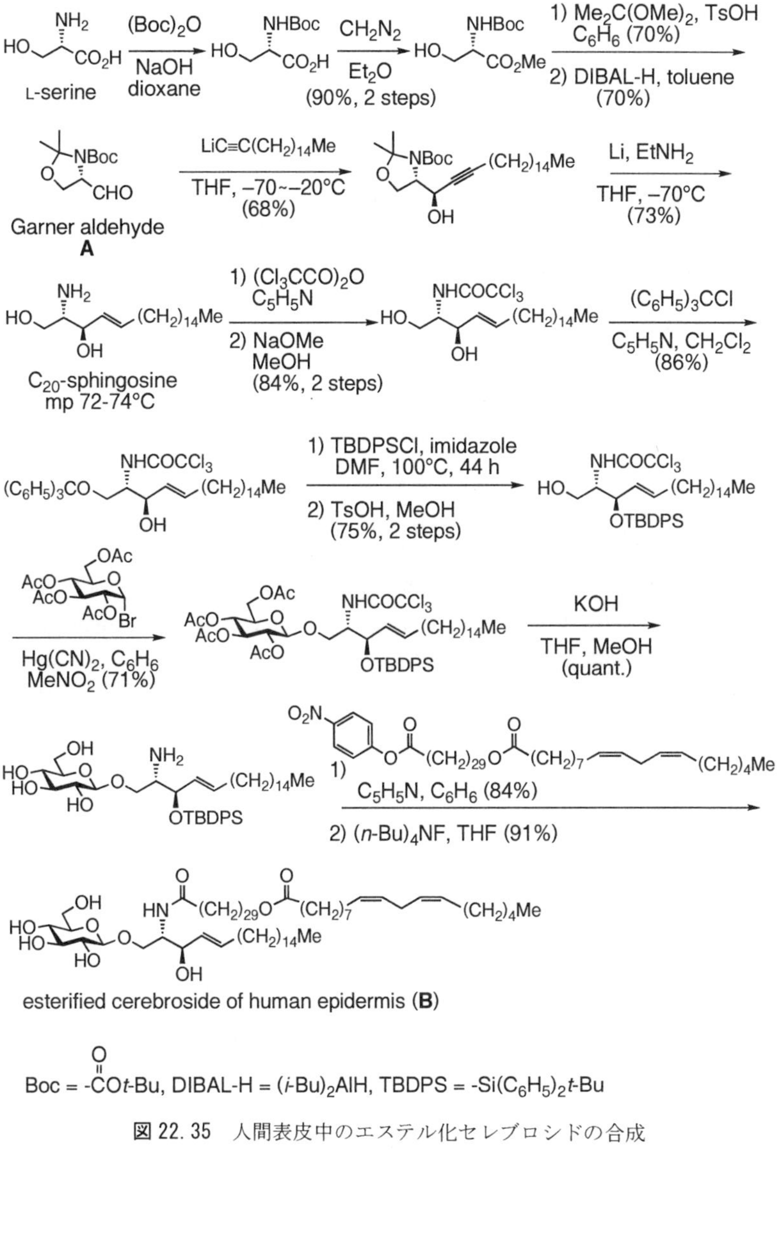

図 22.35 人間表皮中のエステル化セレブロシドの合成

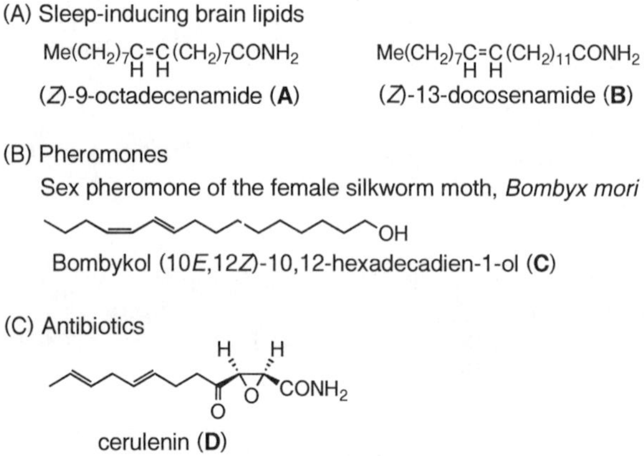

(A) Sleep-inducing brain lipids

Me(CH$_2$)$_7$C=C(CH$_2$)$_7$CONH$_2$ (H H)
(Z)-9-octadecenamide (**A**)

Me(CH$_2$)$_7$C=C(CH$_2$)$_{11}$CONH$_2$ (H H)
(Z)-13-docosenamide (**B**)

(B) Pheromones
Sex pheromone of the female silkworm moth, *Bombyx mori*

Bombykol (10*E*,12*Z*)-10,12-hexadecadien-1-ol (**C**)

(C) Antibiotics

cerulenin (**D**)

図22.36 脂肪酸由来の生物活性物質の構造

3) 抗生物質

脂肪酸生合成の阻害剤として,生化学研究に用いられるセルレニン (図22.36の **D**) は,大村 智 (北里研) らによって *Cephalosporium caerulens* というカビから得られた抗生物質である。

4) 海産ポリエーテル

海洋生物には有毒なものがあり,食中毒の原因となることは昔から知られている。それらの原因物質のかなりの部分が,図22.37に示すようなポリエーテル類であることが最近明らかになった。これらのポリエーテル類は,脂肪酸同様のポリケチド生合成系で作られていると考えられる。

図22.37の **A** に示すパリトキシンは,腔腸動物のイワスナギンチャク *Palythra* spp.の毒成分として,1981年に平田義正・上村大輔 (名大・理) らと,Moore (ハワイ大) らによって独立に構造が推定された物質である。このものは64個の不斉中心と7個のシス・トランス異性可能部位のため2^{71}個の異性体が存在し得る炭素数115個の化合物である。これは1994年に岸 義人 (ハーバード大) らにより合成された。

22.3 脂質 (233)

図 22.37 海産ポリエーテル毒素の構造

図 22.37 の **B** に示すのは，シガトキシン-3C とよばれる毒素で，ウツボの有毒個体 940 尾（約 4 トン）の内臓 124 kg から 0.35 mg の混合物として安元健（東北大・農）らにより単離された．毒物を生産するのはウツボ自身ではなく，ウツボやサザナミハギの体内に共生する単細胞生物の *Gambierdiscus toxicus* であることがやがてわかり，純品の μg 量での構造解析が行われた．シガトキシン-3C は，2001 年に平間正博（東北大・理）らにより合成された．

Gambierdiscus toxicus は，マイトトキシン（図 22.37 の **C**）という巨大分子も生産している．このものは，0.05 μg/kg をマウス腹腔に注射すると死ぬという強力な毒である．

22.4 アミノ酸

22.4.1 α-アミノ酸の概説
1) アミノ酸の分類，名称，略号，構造

タンパク質（protein）は，ギリシア語で「第一の」を意味する *proteios* から命名されたことでもわかるとおり，生命現象にとって重要な有機化合物であり，生化学で詳しく学習する．本節ではタンパク質の構成成分であるアミノ酸の化学を学習する．タンパク質を構成しているアミノ酸は，5.3.6 で述べた L-系列に属する α-アミノ酸と，プロリンという α-イミノ酸である．表 22.2 に，中性アミノ酸（水溶液がほぼ中性となるもの），塩基性アミノ酸（水溶液が塩基性を示すもの），酸性アミノ酸（水溶液が酸性を示すもの）のそれぞれの名称，構造，三文字略号と一文字略号とを示す．タンパク質構成アミノ酸は，全て同じ立体化学系列（L-系列）に属するが，システインは RS 表示では (R)-システインとなる．他の天然アミノ酸は全て S である．

2) アミノ酸の栄養学的分類

人間が食物から摂取しなくては不足するアミノ酸を**必須アミノ酸**（essential amino acids）とよぶ．イソロイシン，ロイシン，リジン，メチオニン，フェニルアラニン，トレオニン，トリプトファン，バリンがそれであり，幼児にとってはヒスチジンもそうである．他方，人間が体内で他の化合物から合成できるため，食物から摂取しなくても問題がないアミノ酸を**非必須アミノ酸**（non-essential amino acids）という．グリシン，アラニン，アスパラギン酸，

システイン，グルタミン酸，プロリン，セリン，チロシン，アルギニン，ヒスチジンがそうである。

Name	Structure	Three/one-letter symbol	Name	Structure	Three/one-letter symbol
A. Neutral Amino Acids			(2S,3R)-threonine		Thr / T
(1) Basic Form					
glycine		Gly / G	(R)-cysteine		Cys / C
(2) With a Non-polar Substituent					
(S)-alanine		Ala / A	(S)-tyrosine		Tyr / Y
(S)-valine		Val / V	**B. Basic Amino Acids**		
			(S)-histidine		His / H
(S)-leucine		Leu / L			
			(S)-lysine		Lys / K
(2S,3S)-isoleucine		Ile / I			
			(S)-arginine		Arg / R
(S)-phenylalanine		Phe / F			
			C. Acidic Amino Acids		
(S)-tryptophan		Trp / W	(S)-aspartic acid		Asp / D
(S)-proline		Pro / P	(S)-glutamic acid		Glu / E
(S)-methionine		Met / M	**D. Amides**		
			(S)-asparagine		Asn / N
(3) With a Polar Substituent					
(S)-serine		Ser / S	(S)-glutamine		Gln / Q

表22.2 天然型アミノ酸の名称と構造・略号

3) アミノ酸の融点と溶解度

アミノ酸は同一分子内に塩基性のアミノ基と酸性のカルボキシル基を有しているため，$RCH(NH_3^+)CO_2^-$ という**双性イオン**（zwitterion）として結晶格子中に存在している。そのため無機塩と似て融点が高い。また融点以上では分解してしまい，冷却しても元に戻らない。いくつかのアミノ酸の融点および水とエタノールとに対する溶解度とを，構造式とともに表22.3に示した。

Name	Structure	mp (°C)	Solubility (g/100 mL at 25°C) in water	ethanol
glycine	$H_2N\frown CO_2H$	233	25.0	0.06
alanine	CO_2H, NH_2	297	16.7	
valine	CO_2H, NH_2	315	8.8	
leucine	CO_2H, NH_2	293	2.4	0.07
isoleucine	CO_2H, NH_2	283	4.1	
proline	CO_2H, NH	220	162	67

表 22.3　アミノ酸の融点と溶解度

　アミノ酸の溶解度は，種類によって異なるが，大きな疎水性置換基を有するものは，水にそれほど溶けない。単糖は水によく溶け，脂肪は有機溶媒に溶けるのとは違って，アミノ酸であっても化合物によって挙動が異なる。プロリンは，水にもエタノールにもよく溶けるので，不斉反応の有機触媒として用いるのに好適である。

22.4.2　α-アミノ酸の等電点

　α-アミノ酸の水溶液を電場内においた時，α-アミノ酸がどちらの極にも移動しない場合の溶液の pH を，**等電点**（isoelectric point）という。等電点では，図 22.38 に示すようにα-アミノ酸は**双性イオン**（zwitterion）として存在している。それよりアルカリ性では陰イオンとして，またそれより酸性では陽イオンとして存在している。

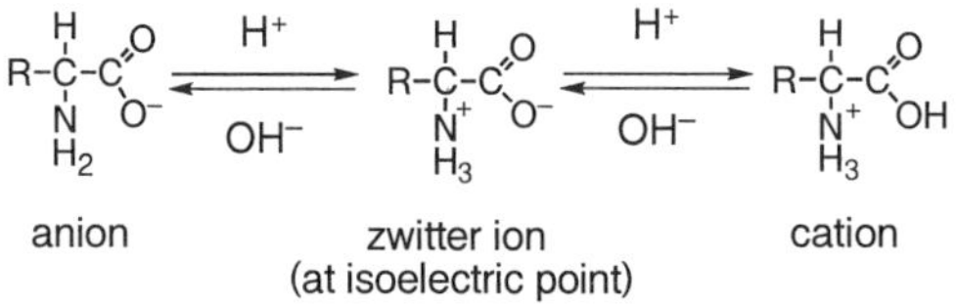

22.4 アミノ酸 (237)

$$\text{R-}\underset{\underset{H_2}{N}}{\overset{\overset{H}{|}}{C}}\text{-}\overset{\overset{O}{\|}}{C}\text{-O}^- \underset{\text{OH}^-}{\overset{\text{H}^+}{\rightleftarrows}} \text{R-}\underset{\underset{H_3}{\overset{+}{N}}}{\overset{\overset{H}{|}}{C}}\text{-}\overset{\overset{O}{\|}}{C}\text{-O}^- \underset{\text{OH}^-}{\overset{\text{H}^+}{\rightleftarrows}} \text{R-}\underset{\underset{H_3}{\overset{+}{N}}}{\overset{\overset{H}{|}}{C}}\text{-}\overset{\overset{O}{\|}}{C}\text{-OH}$$

anion　　　　　zwitter ion　　　　cation
　　　　　(at isoelectric point)

図22.38　α-アミノ酸の水溶液中での電離

等電点の pH は，中性アミノ酸では5.07 - 6.30，塩基性アミノ酸では7.59 - 10.76，酸性アミノ酸では，アスパラギン酸が2.77，グルタミン酸が3.22である。等電点で，α-アミノ酸の溶解度は最小となり，結晶として析出する。α-アミノ酸を，その等電点の差を利用して分離するには，**電気泳動**（electrophoresis）という分析法が用いられる。

22.4.3　α-アミノ酸の化学合成

150年余の研究を経て，α-アミノ酸の化学合成法は今なお進化中である。本節では主要な合成法を記す。

1) **α-ハロ酸のアミノ化**

カルボン酸のα-位をハロゲン化して（14.8.2参照），そのハロゲン原子をアンモニア水を用いてアミノ基に置換する方法である。図22.39の（A）に，(±)-ロイシンの本方法による合成を示した。私が大学1年の時に野村祐次郎教授の御指導で行ったのはモノクロル酢酸からグリシンの合成であった。

2) **Strecker 合成**

ドイツのA. Streckerが1856年に開発した方法で，アルデヒドにアンモニアとシアン化水素を反応させてアミノニトリルとし，それを加水分解してα-アミノ酸を得る方法である。図22.39の（B）に（±)-アラニンの調製を示した。

3) **Erlenmeyer 合成**

ドイツのErlenmeyerが1901年に発明した方法である。まずグリシンのベンゾイル化で**馬尿酸**（hippuric acid）を調製する。それを無水酢酸と酢酸ナトリウムの存在下アルデヒドと加熱してアズラクトンとしてから，二重結合を還元後加水分解すれば，α-アミノ酸が得られる。図22.39の（C）に（±)-フェニルアラニンの製法を示した。

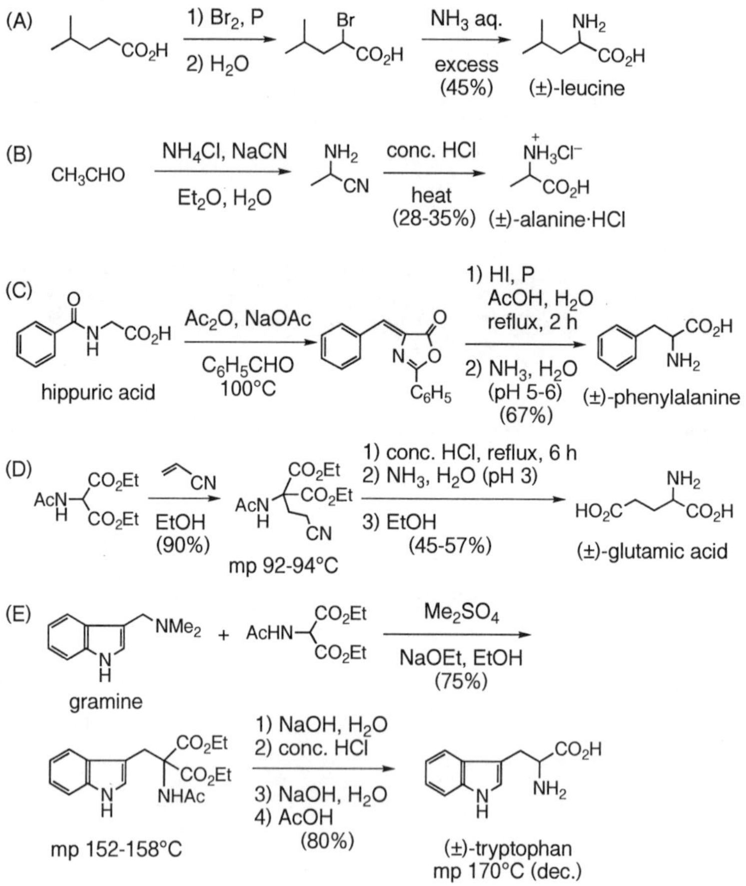

図 22.39 (±)-α-アミノ酸の合成法

4) アセトアミノマロン酸エステル合成

アセトアミノマロン酸エステルのアルキル化を第一段階とする合成法で，適用範囲が広く，汎用される。図 22.39 の (D) に (±)-グルタミン酸の合成と (E) に (±)-トリプトファンの合成を示した。

5) α-アミノ酸の不斉合成

図 22.39 に示した合成法で得られる α-アミノ酸はラセミ体であって，光学

22.4 アミノ酸 (239)

分割をしなければ天然型の光学活性α-アミノ酸は得られない。それに対し不斉合成法を用いれば，光学活性な天然型α-.アミノ酸を直接得ることが出来る。図22.40に，二重結合の不斉水素化反応を利用して，Perkinson氏病の特効薬であるL-dopaを合成する方法を示した。この方法を発明し工業化したのは，アメリカMonsanto社のW. S. Knowles（2001年ノーベル賞）である。(±)-α-アミノ酸の光学分割は17.2.1 1）と17.2.3 1）で述べた。

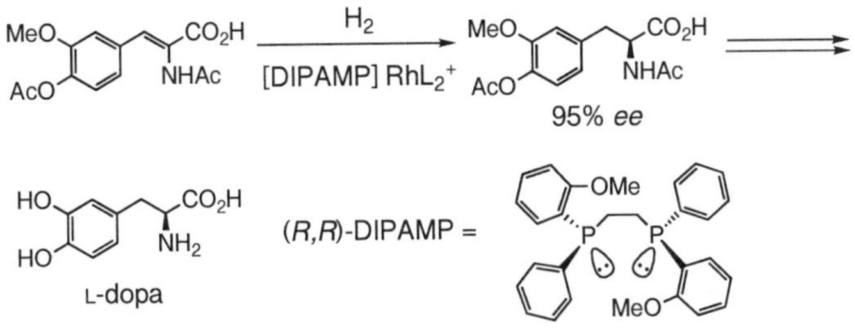

図 22.40　L-dopa の不斉合成法

6) (S)-ジゼロシンの合成

生物活性を有するアミノ酸の合成例として，(S)-ジゼロシンの場合を図22.41に示す。ジゼロシン（gizzerosine）は，岡崎智美，野口　忠，内藤　博ら（東大・農）によって1983年に，加熱乾燥したサバの魚粉10 kgから2 mg単離されたアミノ酸で図示の構造を有している。このアミノ酸をニワトリに1日に50 μg与えると，そのスナギモ（gizzard）に潰瘍が生じ，ニワトリは血を吐いて死ぬ。ジゼロシンを含有している魚粉の摂取によるニワトリの死亡損失を防ぐためには，このアミノ酸の定量分析法の確立が必要であり，そのためには標準品が必要であった。

森，須貝威らはアミノアシラーゼを用いる酵素的光学分割で得た (S)-2-アミノアジピン酸から，(S)-ジゼロシンを図22.41に示すようにして合成した。同時に (R)-A から (R)-ジゼロシンをも合成した。合成品をニワトリに食べさせて，(S)-体だけに潰瘍発生活性があることがわかった。

22.4.4　α-アミノ酸の反応

アミノ酸の分子内には，アミノ基とカルボニル基とがあるので，以下のよ

22 天然有機化合物（その3）炭水化物，脂質，アミノ酸，核酸，ビタミン

うにそれぞれによる反応が知られている。

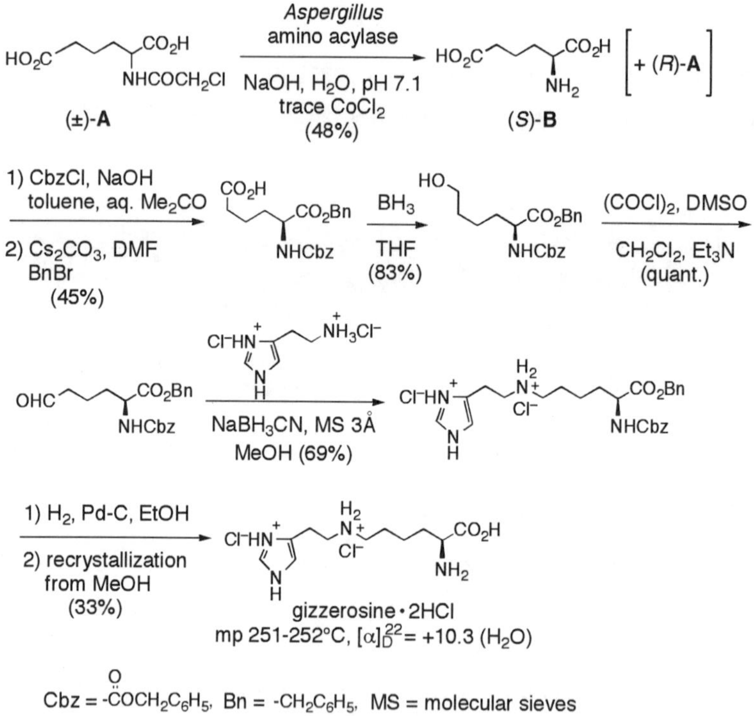

図 22.41　(S)-ジゼロシンの合成

1）エステル化

α-アミノ酸を無水エタノールに懸濁させ，乾燥塩化水素を氷冷下吸収させて飽和にいたらせて放置すると，α-アミノ酸エチルエステルの塩酸塩が析出する。それを注意深く温和な条件下で塩基性にすれば，α-アミノ酸エチルエステルが蒸留可能な液体として得られる［図 22.42 の（A）］。

2）アシル化

α-アミノ酸のアミノ基は，Schotten-Baumann 法［15.7.3 1) 参照］で，アシル化される。図 22.42 (B) に，グリシンのベンゾイル化による馬尿酸の製造を示した。

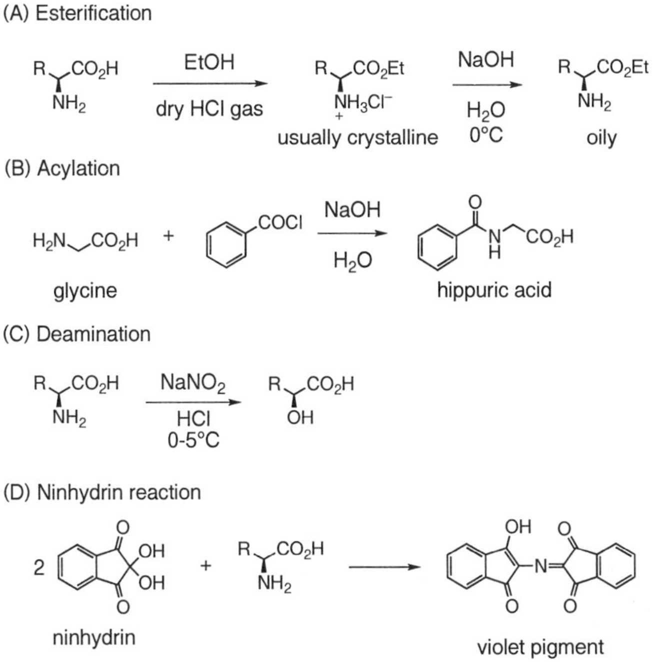

22.4 アミノ酸

(A) Esterification

R−CH(NH$_2$)−CO$_2$H →[EtOH, dry HCl gas] R−CH(NH$_3^+$Cl$^-$)−CO$_2$Et (usually crystalline) →[NaOH, H$_2$O, 0°C] R−CH(NH$_2$)−CO$_2$Et (oily)

(B) Acylation

H$_2$N−CH$_2$−CO$_2$H (glycine) + C$_6$H$_5$−COCl →[NaOH, H$_2$O] C$_6$H$_5$−CO−NH−CH$_2$−CO$_2$H (hippuric acid)

(C) Deamination

R−CH(NH$_2$)−CO$_2$H →[NaNO$_2$, HCl, 0-5°C] R−CH(OH)−CO$_2$H

(D) Ninhydrin reaction

2 ninhydrin + R−CH(NH$_2$)−CO$_2$H → violet pigment

図 22.42 α-アミノ酸の反応

3) 亜硝酸との反応

α-アミノ酸は図 22.42 (C) に示すように, 亜硝酸と反応して絶対立体配置保持で α-ヒドロキシ酸を与える [17.4.4 2)参照]。

4) ニンヒドリン呈色反応

α-アミノ酸はニンヒドリン（インダン-1, 2, 3-トリオン-2-ヒドラート）と反応して赤紫色の色素を与える [図 22.42 (D)]。

22.4.5 ペプチドとタンパク質

ペプチドは, α-アミノ酸の脱水縮合体であり, 50 個以上の多数の α-アミノ酸が脱水縮合したものが**タンパク質**である。これらは生化学で詳しく学ぶ。

なお, 酵素がタンパク質であることは, 1926 年 5 月にアメリカの J. B. Sumner（1946 年ノーベル賞）がナタマメ（jack bean, *Canavalia ensiformis*）より, 尿素をアンモニアと二酸化炭素に加水分解するウレアーゼを結晶として得て,

それがタンパク質であることを証明して初めてわかった。しかし，R. Willstätter（クロロフィル研究で 1915 年ノーベル賞）の学派の人達は，酵素はタンパク質ではないと考え，Sumner の結果を 10 年余り信用しなかった。van't Hoff の炭素正四面体説を Kolbe が信用しなかったのと同じである（5.2.6 参照）。

1) ペプチドの構造

ペプチドは，ペプチド結合（アミド結合）でα-アミノ酸が連結されたものであり，N-末端アミノ酸から C-末端アミノ酸の方向へ，構成アミノ酸の名を書くことで構造を表示する。図 22.43 に示したペプチドは，4 個のアミノ酸からなるテトラペプチドで，グリシル-L-アラニル-L-リジル-L-チロシンである。

2) ペプチドの合成

ペプチドの合成の概念図を図 22.44 に示す。N-末端アミノ酸のアミノ基を P^1 という保護基（12.10.2 参照）を付けて保護する。また，結合させる相手のアミノ酸のカルボキシル基を，保護基 P^2 を付けて保護する。次に両者を結合させ，最後に脱保護してジペプチドを得る。この操作は，図 22.44 の右側のように，簡略化して書くことが多い。

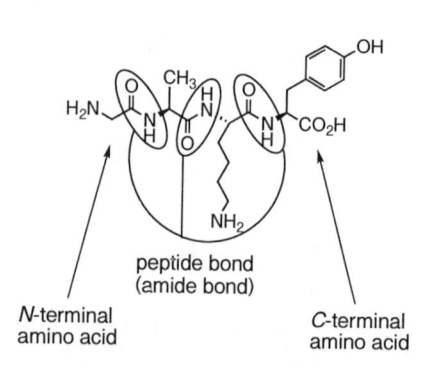

図 22.43　ペプチドの構造

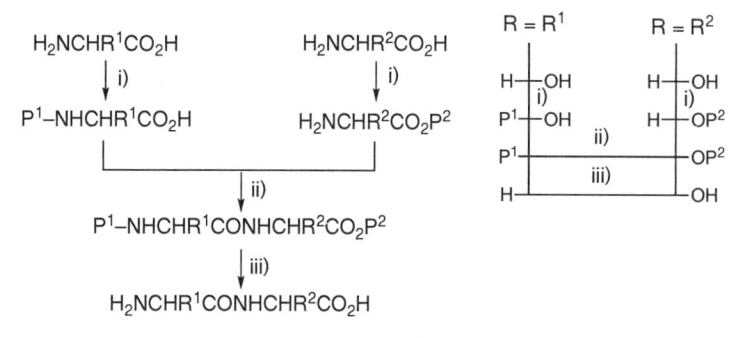

```
     H₂NCHR¹CO₂H              H₂NCHR²CO₂H              R = R¹           R = R²
           │ i)                     │ i)              H─┬─OH           H─┬─OH
           ▼                        ▼                   │ i)              │ i)
     P¹-NHCHR¹CO₂H            H₂NCHR²CO₂P²           P¹─┼─OH           H─┼─OP²
           └────────────┬───────────┘                   │ ii)
                        │ ii)                        P¹─┼─────────────────┼─OP²
                        ▼                               │ iii)
              P¹-NHCHR¹CONHCHR²CO₂P²                 H─┴─OH            ─┴─OH
                        │ iii)
                        ▼
               H₂NCHR¹CONHCHR²CO₂H
```

i) protection; ii) condensation; iii) deprotection

図 22.44　ペプチド合成の概念図

　アミノ基の保護によく用いられるのは，Bergmann と Zervas によって 1932 年に発明されたベンジルオキシカルボニル基 ［benzyloxycarbonyl group = carbobenzoxy group（Cbz と略する），図 22.45（A）］である。この保護基は，時に Zervas の名を取って，Z とも略される。カルボキシル基の保護には，ベンジルエステルのようなエステルに変換することが，よく行われる［図 22.45（B）］。

　ペプチド結合の形成には，ジシクロヘキシルカルボジイミド（DCC と略記される）のような脱水剤が用いられる　［図 22.45（C）］。

　グリシル-L-アラニンの合成を，図 22.45（D）に示した。Cbz 保護基とベンジルエステル保護基は，一挙に加水素分解で除去可能である。

22.5　核酸関連物

22.5.1　核酸関連物の概説

　核酸（nucleic acid）は，全ての生物細胞に含まれ，遺伝やタンパク質生合成に関与している高分子化合物である。1869 年にスイスの Miescher が核酸を初めて発見したが，核酸という名称は 1889 年に Altmann によって与えられた。

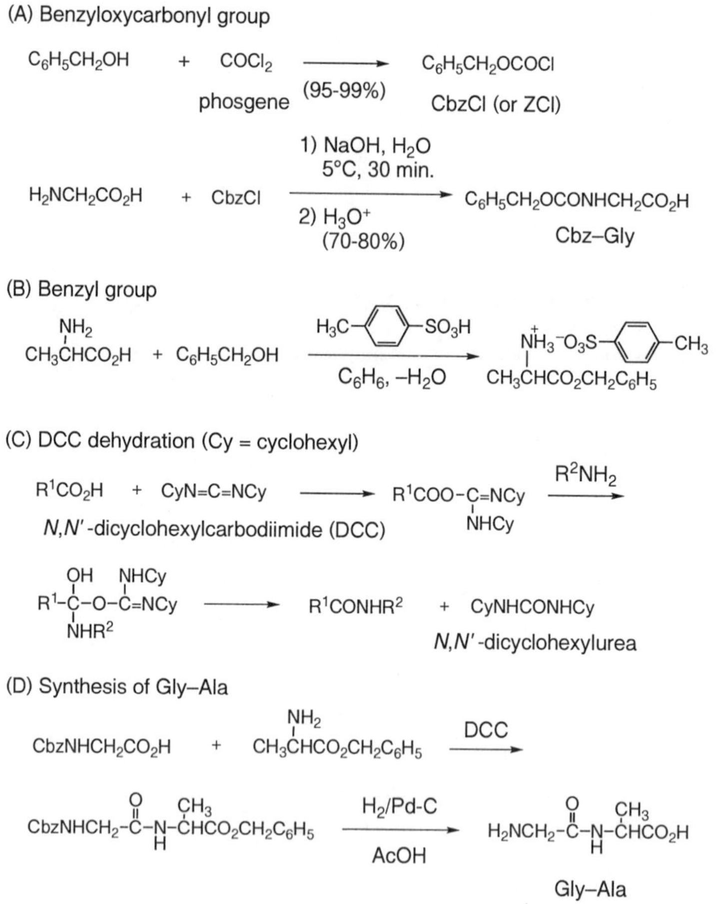

22 天然有機化合物（その3）炭水化物，脂質，アミノ酸，核酸，ビタミン

(A) Benzyloxycarbonyl group

$C_6H_5CH_2OH$ + $COCl_2$ (phosgene) $\xrightarrow{(95-99\%)}$ $C_6H_5CH_2OCOCl$　CbzCl (or ZCl)

$H_2NCH_2CO_2H$ + CbzCl $\xrightarrow[\text{2) }H_3O^+]{\text{1) NaOH, }H_2O,\ 5°C,\ 30\text{ min.}}$ $C_6H_5CH_2OCONHCH_2CO_2H$　Cbz–Gly
(70-80%)

(B) Benzyl group

$\underset{CH_3\overset{|}{C}HCO_2H}{NH_2}$ + $C_6H_5CH_2OH$ $\xrightarrow[C_6H_6,\ -H_2O]{H_3C--SO_3H}$ $\underset{CH_3\overset{|}{C}HCO_2CH_2C_6H_5}{\overset{+}{N}H_3\ ^-O_3S--CH_3}$

(C) DCC dehydration (Cy = cyclohexyl)

R^1CO_2H + CyN=C=NCy $\longrightarrow$ $R^1COO-\underset{NHCy}{C=NCy}$ $\xrightarrow{R^2NH_2}$

$R^1-\underset{NHR^2}{\overset{OH}{C}}-O-\underset{}{\overset{NHCy}{C}=NCy}$ $\longrightarrow$ R^1CONHR^2 + CyNHCONHCy　N,N'-dicyclohexylurea

(D) Synthesis of Gly–Ala

$CbzNHCH_2CO_2H$ + $\underset{CH_3\overset{|}{C}HCO_2CH_2C_6H_5}{NH_2}$ $\xrightarrow{DCC}$

$CbzNHCH_2-\overset{O}{\overset{\|}{C}}-\underset{H}{N}-\overset{CH_3}{\overset{|}{C}}HCO_2CH_2C_6H_5$ $\xrightarrow[AcOH]{H_2/Pd-C}$ $H_2NCH_2-\overset{O}{\overset{\|}{C}}-\underset{H}{N}-\overset{CH_3}{\overset{|}{C}}HCO_2H$　Gly–Ala

図 22.45　グリシルアラニンの合成

20世紀初頭から核酸は有機化学的に研究され，アメリカの Levene らや Chargaff らの構造研究から始まり，イギリスの Todd（1957年ノーベル賞）やアメリカの Khorana（インド人，1968年ノーベル賞）らの合成研究を経て，化学的全体像が明らかになった。1935年にアメリカの Stanley がタバコモザイク病ウイルスの結晶は核酸とタンパク質よりなることを発見し，更に1953年に Watson と Crick が核酸の二重らせん構造を提唱してから，核酸は分子生

22.5 核酸関連物

物学の中心物質となった。生化学で詳しく学習するので，本書では，核酸関連物質の構造を列挙し，かつデオキシヌクレオチドの工業的製法の一例を挙げるにとどめたい。

22.5.2. 核酸関連物の構造

1) 糖部分

タンパク質合成に重要な**リボ核酸**（ribonucleic acid, RNA）はD-リボース，遺伝に重要な**デオキシリボ核酸**（deoxyribonucleic acid, DNA）は，D-2-デオキシリボース［図22.46（A）］を含む。リボ核酸がD-リボースを含むことは，1911年にLeveneが明らかにした。

2) 塩基部分

RNAは，アデニン，グアニン，シトシン，ウラシルを含み，DNAはアデニン，グアニン，チミン，シトシンを含む ［図22.46（B）］。

3) ヌクレオシド

糖部分と塩基部分とが，N-グリコシド結合で結合したものをいう。

4) ヌクレオチド

ヌクレオシドのリン酸エステルを**ヌクレオチド**という。アデノシン-5'-モノリン酸は，AMPであり，アデノシン-5'-トリリン酸はATPである。AMPはアデニル酸ともいう。ATPのリン酸結合には，リン酸エステル結合とリン酸無水物結合とがあり，後者は**高エネルギー結合**（energy-rich bond）である。酢酸エチルのCO-O結合と無水酢酸のCO-O-結合とでは，加水分解の際の発熱の量に大差があるように，酸無水物の結合は高エネルギーである。

22.5.3 核酸塩基間の水素結合とDNAの構造

DNAの分子は，2-デオキシ-D-リボースの3'位と5'位にリン酸エステル結合が生成して，高分子となった鎖状構造をしている［図22.47.（A）］。ところがアデニンとチミンおよびグアニンとシトシンがそれぞれ図22.47（B）と（C）に示すように水素結合を形成するので，（D）のように2本の鎖が対になりコイル状に巻いた二重らせん構造をとる。WatsonとCrickは1953年にこの事実を発見し，1962年にノーベル賞を受けた。その後の核酸の科学の発展は，分子生物学で学ぶとおりである。

22 天然有機化合物（その3）炭水化物，脂質，アミノ酸，核酸，ビタミン

(A) Sugar parts

β-D-ribofuranose　　2-deoxy-β-D-ribofuranose

(B) Base parts

adenine　guanine　thymine　cytosine　uracil

in both DNA and RNA　　in DNA　　in RNA

(C) Nucleosides

adenosine　guanosine　2'-deoxythymidine

cytidine　uridine

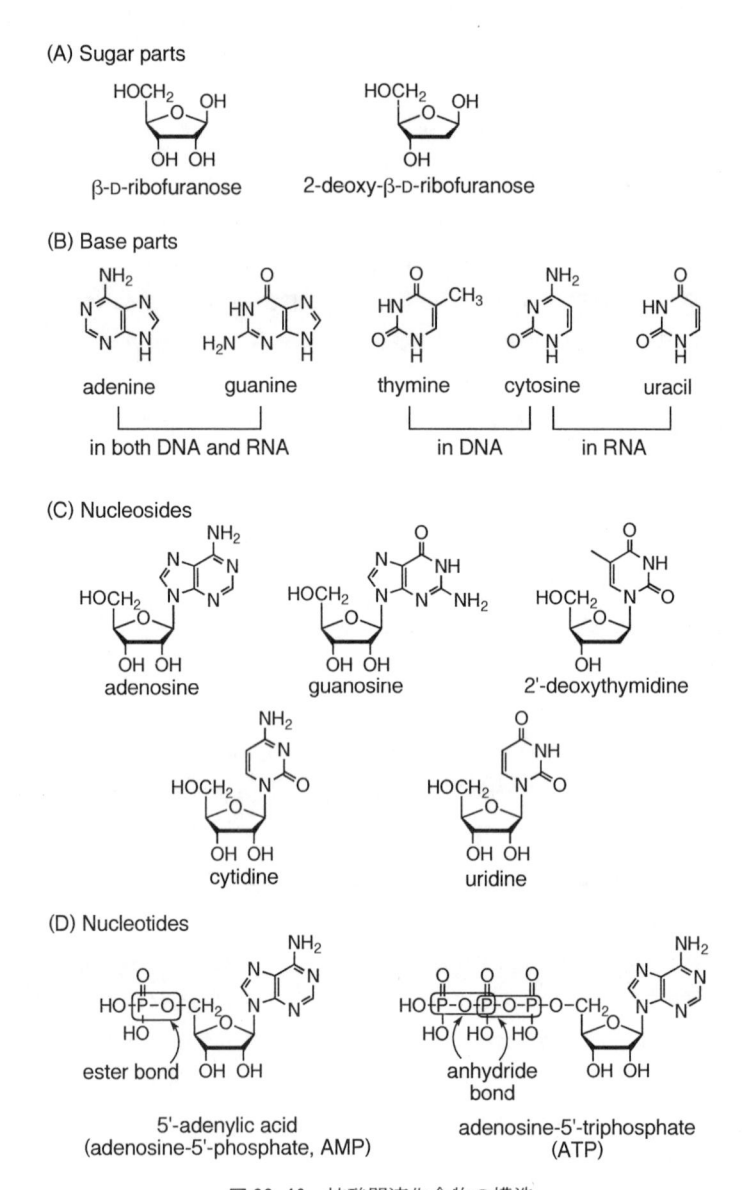

(D) Nucleotides

ester bond

5'-adenylic acid
(adenosine-5'-phosphate, AMP)

anhydride bond

adenosine-5'-triphosphate
(ATP)

図 22.46　核酸関連化合物の構造

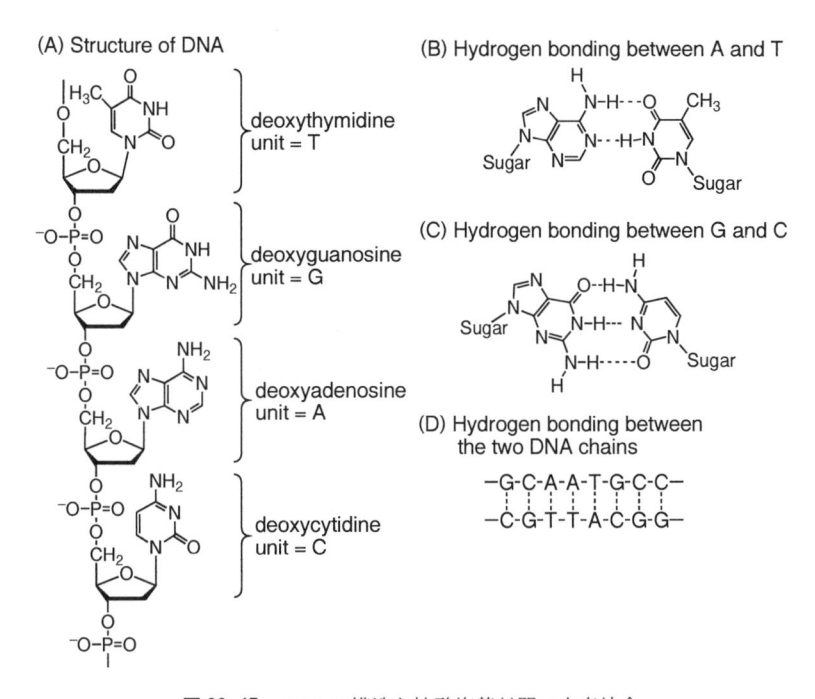

図 22.47　DNA の構造と核酸塩基対間の水素結合

22.5.4　デオキシヌクレオチド類の工業的製法
1)　研究開発の概要

図 22.48 に示すデオキシヌクレオチド (dNu) は，DNA の自動化学合成の原料として重要であり，現在世界中で年間数トン生産されている。従来は鮭の白子から抽出した DNA を分解後，分離することで，鮭 100 トンから dNu が 55 kg 得られていた。

　三井化学（株）は，図 22.48 の下部に示すような酵素反応と化学反応とを組み合わせる方法で，4 種の dNu の工業生産に最近成功した。

2)　2-デオキシリボース-1-α-リン酸の化学合成

　2-デオキシリボースの 1-リン酸エステルでは，α-アノマーと β-アノマーとが平衡状態にある。ところが糖の 3 位と 5 位とを p-クロロベンゾイルエステルとして保護した 1-リン酸エステルのトリ (n-ブチル) アミン塩では，アセ

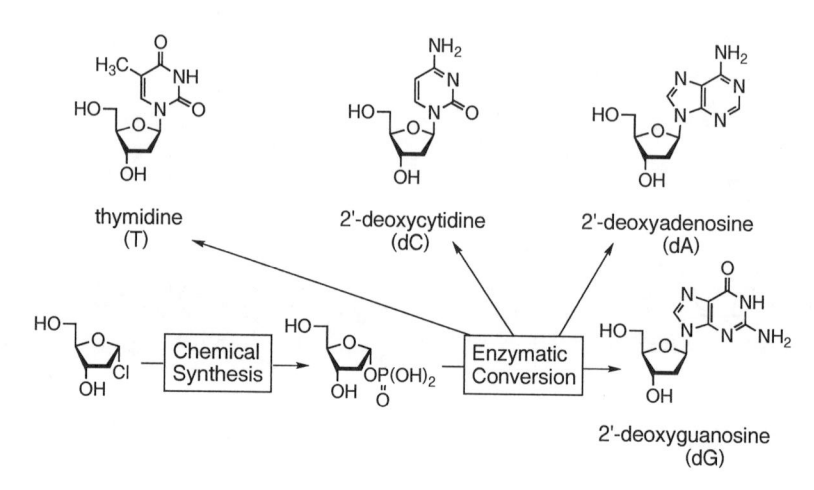

図 22.48 デオキシヌクレオチド類の構造

図 22.49 2-デオキシリボース-1-α-リン酸アンモニウム塩の合成（三井化学）

トニトリル中で1-α-体が結晶として析出してしまうので、図22.49に示すように、求めるα-体と不用のβ-体とが99：1となる。

このトリ(n-ブチル)アミン塩をシクロヘキシルアミン塩に変えると，結晶性が更によくなり，晶析で精製出来る．その塩をメタノール中アンモニアで処理すると，p-クロロベンゾイル保護基が除去されて，純粋な2-デオキシリボース-1-α-リン酸のアンモニウム塩が得られる．このような異性化晶出法は，一方の立体異性体のみを得るための良い方法である．

3) 2'-デオキシヌクレオシド類の酵素反応による合成

ヌクレオシドホスホリラーゼを用いて塩基と2-デオキシ-D-リボースを結合させる段階を，図22.50に示す．

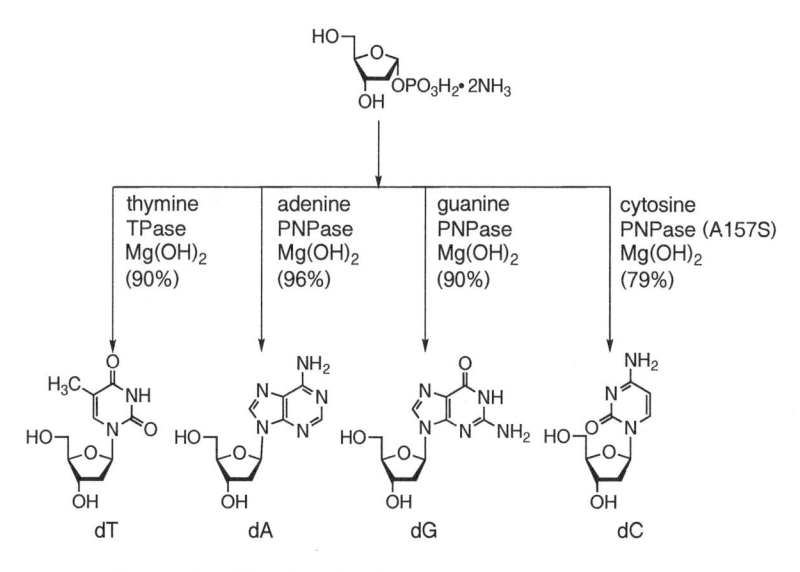

TPase = thymidine phosphorylase
PNPase = purine nucleoside phosphorylase
PNPase (A157S) = alanine at 157th position of the enzyme protein of PNPase was replaced with serine.

図22.50 2'-デオキシヌクレオシドの酵素合成(三井化学)

既知のヌクレオシドホスホリラーゼを用いて，チミジン，2'-デオキシアデノシンと2'-デオキシグアノシンをまず合成することが出来た．問題の2'-デオキシシチジンの合成は,大腸菌変異株の生産する新酵素PNPase (A157S)(野生型大腸菌のプリンヌクレオチドホスホリラーゼの157位のアラニンがセリ

ンに変異した酵素）を用いて成功した。この反応の成功のためには，$Mg(OH)_2$ を反応系に加えて，生成するリン酸を不溶のマグネシウム塩として系外に除去することが必要であった。

以上のように，有機合成と酵素反応とを組み合わせて有用物質を生産することは，現在広く研究されている。

22.6　ビタミン

ビタミン類に関しては，生化学，栄養化学，食品化学の授業で学習する。本書では，初期の研究史と主要なビタミンの有機化学を学ぶ。ビタミンは，現在では酵素反応の補酵素となる物質群を含めた生理活性物質と理解される。

22.6.1　ビタミンの研究史

ビタミンは，その欠乏により引き起こされる病気の原因究明をとおして発見された。まず，東洋の脚気と西洋の壊血病について考えよう。

1)　脚気とビタミン B_1

脚気（beriberi）は，紀元前3世紀にすでに中国で知られていた。日本でも徳川時代には，「江戸患い」とよばれ都市部での病気として知られていた。明治となって精米が機械化され，白米が入手しやすくなると更に脚気は広がった。

1883年（明治16年）に南米を訪問した日本海軍の軍艦では，乗組員371名中160名が脚気となり25名が死亡した。脚気になると脚がだるくなり，やがて麻痺し，遂には心臓麻痺で死に至る。当時の海軍の食事は白米食であった。イギリスで医学教育を受けた海軍軍医総監高木兼寛は，白米食が脚気の原因と推論した。そして翌1884年の南米訪問航海では，白米食を麦混入食に改め，その他に大量の肉・豆・野菜を積み込んだ。その結果乗組員333名のうち脚気らしい症状を示した者は1名だけであった。1878 - 1883年には，海軍軍人の23 - 40%が脚気であったが，1884年の兵食改善により1885年には0.04%にまで低下した。高木自身は，食事で摂取するタンパク質の増加で脚気が防げたと考えたが，実は麦や豆が良かったのである。

海軍と異なり，日本陸軍では軍医森林太郎（鴎外）らドイツ医学を学んだ人達が，脚気は細菌による伝染病だと考えていた。そのため兵食の改善が遅

れ、日露戦争での陸軍の戦病死者 74,000 人のうち、27,000 人は脚気で死亡したのである。

1880年代に当時オランダ領だったジャワ島で研究していたオランダの軍医 C. Eijkman は、白米でニワトリを飼育すると麻痺や痙攣という脚気症状を呈するが、玄米で飼育すると健康であることを観察した。彼は1887年には、白米食を玄米食に変更すると、脚気患者が快方に向かい、良くなることを見つけている。このようなことから、彼は1929年に F. G. Hopkins とともにビタミン研究の先駆者としてノーベル生理学・医学賞を受けたのである。

玄米にあって白米にない成分、つまり米糠中にある物質が脚気を防ぐことを明らかにしたのは鈴木梅太郎（東大・農）と、イギリスで研究したポーランド人 C. Funk とであった。鈴木はベルリン大学 E. Fischer のもとでの留学から帰国するに際し、「日本でしか出来ないテーマを研究しろ」と Fischer に忠告された。そこで彼は米の成分の研究を始めた。彼は米のタンパク質の栄養価値を試験するつもりで、玄米と白米とを比べると、白米では動物は成長せず、米糠または米糠のエタノール抽出物を加えると発育することを発見した。1910年（明治43年）には、米糠のエタノール抽出物中のリンタングステン酸（$H_3PW_{12}O_{40}$）で沈澱する物質が、人工飼料や白米による発育障害を除去することを確認した。この物質はイネの学名 *Oryza sativa* L.にちなんで**オリザニン**（Oryzanin）と命名され、1910年12月13日の東京化学会例会で発表された。翌1911年には東京化学会誌に和文で論文が発表された。オリザニンは、不純なビタミン B_1 であったが、鈴木の研究で重要なのは、オリザニンを動物の生育に不可欠な新栄養素と結論していたことである。彼は日本語で最初の論文を発表したため（後にはドイツ語でも発表しているが）、外国では読まれず、したがって外国では、鈴木はビタミンの発見者とされていない。

1912年にイギリスで研究していたポーランド人 C. Funk は、米糠のエタノール抽出物から結晶を得て、それが脚気に有効なことを見つけ、かつアミンの性質を有するとしてビタミン vitamine（e がついていることに注意）と命名した。彼はこの研究の論文を英文で *Journal of Physiology* に発表したので、欧米でよく読まれたし、また生命のためのアミン＝vitamine という命名もうまかったので諸外国では、鈴木より Funk の業績が認められている。なお、Funk の

結晶はニコチン酸であって，それに微量のビタミン B_1 が付着していたことが後に判明した。ビタミン B_1・塩酸塩の純粋な結晶は，1926 年になって初めて Jansen によって得られた。

高木と Eijkman の医学的実験と，鈴木と Funk の化学的研究によって，脚気は後にビタミン B_1 とよばれることになる化合物の欠乏症であることが明らかになった。

2) 壊血病とビタミン C

長期の航海で野菜が不足すると，**壊血病**（scurby）にかかり，歯茎が腫れて出血したり，傷の治り方が遅くなったり，皮下出血したりすることは，古くローマ時代から知られていた。

1753 年に Lind は，レモンやオレンジが壊血病の予防に有効なことを示し，イギリス海軍から壊血病を追放した。緑茶に壊血病予防効果があることが次いで発見された。1907 年には，Holst が，モルモットに実験的に壊血病を起させることに成功し，その後の研究が加速された。

ビタミン C の単離には 1932 年 A. Szent-Györgyi が成功した。彼は副腎皮質やオレンジ汁やパプリカから抽出される結晶に，抗壊血病作用があることを見つけ，更に同じ 1932 年に Waugh がレモンから結晶を得たことで抗壊血病物質としてのビタミン C が明らかになった。

3) トウモロコシの色とビタミン A

炭水化物・脂肪・タンパク質・無機塩の四大栄養素の他にも，動物の生育に必要な物質が存在することは，昔から経験的に知られていたが，それらの物質が純粋に取り出されるには，長い年月が必要だった。栄養学者 E. V. McCollum の回想によると，1908 年にすでにアメリカの農民は黄色のトウモロコシが白色のものよりもブタの飼育に対して優れていることを知っていたが，学者は栄養価値に差がないと主張していた。1919 年になって初めて黄色物質（カロテン）がビタミン A 効果と関連することが，学者によって認められたのである。

一般人の経験知は，時に学者の論理知を超えている。

4) ビタミンの定義

上記述べてきた微量必須栄養素に対して，1912 年に Funk は vitamine（=

vital + amine) という名称を提案した。しかし，全てのビタミンが含窒素アミン化合物であるわけではないから，Drummond は，語尾の e を除くことを 1920 年に提案した。それ以後**ビタミン**（vitamin）という言葉が定着した。ビタミンとは「微量で生物の栄養を支配し成長に不可欠な有機化合物で，外部から摂取する必要のあるもの」と定義される。以下に述べるビタミン類の構造決定は，IR，NMR，MS などの物理的分析手段が無い時代に行われた研究であるから，化学者の智恵に驚かされる。

22.6.2　ビタミン B_1（チアミン）

1）概説

ビタミン B_1 はアメリカでは**チアミン**（thiamine）とよばれている。1926 年に Jansen により塩酸塩として結晶状に得られたビタミン B_1 は，今では塩酸塩として 25 g が 1,800 円で売られている。米糠，玄米，全小麦パン，卵，肉，豆，酵母などに含まれている。成人の 1 日必要量は 1 - 3 mg である。欠乏症は多発性神経炎と脚気である。

2）構造

ビタミン B_1 の構造決定は，1934 - 1937 年にかけてアメリカの R. R. Williams によって達成された。ビタミン B_1 塩酸塩を，亜硫酸ナトリウム水溶液と pH 5-6 で処理すると，図 22.51 に示すように分解反応が起り，酸 A と塩基 B とを生ずる。Williams は図示のようにして A と B との構造を推定した。そしてそれらを総合してビタミン B_1 の構造を推定した。二つの部分に分解可能であったことで，構造が早く決まった。UV 吸収スペクトルと分解反応で生ずる分解物の構造推定に次いで分解物の構造を合成で決定するというのが，当時の研究の手順であった。

(A) Degradation

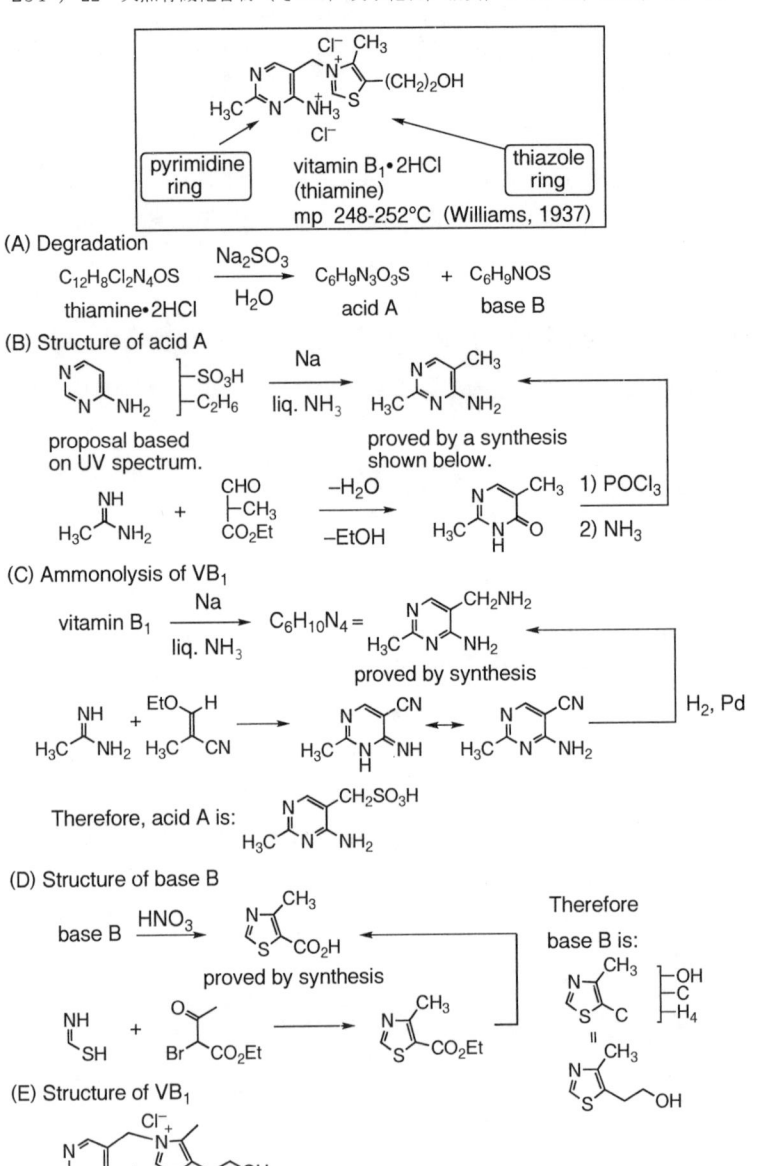

$C_{12}H_8Cl_2N_4OS$ (thiamine·2HCl) $\xrightarrow{Na_2SO_3, H_2O}$ $C_6H_9N_3O_3S$ (acid A) + C_6H_9NOS (base B)

(B) Structure of acid A

Pyrimidine with $-SO_3H$ and $-C_2H_6$, $-NH_2$ — proposal based on UV spectrum.

$\xrightarrow{Na, liq.\ NH_3}$ 2-methyl-4-amino-5-methylpyrimidine — proved by a synthesis shown below.

$H_3C-C(NH)NH_2$ + CHO-CH(CH$_3$)-CO$_2$Et $\xrightarrow{-H_2O,\ -EtOH}$ pyrimidinone $\xrightarrow{1)\ POCl_3,\ 2)\ NH_3}$

(C) Ammonolysis of VB$_1$

vitamin B_1 $\xrightarrow{Na, liq.\ NH_3}$ $C_6H_{10}N_4$ = 2-methyl-4-amino-5-(aminomethyl)pyrimidine — proved by synthesis

$H_3C-C(NH)NH_2$ + $EtO-CH=C(H)(CN)$ (with CH$_3$) $\longrightarrow$ nitrile-pyrimidine (tautomers) $\xrightarrow{H_2,\ Pd}$

Therefore, acid A is: 2-methyl-4-amino-5-(sulfomethyl)pyrimidine ($-CH_2SO_3H$)

(D) Structure of base B

base B $\xrightarrow{HNO_3}$ 4-methylthiazole-5-carboxylic acid — proved by synthesis

$HN=CH-SH$ + $Br-CH(CO_2Et)-C(O)-CH_3$ $\longrightarrow$ 4-methylthiazole-5-carboxylate

Therefore base B is: 4-methyl-5-(2-hydroxyethyl)thiazole
(CH_3, C, H_4 — OH group)

(E) Structure of VB$_1$

[Structure of thiamine with pyrimidine ring, Cl^-, NH_3^+, thiazolium with CH_2CH_2OH, Cl^-]

図 22.51 ビタミン B₁ の構造決定

3) 化 学 合 成

R. R. Williams らの 1936 年の合成と，松川泰三 [武田薬品工業(株)] の 1951 年の合成とを図 22.52 に示す。武田薬品工業(株)は，ビタミン B_1 の大メーカーである。

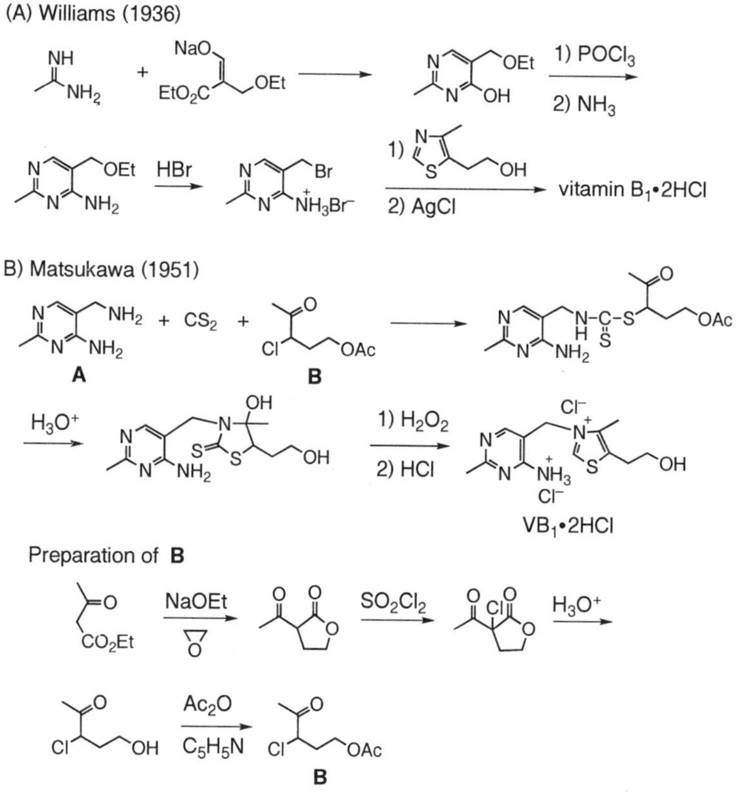

図 22.52 ビタミン B_1 の合成

22.6.3 ビタミン C（アスコルビン酸）

1) 概説

Szent-Györgyi は 1933 年に，オレンジから分子式 $C_6H_8O_6$ の酸性物質を結晶として単離し，ヘキスロン酸（hexuronic acid）と命名した。この物質は抗壊血病因子（antiscorbutic factor）であることがわかったので，**アスコルビン酸**（ascorbic acid）と再命名された。これが**ビタミン C** である。ビタミン C は緑色野菜，茶，果物に多い。成人 1 日の必要量は 75-100 mg であるが，大量に摂取しても毒性はない。欠乏すると弱って疲れやすくなり，息が切れ，肌が荒れ，紫斑が出て出血しやすくなり，歯がぐらぐらになる。現在は 25 g 1,400 円で入手出来る。

2) 構造

ビタミン C は強い酸性を示し，塩化鉄(III)溶液で紫色を呈するから，エノール性水酸基が存在する。塩素・臭素・またはヨウ素の 1 分子と反応して分子式 $C_6H_6O_6$ で中性物質のデヒドロアスコルビン酸を与える。また UV スペクトルはジヒドロキシマレイン酸のそれに似ている。ジヒドロキシマレイン酸もヨウ素でデヒドロ体を与える（図 22.53）。

以上のことから W. N. Haworth は，ビタミン C（アスコルビン酸）とデヒドロアスコルビン酸の構造をまず推定した。次に酸性条件下，過マンガン酸カリウムでアスコルビン酸を酸化すると，L-トレオン酸が得られることを推定した。それは過マンガン酸カリウム酸化の生成物を更に硝酸酸化すれば，L-酒石酸が得られたからである。この時点でアスコルビン酸として可能な構造式として **A, B** 両式が浮上する。次に行った分解反応では，まずアスコルビン酸をメチル化後，オゾン酸化し，生成物をアンモニアで処理した。そうすると β でなく α-ヒドロキシアミドが得られたから，ビタミン C は **A** であることが確定した。なおビタミン C の構造は，1936 年に Cox により X 線結晶解析で確認されている。

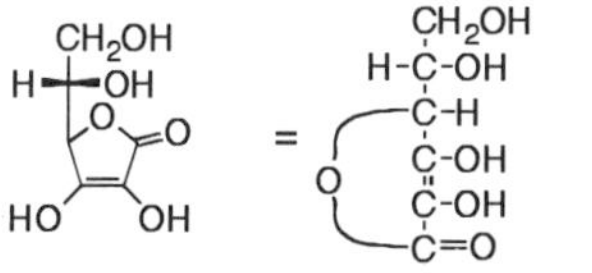

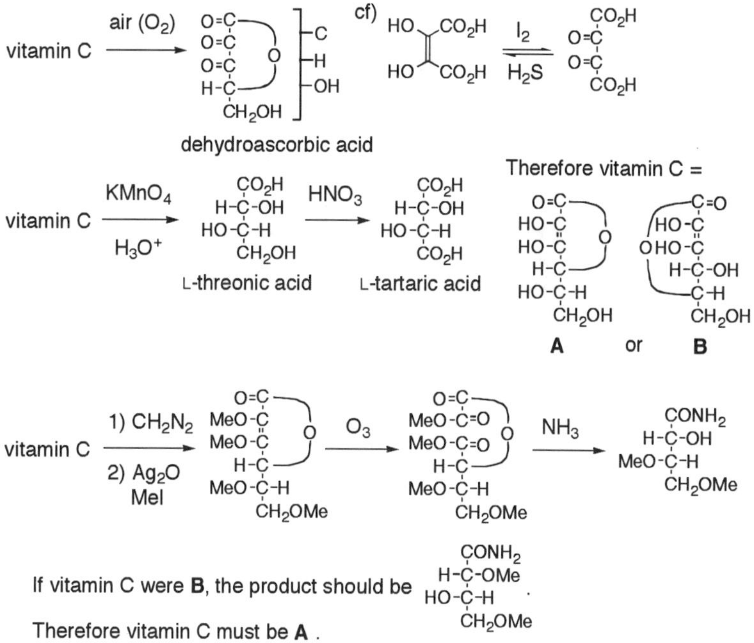

図 22.53 ビタミン C の構造決定

3) 化 学 合 成

ビタミン C の最初の合成は，D-ガラクトースを出発物として 1933 年に Haworth により達成された。本書では，工業合成の標準法となっている Reichstein の合成（1934 年）を図 22.54 に示す。この方法の特徴は，ソルビトールの酸化を好気性酸化細菌である *Acetobacter suboxydans* で行い，選択的

にL-ソルボースを得ている点である．化学と微生物学の融合は，この頃から進んできた．

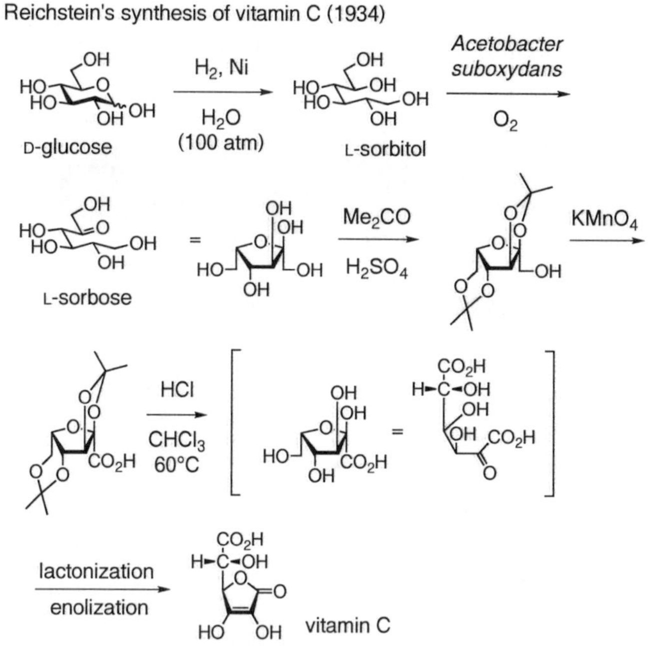

図22.54 ビタミンCの合成

22.6.4 ビタミンA（レチノール）

1）概説

　通常ビタミンAとよばれるのは，融点64℃の**ビタミンA₁**であり，**レチノール**（retinol）ともよばれる．対応するカルボン酸（ビタミンA酸）は1g 9,500円で売られている．図22.55に示すように，ビタミンA₂とよばれる二重結合がA₁より1個多い油状物も存在する．1913年にアメリカの栄養学者McCollumは，ネズミの飼育実験を長期間タンパク質・脂肪・無タンパク乳からなる人工飼料で続けると，バター脂・卵黄油を与えると発育が継続するが，脂肪，オリーブ油では発育が停止することを見つけた．したがって，バターと卵黄

油には脂溶性の栄養素が存在すると考えた。1920年にDrummondは，それまで脂溶性Aとよばれていた栄養素をビタミンA，水溶性Bとよばれていた栄養素をビタミンBとよぶことを提唱し，受け入れられた。理研の鈴木梅太郎研究室の高橋克己は，1917年にタラの肝油中の不ケン化物として，ネズミのビタミンA欠乏症を0.1 - 0.2 mgで改善する試料を得た。この肝油は，理研関連の理研ビタミン(株)の主要商品となり広く輸出された。

その後研究は急速に進み，1931年にスイスのP. Karrerは魚の肝油から純粋なビタミンA_1を得た。さらに1937年にHolmersは，魚の肝油からビタミンA_1を結晶状に単離することに成功した。海産魚はビタミンA_1を，淡水魚はビタミンA_2を肝油に含んでいる。

ビタミンAの作用は，生殖・新生細胞の形成と視力の維持である。欠乏すると皮膚や毛髪が乾き，視力が低下し，気管や消化管の内部がケラチン化する。やがて成長が遅れ，抵抗力が低下し，夜盲症(いわゆる鳥目)となる。ビタミンAは鰻や八つ目鰻に多く含まれ，バターにもある。成人1日の必要量は0.7-1.5 mgであるが，過剰に摂取すると毒性が現れる。

2) 構造

ビタミンA_1が，環を1個と二重結合を5個含んでいることは，ビタミンA_1の接触水素化実験から判明した。また分子の末端がCH_2OHであることは，完全に水素化されたパーヒドロビタミンA_1を酸化すると，カルボン酸が得られることから判明した。ビタミンA_1のオゾン酸化でゲロニン酸が得られることと，ビタミンA_1のクロム酸酸化で3分子の酢酸が生ずることは，構造推定の重要なヒントとなった。また，ビタミンA_1の酸処理による環化生成物をセレン脱水素[11.4.1 2)参照]すると，1,6-ジメチルナフタレンが得られるから，左端の環部分は六員環と考えられた。

構造の決定は，1933年にP. Karrer(1937年ノーベル賞)が，パーヒドロビタミンA_1を図22.55に示すようにして合成したことで達成された。既に構造が決定されていたβ-カロテン(19.7.2参照)の動物に対する生理作用とビタミンA_1の生理作用とが似ていることから，KarrerはビタミンA_1の構造を図示のようだと考えた。

(260) 22 天然有機化合物（その3）炭水化物，脂質，アミノ酸，核酸，ビタミン

vitamin A_1 (retinol) mp 64°C

vitamin A_2 oil

(A) Degradative studies

$$C_{20}H_{30}O \xrightarrow[Pt]{H_2} C_{20}H_{40}O \xrightarrow{[O]} C_{19}H_{37}CO_2H$$

vitamin A_1 — perhydrovitamin A_1 — 1 ring
1 ring and — 1 ring
5 double bonds

vitamin A_1 $\xrightarrow{O_3}$ geronic acid vitamin A_1 $\xrightarrow[H_2SO_4]{CrO_3}$ CH_3CO_2H
1 mole   ozonolysis   1 mole   1 mole   3 moles

vitamin A_1 $\xrightarrow[\text{2) Se, heat}]{\text{1) HCl, EtOH}}$

(B) Synthesis of perhydrovitamin A_1 (Karrer, 1933)

β-ionone $\xrightarrow[\text{Zn}]{BrCH_2CO_2Et}$ ... $\xrightarrow[\text{2) Na, EtOH}]{\text{1) } H_2, Pt}$

$\xrightarrow[\text{3) }^-OH]{\text{1) HBr; 2) NaCH(CO_2Et)_2; 4) H_3O^+, heat}}$ ... $\xrightarrow[\text{2) MeZnI}]{\text{1) SOCl}_2}$

$\xrightarrow[\text{Zn}]{BrCH_2CO_2Et}$ ... $\xrightarrow[\text{2) Zn, AcOH}]{\text{1) HBr}}$

$\xrightarrow[\text{EtOH}]{Na}$ perhydrovitamin A_1

図 22.55 ビタミン A_1 の構造決定

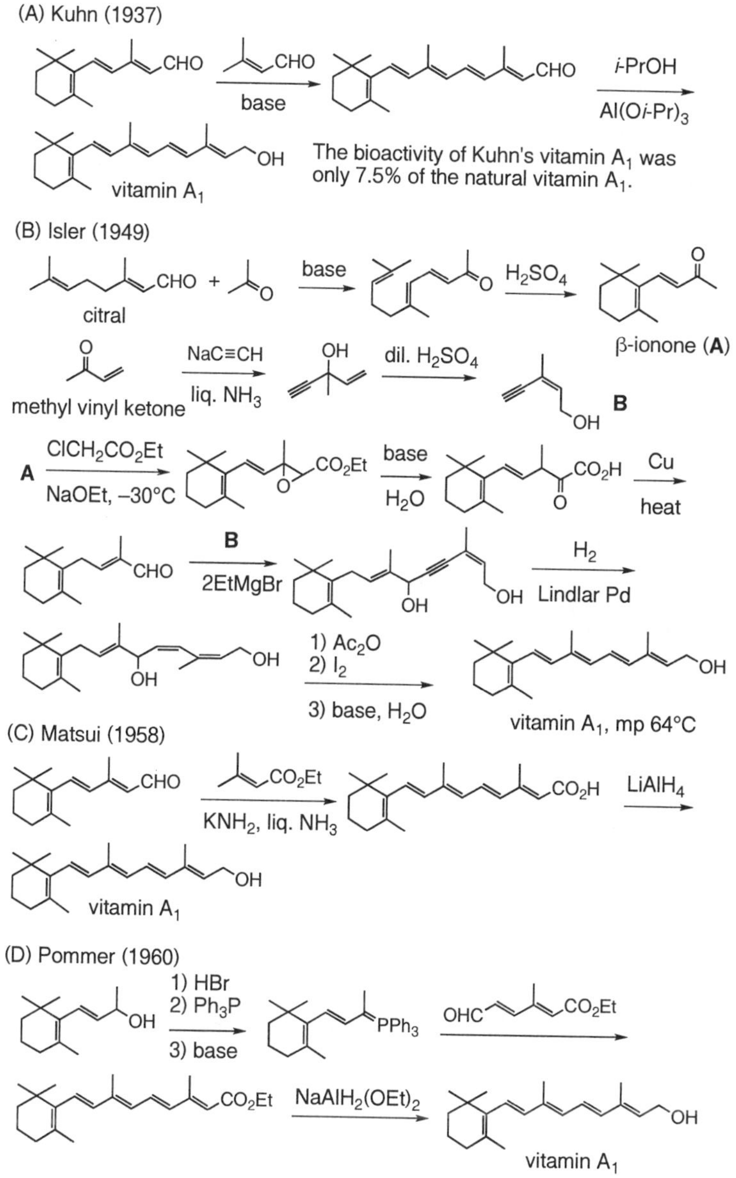

22.6 ビタミン (261)

(A) Kuhn (1937)

The bioactivity of Kuhn's vitamin A_1 was only 7.5% of the natural vitamin A_1.

(B) Isler (1949)

(C) Matsui (1958)

(D) Pommer (1960)

図 22.56　ビタミン A_1 の合成

3) 化 学 合 成

図 22.56 にビタミン A_1 の合成法をいくつか示す。1937 年に R. Kuhn（1938 年ノーベル賞）は，最初の合成を発表した。

1949 年に完成されたスイスの O. Isler の合成は，Roche 社で工業化され，1960 年に発表されたドイツの H. Pommer の合成は BASF 社によって工業化された。この二つの合成はそれぞれアセチレンの化学と Wittig 反応とに立脚している。

1958 年に発表された私の恩師松井正直（東大・農）の方法は，β-イオニリデンアセトアルデヒドに液体アンモニア中カリウムアミドを塩基として β,β-ジメチルアクリル酸（セネシオン酸）のエステルを縮合させる段階が鍵反応である。一時，住友化学（株）で工業化された。

4) カロテノイドのビタミン A 活性

植物に含まれる黄色色素である α-カロテン，β-カロテン，γ-カロテンを摂取すると，腸管内の酸化酵素により分子が真中の二重結合より切断されて，ビタミン A_1 が生成する（図 22.57）。したがってこれらのカロテン類は，ビタミン A_1 の供給源となる。黄色トウモロコシの方が白色のものより家畜飼料として良質なのは，このためである。

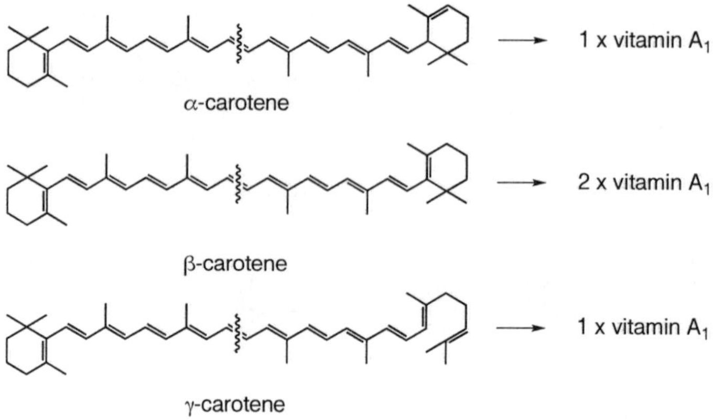

α-carotene → 1 x vitamin A_1

β-carotene → 2 x vitamin A_1

γ-carotene → 1 x vitamin A_1

図 22.57　カロテンよりビタミン A_1 の生成

22.6.5 ビタミン D
1) 概説

くる病（ricket）という病気に対し有効なビタミンである。くる病とは，骨の形成が阻害され，リン酸カルシウムの骨への沈着が起らなくなる病気で，せむしとなる。日照時間の短い欧米で，特に産業革命以後スモッグにより日照時間がさらに短くなり，くる病が増加した。18世紀にはすでに，ニシンの肝油でくる病が治ることが知られていた。

McCollum は 1922 年に，肝油中の抗くる病因子を**ビタミン D** とよぶことを提案した。さらに 1925 年には Hess と Rosenheim は，食品を日光に当てると，抗くる病活性が生ずることを見つけた。図 22.58 にビタミン D_2 とビタミン D_3 の構造を示す。ビタミン D_1 は，ビタミン D_2 と他の物質との混合物に与えられた名称だったので今は，D_1 は消えて，ビタミン D_2 と D_3 の名称が残っている。

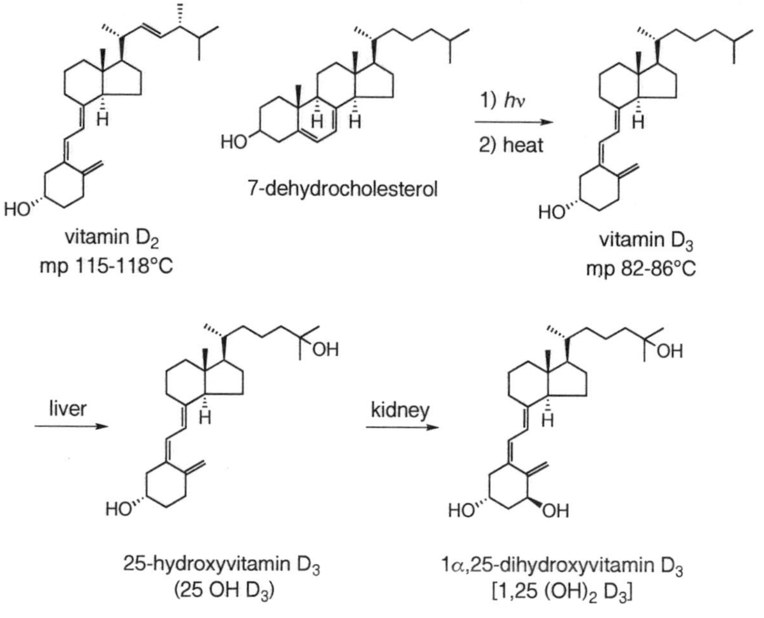

図 22.58 ビタミン D 関連化合物の構造

1973年にアメリカのDeLucaは，ビタミンD_3の生化学を詳しく研究し，生体内で活性を示すのはD_3ではなく，それが肝臓と腎臓でさらに水酸化された$1\alpha,25$-ジヒドロキシビタミンD_3であることを発見した。この活性型ビタミンDは，カルシウムの代謝調節ホルモンとしてのみならず，広範な細胞機能の調節因子であることが判明し，骨粗しょう症などの治療薬として開発されるに到っている。

結晶状のビタミンD_2は，1932年にドイツのWindaus（1928年ノーベル賞）により，エルゴステロール（19.6.4参照）の紫外線照射生成物から得られた。今では1 g 4,500円で買える。さらに1936年にWindausは，コレステロールから7-デヒドロコレステロールを合成し，それに紫外線照射をすると，ビタミンD_3が生成することを発見した。今ではビタミンD_3は1 g 4,600円で買える。ビタミンD_3は，1936年にBrockmannにより肝油から結晶として単離されている。

ビタミンDおよびその前駆体となるステロイドは，卵黄，バター，牛乳，肝臓，ニシン，イワシ，サケ，マグロ，酵母，シイタケに含有されている。これらを食べて日光を浴びていれば，ビタミンD不足にはならない。成人1日の必要量は0.025 mgと言われている。

2) 構造

エルゴステロールを紫外線照射すれば得られるビタミンD_2について，WindausとKuhnらの研究グループが1932-1934年にかけて図22.59に示すような分解反応を行って，ビタミンD_2の構造が解明された。間もなくCrowfoot-Hodgkin（1964年ノーベル賞）によるX線結晶解析で，構造が確立された。

なお，ビタミンD_2の生成反応と環化反応は，後にR. B. WoodwardとR. Hoffmannによって軌道対称性保存の法則で説明出来ることが判明した。

3) 化学合成

コレステロールを出発物としてビタミンD_3を合成する経路を，図22.60に示した。当然ながら，ステロイド骨格の光による開環反応が鍵反応である。

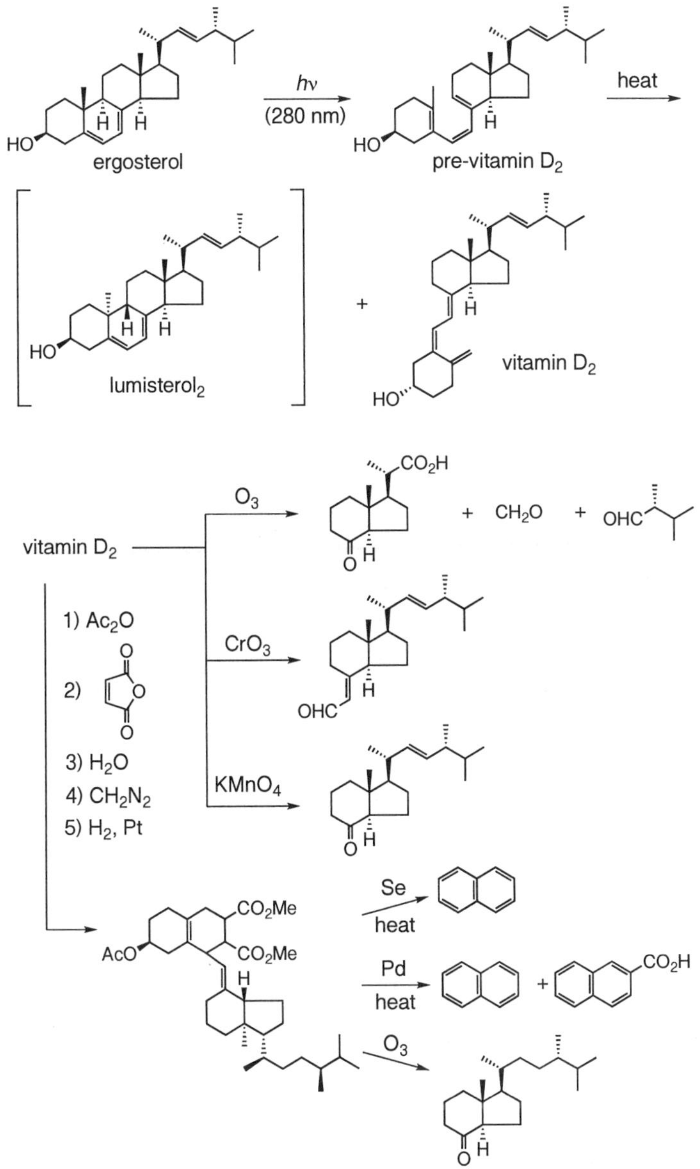

22.6 ビタミン

図 22.59　ビタミン D_2 の生成と分解反応

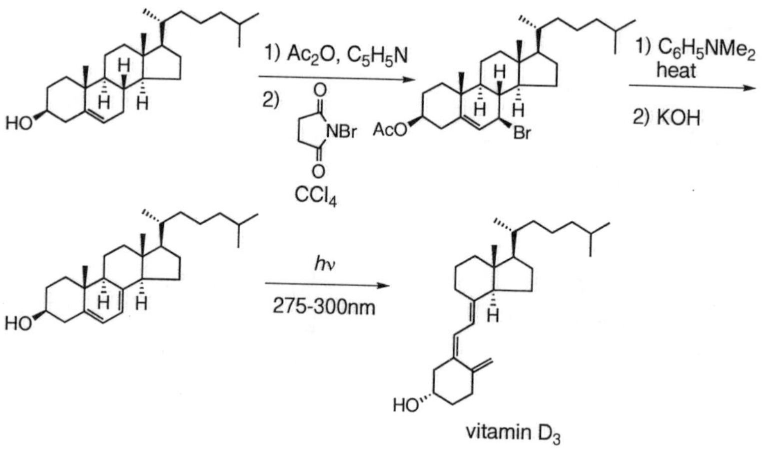

図 22.60 ビタミン D₃ の合成

活性型ビタミン D_3 の前駆体として，腎臓病患者などに投与されるアルファカルシドール［中外製薬（株）］は，1981 年に上市された。始めは腎不全に伴うビタミン D 欠乏や低カルシウム血症に対する薬であったが，1983 年からは骨粗しょう症の薬として用いられている。その合成法を図22.61に示す。共役二重結合の保護基として4-フェニル-1,2,4-トリアゾリン-3,5-ジオンが用いられている。

活性型ビタミン D_3 は，カルシウム代謝の調節のみならず，細胞の分化誘導や増殖抑制活性を示すので，その方向での創薬活動が盛んである。

22.6.6　ビタミン E（α-トコフェロール）
1) 概説

ネズミを牛乳だけで育てると不妊になることは，1920 年に Matill が見出した。ついで1922 年に Evans は，小麦胚芽油やチシャやアルファルファに，雌ネズミの不妊と雄ネズミの睾丸萎縮を防ぐ物質があることを見出した。この物質は 1924 年に Sure によって**ビタミン E** と命名された。現在は，25 g 3,150 円で入手出来る。

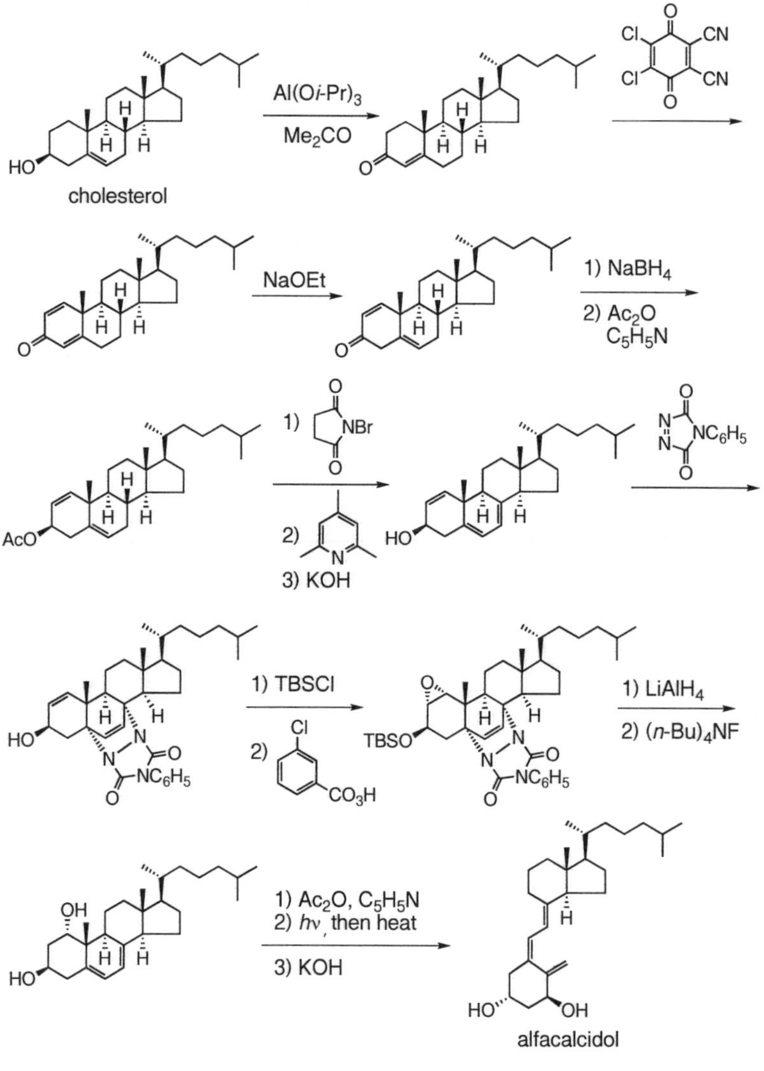

22.6 ビタミン (267)

TBS = -SiMe₂t-Bu

図 22.61　アルファカルシドールの合成（中外製薬）

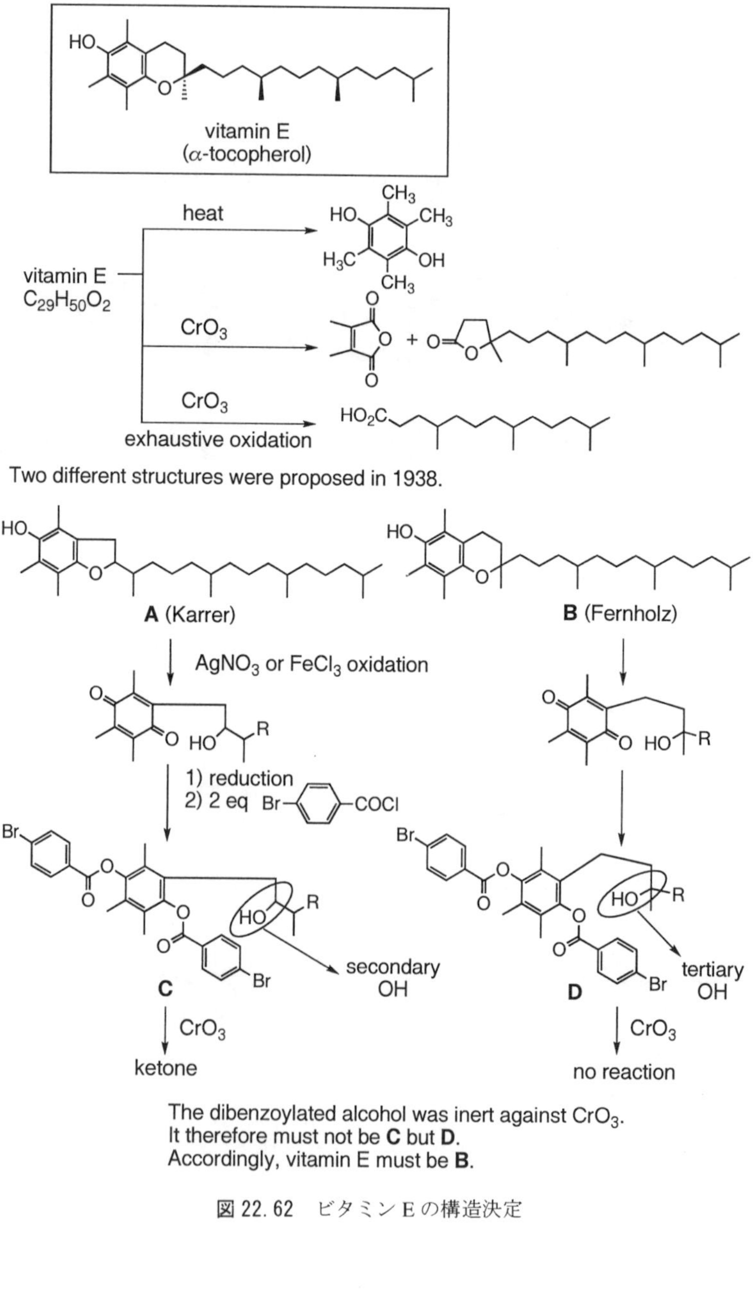

22 天然有機化合物（その3）炭水化物，脂質，アミノ酸，核酸，ビタミン

Two different structures were proposed in 1938.

The dibenzoylated alcohol was inert against CrO_3.
It therefore must not be **C** but **D**.
Accordingly, vitamin E must be **B**.

図 22.62　ビタミンEの構造決定

22.6 ビタミン (269)

ビタミンEは，植物性食品，特に穀類の胚芽と糠，およびそれから抽出した油に多い。大豆油や綿実油にも含まれている。欠乏すると生殖機能が低下し，不妊や睾丸萎縮となる。ビタミンEは抗酸化剤として解毒作用を示すので，狭心症や動脈硬化やしもやけの薬として用いられている。

成人1人1日の必要量は20 - 30 mgであるが，大量投与が老化防止に有効という説もある。

2) 構造

ビタミンEの構造研究の際に行われた分解反応を図22.62に示す。それらを踏まえて1938年にKarrerはA式を，そしてFernholzはB式を提案した。

どちらの式が正しいかは，1938年にJohnにより解明された。すなわちビタミンEを硝酸銀または塩化鉄(III)で酸化するとヒドロキシキノンが得られる。それを還元後 p-ブロモベンゾイル化する。生成物中に残存する水酸基はクロム酸で酸化されなかったから，第三水酸基である。したがってビタミンEはBだと決定された。ノーベル賞化学者であるKarrerがいつも正しいわけではなかった。

3) 化学合成

1938年にKarrerは，クロロフィルの構成成分であるフィトール（19.5.2参照）と芳香環部分とを結合させることで，ビタミンEを合成した（図22.63）。現在もこの合成法が工業的に実施されているが，生成物は含酸素六員環の四級炭素位での立体異性体混合物である。完全に立体選択的に天然物だけを得る合成は，実験室的には成功しているが，工業的には今なお困難である。

22.6.7 ビタミンK

1) 概説

1929年にDamは，ニワトリにカゼイン，澱粉，肝油，酵母，無機塩を含む合成飼料を与え続けると，皮下または筋肉に出血を起すことを見つけた。また，この出血はビタミンCを与えても治らず，緑葉を与えると初めて治ることを知った。そこでDamは，緑葉中に血液の凝固を正常に保つビタミンがあると考え，**ビタミンK**（Kはドイツ語の凝固 Koagulation よりとった）と命名した。図22.64に示すビタミンK_1は，Karrerにより1939年にアルファルファより単離され，同年にDoisyは腐敗した魚粉よりビタミンK_2を単離した。ビ

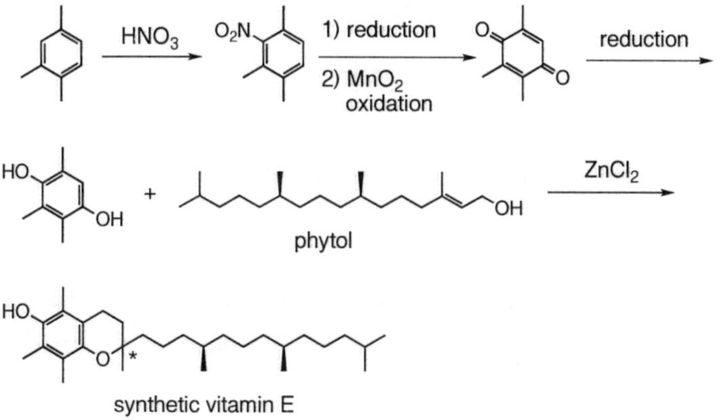

図 22.63　ビタミン E の合成

タミン K_1 は人参の葉，キャベツ，ホウレン草それぞれの 100 g 中に 3 - 4 mg 含まれており，現在では 5 g 9,500 円で購入出来る。ビタミン K_2 は，腸内細菌など各種細菌が生産する。

　ビタミン K が欠乏すると，出血が止まらなくなる。新生児では，腸内細菌によるビタミン K_2 の合成が少いので，生後 1 週間までは一旦出血すると止らないで死ぬことがある。成人 1 人 1 日当たりの必要量は，1 mg 位とされている。

　2)　構　造

　ビタミン K_1 の構造は，それ自体の酸化反応や，還元的アセチル化後，生成物を更にクロム酸酸化するなどの酸化反応を利用して推定された（図 22.64）。1, 4-ナフトキノン誘導体であることは，還元電位や UV スペクトルからも推定された。

　3)　化 学 合 成

1939 年に Doisy がビタミン K_1 の構造を提出すると，同年には Fieser が図 22.65 に示すようにして，ビタミン K_1 を合成した。1998 年に Lipshutz らが発表したアルケニルアランとニッケル触媒とを用いる合成法を，図 22.65 の下部に示す。Fieser の方法が，現在も工業的製法となっている。

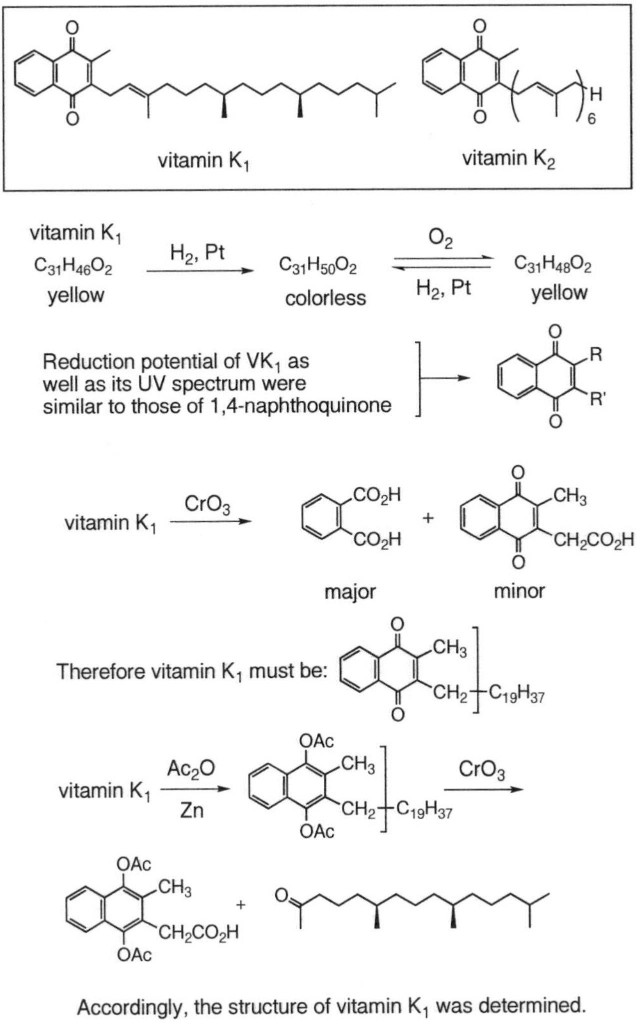

図 22.64 ビタミン K_1 と K_2 の構造と K_1 の構造決定

なお最近，健康補助食品として話題になった**コエンザイム Q_{10}** は図 22.65 の下部に示すビタミン K_1 に似た化合物であり，ミトコンドリア呼吸鎖での電子伝達にとって重要である．1957 年にアメリカの Crane らにより牛心筋のミ

(272) 22 天然有機化合物（その3）炭水化物，脂質，アミノ酸，核酸，ビタミン

トコンドリアから得られ，1958年にMerck社のFolkersらが構造を決定した。

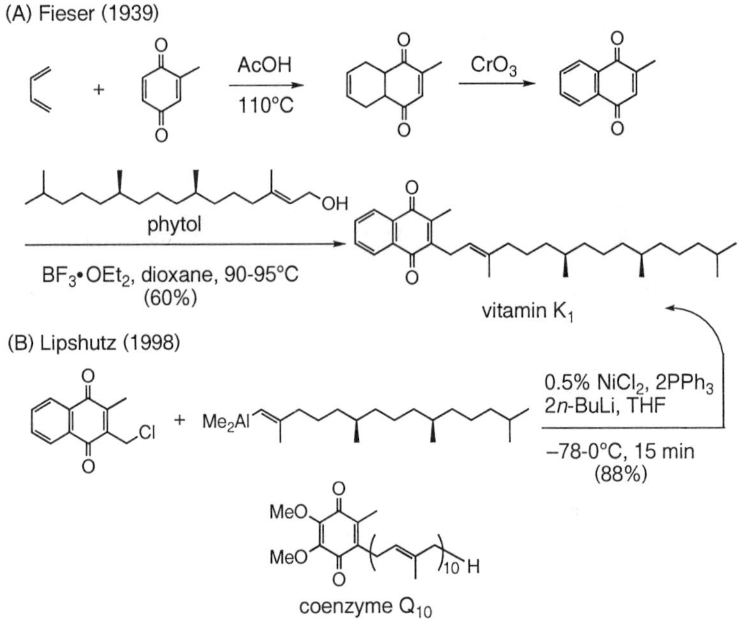

(A) Fieser (1939)

(B) Lipshutz (1998)

図22.65 ビタミンK₁の合成

22.6.8 ビタミン B_2（リボフラビン）
1) 概説

水溶性Bとよばれていたビタミンが単一ではなく，抗神経炎因子と耐熱性成長促進因子と2種類あることが1920年頃判明し，1927年に前者をビタミンB_1, 後者を**ビタミンB_2**とよぶことが決まった。ビタミンB_2効果を示す化合物がフラビンであることは，Szent-Györgyが見つけた。すなわち1933年にKuhnが単離していた緑色の蛍光を示すフラビンがそれである。KarrerやKuhnの研究で，1934-35年に構造が決定された。ビタミンB_2は，現在では25gが2,350円で購入出来る。ビタミンB_2は**リボフラビン**ともよばれる。

ビタミンB_2は，牛の肝臓に多く，卵，乳清，酵母，蛹にある。ビタミンB_2が欠乏すると発育が停止し，皮膚や粘膜に炎症が発生し，唇や口腔粘膜も

異常となって口角炎や舌炎が出来るし，咽頭にも炎症が起る。また眼精疲労と視力減退が起る。成人1人1日の必要量は，1-2 mg である。

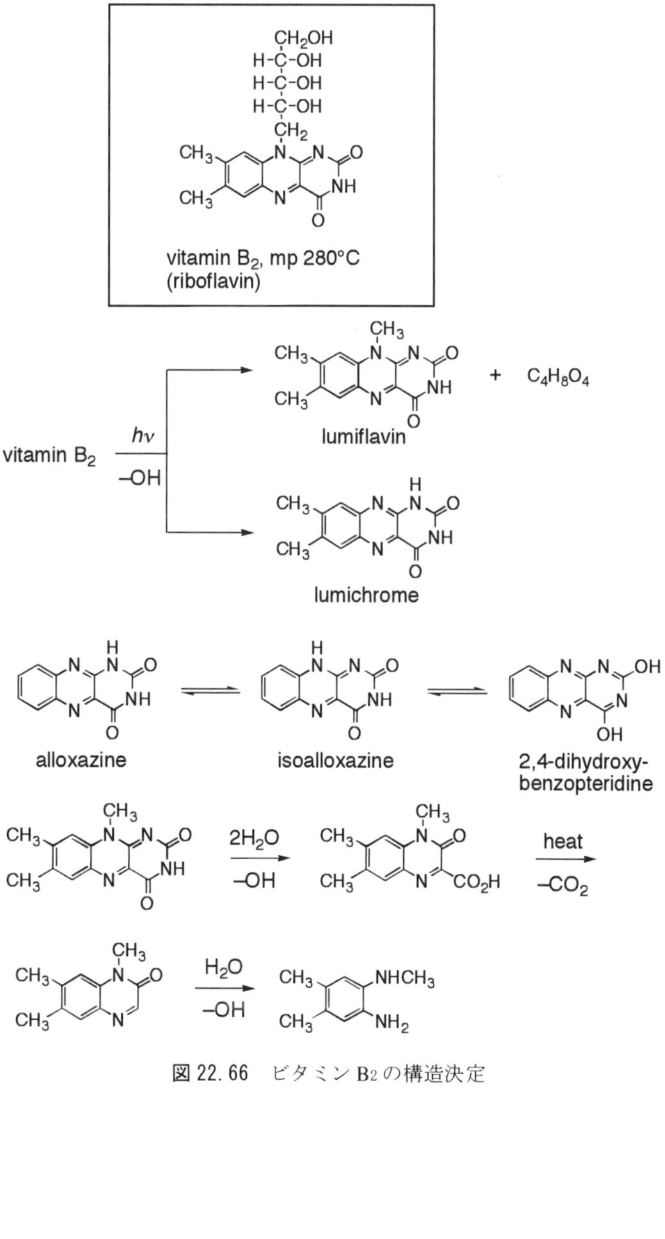

図 22.66 ビタミン B_2 の構造決定

2) 構造

ビタミン B_2 は，光が当たると分解してルミフラビンとなる（図 22.66）。ルミフラビンの構造を決めることで，ビタミン B_2 の構造が決定された。基本母核は，アロキサジンであるが，その互変異性体であるイソアロキサジンの誘導体がビタミン B_2 である。ルミフラビンを塩基性で加水分解し，さらに加熱後，塩基処理することで簡単な構造の分解物が得られたことから，ビタミン B_2 の構造が解明され，合成されたのである。

3) 化学合成

ビタミン B_2 の合成の前段階として，1934 年に Kuhn は，ルミフラビンを図 22.67 (A) に示すようにして合成した。次に 1935 年に Kuhn は，芳香環部分と D-リボースとの N-D-リボシドを合成後，還元して **A** としアロキサンと縮合させてビタミン B_2 を合成した。Karrer も同じ 1935 年にビタミン B_2 の合成を達成している。

22.6.9 ビタミン B_6（ピリドキシン）

1) 概説

ネズミのペラグラ様皮膚炎を予防する因子は，Szent-Györgyi, Kuhn と市場彰芳［後に日清製粉（株）研究所長］，道喜美代（後に日本女子大学長，市場と道は，当時理研・鈴木梅太郎研究室研究生）によって 1933 年に発見された。翌 1934 年 Szent-Györgyi は，この物質を**ビタミン B_6** と命名した。なお理研・鈴木研究室の大獄は，1931 年にビタミン B_6 を単離していたが，その生理作用に気付かなかった。ビタミン B_6 は**ピリドキシン**ともよばれる。現在は，塩酸塩が 25 g 2,250 円で購入出来る。

ビタミン B_6 を含有する食品は，米糠，米胚芽，小麦胚芽，豆，バナナ，さつまいも，酵母，肝臓である。ビタミン B_6 が欠乏すると，眼・鼻・口の周辺に皮膚炎症状が出る。また，神経炎を起す。成人 1 人 1 日の必要量は 1 - 2 mg であり，食物から充分量摂取されると言われている。

2) 構造

ビタミン B_6 は，UV 吸収スペクトルが 3-ヒドロキシピリジンのそれに似ていることと，塩化鉄(III)水溶液で赤紫色の呈色反応を示すことから，3-ヒドロキシピリジン母核を有すると考えられた。次に図 22.68 に示すような分解反

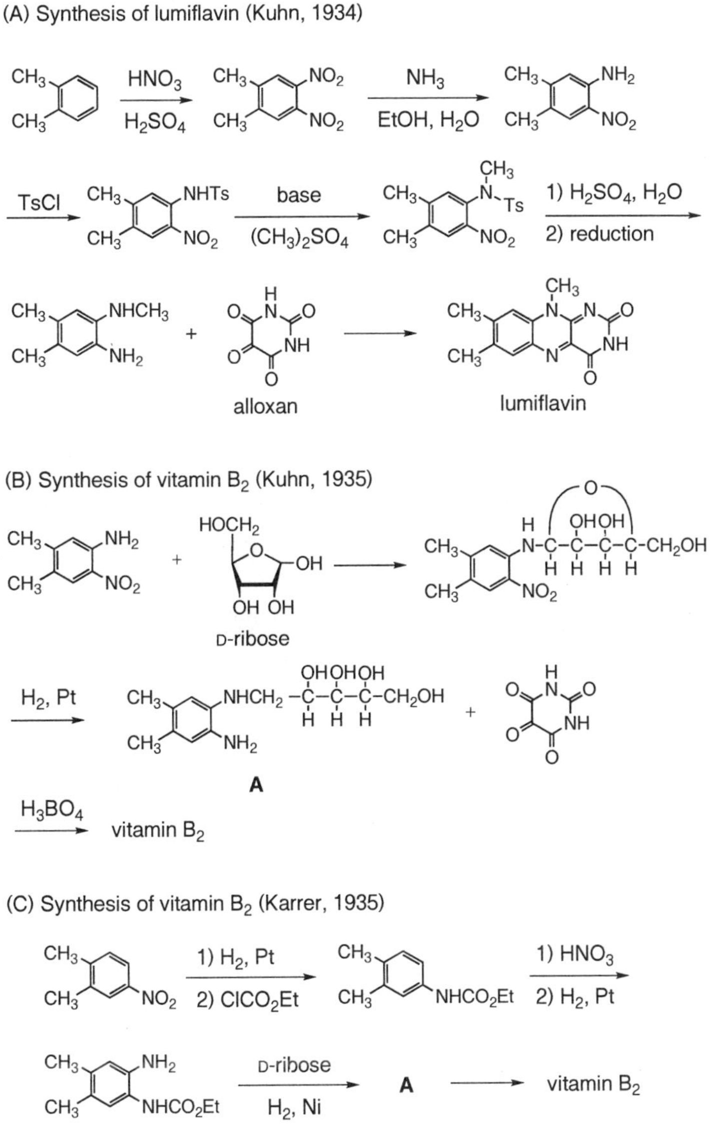

22.6 ビタミン (275)

(A) Synthesis of lumiflavin (Kuhn, 1934)

(B) Synthesis of vitamin B_2 (Kuhn, 1935)

(C) Synthesis of vitamin B_2 (Karrer, 1935)

図 22.67 ビタミン B_2 の合成

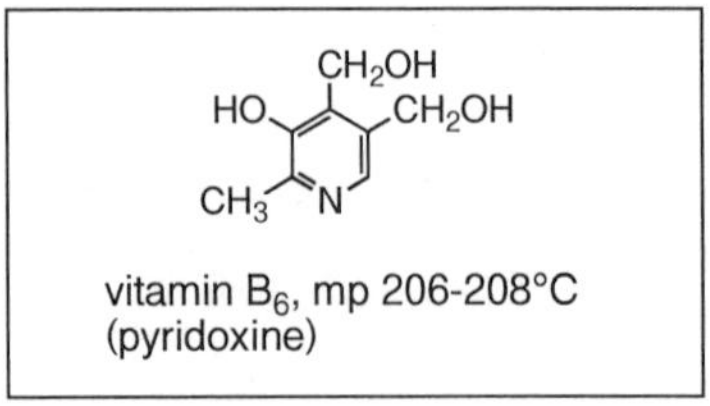

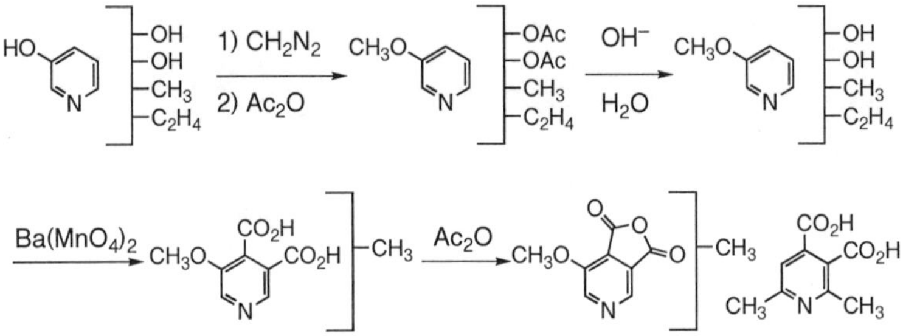

図 22.68　ビタミン B_6 の構造決定

応実験が行われた。その結果，分解物 **A** の UV 吸収スペクトルが既知の **B** のそれに似ていることがわかり，ビタミン B_6 の推定構造が提出された。

3)　化学合成

ビタミン B_6 の合成は多数報告されているが，本書では，最初に達成された Harris と Folkers の 1939 年の合成を図 22.69 に示す。通算収率がよくないが，最初の合成とは，大体こんなものである。

ビタミン類にはビタミン B_{12}，葉酸（ビタミン M），ビオチン（ビタミン H）など，他にも重要なものがあるが，本全書の小林恒夫著「生体成分の化学」を参照してほしい。

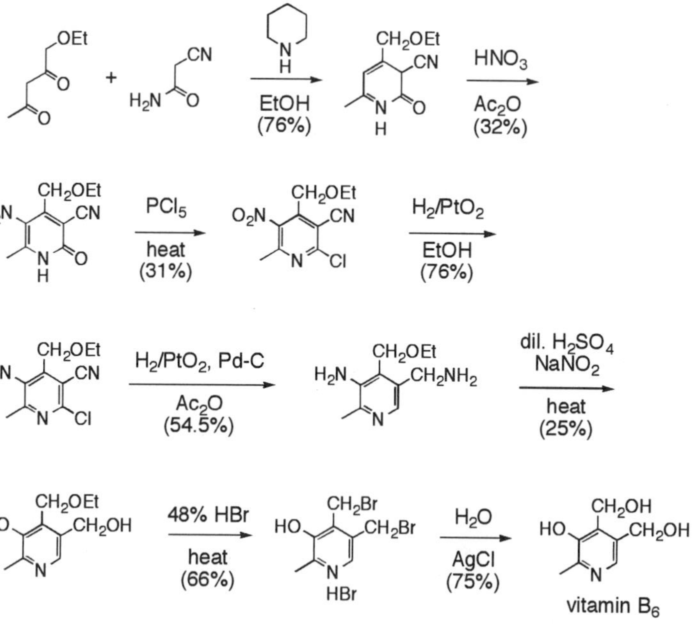

22.6 ビタミン

図 22.69 ビタミン B6 の合成

23. 有機化学と人生

　有機化学は，私達の日常生活に広く利用されている。本書では，工学部での応用である有機材料・高分子と，薬学部の応用である医薬と，本全書中で別の一冊となっている農薬とを除いた，「味，におい，色および環境の化学」について略述する。有機化学が，個人と社会と環境に与える影響を理解しよう。

23.1　味の化学

　食物の味は人間生活にとって重要である。特に旨味（うまみ）に関する日本人の貢献は大きい。呈味物質の化学について勉強しよう。

23.1.1　酸味

　酸味は水素イオンの味である。しかし酸の陰イオンの種類は，酸味の強さに影響を与える。同一水素イオン濃度での酸味の強さは，酢酸 > ギ酸 > 乳酸 > シュウ酸 > 塩酸の順である。

23.1.2　塩味

　塩味は，塩によって引き起こされる味である。アルカリ金属の塩，特に塩化ナトリウムの味で代表される。しかし，塩には苦い味のものもある。アルカリ金属の塩では，KI, RbBr, CsCl, CsBr, CsI などは苦い。また $MgCl_2$, $MgSO_4$ などのアルカリ土類金属塩は苦い。

　一般に塩の味の質は，陽イオンと陰イオンとの両者に依存し，NaCl, KCl, NaI の味は，それぞれ違う。リンゴ酸水素ナトリウム[$HO_2CCH_2CH(OH)CO_2Na$]は，食塩の代用として腎炎患者の減塩食の調味料に利用される。

23.1.3　甘味

1)　概説

　甘味は，人間が子供の時から求める味であり，太古からショ糖（スクロース）や麦芽糖（マルトース）は，甘味料として用いられてきた。しかしショ糖摂取による肥満の防止のためとか，ショ糖が入手困難な時の代用品として，多くの合成甘味料や天然甘味料が開発されてきた。本節では，それらの化合物を学ぶ。

2) 合成甘味料，サッカリン

サッカリンは，ショ糖の同一重量で 200 - 700 倍甘い化合物で，図 23.1 に示す o-スルホベンズイミドである。ナトリウム塩の水溶性が大きいので，ナトリウム塩として甘味料に用いられ，現在では 25 g 1,500 円で購入できる。1879 年にアメリカの Fahlberg と Remsen により発見された。Remsen の研究室で実験をしていた Fahlberg が，自分の合成したサッカリンが指についたままでパンを食べたら甘かったので，サッカリンが甘味を有していることがわかった。

サッカリンは，水の存在下酸性で加熱したりすると，加水分解されて甘くなくなるのが欠点である。図 23.1 にサッカリンの合成法を示す。

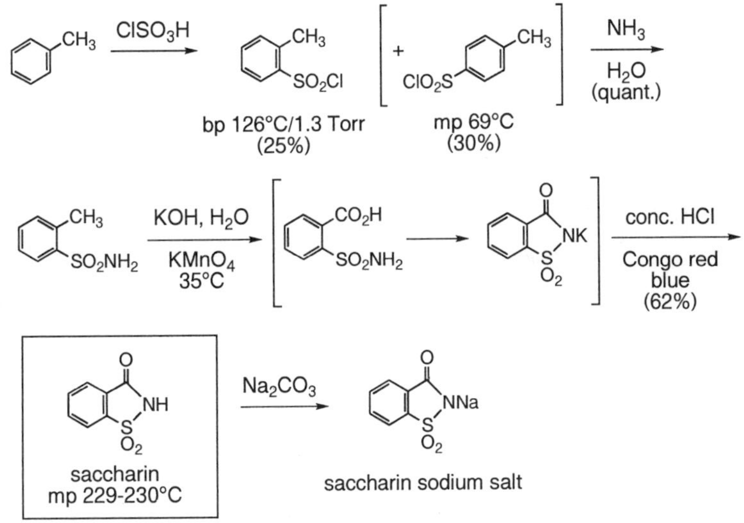

図 23.1 サッカリンの合成法

サッカリンの類縁体は多数合成され，その味が調べられた。図 23.2 にその結果を示す。呈味物質のみならず，医・農薬の研究では，多数の類縁体を合成し，化学構造と生物活性との相関関係，(**構造活性相関** structure-activity relationship, SAR と略される) を調べることが，広く行われている。

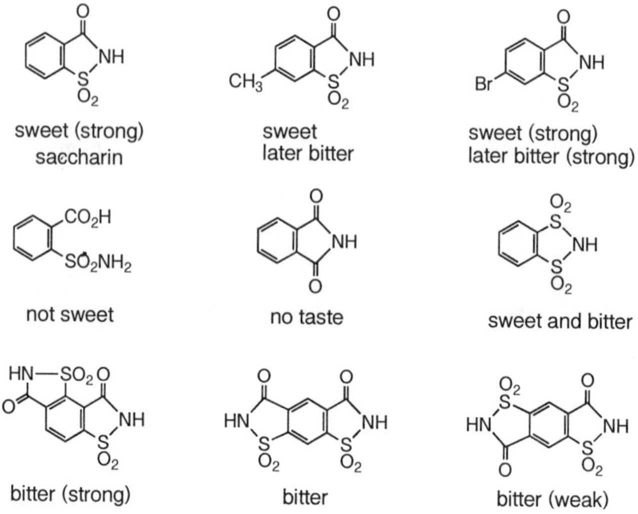

図23.2 サッカリン関連化合物の構造と味

3) 合成甘味料，チクロ

チクロは，シクロヘキシルアミンをクロロスルホン酸と反応させて得られるシクラミン酸を炭酸ナトリウムで中和して得られる化合物である．現在 25 g 1,300 円で購入でき，ショ糖の約 30 倍甘い．1944 年にアメリカの Audrieth と Sveda が発見した．Sveda が手にチクロをつけたままタバコを吸って甘さに気付いたのである．

図 23.3 にチクロの合成法と，類縁体の構造・甘味相関を示す．五-八員環の脂環族アミンから合成されたもののみが甘く，また NH の H がアルキル基で置換されると甘味は消失する．このように構造と生物活性との関係は，微妙であることが多い．

4) 合成甘味料，アスパルテーム®

1965 年にペプチド系医薬の研究をしていた G. D. Searle 社（アメリカ）の研究者に，実験ノートをめくる時，指に唾をつけてからめくる人がいた．実験ノートのあるページが甘かったことから発見されたのが図 23.4 に示す**アスパルテーム®**（α-L-アスパルチル-L-フェニルアラニンメチルエステル）で

ある。わが国では味の素（株）で生産・販売されており，ショ糖の200倍甘い（図23.4ではSP = 200と書いた）。25 gが8,250円で購入出来る。アスパルテーム®の構成アミノ酸であるL-フェニルアラニン自体は苦味を有し，L-アスパラギン酸には味がない。

図23.3　チクロの合成法と構造・甘味活性相関

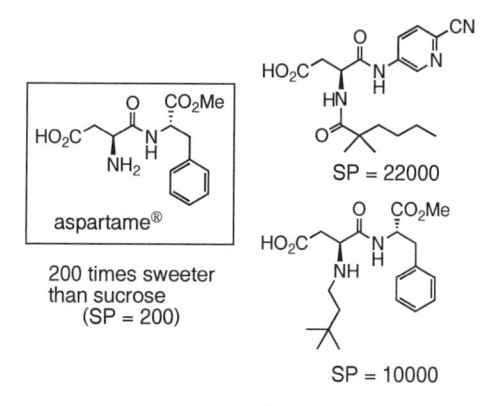

図23.4　アスパルテーム®の構造と構造活性相関

アスパルテーム®は，ペプチド合成の常法や，酵素法や，いろいろなやり方で合成可能である。各種類縁体が合成され，甘味と構造との関係が調べら

れたが，結局アスパルテーム®が工業生産されている。

5) その他の合成甘味剤

D-エリトリトールはショ糖の 75% の甘味を有し，D-グルコースに *Aureobasidium* 菌を加えて醗酵させて生産される。低カロリー甘味料として用いられる。**D-キシリトール**はショ糖と同等に甘く，D-キシロースの接触水素化で得られる。D-キシリトールは虫歯の原因となる菌 *Streptococcus mutans* の増殖を抑制するので，虫歯にならない甘味料として用いられる。**スクラロース**（4, 1', 6'-トリクロロ-4, 1', 6'-トリデオキシガラクトスクロース）は，ショ糖より 600 倍甘く，ノンカロリー甘味料として，カナダとオーストラリアで使用されている（図 23.5）。

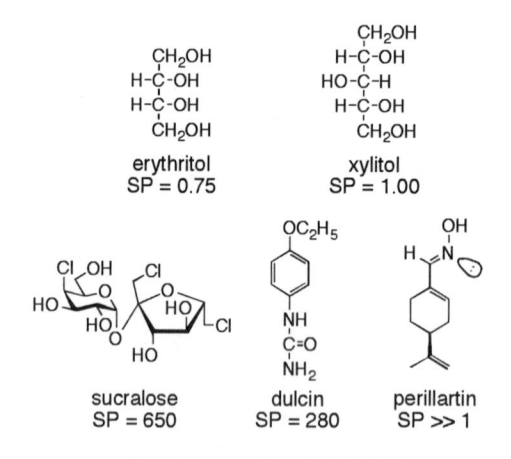

erythritol SP = 0.75

xylitol SP = 1.00

sucralose SP = 650

dulcin SP = 280

perillartin SP ≫ 1

図 23.5 その他の合成甘味料

ズルチン（*p*-フェネチル尿素）は *p*-フェネチジン $p\text{-}C_2H_5OC_6H_4NH_2$ をホスゲンとアンモニアで処理して得られ，合成が簡単なうえにショ糖の 280 倍甘いので，甘味料不足だった 1940 年代の日本で利用された。しかし，マウス肝臓での発ガン性が確認され，使用禁止となった。シソの精油であるペリラアルデヒドのオキシム（ペリラルチン）はシソ糖と称され，第二次大戦直後の日本でやはり甘味料として使用されたことがある。

23.1 味の化学 (283)

6) 天然甘味料, ショ糖と他の糖

ショ糖の甘味度を100とすると, D-グルコースは64 - 74, D-フルクトースは115 - 173である。乳糖はショ糖の16%しか甘くない。ショ糖は甘味料の王様である。しかし肥満の原因となったりするので, 他の代用甘味料が種々上市されたり, 注目されたりしている。

7) 天然甘味料, ステビオシドなどステビオール配糖体

パラグアイ産のキク科の植物である *Stevia rebaudiana* の地上部には甘味があり, 昔から現地の人々によって茶と同様に飲まれていた。乾燥した葉の中に約7% 含有されている配糖体が, 当初ショ糖の300倍甘いと言われていた**ステビオシド**である。そのアグリコンが, カウラン型ジテルペンのステビオールであることは, 1963年にアメリカのMosettigらが明らかにした。[ステビオールにはジベレリン同様の植物ホルモン活性があるので, 中原義昭(現在東海大・工)と私は1970年にそのラセミ体を合成した。]

S. rebaudiana は, ステビオールより更に甘いレバウジオシドその他の配糖体を含んでいる(図23.6)。現在では品種改良の結果, ステビオール配糖体を15%程度含む品種が開発され, 中国や東南アジアで甜菜菊と称して栽培されている。ステビオールには, ステロイド的生理作用があるのではないかと昔は疑われたが, その後ステビオシドは安全なことがわかり, 甘味料として広く用いられている。なおアグリコンのステビオールには甘味は全くない。

8) 天然甘味料, トリテルペン配糖体類

中国・ロシア・トルコにある甘草(カンゾウ)は, マメ科植物 *Glycyrrhiza glabra* などの根である。その主な甘味成分として約3% 含有されるグリチルリチンのカリウム塩は, 塩味とよく調和することから, 醤油・味噌・ソース・漬物などに多量に利用されている。グリチルリチンは, 図23.7に示すようなオレアナン型五環性トリテルペンであるグリチルリチン酸とグルクロン酸との配糖体である。

中国の桂林から北西に入ったチワン自治区の山岳地帯で昔から栽培されてきたウリ科の植物 *Momordica grosvenori* の乾燥果実である羅漢果(私が東京理科大在職中に理数教育専攻の学生が土産に持って来てくれた)は, 煎じると濃い茶色の甘い飲料を与える。これは中国では咳止め, 去たん薬として用

いられ，日本ではのど飴に使われている。その甘味成分は，図 23.7 に示すモグロシド IV E を代表とする配糖体である。

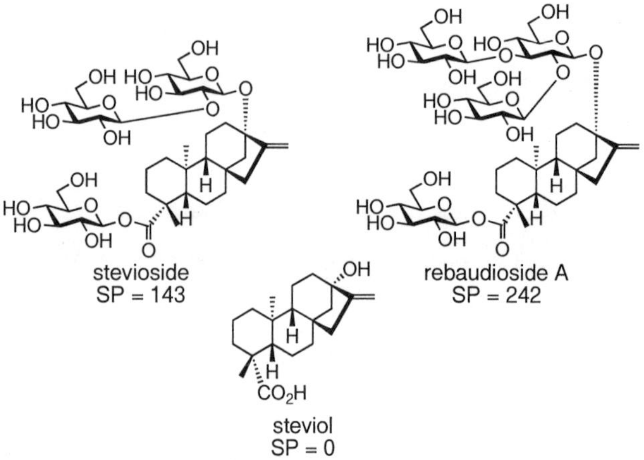

図 23.6 ステビオール甘味配糖体の構造

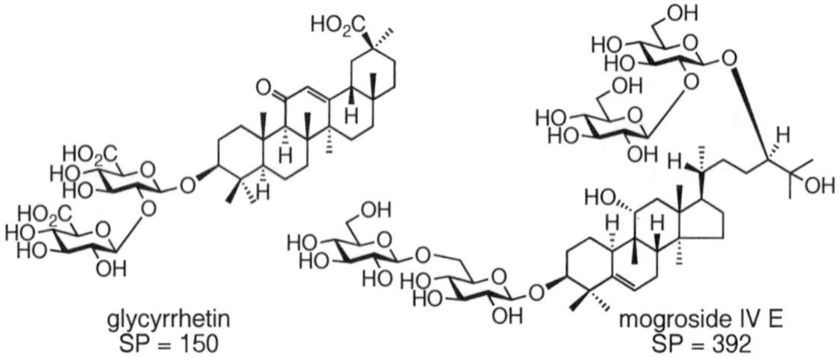

図 23.7 トリテルペン甘味配糖体の構造

9) 天然甘味料，フィロズルシン

ユキノシタ科の植物である甘茶（*Hydrangea macrophylla*）の葉に存在する配糖体（図 23.8）は甘くないが，その酵素的加水分解で葉の醗酵に従って生成するアグリコンであるフィロズルシンは，ショ糖の 400 倍甘い。この物質の平面構造は朝比奈泰彦（東大・薬）らにより 1929 - 1931 年に決められ，絶

対立体配置は中崎昌雄（阪大・基礎工）により1959年に決められた。

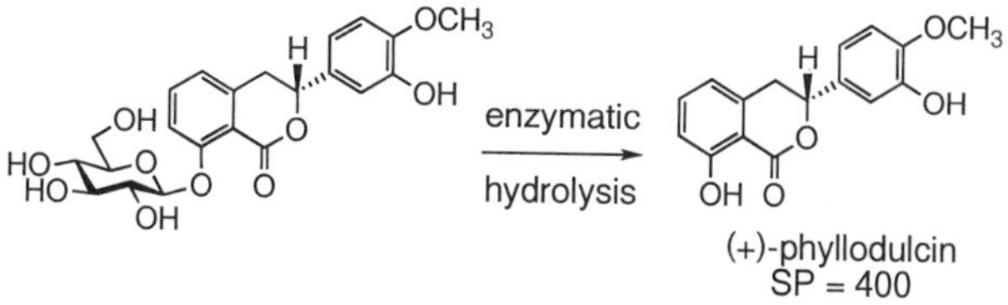

図23.8 甘茶の甘味成分フィロズルシンの構造

10) 天然甘味料，ヘルナンズルシン

スペイン軍のアステカ帝国征服に従軍したスペイン人医師Hernándezは，1570年から1576年にかけてメキシコの植物を研究し，書物とした。その本に，アステカの人達が「甘い草」とよんでいた植物の画があることに，アメリカのKinghornが気付き，1988年にその植物がメキシコに自生している *Lippia dulcis* であると知った。彼は，その植物から単離した甘味物質を，最初の記載者であるHernándezにちなんで，ヘルナンズルシンと命名した（図23.9）。この化合物は，ショ糖の1100-1200倍甘い。

森と加藤（東大・農）は，1986年にヘルナンズルシンの4種の可能な立体異性体全てを，リモネンの両鏡像体から出発して図23.9に示すようにして，合成した。4種の異性体のうち甘いのは，天然型の (6S, 1'S)-(+)-体のみであった。

なお，ショ糖の800倍甘いモナチン（図23.9）というアミノ酸が，南アフリカの植物から単離されている。

23.1.4 苦味

1) 概説

苦味に対する人間の感受性は，酸味・塩味・甘味に比べて高い（表23.1参照）。苦味物質は，アルカロイド類を中心に有毒なものが多いから，それらに対する感受性が大きくなったと思われる。動物は，苦味の感知能力を，自己防衛のために発達させてきた。

(6S,1'S)-(+)-hernandulcin
SP = 1100-1200

monatin
SP = 800

(R)-(+)-limonene → [2.2 eq 3-Cl-C₆H₄CO₃H, CH₂Cl₂ (73%)] → epoxide → [プレニル MgCl, CuI, THF (84%)] →

→ 1) PhSeNa 2) SiO₂ chromatog. → (38%) + [(13%)]

H₂O₂ / THF (82%) → → 1) CrO₃·C₅H₅N·HCl, CH₂Cl₂ 2) SiO₂ chromatog. →

(6S,1'S)-hernandulcin (6%)
sweet
+ (6S,1'R)-isomer
bitter

Similarly:

(S)-(−)-limonene ⟹ (6R,1'R)-isomer **bitter** + (6R,1'S)-isomer **bitter**

図 23.9　ヘルナンズルシンとモナチンの構造と前者の合成

2) 苦味物質の例

図 23.10 に苦味物質の例を構造式で示す。

カフェインは，茶葉中に 1 - 5%，またコーヒー豆中に 0.8 - 1.75% 含まれており，眠気をさますことは，よく知られている。また強心薬としても用いら

23.1 味の化学

味	呈味物質名	閾値（%）
甘味	蔗糖	0.7
	サッカリン	0.001
酸味	塩酸	0.045
塩味	塩化ナトリウム	0.055
苦味	硫酸マグネシウム	0.0046
	カフェイン	0.0007
	ニコチン	0.000019
	ストリキニン	0.0000016

表 23.1　ヒトに対する呈味物質の呈味必要最少量(閾値)の比較

れる。

ニコチンは，タバコ（*Nicotiana tabacum*）の葉に 2-3% 含まれている。経口での半数致死量は LD_{50} 230 mg/kg であり，殺虫剤として用いられた。交感および副交感神経をまず刺激し，次に麻痺させる。

ピクリン酸は，フェノールのニトロ化で得られ，爆発性でも知られる合成苦味物質である。0.0000037% の低濃度でも苦い。摂取すると下痢や嘔吐を引き起こす。

ストリキニンは，フジウツギ科 *Strychnos* 属の植物の主アルカロイドであり，毒性が大である。LD_{30} は 0.96 mg/kg（ラット）である。ヒトの場合 32 mg を飲むと 20 分以内に痙攣を起して死ぬ。

リモニンは，ミカンなど柑橘類の苦味成分である。**フムロン**は，ホップ（*Humulus lupulus*）の苦味成分であり，ビールの苦味である。**スウェルチアマリン**は，健胃薬草センブリ（*Swertia japonica*）の苦味成分である。**ナリンギン**は，ザボンなどの苦味成分である。**チーズの苦味ペプチド**は，カゼインの部分加水分解で生成する。疎水性アミノ酸から構成されていることが苦味の原因だといわれている。

無機塩では，塩味だけの食塩と異なり，塩化マグネシウムやヨウ化カリウムは苦い。カチオンとアニオンの直径の和が 6.5Å より大きな塩は苦いといわれている。

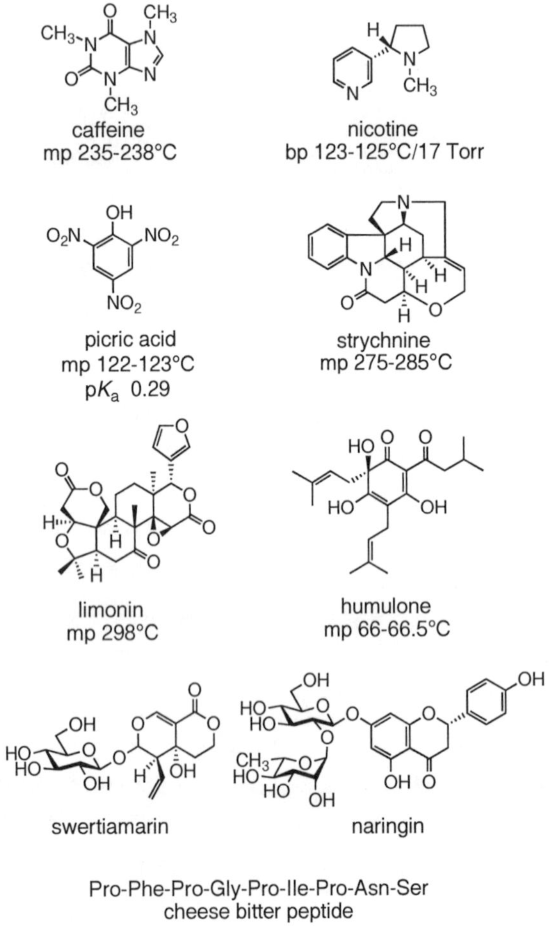

caffeine
mp 235-238°C

nicotine
bp 123-125°C/17 Torr

picric acid
mp 122-123°C
pK_a 0.29

strychnine
mp 275-285°C

limonin
mp 298°C

humulone
mp 66-66.5°C

swertiamarin

naringin

Pro-Phe-Pro-Gly-Pro-Ile-Pro-Asn-Ser
cheese bitter peptide

図 23.10　苦味物質の構造

23.1.5 辛味
1) 概説
生理学では，辛味は味覚として扱われない．辛味は，痛覚や温度感覚などの知覚を刺激することで生ずると考えられている．しかし胡椒や唐辛子は，食生活にとって重要なので，取り上げることとする．

2) コショウの辛味成分
胡椒（*Piper nigrum*）の実は，重要な香辛料であり，東洋からそれを輸入することが，西洋の大航海時代の幕開けとなった．辛味成分はピペリン（図 23.11）と考えられた．第一次大戦中に胡椒の輸入が連合国による海上封鎖で不可能となったドイツでは，ピペリンが工業的に合成され，代用胡椒となった．（ピペリンは今，1 g 2,250 円で購入出来る）しかし，純粋なピペリンは苦いだけであって，合成ピペリンに微量含まれていた異性体**チャビシン**が辛いのである．チャビシンは，コショウ中に 6 - 10% 含まれている．

3) トウガラシの辛味成分
南米原産の唐辛子（*Capsicum annuum*）は全世界の食卓で用いられている．その辛味成分として唐辛子中約2% 含まれているのは**カプサイシン**である（図 23.11）．最近，カプサイシンの発汗作用などが健康保持に良いといわれている．カプサイシン（約85% 純度）は 1 g 11,400 円で販売されている．

4) サンショウの辛味成分
山椒（*Zanthoxylum piperitum*）の辛味成分は，α-**サンショオール**と β-サンショオールである．

5) ヤナギタデの辛味成分
刺身のつまに用いられる柳タデ（*Polygonum hydropiper*）の辛味成分は大須賀（大阪市大）によって単離された (+)-**ポリゴジアール**（図 23.11）である．(+)-ポリゴジアールは，昆虫の**摂食阻害物質**（insect antifeedant）としても知られている．森と渡辺秀典はポリゴジアールの両鏡像体を合成したが，天然型 (+)-体は勿論，非天然型 (-)-体も，強烈な辛味を呈した．昆虫や海産生物に対して摂食阻害物質として作用するのは，苦味物質や辛味物質が多い．

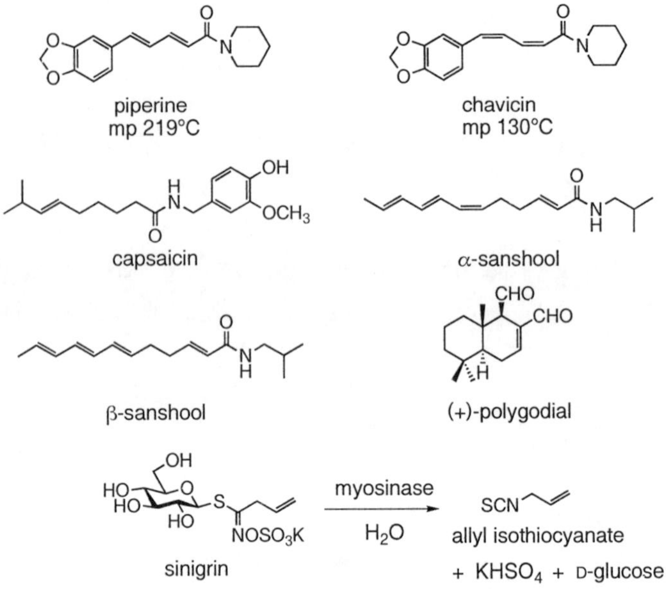

図 23.11　辛味物質の構造

6）カラシとワサビの辛味成分

カラシとワサビの辛味成分は，図 23.11 の下部に示したアリルイソチオシアナートが主成分である．この揮発性かつ刺激性成分は，黒カラシ（*Brassica nigra*）やワサビ（*Wasabia japonica*）中に存在するチオグルコシドであるシニグリンが，酵素ミオシナーゼにより加水分解されて生成する．ワサビもカラシも水の存在下すりつぶしたり，練り合わせたりすると，酵素反応で辛味成分が発生するのである．

23.1.6　旨味（うまみ）

1）概説

わが国の食生活では，昆布，鰹節，椎茸の旨味は，古来よく知られていた．欧米の食生活ではそれらがないので，欧米人は旨味を塩味や甘味のような基本味とは考えなかった．しかし，1990 年代の，イヌを用いた生理学的研究から，旨味は基本味の一つであることが確認された．今は欧米でもこの味を表

すのに umami という日本語が用いられている。

2) L-グルタミン酸

昆布の旨味成分を抽出して，それが L-グルタミン酸モノナトリウム塩であることを明らかにしたのは，池田菊苗（東大・理）で，1908 年（明治 41 年）に東京化学会誌に発表された。L-グルタミン酸は既知物質であったが，その有する味を発見したのである。鈴木三郎助の鈴木商店［後の味の素(株)］により，水溶性の L-グルタミン酸モノナトリウムが工業生産され，「味の素®」が誕生した。現在，全世界で年間 10 万トン以上が生産されている。なお，D-グルタミン酸には旨味がなく，炭素鎖が 1 個短い L-アスパラギン酸と，1 個長い L-α-アミノアジピン酸は，きわめて弱い旨味しか示さない。

L-グルタミン酸の製造法の変遷は，技術史的に興味深い。工業化当初から，第二次大戦後 1950 年代まで，L-グルタミン酸は小麦のタンパク質であるグルテンの塩酸加水分解で製造された。次に石油化学製品であるアクリロニトリルから純合成化学的に（±)-グルタミン酸を調製し，それを優先晶出法（17.2.1 参照）によって光学分割し，L-グルタミン酸としていた。

上記の味の素(株)による技術革新に対し，画期的な製法転換となったのが木下祝郎［協和醗酵(株)，1966 年 日本学士院賞受賞］の研究と開発である。1950 年代には，L-グルタミン酸は生物の一次代謝で重要であるから，生体内で動的平衡状態にあり，生物がそのような化合物を大量に蓄積することはあり得ないと思われていた。しかし木下らは，土壌試料中の微生物で L-グルタミン酸生産蓄積能を有するものを徹底的に探索した。その結果 1956 年に，糖を代謝して L-グルタミン酸を多量に蓄積する細菌 *Corynebacterium glutamicum* を発見したのである。菌の培養液組成は，10% D-グルコース，0.05% KH_2PO_4, 0.05% K_2HPO_4, 0.025% $MgSO_4 \cdot 7H_2O$, 0.001% $FeSO_4 \cdot 7H_2O$, 0.001% $MnSO_4 \cdot 4H_2O$, 0.5% 尿素と水 1 l 当たり 2.5 µg のビオチン，pH 7.0 であった。この培養液で毎分 450 回撹拌の通気培養をすると，72 時間後には，培養液 1 l 当たり 12-13 g の L-グルタミン酸が生成する。

それ以後 L-グルタミン酸は発酵法で生産されている。培養液にはショ糖をとった廃液が使われている。生物利用技術は，光学活性体を安価に製造する技術として重要である。

3) ヌクレオチド系旨味物質

鰹節の旨味成分としてイノシン酸のヒスチジン塩を発見したのは，小玉新太郎（鹿児島高農）で，1913年（大正2年）の東京化学会誌に報告されている。研究の結果，イノシン酸（図23.12）が活性の本体であることが判明した。椎茸の旨味成分はグアニル酸である。

第二次大戦後の物資不足の中でイノシン酸（5'-IMP）やグアニル酸（5'-GMP）の旨味としての日常生活での利用を実現したのは，国中 明［ヤマサ醤油（株）］である。彼はイノシン酸やグアニル酸が，L-グルタミン酸の旨味に対し相乗効果を示すことを発見した。たとえば，1 gのL-グルタミン酸ナトリウムと1 gのグアニル酸とを溶かした溶液は，同体積の水に60 gのL-グルタミン酸モノナトリウム塩を溶かした溶液と同じ旨味を示す（1961年発見）。なお，イノシン酸とグアニル酸とのL-グルタミン酸モノナトリウム塩共存下での呈味増強力は1：2.3であり，グアニル酸（椎茸）の方が呈味物質として，より有効である。

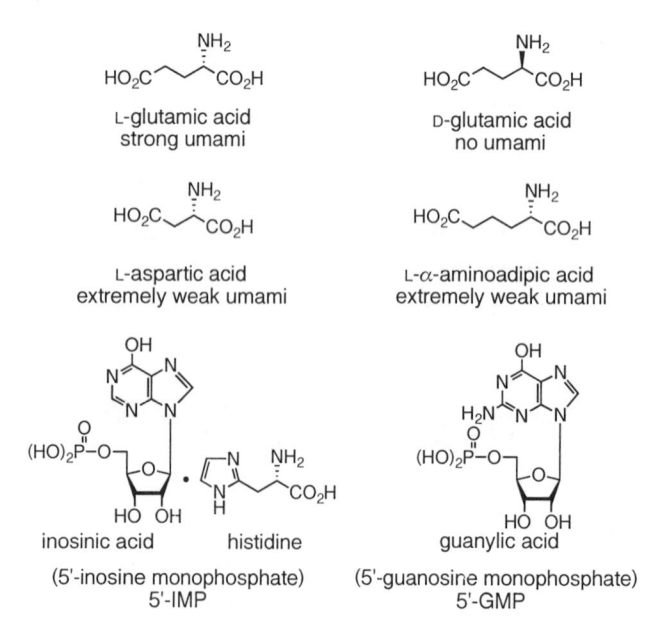

L-glutamic acid
strong umami

D-glutamic acid
no umami

L-aspartic acid
extremely weak umami

L-α-aminoadipic acid
extremely weak umami

inosinic acid ・ histidine
(5'-inosine monophosphate)
5'-IMP

guanylic acid
(5'-guanosine monophosphate)
5'-GMP

図23.12 呈味関連物質の構造

年間 3,000 トン余のヌクレオチド系調味料が現在生産されている。イノシン酸は, 酵母RNAの青カビ *Penicillium citrinum* による分解反応で製造された。また, グアニル酸は, グアノシンの化学的リン酸化で得られる。グアノシンは枯草菌 (*Bacillus subtilis*) の変異株を用いて 16 g/l の生産収率で製造される。これらのバイオテクノロジーによる生産には有機合成とは一味違う面白さがある。先人の努力により, わが国は旨味調味料の生産に関しては, 先進国となっている。

23.2 においの化学

23.2.1 においの概説

1) におい感覚の閾値

動物のにおい感覚は鋭敏であるが, 種によって鋭敏さは異なる。鋭敏な動物として知られているのは, イヌ, ウサギ, ネズミ, サメであり, ネコとカエルは鈍感な動物として知られている。ヒトは, それら双方の中間である。

におい感覚を起すための, におい物質の必要最少量を嗅覚の**閾値** (いきち, threshold) という。表 23.2 に, ヒトに対するにおい物質の閾値を示す。ヒトは, 糞のにおいであるスカトールや, 屁のにおいであるメルカプタンにきわめて鋭敏なことがわかる。

表 23.3 にヒトとイヌとのカルボン酸に対する閾値の比較を示す。イヌのにおい感覚がきわめて鋭いことがわかる。警察犬は, 犯人の足の汗のにおい (すなわち, カルボン酸のにおい) を感知して犯人を追うのである。

2) におい感覚の特性

におい感覚には次の特性がある。第一に, 特定の物質のにおいには慣れる。つまり, 選択的な嗅覚疲労が起る。

第二に, におい感覚には大きな個人差がある。ヒトの中では, シアン化水素 (HCN) のにおいを感じない人が全体の 7% いる。この人達は, HCN を用いる職場で働くと, HCN がもれても気付かないから, 大いに危険である。また, イソ酪酸 [$(CH_3)_2CHCO_2H$] のにおいを感じない人が 2% いるという。これらの人達は, 汗の中のイソ酪酸でにおう汚れた靴下をはいても平気だろう。なおスカンクのにおいを感じない人は, 0.1% しかいないそうである。

compound	structure	threshold value (mg/L)
skatole	(3-methylindole)	4×10^{-10}
mercaptan	RSH (R = alkyl)	$4 \times 10^{-8} — 10^{-10}$
diethyl ether	$C_2H_5OC_2H_5$	$1 — 1000$
vanillin	(4-hydroxy-3-methoxybenzaldehyde)	$5 \times 10^{-4} — 2 \times 10^{-10}$
phenol	C_6H_5OH	$4 \times 10^{-3} — 12 \times 10^{-14}$

表 23.2 ヒトに対するにおい物質の閾値

におい物質		感知する最少分子数（水 1 mL 中）	
名称	構造	イヌ	ヒト
酢酸	CH_3CO_2H	5.0×10^5	5.0×10^{13}
n-酪酸	$CH_3(CH_2)_2CO_2H$	9.0×10^3	7.0×10^9
n-吉草酸	$CH_3(CH_2)_3CO_2H$	3.5×10^4	6.0×10^{10}

表 23.3 ヒトとイヌとのカルボン酸に対する閾値の比較

　第三に，におい物質の閾値は，身体の状態により異なる．男女ともに歳をとると鈍感になる．男では閾値の年間変動は小さいが，受胎可能期の女では変動する．月経時に，においに敏感になる女 33%，鈍感になる女 52%，変化しない女 15% という調査がある．

第四に，においは，より強力なにおいで隠すことが出来る。これを**マスキング効果**（masking effect）とよぶ。体臭の強い人種ほど香水をよく用いる理由である。

第五に，においは記憶される。よいにおいとは，よい記憶と一緒になっているにおいである。裏返せば，あらゆる人にとって良いと思えるにおいは，ないのかも知れない。

3) に お い 物 質 の 検 出

におい物質は一般に揮発性で，ガスクロマトグラフィー分析で分離可能であり，ガスクロカラムの出口で流出するガスの臭いを嗅げば，分離されたにおい物質のにおい特性を知ることが出来る。におい物質の検出や，種々のにおい物質を混合して，ある特定のにおいを作るのには，生来においに敏感な人が適している。香料会社では，そのような人達が**調香師**（perfumer）として働いている。

におい物質を定量的に検出するためには，鼻の中の嗅上皮を用いた嗅覚電位差の測定がなされる。細谷・吉田は1937年に，イヌの鼻の嗅上皮を剥がして，それに微少電極を付けておいてにおい物質を与えると1-6 mVの電位差を有する電気信号が0.2-1秒発生することを発見した。横軸に時間（秒），縦軸に電位差（mV）をとって電気信号を記録すると，**嗅覚電図**（electro-olfactogram）が得られる。この電気生理学的手法は，昆虫の触角によるフェロモンの受容を検出するのにも**触角電図**（electro-antennogram）として用いられている。

4) に お い 感 覚 の 仕 組

動物のにおい感覚の仕組は長らく不明であったが，PCRなど分子生物学的手法を用いたアメリカのR. AxelとL. B. Buckの1988年以来の研究で，ほぼ全容が解明され，彼らは2004年のノーベル生理学医学賞を受けた。ヒトには約300種類，ネズミには約1,000種類のにおい受容体があり，におい分子の情報が各受容体をとおしてコンビナトリアルに働いて総合され，におい感覚を生じる。Linda B. Buckのノーベル賞受賞講演が公刊されている。R. Axelのものより，Buckのものの方が化学者にはわかりやすい。同時に公刊されている彼女の自伝とともに一読に値する。巻末参考書一覧の中に文献所在を記した。

23.2.2 香料の概説
1) 香料の歴史

香料は，英語で perfume というが，それはラテン語の per fumum (through smoke) に由来している。古代の香料は，線香のにおいのような薫香から始まった。エジプトでは，すでに紀元前7世紀に香料が使われていた。日本でも奈良時代に薫香があり，平安時代には香合わせがあった。

やがて技術が進歩し，16世紀初めから蒸留によって香気成分が集められるようになった。1830年にはドイツのライプチヒに，世界最初の香料会社 Schimmel 社（今は他の社に統合されたが，昔からの建物が文献や標本とともに残っているのを私は見たことがある）が創設された。また1874年には，ドイツの Haarmann & Reimer 社（今はない）で，Tiemann ［12.23.2 2) の Reimer-Tiemann 反応の発明者］ がバニリンの工業的合成に成功し，初の合成香料として市販された。日本では20世紀に入ってから香料の製造販売専門の会社が発展し始めたのに比べると，ドイツでは1世紀近く前から香料化学が実用化されていたのである。

2) 香料の分類

表23.4に香料の分類を示す。香料は起源と用途によって分類される。日本での産業規模は，年間国内生産額が2,000億円位である。

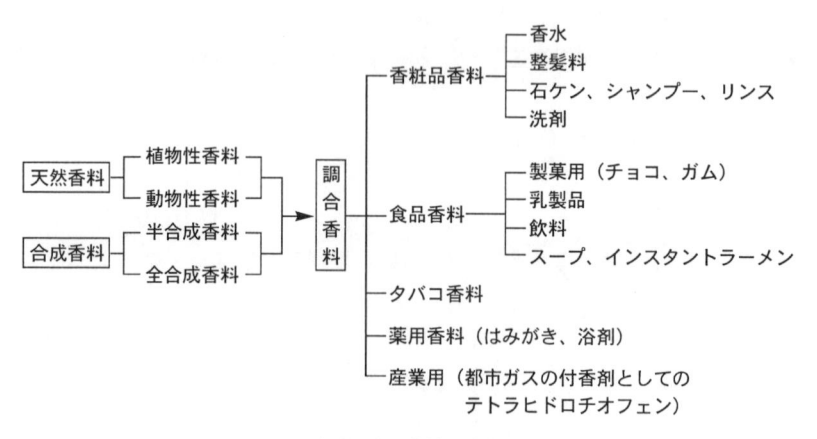

```
天然香料 ─┬─ 植物性香料 ─┐
         └─ 動物性香料 ─┤
                        ├─→ 調合香料 ─┬─ 香粧品香料 ─┬─ 香水
合成香料 ─┬─ 半合成香料 ─┤                          ├─ 整髪料
         └─ 全合成香料 ─┘                          ├─ 石ケン、シャンプー、リンス
                                                  └─ 洗剤
                                    ├─ 食品香料 ─┬─ 製菓用（チョコ、ガム）
                                    │          ├─ 乳製品
                                    │          ├─ 飲料
                                    │          └─ スープ、インスタントラーメン
                                    ├─ タバコ香料
                                    ├─ 薬用香料（はみがき、浴剤）
                                    └─ 産業用（都市ガスの付香剤としての
                                              テトラヒドロチオフェン）
```

表23.4 香料の分類

23.2.3 植物性香料
1) 概説
　植物性香料は，植物の**精油**（essential oil）が主体であり，植物の葉や枝，根茎，木皮，樹幹，果実，花，つぼみ，樹脂などから得られる。たとえば**テレビン油**（terpentine oil）は，北米の松 *Pinus palustris* から年間約 20 万トン得られており，α-ピネン，β-ピネン（図 19.9 参照）がそれぞれ 50-65% および 25-35% 含まれている。ピネンは，他のテルペン系香料の原料となる。

2) 製法
　植物から，水蒸気蒸留または圧搾または抽出で得られる。
a) 水蒸気蒸留法：植物体に水蒸気を吹き込むと，精油が水蒸気蒸留されて，水とともに二層をなして捕集される。それを，水と分離する。
b) 圧搾法：オレンジやレモンなどの果皮を圧搾して精油を得る。
c) 抽出法：抽出剤に精油を溶け込ませて取得する。油脂吸着による抽出では，60-70℃ で花を油脂に溶かす marcelation 法と，室温で花香を油脂に吸着させる冷浸法 enfleurage とがある。溶媒抽出法では，バラ，ミモザ，ジャスミンをヘキサンや石油エーテルで抽出する。臨界二酸化炭素抽出法では，低温での抽出となるので，精油のみならず不安定な植物色素の抽出にも用いられる。

　植物から得られる香気物質の主なものを図 23.13 に示す。

3) 植物性香料の各論
　リモネンは，オレンジ油，ミカン油の主成分でオレンジ様の香気がある。自然界には 98-99% ee の両鏡像体が存在する。**青葉アルコール**［(Z)-3-ヘキセン-1-オール］は，ハッカ油や紅茶中にあり，新鮮な青葉の香気がある。1928 年に武居三吉（京大・農）が単離した。**マツタケアルコール**［(S)-1-オクテン-3-オール］は，桂皮酸メチル（$C_6H_5CH=CHCO_2CH_3$）とともに，マツタケの香気成分である。1937 年に村橋俊介（理研，阪大）が単離した。**ゲラニオール**は，バラ系調合香料に広く用いられる。ジャバ産シトロネラ油の 35-40%，セイロン産シトロネラ油の 55-60% がゲラニオールである。日本ではクラレ（株）の合成品［19.3.3 2) 参照］が用いられている。**メントール**はシソ科のハッカ（*Mentha arvensis*）の全草を水蒸気蒸留して，乾燥葉よ

りの収油率1.5-1.6%で，ハッカ油として得られる。そのうち (-)-メントールが65-85%を占める。全世界で3,500-4,000トン位，1年間に使用されている。医薬品，歯みがき，タバコ，菓子に用いられ涼しいハッカの香りを放つ。合成品が年間2,000トンほど用いられている［19.3.3 3）参照］。

(S)-limonene

leaf alcohol
[(Z)-3-hexen-1-ol]

matsutake alcohol
[(S)-1-octen-3-ol]

geraniol

(–)-menthol

(S)-perillaldehyde

vanillin

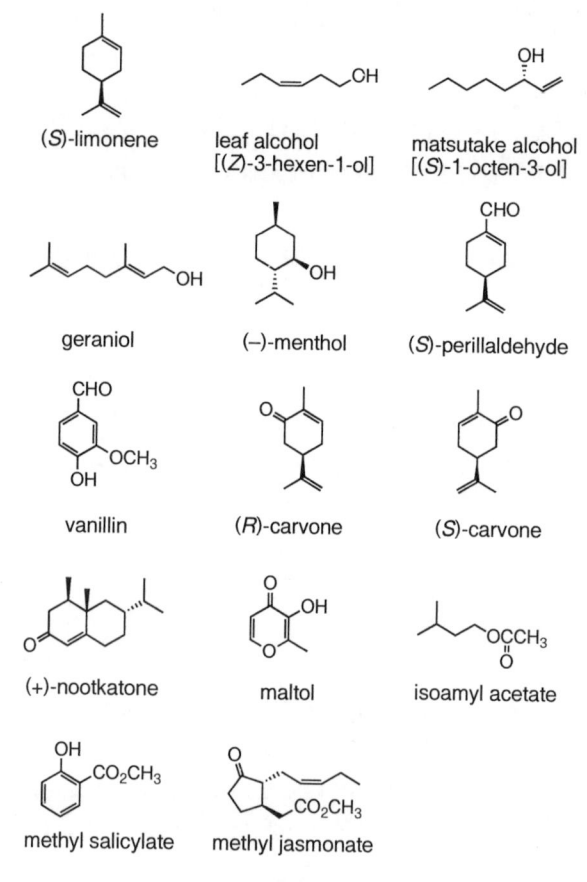

(R)-carvone

(S)-carvone

(+)-nootkatone

maltol

isoamyl acetate

methyl salicylate

methyl jasmonate

図23.13　植物性香気物質の構造

ペリラアルデヒドは，シソ（*Perilla frutescens* var. *cripsa forma viridis*）から得られるシソ油の40-55%を占め，シソのにおいがする。**バニリン**は，ラン科のバニラ豆（*Vanilla planiforia*）のさやを乾燥・熟成させたものに約2%含

有されている。天然品の世界生産量の 80% が，マダガスカルで作られている。宇部興産（株）でカテコールから合成されている。(R)-**カルボン**は，ハッカの一種 *Mentha spicata* から得られるスペアミント油の 60-65% を占める。チューインガムや歯みがきの香料として用いられる。(R)-リモネンから合成されてもいる。(S)-**カルボン**は，セリ科の *Carum carvi* より得られるキャラウェイ油（ひめういきょう油）中に 50-60%含有されている。ソーセージの香料やリキュールに用いられる。**ヌートカトン**は，グレープフルーツ（*Citrus paradisi*）に特有なにおいであり，グレープフルーツ油に微量含まれる。**マルトール**は，パイナップルやイチゴのにおいを有する香料の製造に用いられる。**酢酸イソアミル**は，バナナやリンゴの芳香成分である。薄めると洋梨に似たにおいとなる。**サリチル酸メチル**は，北米産のつつじ科の植物 winter green（*Gaultheria procumbens*）の葉中の精油の 95 - 99% を占めている。歯みがき，飲料，菓子にアメリカでは用いられている。日本ではサロメチールとしてスポーツ後の筋肉痛緩和に用いられていて，歯みがきや菓子には使われていない。**ジャスモン酸メチル**はもくせい科の植物ジャスミン（*Jasminum officinale* var. *grandiflorum*）の花の精油成分である。ジャスミンのにおいがして広く香水に用いられている。

23.2.4 動物性香料

古来珍重されたものに，下述の 2 種があるが，自然保護の観点から合成類似品に置き換えられつつある。

1) じゃ香（ムスク）

じゃ香鹿（*Moschus moschiferus*）は，ヒマラヤ近くのチベット，雲南，四川，インド，ネパールの山岳地帯に住んでいる。その雄の生殖腺の分泌物がじゃ香である。下腹部にある香のうを切り取って乾燥したものが商品とされていた。じゃ香中に 0.5 - 2.0% 含まれている香気成分は，スイスの L. Ruzicka（1939 年ノーベル賞）によって研究され，**ムスコン**（図 23.14）という大環状ケトンが香気の正体であることが判明した。(R)-(-)-ムスコンは合成され香料に用いられている（高砂香料）。同様な香気を有するムスコン代用品が種々研究されている。大環状ラクトンの 15-ペンタデカノリド（商品名エギザクトリド®）は，じゃ香代用品として化粧品に用いられる。他に，ムスコ

ンとは全く構造の異なるムスクキシレンなどの**ニトロムスク**が発見されている。これは安価に製造可能でありムスク臭は強いので石鹸の香料などに用いられている。

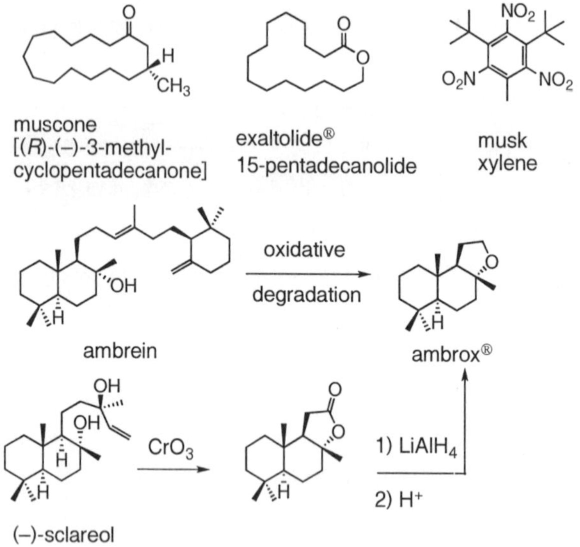

図 23.14 動物性香気物質とその関連物の構造

2) 竜涎香（アンバーグリス）

抹香鯨（まっこうくじら，*Physeter macrocepharus*）は，イカやタコを食べるので，その軟骨やくちばしが消化管内にたまり，結石となる。これが体外に排泄され，比重の小さいロウ状の塊となって海中を漂ううちに，日光と酸素で酸化され，芳香を発するようになる。この塊は，大体直径 20 cm 位だが，400 kg もの大きなものが鯨の解体時に得られたこともある。この塊を**アンバーグリス**という。その中に**アンブレイン**というトリテルペンが含まれている。

アンバーグリスの香料としての価値を，7 世紀にアラビア人が見出してから，中国では竜涎香（りゅうぜんこう；竜のよだれのにおい）と呼ばれて珍重された。しかし捕鯨禁止となったため，今や自然界からは得ることが難しい。そこでアンバーグリスの酸化分解で生ずる芳香成分であるアンブロック

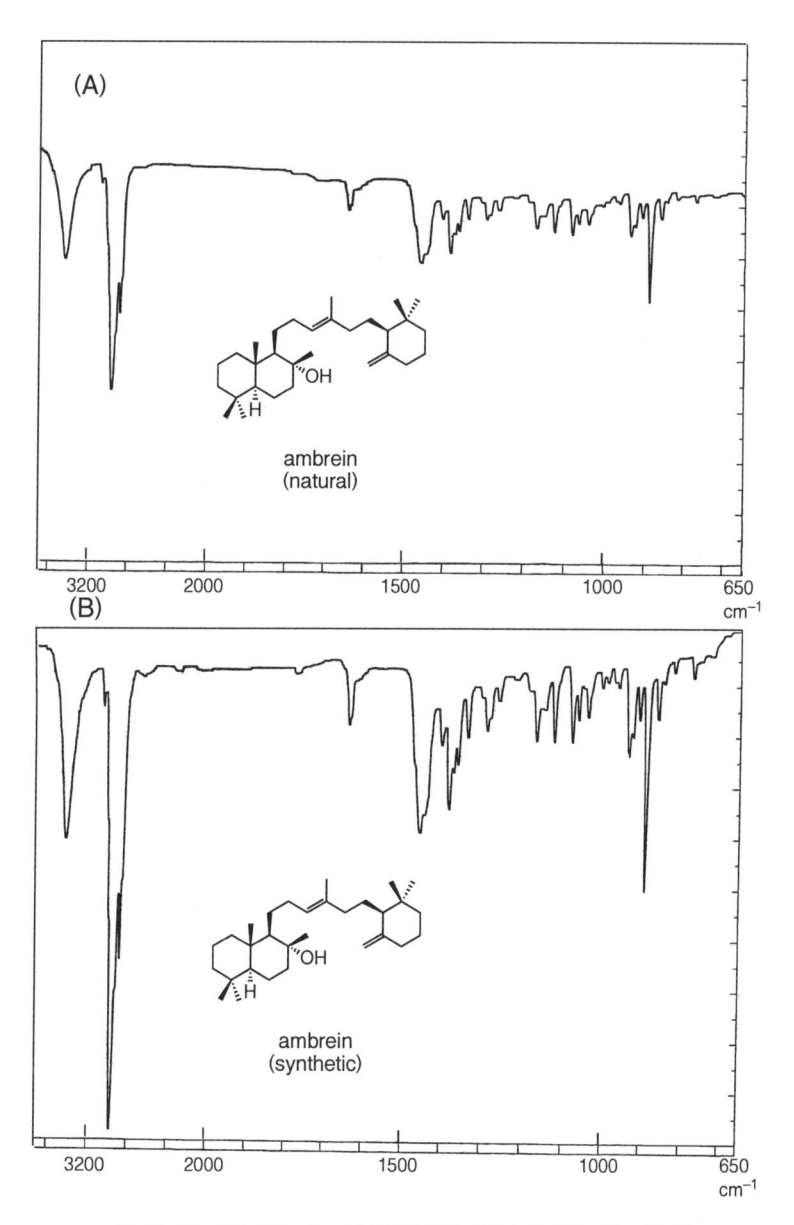

図 23.15 アンブレインの赤外吸収スペクトル（KBr ディスク）

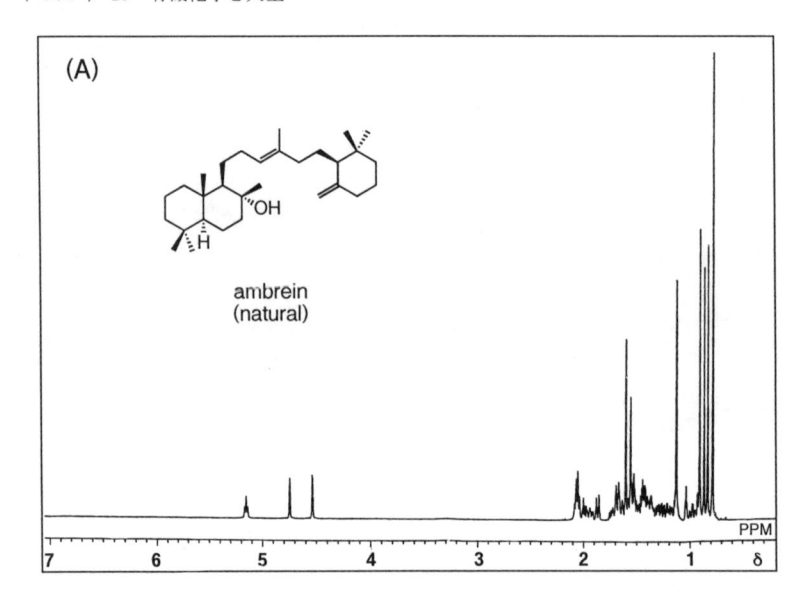

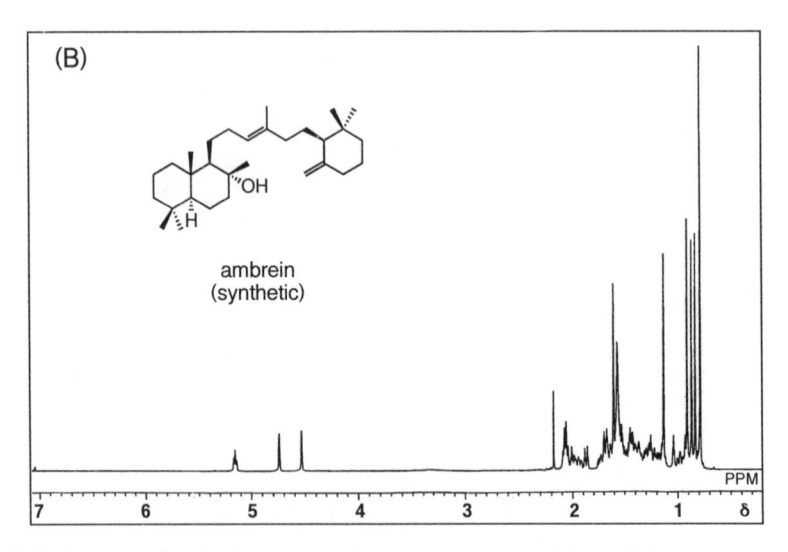

図 23.16 アンブレインの 500 MHz ^{1}H NMR スペクトル（CDCl$_3$ 溶液）
　　　　（A）天然物　　（B）合成品

ス®（スイスの香料会社 Firmenich の登録商標）を，容易に得られる植物サルビア（*Salvia sclarea*）の含有するジテルペンである (-)- スクラレオールから合成する方法が開発された（図23.14）。スクラレオールをクロム酸酸化して得られるラクトンを，水素化アルミニウムリチウムで還元してから，生成物を酸処理すると閉環して，アンブロックスとなる。アンブロックスは，近年調合される化粧香料の40%に用いられているという。

ところで私と田村　浩（長谷川香料）は，1988年にアンブレインを合成した。合成品と天然物とは，全く同じ分光学的性質を示すことで同定される実例として，図23.15に天然合成両アンブレインの赤外吸収スペクトルを示す。また図23.16に両者の500 MHz ^{1}H NMR スペクトルを示す。細部まで同一であることがよくわかる。

23.2.5　香気成分の化学合成と合成香料

1)　概説

天然香料の中には，α-ピネンやβ-ピネンのように再生可能な資源である松の木から多量に得られるものがあるが，資源がなくなりつつあるものも多い。それらは，化学合成によって製造する必要がある。また，化学合成によって，有用な香気を有する新規化合物を製造して利用することも多い。イソプレノイド系香料の化学合成は，19.3.3で述べた。

2)　天然香料の合成—ジャスモン酸メチルを例として—

ジャスミンの香気成分は，ジャスモン酸メチルである。日本ゼオン（株）では，1987年に辻二郎（東工大）によって開発されたパラジウム触媒を用いる方法で，ジャスモン酸メチルを工業生産している（図23.17）。6段階で通算収率は60%以上である。

3)　人工香料の合成

天然香気成分とは全く異なる構造の化合物が，なぜか似た香気特性を示すことがある。動物性香料の節で述べたニトロムスクは，なぜかムスコン様の香気を示す。その一つであるムスクキシレンは，図23.17の下部に示す方法で製造される。実用に供されている人工香料は，枚挙にいとまがない。

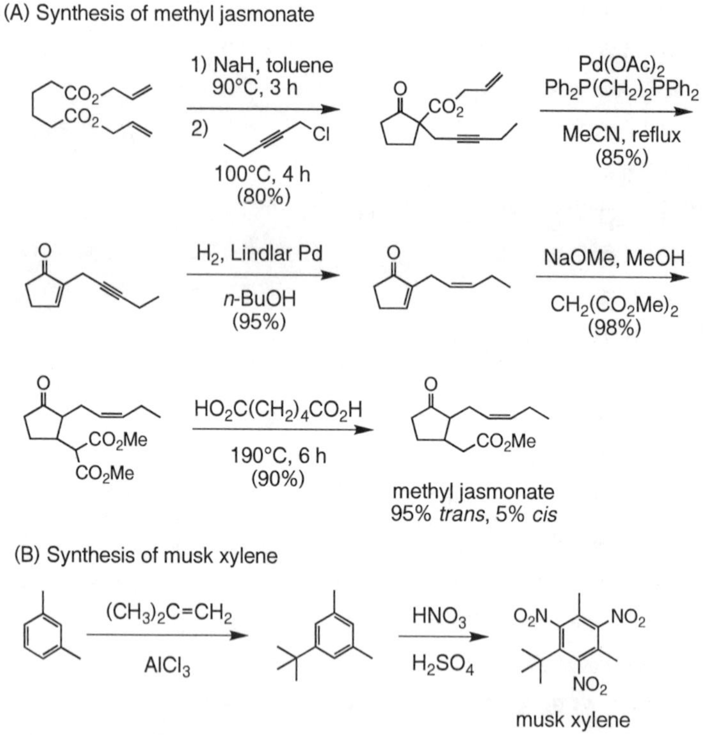

(A) Synthesis of methyl jasmonate

図23.17 ジャスモン酸メチルとムスクキシレンの合成

23.2.6 調合香料
1) 香りとフレーバー

　香気物質は，原則として混合して利用される。快感を与える**芳香，香り**（odor, fragrance, scent, aroma）が重要であり，不快な**におい**（smell, malodor）が利用されるのは，ガスもれを検知しやすくするために，都市ガスに混合される付香剤くらいである。

　ある種の香気物質を口に入れると，味覚と嗅覚とを同時に刺激して，食品の美味しさを増強し，口から鼻に抜ける風味と香味を感じる。このような性質をもつ香気物質を**フレーバー**（flavor）といい，食品用香料として用いる。

2) においの分類

BuckとAxelによってヒトのにおい感覚の複雑さが遺伝子レベルで実証されるより以前は，色彩における3原色と同様な原香がにおいについて存在していて，あらゆるにおいは，原香の混合物として説明出来るという考え方があった。アメリカのJ. E. Amooreは1970年に，しょうが様，花香様，エーテル様，ペパーミント様，じゃ香様，刺激臭，腐敗臭の7種が原香だと言った。

人間は，3,000-10,000のにおいをかぎわける。とくににおい感覚に優れている人が調香師（perfumer；化粧品香料を調合する人）とフレーバリスト（flavorist；食品香料を調合する人）である。現在では，これらの人達にも香気物質の構造式が理解出来ることが求められている。

3) 香粧品用調合香料

わが国では，香粧品用香料の消費は欧米よりずっと少ない。金額的には食品香料とほぼ同じ位である。香水，オーデコロン，化粧品，石鹸，浴剤などに用いられる。ヨーロッパでは，1921年にシャネルの5番（Chanel社），1977年にオピウム（Yves St-Laurent社）などの有名な香水が創られている。

4) 食品用調合香料

清涼飲料，菓子，加工食品（カニかまぼこ，マツタケおつゆなど），冷菓デザート，歯磨き，タバコなどに用いられているのが食品用調合香料である。調理による加熱で生ずる香気成分は，よく研究されており，エビのにおい，カニのにおい，牛肉のにおいなど，よく調べられている。

23.3 天然色素の化学

23.3.1 色と色素の概説

1) 色と色素の定義

色とは，光を刺激として生ずる視感覚・視知覚である。**色素**（pigment）とは，光を選択吸収または選択反射して特有の色を示す物質である。目に感ずる色素の波長は380-780 nmである。物体により吸収された色光を除いた光が，反射または透過して目に入り，色感覚を発生する。吸収された色光と色感覚とは，互いに補色である（表23.5）。

2) 発色団

色素に色が着いているのはなぜか．昔からあるこの疑問に，Graebe と Liebermann（セイヨウアカネグサの色素アリザリンの研究者）は，1868年に，分子内に不飽和結合が存在することが発色の原因だと考えた．更に 1876年に，Witt は，図 23.18 に示すような不飽和結合を有する官能基の存在で，色が着く．とくにジアゾ基が強く発色させると考えた．

吸収光の色（波長　nm）	色感（補色）
すみれ　（400）	黄緑
藍　（425）	黄
青　（450）	橙
青緑　（490）	赤
緑　（510）	紫
黄緑　（530）	すみれ
黄　（550）	藍
橙　（590）	青
赤　（640）	青緑
紫　（730）	緑

表 23.5　吸収光と色感

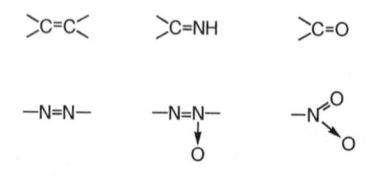

$$\text{>C=C<} \quad \text{>C=NH} \quad \text{>C=O}$$

$$-\text{N}=\text{N}- \quad -\underset{\downarrow}{\text{N}}=\text{N}- \quad -\text{N}\overset{\nearrow\text{O}}{\searrow\text{O}}$$
$$\phantom{-\text{N}=\text{N}-\ \ }\text{O}$$

図 23.18　発色団となる官能基

彼は，図 23.18 に示す官能基を**発色団**（chromophore；＜Gr.＞ chrom = color, ＜Gr.＞ phoros = bearer) とよんだ．

23.3.2　天然色素の概説

次節以下で，染色などに実際に使用された天然色素について述べるが，本節では，自然界に多量に存在する天然色素について述べる．

1) クロロフィルとヘム

クロロフィルは，光合成植物の緑色色素で，光エネルギーを受容する分子として大切である。またヘモグロビン中の酸素運搬機能上重要な赤色色素がヘムであり，この2種の色素は，いずれも図23.19に示すように，**ポルフィン骨格**を有している。ポルフィン骨格は，18π電子系の非ベンゼン系芳香族化合物で，安定である（9.2参照）。

クロロフィルの研究は，R. Willstätter（1915年ノーベル賞）で始まり，これらポルフィン骨格を有する化合物の合成化学は，H. Fischer（1930年ノーベル賞）によって発展し，遂にR. B. Woodward（1965年ノーベル賞）によってクロロフィルが合成された。ただしこれらの色素の正しい化学構造は，Küsterによって初めて提案されたもので，Willstätterの提案した構造（図23.19の下方）は間違っていた。

2) カロテノイド色素

β-カロテンは工業合成されていて，ニワトリの飼料に混ぜて食べさせ，卵の黄味の色を濃くするために用いられている。エビ・カニの赤色，トマトの赤色，ミカンの黄色など，食卓に彩りを添えている色の多くは，カロテノイドである（19.7.2参照）。

3) メラニン色素

メラニン（melanin）は，生物に広く分布する黒色高分子色素である。チロシンから生合成されるユウメラニンは，黒髪や昆虫の黒色の色素である（図23.20）。また酢酸，マロン酸経路により生合成される1,3,6,8-テトラヒドロキシナフタレンから作られるアロメラニンは，菌類の胞子などに見られる黒色の色素である（図23.20）

23.3.3 インジゴ

1) 研究史と構造

インドや中国原産のインド藍（マメ科，*Indigofera*属），大青（アブラナ科），タデ藍（タデ科，*Persicaria tinctoria*）などの植物中には図23.21に示すインジカンという配糖体が含まれている。これらの植物を醗酵させると黄色のインドキシルが生成し，それが空気中の酸素で酸化されて青色のインジゴ（藍）が生成する。インジゴは，還元条件下では，無色のロイコインジゴに還元さ

23 有機化学と人生

れる。その無色の水溶液に浸した布を空気中で乾かすと，ロイコインジゴは酸化されて青いインジゴとなり，布は染められる。この青色色素は，阿波（徳島）の藍でわかるように，中世の主要染料であった。

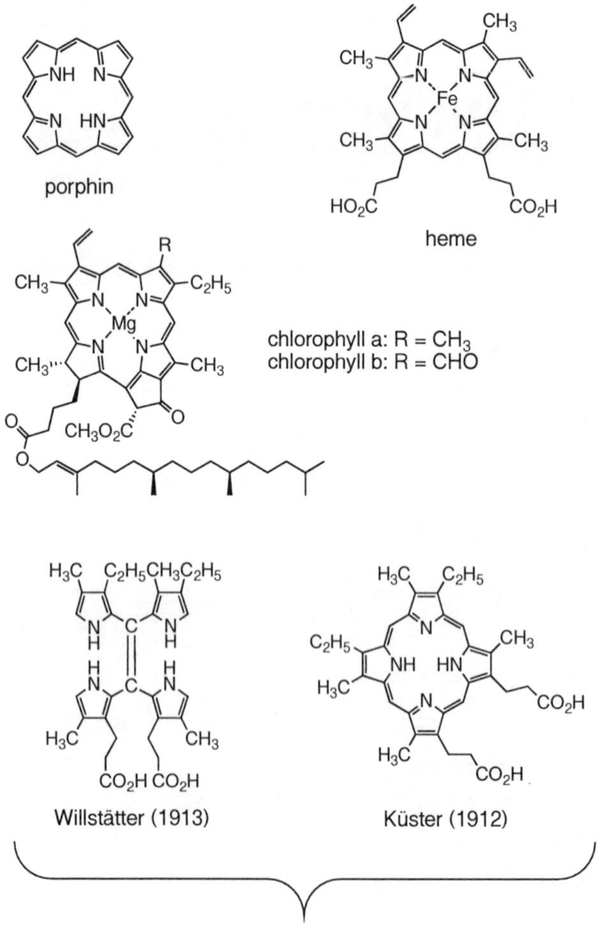

porphin

heme

chlorophyll a: R = CH_3
chlorophyll b: R = CHO

Willstätter (1913)

Küster (1912)

Structures proposed for mesoporphyrin

図 23.19 クロロフィルとヘムの構造

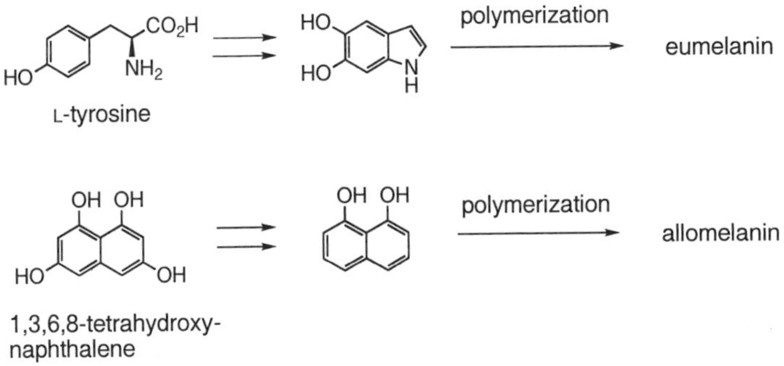

23.3 天然色素の化学

図 23.20 メラニン色素の生成

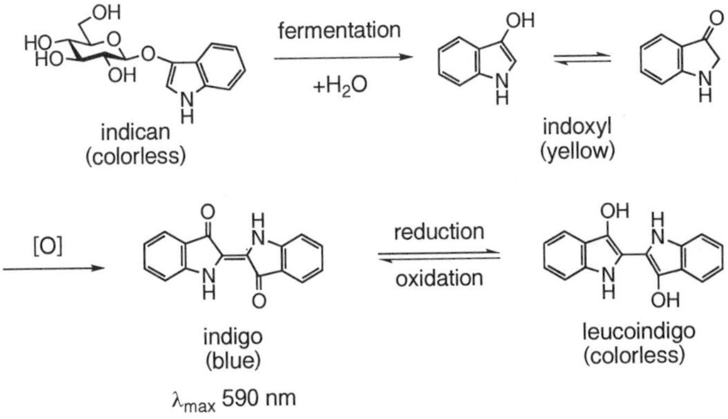

図 23.21 インジゴとその関連物の構造

インジゴの構造は，先行研究者の仕事も取り入れてドイツの Baeyer によって集大成され，合成により確認された。構造研究に際し行われた分解反応を，図 23.22 に示す。IR や NMR などの分光分析のなかった昔は，分解反応で既知物質に導くことにより，構造を推定したのである。

なお 2 個のカルボニル基が逆側にある *trans* 構造が真の構造であることは，1925 年に X 線結晶解析で決められたものである。

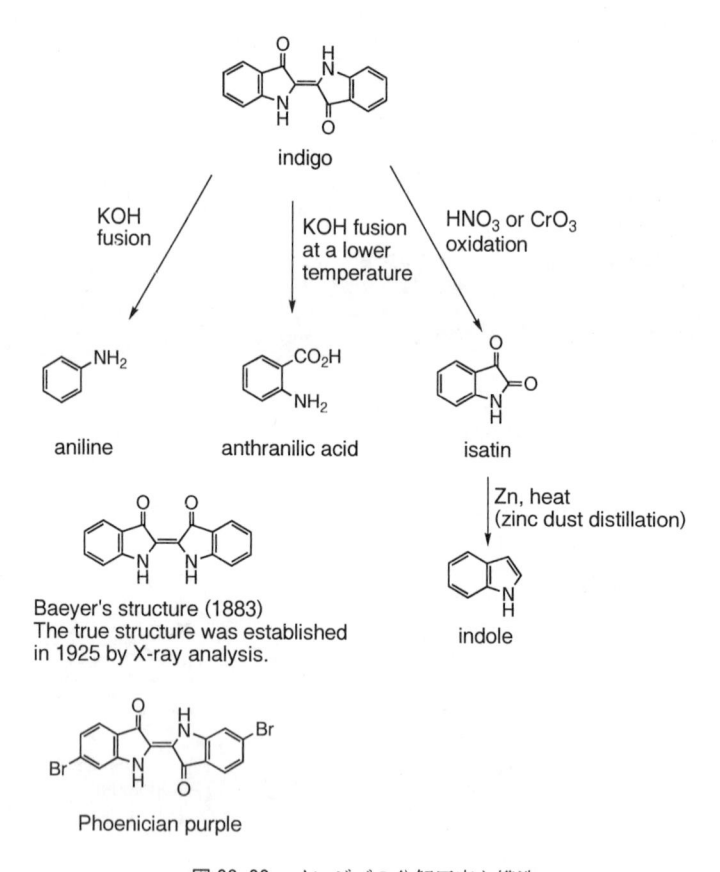

図 23.22 インジゴの分解反応と構造

インジゴ関連でもう一つ取り上げたいのは，フェニキア紫（貝紫）である。中東フェニキアのムラサキガイ（*Murex brandaris*）の紫色色素は，王様など高貴な人の紫衣を作るのに用いられた。Friedländer は，1909 - 1911 年にかけて 12,000 個のムラサキガイから 1.2 g の色素を単離し，その構造をインジゴのブロム化物（図 23.22 の下部）と推定し，合成により決定した。

2) Baeyer の合成

Baeyer は，図 23.23 に示す方法で 1878 年にインジゴの最初の合成に成功した。この合成でイサチンの構造が決まったわけだが，インジゴの実用合成

となるには効率がよくなかった。

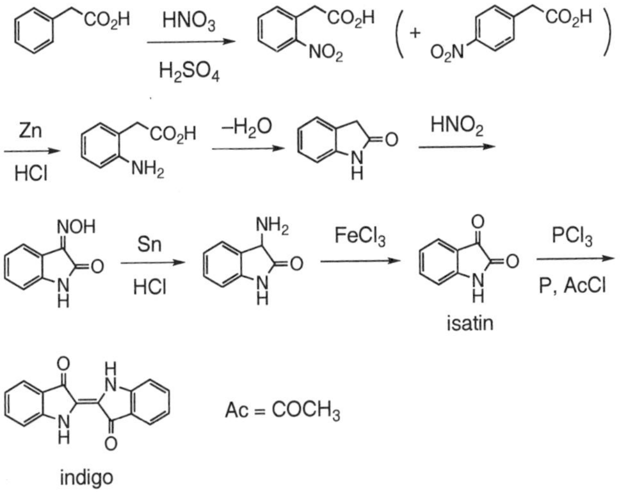

図 23.23 Baeyer によるインジゴの第 1 合成（1878 年）

次に Baeyer は 1882 年に，図 23.24 に示す第二合成を完成した。この合成で，BASF 社（Badisch Anilin und Soda Fabrik AG）で工業的に 1890 年頃までインジゴが合成されたが，価格は天然インジゴよりそれ程安くならなかった。なお，Baeyer は，有機染料と脂環式化合物の研究で，1905 年にノーベル賞を受賞した。

3） **Heumann の 工 業 合 成**

スイスの Heumann が 1890 年に考案し，1901 年に Pfleger がアルカリ溶融のアルカリとして $NaNH_2$ を用いることで収率を大巾に改善した図 22.25 の方法は，インジゴの工業合成法として実施され，成功を収めた。結果として日本を含むアジア諸国での天然藍生産は採算がとれなくなって衰退した。

日本でも三井化学が 1930 年から大牟田で年間 1,000 トンをこの方法で製造している。阿波藍は合成インジゴにより駆逐されたが，趣味民芸として残っている。

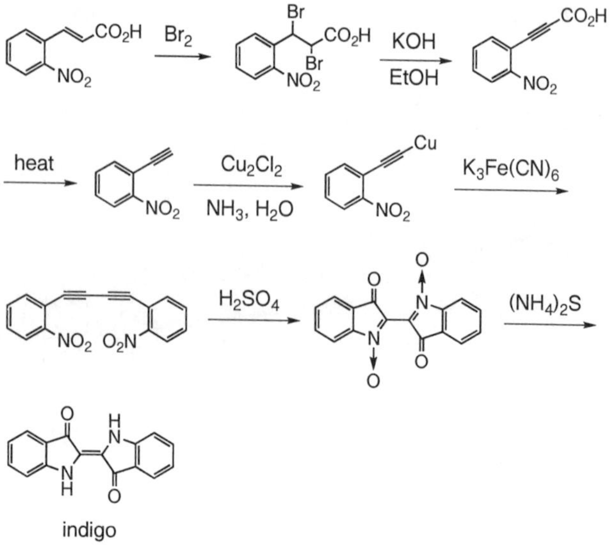

図23.24 Baeyerによるインジゴの第2合成 (1882年)

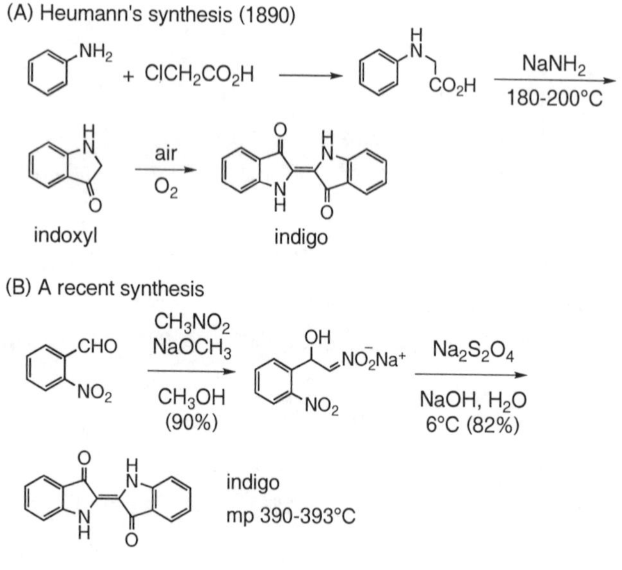

(A) Heumann's synthesis (1890)

indoxyl → indigo

(B) A recent synthesis

indigo
mp 390-393°C

図23.25 Heumannによるインジゴの合成 (1890年) と最近の合成

23.3.4 アリザリン
1) 研究史と構造

アジア原産のセイヨウアカネグサ（*Rubia tinctorum*）は，西欧にもたらされ 15 世紀にはオランダ・ドイツで，そして 16 世紀にはアルザスを中心にフランスで栽培されるようになった。その根からとれる色素が，**アリザリン**である。これは媒染染料として金属イオンとの錯塩が染料になる。アルミニウムで赤，銅で紫，クロムでボルドー赤，鉄で黒紫色となり，染料として広く用いられた。

Graebe と Liebermann は，1868 年にアリザリンの亜鉛末乾留を行い，図 23.26 に示すようにアントラセンを得た。それでアリザリンはアントラセン骨格を有することが明らかになった。

2) 化学合成

Graebe と Liebermann は更に研究を続け，1869 年にアリザリンの合成を達成した。彼らの 2 番目の合成法を用いれば，好収率でアリザリンが製造できたので，1870 年から BASF 社は合成アリザリンを上市した。わが国では，三井化学が 1915 年に大牟田で製造を開始し，年産 70 トンを記録し，輸出もしていた。

23.3.5 その他の天然色素
1) シコニン

シコニンは，東アジア一帯に自生するムラサキグサ（紫草，*Lithospermum erythrorhizon*）の根（紫根という）の赤紫色の色素である。ムラサキグサは，わが国では南部藩（青森，岩手）で栽培されていて，万葉の昔から，生薬・染料（アルミニウムイオンを媒染剤として絹布を紫色に染める）として用いられてきた。

東北大学の真島利行の研究室で，1936 年に黒田チカ（東京女高師）により色素が単離され，シコニンと命名された。図 23.27 に示す構造と考えられたが，それは，図示のようにして骨格構造を合成することで裏付けられた。側鎖上の水酸基の絶対立体配置は，後年決定された。ヨーロッパ産のムラサキ科植物である *Alkanna tinctoria* の色素であるアルカニンの構造は，1935 年頃ドイツの Brockmann らにより研究された。その結果，アルカニンはシコニン

の鏡像体であることが明らかになった。二種の高等植物が異なる鏡像体を作る場合もある。

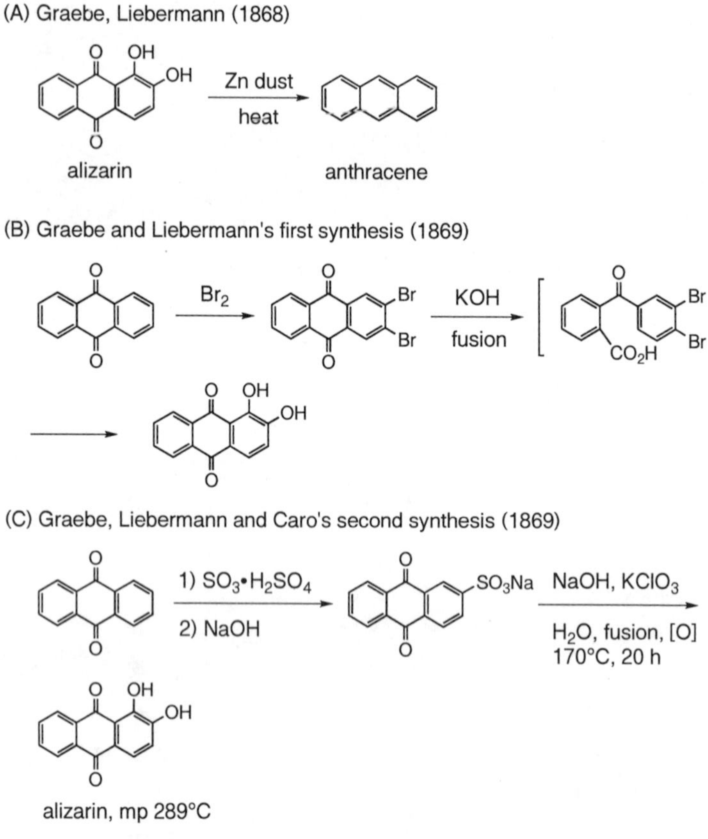

(A) Graebe, Liebermann (1868)

alizarin → (Zn dust, heat) → anthracene

(B) Graebe and Liebermann's first synthesis (1869)

anthraquinone → (Br₂) → dibromoanthraquinone → (KOH, fusion) → [dibromobenzophenone-carboxylic acid] → alizarin

(C) Graebe, Liebermann and Caro's second synthesis (1869)

anthraquinone → 1) $SO_3 \cdot H_2SO_4$ 2) NaOH → anthraquinone-2-sulfonate (SO₃Na) → (NaOH, KClO₃, H₂O, fusion, [O], 170°C, 20 h) → alizarin, mp 289°C

図 23.26　Graebe と Liebermann のアリザリンの研究

　三井石油化学（株）はムラサキグサの細胞をタンク培養した。天然栽培では，ムラサキグサのシコニン含量が 1-1.5% になるまでに 1-4 年を要したが，細胞培養では，23 日間で含量が 15-20% の細胞が得られた。この方法で製造されたシコニンは，口紅用色素として利用され，1989 年にカネボウ（株）より上市された。なお，シコニンの化学合成も達成されている。

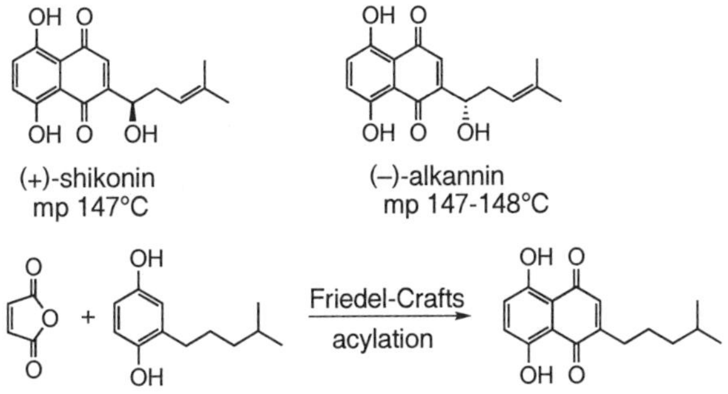

図 23.27 シコニンとアルカニンとの構造

2) カルサミン

エジプト原産のキク科の越年草ベニバナ（紅花, *Carthamus tinctorius*）は，日本では山形と秋田を中心に，かつては広く全国で栽培され，口紅，ほお紅，食紅，絵具に用いられた。しかしこの植物の色素は日光や洗濯に弱いため，今は染料としては用いられていない。

ベニバナの色素であるカルサミンの単離は，1910 年に A. G. Rerkin ［人造染料モーヴェイン（mauveine）の発明者 W. H. Perkin の次男］と亀高徳平（一高）によってなされた。その構造に関しては黒田チカが 1930 年に研究し，図 23.28 に示す式を提案した。その後 1960 - 1980 年にかけて小原平太郎（山形大・工）は，更に詳しく構造研究を続け，現在承認されている *C*-グルコシド型二量体構造式に到達した。

3) カルミニン酸

メキシコのサボテンに付くカイガラムシの一種で，エンジムシ（*Coccus cacti*）という虫は，現在ジャバで大量飼育されている。この雌の虫体の乾燥物は，コチニール（cochineal）とよばれ，赤色である。このもの 1 kg から 50 g の赤色結晶として図 23.28 に示すカルミニン酸が得られる。

カルミニン酸の構造の概略は，Dimroth の 1909-1920 年の研究で判明したが，1959 年に Haynes が現在の *C*-グルコシド構造を提案し，それが承認されている。この色素は，ジュースやゼリーの橙色着色料として用いられている。

本節で述べた天然色素の研究が発端となって，人造染料や，現在の機能性

色素の世界が出現したのである。

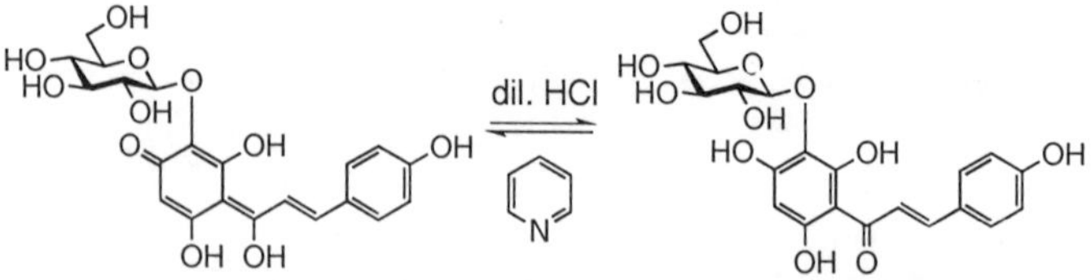

carthamin (Kuroda, 1930) ⇌ (dil. HCl / ピリジン) isocarthamin

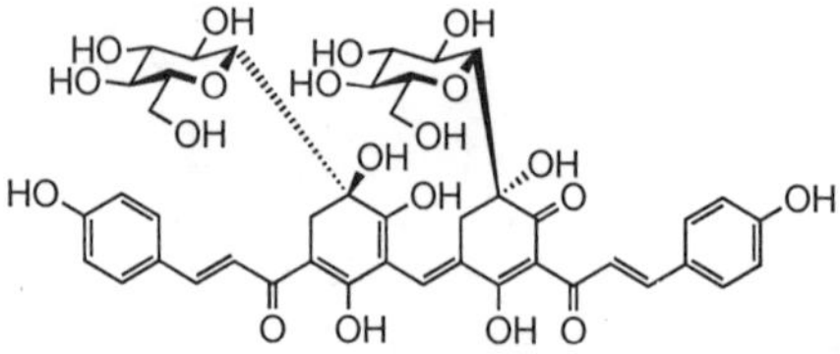

carthamin (Obara, 1979; Sato, Obara, 1996)

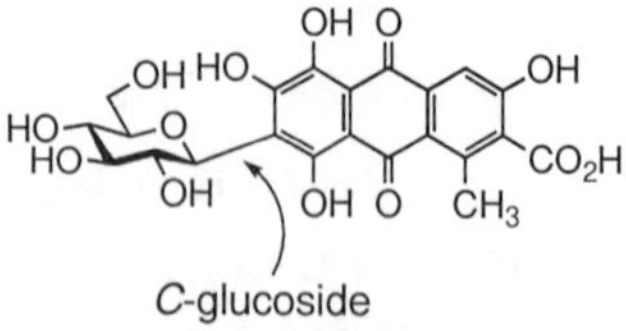

C-glucoside
carminic acid (Dimroth, Haynes)

図 23.28　カルサミンとカルミニン酸との構造

23.4　環境と有機化学

　有機化学の歴史から始まって有機化学を勉強してきた私達は，遂に最終節に到着した。有機化学は，人間の生活環境にどのような影響を与えたか。そして，負の影響の暗黒の中に，どのようなほのかな曙光を感じ取れるか。化学生態学は，人間を取りまく生物環境を明らかにし，全ての生物に幸せをもたらす共生の世界の構築のための道具となるか。それらをこの節で学び，有機化学の旅を終ることとしよう。

23.4.1 環境と人間と化学とのかかわり
1) 公害

化学は公害をひきおこしたと世間はいう。公害とは何か。小学館版日本語大辞典によると，**公害**（pollution）とは，「人の事業や活動などにともなって生じる大気汚染や水質汚濁および騒音や悪臭などが，人の健康や生活環境に被害を及ぼすこと」である。

大気汚染・土壌汚染・食品汚染・水質汚濁・悪臭・いずれも化学と関係する。公害を発生させたのが，化学と化学工業だったとすれば，公害をできるだけ少なくするのもまた未来の化学と化学工業の役目である。

日本における公害事件の原点は，明治時代の足尾銅山鉱毒事件である。これは無機化学の問題とも言えようが，反対運動の中心人物の田中正造は今も人々に名を知られている。田中正造が1913年（大正2年）9月4日，谷中村へ帰る途中に病気で倒れ，73才の生涯を閉じた時，彼が持っていたのは，手帳・新約聖書・帝国憲法・チリ紙・そして石ころ（何のためだったのか？）ということだ。帝国議会の議員としての地位を捨てて公害反対をつらぬいた彼の手帳に残された最後の言葉は，1913年9月2日付であり，「悪魔ヲ退クルノ力ナキハ其身亦悪魔ナレバ也。コヽニ於テカ，懺悔洗礼ヲ要ス。」である。彼が「聖書ハ読ムニアラズ。行フモノナレバナリ。」と言いつつ送った戦闘的生涯の陰に隠れて忘れられがちなのは，古在由直（東大・農芸化学教授。後に東大総長）である。古在は，水中の銅イオン濃度と硫酸濃度を正確に測定し，足尾銅山からの廃水こそが，農作物減収の原因であることを明白にしたのである。公害の立証と原因解明には，昔も今も化学者が必要である。昭和の公害・水俣病については，詳しく後述する。

2) 環境倫理学

アリストテレスが，大著「ニコマコス倫理学」を書いた時のギリシアには，大きな環境問題はなかった。しかし，現代では環境問題を扱う倫理学が必要だ。それを**エコエチカ**（Ecoethica，生圏倫理学）とよぼうと，哲学者今道友信先生は述べている。（今道先生は，東大紛争終了後1970年頃，東大文学部長であられた。林健太郎総長のもとで東京大学改革室員であった私は，今道先生の次の言葉に全く同感し，以後私淑している。「学生達は，私共教官が

専門馬鹿であると申しますが，私共から専門を取ったら本当の馬鹿でございます。」）今道先生の所説を紹介しよう。

20世紀において人権は確立された。科学技術の成果が広く人類に役立ったのは誇るべきである。しかしその20世紀に多数の餓死者や交通事故死者，そして多数の戦死者さらには公害による死者が出たことを，我々は恥としなければいけない。20世紀の誇るべき成果の原因は，隣人愛での知行一致と科学技術での知行一致である。孔子やソクラテスが提示した知行一致という誠実の徳の現代的完成が誇るべき成果を生んだ。しかし，恥ずべきことの原因は何であったか。正義，賢慮，勇気，節制という社会倫理の基本を忘れて社会を成長・巨大化させてしまったことである。そこで，エコエチカで新しい社会倫理を構築しよう。エコエチカでは，時間の倫理「他人の時間を盗まない」，音の倫理「他人の静穏をこわさない」，安全「他人を危険に巻き込まない」が重要となり，安全がとくに重要な徳目となって，共同責任の倫理が課題となる。以上が今道先生の提言である。

3) 私の環境倫理学

環境と化学との関係を，このような基本倫理に立ち戻って考えることは，重要である。私の環境倫理学の基本は何か？

第一に，人間は自然界の所有者ではなく，管理者に過ぎないという思いである。管理者は，一時それを管理させてもらっているだけで，好き勝手にしてよいというのではない。聖書に「人は，海の魚と，空の鳥と，地に動くすべての生き物とを治めよ。」（創世記1章28節）とあるとおり，人は治めるのであって暴君になるのではない。

第二に人間は，自分が管理をまかされているものを，よりよい状態にせねばならないということだ。聖書を見よう。「天の国は，ある人が旅に出る時，その奉公人たちを呼んで自分の財産を預けるようなものである。すなわちそれぞれの能力に応じてある者には5タラントン（これは普通の労働者の10年分の給料にあたる大金だ），ある者には2タラントン，ある者には1タラントン（タラントンがタレントという言葉の語源である）を与えて旅に出た。主人が旅に出ている間に，5タラントン預かった者はそれを用いて他に5タラントン儲けた。2タラントン預かっていた者も2タラントン儲けた。1タラ

ントンしか預からなかった者は主人が怖いので金をなくさぬよう地に穴を掘って隠しておいたので1タラントンしかなかった。主人は儲けた者には，＜良い忠実な奉公人よ，よくやった。おまえはわずかなものに忠実であったから，多くのものを管理させよう。主人と一緒に喜んでくれ＞と言った。」（マタイによる福音書25章14‐30節）。私達は，自分が管理しているものを，次代の人にもっとよくして渡さなくてはならない。

　第三に私達は，食物があって生活出来るのを当然と思うのではなく感謝しなくてはいけない。「私達に必要な糧を今日与えて下さい」（マタイによる福音書6章11節）と祈り願わなくてはいけない。当然だと傲慢になってはいけないということだ。これは第二次大戦の頃の食糧難を経験した私には，よくわかる。

　とにかく，宮沢賢治［盛岡高等農林学校（現・岩手大学）農芸化学科1918年卒業］の言葉を借りれば，「すべての生物に眞の幸をもたらす世界を作ろう」ということだ。

4) 化学生態学

　1975年にアメリカで，*Journal of Chemical Ecology* という学術雑誌が創刊され，**化学生態学**（chemical ecology）という学問分野が定着し始めた。化学生態学とは，**信号物質**（セミオケミカル semiochemicals, フェロモンなどの微量生物活性物質）を介して起る生物間の交信を，同一種間・異種間を問わず調べて，物質を介しての生物間相互作用を明らかにしようとする学問である。生物環境内での物質，とくに有機化合物の機能を，個体内でなく集団構成員の相互作用としてとらえるから，生態学である。しかし方法論として分析化学と合成化学を用いるから化学である。生物間相互作用をよく知ることが，環境のよりよい理解へとつながり，環境への負荷を出来るだけ小さくしながら人類が生存して行くことを可能とするのではないかとの考えから，盛んに研究されているのが，化学生態学である。本節の最後には，化学生態学の研究例を紹介し，それが人間の知恵を豊かにし，未来への希望のもととなることを述べよう。しかし，その前に，暗黒を直視しなくてはいけない。

23.4.2 水俣病
1) 水俣病の発生

水俣病は，新日本窒素（株）[現，チッソ(株)]でのアセチレンの水和によるアセトアルデヒド製造に伴って起った公害病である．アセチレンの水和反応は 8.7.2 3) で述べたが，図 23.29 に再録する．この方法でチッソは，年間平均約 2,000 トン（日本全国の生産量の約 1/3 の量）のアセトアルデヒドを製造していた．

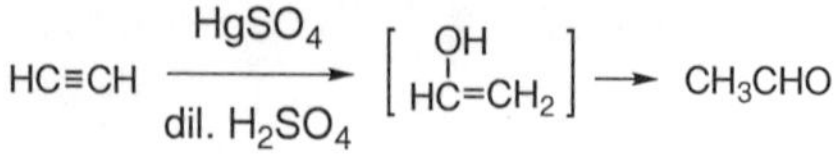

$$HC \equiv CH \xrightarrow[\text{dil. } H_2SO_4]{HgSO_4} \left[\begin{array}{c} OH \\ | \\ HC=CH_2 \end{array} \right] \longrightarrow CH_3CHO$$

図 23.29 アセチレンの水和反応

1945 年にアメリカ空軍の空襲で廃虚と化した水俣工場ではあったが，ここでは 1932 年から 1968 年までの 36 年間，上記の硫酸水銀（II）を触媒とする方法で，アセトアルデヒドが作られていたのである．

ところが 1952 年に，水俣海岸の漁業従事者地域で，ネコがふらふら踊るように歩くのが見られ，やがて海では死んだ魚が，陸では死んだネコが見られるようになった．そして 1953 年 12 月 1 日，9 歳 10 カ月の女児が発症し，56 年 3 月 15 日に死亡した．また，1958 年 8 月には，カニを 1 日 10 匹位 10 日間食べた少年が発症している．症状は，言語不明瞭，歩行不安定，知覚障害，視野狭窄，精神錯乱である．1953-1960 年に 61 名の急性・亜急性患者が出，最終的には 98 名が水俣病と公式認定された．さらに胎児性水俣病患者が 20 人発生した．この病気は，塩化メチル水銀の脳内蓄積によって起る精神障害であることが，後に判明した．

2) 水俣病の原因究明

この病気の原因究明は，喜多村正次，武内忠男，入鹿山旦朗，瀬辺恵鎧ら，熊本大学医学部の研究者により行われた．（入鹿山先生は，東大医学部生化学教室から熊本大へ移った人で，私は同先生のお嬢様と高校で同級生だった．）

先ず彼らは，次のような事実を把握した．(a)魚介類を加熱炭化させると毒性は消失する．(b)水俣湾産の貝中には 100 ppm 以上の水銀が蓄積されている．イガイの神経節に，最高濃度の水銀があった．また魚介を食べた動物の

脳に，多くの水銀がある。(c)水俣湾の泥土を入れた海水中でアサリを1カ月飼育しても，水銀は2 ppm位しか蓄積しない。また水俣湾の泥土を入れた水中でフナを1カ月以上飼育してから，そのフナを食べさせた動物には毒性が発現しない。塩化水銀（II）を添加した海水中でアサリを飼育すると，水銀は神経節ではなくエラにたまる。以上のことから，水俣病の原因は無機水銀ではなくて，何らかの有機水銀化合物であると推定した。

次に，どのような有機水銀化合物が，アサリに蓄積されるのかを調べた。すなわち，水銀として0.2-0.3 ppmとなるように各種有機水銀化合物を添加した海水中でアサリを飼育し，貝肉をペプシンで分解した後，塩酸酸性として水蒸気蒸留し，留出液中の水銀量を定量した。その結果 CH_3HgCl, C_2H_5HgCl, $CH_3(CH_2)_2HgCl$ では多量の水銀が検出されることがわかった。$(CH_3)_2CHHgCl$ や $CH_3(CH_2)_3HgCl$ では，検出される水銀量はきわめて少なく，無機水銀や C_6H_5HgCl の添加では，留出液に水銀は検出されなかった。以上のことから，CH_3HgCl, C_2H_5HgCl, $CH_3(CH_2)_2HgCl$ のどれかが原因物質と考えられた。

3) CH_3HgCl の単離・同定

熊本大学の研究者は，1959-1960年に，水俣工場のアセトアルデヒド生成槽の連結管から採取した水銀カス中に，エーテルやクロロホルムに可溶な有機水銀化合物を発見し，それを分析した。

すなわち，約3 gの水銀カスを50 - 60 mlの蒸留水と混ぜ，（pH 1.6 - 1.8の酸性であった），水蒸気蒸留し，留液300 mlをとり，冷却後濾過して，約5 mgの水銀を含む濾液を試料として得た，この操作を100回繰り返し，100回分を合わせてエーテルで抽出した。エーテル溶液を濃縮して，無色鱗片状でmp 174℃の結晶を得た。

この結晶の元素分析の結果は，実測値：C, 4.97; H, 1.26; Cl, 13.36; Hg, 79.3%（CH_3HgCl としての計算値：C, 4.78; H, 1.21; Cl, 13.36; Hg, 79.3%）であった。また IR νmax 1191 (w), 788 (s) cm^{-1} は，CH_3HgCl の標準試料のそれと一致した。したがってこの結晶は CH_3HgCl と同定された。さらにアセトアルデヒド精留塔のドレーン廃水および排水溝の泥土から CH_3HgCl が得られた。

CH_3HgCl をネコなどの実験動物に与えると，水俣病が発症することで，原因物質の究明は完結した。なお1964年には，水俣湾魚介類のタンパク質をペ

プシンで消化後，塩酸酸性として水蒸気蒸留をして得た留液を，塩酸酸性として有機溶媒で抽出することにより，魚介から実際に CH_3HgCl が同定されている．

この研究は熊本大学研究班の大きな成果であった．それに反し，某有名大学の K 教授は，水俣病は腐敗魚介類のアミンによる食中毒だとの説を提唱して，水銀触媒法によるアセチレン製造との因果関係を否定していた．

4) 水俣工場における水銀の物質収支

図 23.29 に示したように，アセチレンの水和によるアセトアルデヒドの合成から始まって，新日本窒素（株）では，酢酸，酢酸エチル，酢酸ビニル，1-オクタノールなど多くの有機薬品を製造していた．

アセチレン水和反応の触媒は，Hg^{2+} である．しかしアセトアルデヒドには還元性があるので，Hg^{2+} は Hg に還元され，液状の水銀が反応系外へ析出する．それを防ぐためには，酸化剤が加えられていた．1951 年までは MnO_2 が加えられ，1968 年までは $Fe_2(SO_4)_3$ が酸化剤として用いられ，Fe^{3+} の還元で生成した Fe^{2+} は，硝酸で再び Fe^{3+} に酸化されていた．

水銀は高価な金属である．2005 年で 1 kg 23,400 円と試薬価格表に書いてある．水銀の損失は，工場にとって経済的に重大な問題である．1953-1963 年の 10 年間に水俣工場で毎年 10 トン強，1959 年には 34 トンもの水銀が反応系から流出して，補充しなければならなかった．1966-1968 年は，アセトアルデヒド製造は閉鎖系で行われ，外部への水銀流出はない．しかし，1932-1965 年の 34 年間で，総計 380-455 トンの水銀が反応系外に放出された．水俣湾内の水銀堆積量は 70-150 トンと考えられている．

5) CH_3HgCl の成因

図 23.29 に示したアセチレンの水和の反応式では CH_3HgCl など書かれていない．この反応の機構は図 23.30 (A) のように考えられる．

実は，この反応の際に CH_3HgCl が生成することについては，早くも 1955 年に旧ソ連の G.A. Razuvaev (*Zhu. Obsch. Khim.* **1955**, *25*, 665) が，図 23.30 (B)-(D) のような説を提出していた．水和反応は，空気中で行われるから，酸素が反応系内に存在している．アセトアルデヒドは酸素で酸化されて過酢酸となる．生成した過酢酸の大部分は，アセトアルデヒド 1 分子を酸化する

ことで酢酸となる。ところが過酢酸の一部は，(D)に示すラジカル開裂により，アセトキシラジカルを与える。アセトキシラジカルは分解して，二酸化炭素とメチルラジカルになる。メチルラジカルは $HgCl_2$ と反応して CH_3HgCl が生成する。水俣工場は海岸にあったので，用水中には Cl^- が存在し，アセトアルデヒド合成反応の母液中の Cl^- 濃度は 1,000 - 2,000 ppm もあったので，CH_3HgCl が生成した。

入鹿山，喜多村，田島静子らも，それぞれ CH_3HgCl の生成機構について研究した。田島も，喜多村も，製造されたアセトアルデヒドから約 0.1% の収率で CH_3HgCl が生成したと結論した。現場では，使用したアセチレンに対して，約 0.016 - 0.042% の収率で CH_3HgCl が副生したと考えられている。

(A) $HC \equiv CH + Hg^{2+} \longrightarrow HC \overset{Hg^{2+}}{=\!=\!=} CH \longrightarrow Hg^+CH=CHOH$
$\longrightarrow Hg^+CH_2CHO \xrightarrow{H^+} Hg^{2+} + CH_3CHO$

(B) $HC \equiv CH + H_2O \xrightarrow{Hg^{2+}} Hg^{2+} + CH_3CHO$

$CH_3CHO + O_2 \longrightarrow CH_3\text{-}\underset{\underset{O}{\|}}{C}\text{-}OOH$
peracetic acid

(C) $CH_3\text{-}\underset{\underset{O}{\|}}{C}\text{-}OOH + CH_3CHO \longrightarrow 2\ CH_3CO_2H$
acetic acid
(major reaction)

(D) $CH_3\text{-}\underset{\underset{O}{\|}}{C}\text{-}OOH \xrightarrow[\text{radical cleavage}]{-HO\cdot} CH_3\text{-}\underset{\underset{O}{\|}}{C}\text{-}O\cdot \xrightarrow{-CO_2} H_3C\cdot$
methyl radical

$\xrightarrow{HgCl_2} CH_3HgCl + \cdot Cl$

$CH_3\text{-}\underset{\underset{O}{\|}}{C}\text{-}OOH + HgCl_2 \xrightarrow{(94.7\%)} CH_3HgCl + CO_2 + HOCl$
(minor reaction)

(E) $CH_3CHO \xrightarrow[(0.1\%)]{O_2,\ HgCl_2} CH_3HgCl$

図 23.30 アセチレンの水和反応と CH_3HgCl の生成

6) 水俣病の教訓

　私の書いた「有機化学 I, II, III」では，反応は全て矢印で示し，出発物，試薬，生成物を明示して来た。しかし多くの有機化学反応では，主生成物の他に少量の副生成物を与える。実験に際し黒色タール状副生成物が出来てしまうのは，よくある話である。

　論理的に有機化学を構築するために，有機化学者は一次近似の手法を用い，主生成物のみを議論して微量の副生成物は無視してきた。水俣病は，0.1% 以下の収率で生成する微量副生成物が悲惨な病気をもたらした例である。一次近似の積み重ねで構築されている自然科学の論理の隙間が，重大な被害をもたらしたわけだ。

　化学技術者は，主生成物のみならず副生成物にも注意を向けなくてはならない。また，年間10トン以上の水銀が系外に放出されていた状況を，おかしいと感じる感受性を持たなくてはならない。そして，おかしいと思ったら，それを何とかしようという勇気を持たなくてはならないのだ。21世紀の環境倫理学は，化学技術者にそれを要求するであろう。なお，新日本窒素（株）の水俣病に対する対処の仕方の問題点の遠因は，第二次大戦の戦前・戦中に同社の前身である朝鮮窒素（株）が朝鮮でやっていた人命を何とも思わない経営体質に由来するとの指摘もある　［石田雄著：「権力状況の中の人間 ― 平和・記憶・民主主義」影書房（2001年），p. 230］。

　私は，1998年夏，オーストラリアのメルボルン大学に客員教授として滞在していた間に，水俣病に関する多くの一次文献を読んだ。文献のコピーは，私の東大時代の学生で当時環境庁水俣病研究センターに勤務していた山根一祐博士により，私に提供された。勉強し終ってから私は，「水俣病とは何か知っているか」とメルボルン大学化学科の先生方に尋ねた。無機化学の教授が答えた。「無機水銀が放出され，生物により有機化されて被害を与えた公害だ」と。多くの人がこう考えているので，喜多村正次が1967年に言った言葉をここに再録する。水俣では「工場で副生され，排水とともに一旦希釈放流された CH_3HgCl が，自然界で生体濃縮され，食物連鎖を経て人体へ到達し，障害を惹起した」のである。

23.4.3 塩素系殺虫剤 DDT
1) DDTの発明

殺虫剤としてのDDTは，6.6で述べた。ここでは，もう少し詳しくDDTについて学ぼう。DDT〔dichlorodiphenyltrichloroethane：正しくは，di-(4-chlorophenyl)-2,2,2-trichloroethane〕は，1874年にZeidlerによって図23.31に示すようにクロラールとクロロベンゼンの脱水縮合によって合成されていた化合物である。

$$Cl_3CCH(OH)_2 \text{ (chloral hydrate)} \xrightarrow[-H_2O]{H_2SO_4} Cl_3CCHO \xrightarrow[30°C, 4h (65-69\%)]{C_6H_5Cl, H_2SO_4} \text{DDT (mp 108°C)}$$

図23.31 DDTの製法

1939年にこの化合物は，スイスの化学会社 GEIGY 社の Paul Müller (1889-1965年，1948年ノーベル生理学医学賞受賞) によって再び合成された。当時 GEIGY 社では，殺虫剤を化学合成で製造しようと考えていたのである。それまでは，殺虫剤としてはニコチン，ロテノン，ピレトリンのような天然有機化合物が用いられていたが，これらは不安定で長持ちしなかった。

Müllerの合成したDDTは，各種昆虫に強い殺虫性を示し，GEIGY 社は1943年にスイスとイギリスの特許を取得した。表23.6に示すように，殺虫剤としてDDTは，速効性でないという問題はあるものの，他の全ての要件を満足する薬剤であり，1942年にまずスイス国内でGesarolという名で発売され，世界中に使用が広まって行った。

2) DDTの使用と効果

DDTの開発と同時に起ったのが，第二次世界大戦である。戦争により，世界中で衛生状態が悪くなり，チフスやマラリアなどの伝染病が流行した。DDTはチフスを媒介するシラミ（*Pediculus humanus corporis*）や，マラリアを媒介する蚊（*Anopheles*），黄熱病やマラリアを媒介する蚊（*Aedes aegyptii*）の駆

除にきわめて有効であることが判明した。ナポリでのチフスの流行を抑えたし，イタリヤやスリランカでのマラリアの流行を防止できた。

日本でも第二次大戦後のチフスの流行を押さえるために，アメリカ占領軍の兵士によって，各家庭，学校，電車の駅で乗り降りする日本人に頭から真白になるほど大量のDDTがかけられた。1945-1947年のことである。おかげでチフスはおさまった。このようなすばらしい効果により，Müller は 1948年度のノーベル生理学医学賞を受けた。

要件	1）昆虫に対して毒性が強いこと。 2）毒作用が急速に始まること。 3）哺乳動物や植物に毒性がないこと。 4）皮膚を刺激せず不快臭がないこと。 5）節足動物に広く作用すること。 6）化学的に安定で，長期間作用が継続すること。 7）安価なこと。	
薬剤名	上記を満足	不満足
ニコチン	1, 2, 5, 7	3, 4, 6
ロテノン	1, 3, 4, 5	2, 6, 7
ピレトリン	1, 2, 3, 4, 5	6, 7
DDT	1, 3, 4, 5, 6, 7	2

表23.6 殺虫剤としての要件7点から比較したDDTと天然殺虫剤の有用性の優劣

農業害虫と林業害虫に対する殺虫効果もまた抜群であった。アメリカ・オレゴン州では，森林害虫駆除のため1 kg/ha ほどのDDTが散布され，成功をおさめた。DDT散布のおかげで，ジャガイモはコロラドポテト甲虫の食害を免れ，25% 増収した。また牧草アルファルファは，DDTの使用により 36% 増収した。

優れた殺虫効果のため，アメリカでは 1965 年 1 年間で 8 万トンもの DDTが使用された。アメリカで製造された DDT は，1944-1970 年で 110 万トンにのぼる。

3) DDTの環境での代謝経路と生物への影響

DDTは，環境中で天然殺虫剤より安定であり，しばらく残存する。環境中でのDDTの代謝分解経路を図23.32に示す。

殺虫剤としての大量使用が始まると，ハエや蚊のような昆虫がDDTでは死ななくなってきた。抵抗性の獲得である。DDTを代謝して低毒性にしてしまい生き残る昆虫が突然変異により出現し，化学会社は次々と新しい殺虫剤を開発する必要に迫られた。

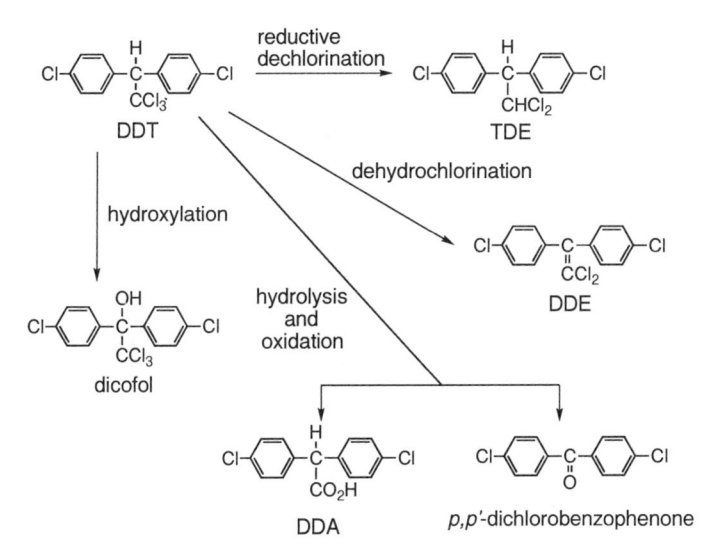

図23.32 DDTの代謝分解経路

次に，環境で野生生物に異変が現れた。アメリカでコマドリが死んで行き，イギリスでもアメリカでもハヤブサが死んで行った。DDTの代謝物であるDDEが，鳥の卵の殻を薄くしてしまい，雛が育たず死ぬのである。種子にDDTを施用すると，畑に蒔かれた種子を食べた小鳥が死んだ，さらに，水生生物にも毒性がおよび，えらにDDTが蓄積した魚が死んで行った。

このような事実を目撃したアメリカの生物学者Rachel Carson（1907-1964）が1962年に書いた"Silent Spring"という1冊の本が，環境問題に人々が目覚める大きな契機となった。私達は，子孫に，春になっても鳥が歌わぬ荒廃し

た自然を残してよいのか，という問題提起であった。以後，ノーベル生理学医学賞に輝いたこの殺虫剤 DDT は，環境での残留性のために使用禁止されて行ったのである。

4） DDT の教訓

DDT をきっかけに，殺虫剤に限らず殺菌剤や除草剤など農薬の使用については，注意深い規制がなされている。哺乳動物や鳥類・魚類に対する安全性の評価と，作物や土壌での残留性の評価が必ず行われ，安全で残留しにくいものが選抜されている。また次世代に対する遺伝的影響も調べられている。詳しくは巻末に参考書として挙げてある梅津憲治著：「農薬と食：安全と安心」を参照してほしい。なお，私は，農薬は人間に必要な食糧を生産するために必要不可欠であり，管理者としての人間が，必要最小限の量を用いることは許されると考えている。虫一匹といえども殺生してはいけないと思う人は，別の考え方を持つであろう。

23.4.4 内分泌撹乱物質

1998 年頃，**内分泌撹乱物質**（endocrine disrupters）という言葉がマスコミで大きく報道された。更に日本では「環境ホルモン」という言葉まで使用された。環境中に放出される化学物質の生理作用について，私達は研究と分析評価を怠ってはいけないが，無用に騒ぎをあおり，余計な出費を強いるのもいけない。本節では，この問題を取り上げる。

1） 自然界に存在する性ホルモン類似物質

エストラジオールなどの女性ホルモンと類似したホルモン作用を示す物質が，天然有機化合物の中には知られている。本書ですでに述べたものではあるが，図 23.33 に再録しよう。このような化合物は，**ホルモン類似物質**（hormone mimics）とよばれる。

クメストロールはラジノクローバーという牧草中にあり，エストラジオールの 1/1000 の女性ホルモン作用を示す。ゼアラレノンは，*Gibberella zeae* というカビがサイロの中の牧草で繁殖した際に生産される。この二つの化合物を含む牧草を食べた牝牛や牝馬が，異常を示したことから，これらの化合物のホルモン作用が判明したのである。

また，ダイズエインは，大豆中のイソフラボンであり，エストラジオール

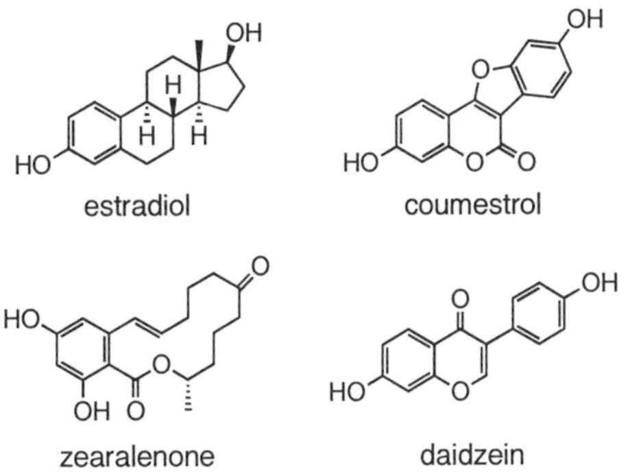

図 23.33 女性ホルモンとその類似物質の構造

の 1/10000 の女性ホルモン作用を示す。しかし、女性が大豆を食べて変になるわけではない。大豆を食べるよりもっと大きな影響を、以下の人工のホルモン類似物質が及ぼすのかどうかが問題なのである。

2) 人工の性ホルモン類似物質

色々な合成化学製品に性ホルモン作用があるといわれているが、はっきりしているのは、**ジエチルスチルベストロール**（diethylstilbestrol, DES と略される）である。DES は、合成女性ホルモン剤として、妊娠中の女性に 1946 年頃から流産防止剤として用いられていた。ところが 1970 年になって、DES を与えられた母親から生れた娘に、早期の膣ガンや子宮奇形が発生することが判明し、1971 年に DES の使用は禁止された。DES は体内のホルモン受容体と結合して、ホルモンと同様の作用を示すと考えられている。p-オクチルフェノールやビスフェノール A（図 23.34）にも、そのような作用があると主張する人もいる。

人工内分泌撹乱物質の疑いがもたれた化合物の構造を、図 23.34 に示す。これらの化合物の有害性に関しては、まだ科学的な議論が続いており、図 23.34 に示す化合物が全て有害と決まったわけではない。

3) 内分泌撹乱物質の各論

(a) **ビスフェノール A** は、ポリカーボネート樹脂として歯科材料（詰め物）やコップなどに広く用いられている（図 23.34 の下の方）。この樹脂の加水分解で生ずるビスフェノール A には、エストラジオールの数千

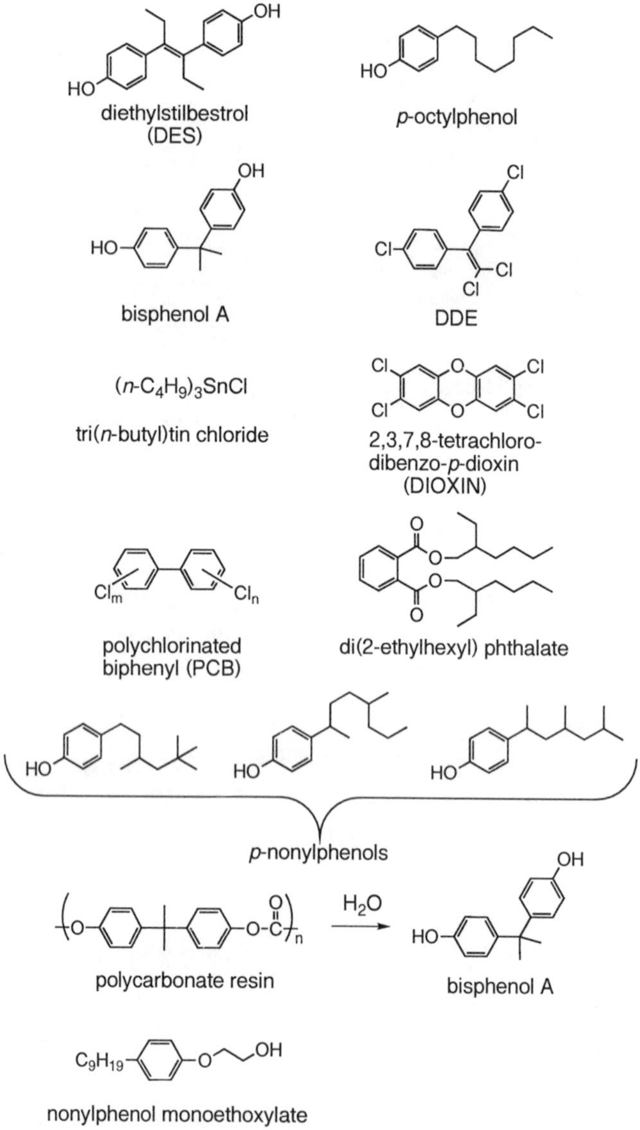

23 有機化学と人生

図 23.34 内分泌撹乱物質の構造

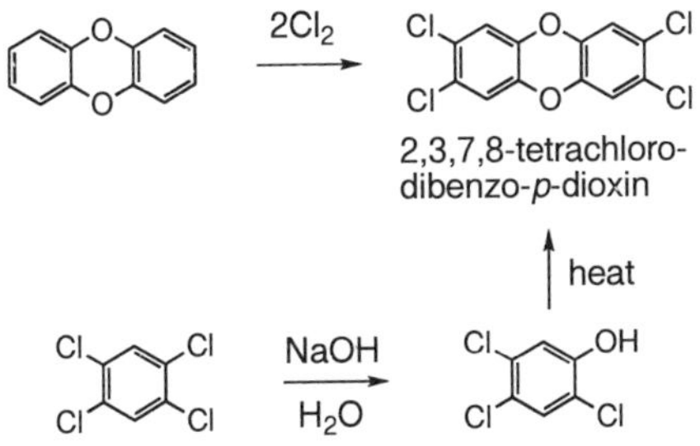

23.4 環境と有機化学

図23.35 ダイオキシンの生成反応

分の一から数万分の一のホルモン作用があるといわれているが、定かではない。

(b) **p-ノニルフェノール**は、日本で年間2万トン製造され、ノニルフェノールモノエトキシラート (nonylphenol monoethoxylate, MPEO) に加工されて、非イオン性界面活性剤・工業用洗剤・分散剤として用いられていた。

(c) **フタル酸エステル** ［di (2-ethylhexyl) phthalate, DEHP と略される］ は日本で年間32万トン製造され消費されていて、現在までには1,200万トンも製造された。ポリ塩化ビニルの可塑剤として使用されている。ポリ塩化ビニルの重量の40%もこれが入っているものがあり、弱い性ホルモン活性を示すという。このものが男性の精子数を減少させるという説があるが、定かではない。

(d) **ダイオキシン** (dioxin) は毒性が大であるとされており、マウスでは LD_{50} (半数致死量) 0.6-2.0 μ g/kg である。しかし、人間にはそのような高い毒性は示さないという説が現在では有力である。塩素を少し含むゴミを180-400℃で燃やすと生成する。生成機構は、まず骨格が出来て、それが塩素化されると考えられている (図23.35の上部)。合成化学的には、図23.35の下部にあるように2, 4, 5-トリクロロフェノールから出来る。ダイオキシンは700℃にすると分解してしまう。なお、毒性の強いテトラクロロダイオキシンは、人間活動が始まるずっと以前の先カンブリア紀の岩石中からも検出されているから、人間による

廃棄物がなくても，必要な元素全てがあって一定条件で熱がかかれば出来るらしい。

(e) 塩化トリ(n-ブチル)スズのような有機スズ化合物は，船舶の船底塗料に混合して，1960年代から用いられてきた。スズ化合物がフジツボなどの船底への着生を防げ，船底の抵抗増大による航行速度低下を防ぐからである。塩化トリ(n-ブチル)スズの1 ng/l でイボニシという巻貝の雌に，雄の生殖器官である陰茎と輸精管が不可逆的に形成されて発達する。すなわち，雌が雄性化した擬似雌雄同体の現象が起る。塩化トリ(n-ブチル)スズにより，ホルモン生合成のバランスが崩れ，男性ホルモン濃度が増大するためだと言われている。スズ化合物のこのような効果は，哺乳類に対しては知られていない。

4) 内分泌撹乱物質研究の今後

内分泌撹乱物質の生理作用と毒性については，未だ解明されていない部分が大きい。高分子化学製品をはじめ生活に密着した資材と家庭ゴミが排出の原因と考えられるだけに，推論でなく確実な実証研究が必要である。

有用日常生活品については，その有用性と危険性とを天秤にかけた，冷静な定量的判断が必要である。巻末参考書の中に挙げた「環境リスク管理と予防原則（中西準子）」を参照されたい。環境での残存量の分析データの蓄積も必要である。日本の環境でのダイオキシン濃度は，1970年頃をピークにして，減少してきていることが，多数の分析データから明らかになった。何はともあれ，廃棄物の量を減らすことを考えねばならない。日本人は，3700万トン/年(2004年度は5,000万トン)という世界最大量のゴミを焼却処理している。このゴミの量は，アメリカの1.3倍，そしてドイツの4倍だそうである。

23.4.5 化学生態学の研究例と応用例

化学生態学の中の大きな分野であるフェロモンの化学に関しては，私の書いた「生物活性物質の化学」（2002年，化学同人）にかなり詳しく説明してある。本書では，まず植物化学生態学の話題を一つと，次にフェロモンの研究と応用の最近の実例とを挙げよう。

1) 寄生植物の種子発芽誘導物質ストリゴラクトン類

生物界では，ある種の生物が他種の生物と共に生活していることがある。

23.4　環境と有機化学

一緒に生活していることで両者が得をしている時は，その関係を**共生**（synbiosis）という。そうではなくて，寄生者が得をして宿主が損をしている時は，その関係を**寄生**（parasitism）という。ストリガ（*Striga*, witchweed）は，イネ・ソルガム・トウモロコシ・サトウキビなどの根に寄生する植物である。自分で光合成をしてピンクの花を咲かせるが，自分の生活に必要なエネルギー全てを自分で生産できないので，宿主から養分と水とを貰って育つ。このためアフリカでの主食であるソルガムやトウモロコシの生産を著しく妨害している。ストリガの他にオロバンキ（*Orobanche*）という寄生植物もある。

寄生植物の種子が発芽するためには，宿主植物の根から分泌される**ストリゴラクトン**（strigolactones）と総称されるラクトン類（図23.36）が必要であ

strigol
(Cook, 1966)

sorgolactone
(Schildknecht, 1992)

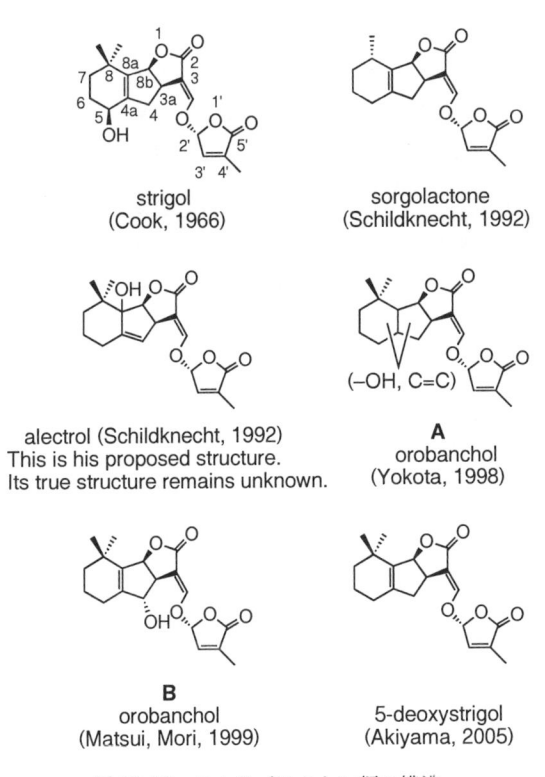

alectrol (Schildknecht, 1992)
This is his proposed structure.
Its true structure remains unknown.

(−OH, C=C)
A
orobanchol
(Yokota, 1998)

B
orobanchol
(Matsui, Mori, 1999)

5-deoxystrigol
(Akiyama, 2005)

図23.36　ストリゴラクトン類の構造

ることが，20世紀後半の研究で判明した。

　最初に発見されたストリゴールの構造は，X線結晶解析でCookらによって1966年に決定されたが，他のストリゴラクトン類の構造研究は困難をきわめた。Schildknechtらが1992年に単離したソルゴラクトンの構造は，Zwanenburgらと松井順一と森の合成で決定されたが，同年にSchildknechtらが単離したアレクトロールの構造は，まだ不明のままである。Schildknechtらが推定した構造を有する化合物は，松井順一と森により合成されたが，合成品は，天然物と一致しなかった。横田孝雄（帝京大）らが1998年に単離したオロバンコールには**A**の推定構造が与えられたが，松井順一と森の合成で**B**が正しい構造であることが判明した。

　上記のストリゴラクトン類は，エノールエーテル結合が分子内にあるので，きわめて不安定である。もし，安定でしかも大きな発芽誘導活性を示す化合物を創製出来れば，それを畑に蒔いてストリガの種子を発芽させることが出来る。宿主の作物がない時に寄生植物の種子を発芽させれば，新芽はそのまま枯れてしまうので，被害を防げるはずである。今後の研究が待たれる。

　最近，2005年に，5-デオキシストリゴールがミヤコグサの水耕液から菌根菌の菌糸分岐誘導物質として，林，秋山ら（大阪府大）によって単離された。菌根菌は，植物根に共生して，土壌中の養分を植物に与えるとともに植物から糖分をもらっている。この共生糸状菌を植物根の方に引き寄せるのが5-デオキシストリゴールということで，興味深い。共生と寄生という生物現象の化学的解明は，学問的にも応用的にも今後の興味深い課題である。

2) アジアゾウのフェロモン

　昆虫フェロモンの研究方法が確立した今，哺乳類をはじめ他の生物のフェロモンの研究が盛んになってきている。ここでは，アメリカの女性教授 L. E. L. Rasmussenによるアジアゾウ（*Elephas maximus*）のフェロモンの研究を例として取り上げる。

　彼女らが，動物園から雌ゾウの尿をもらっては分析していた1990年代半ばには,哺乳類の重要なフェロモンはペプチドではないかという思い込みがあった。そこで彼女は，抽出した試料のゲル濾過でペプチド画分を注意深く観察していたが，何も見つからなかった。ある日，彼女の息子が小学校でいたず

らをして先生が怒って保護者はすぐ学校に来るようにと言った。そこで彼女はすぐ学校へ急ぎ，クロマトカラムのコックを閉じるのを忘れてしまった。その間に試料の溶出が進み，いつもは精査していなかった低分子画分が得られた。そこに性フェロモン活性があったのである。

研究には偶然が作用するが，優れた人だけがチャンスをものにする。彼女が性フェロモンの構造を明らかにして，*Nature* 誌に論文が載ったのは 1996 年である。3,000 *l* の雌ゾウの尿から得られたのは，(*Z*)-7-ドデセニルアセタートと (*E*)-7-ドデセニルアセタート（図 23.37）の 97:3 の混合物であった。これは，蛾の仲間である *Trichoplusia ni* などの雌が性フェロモンとして用いているものと同じ化合物であった。彼女の研究から，象と蛾という全く懸け離れた動物が同じ化合物をフェロモンとして用いていることがわかったのだ。

(A) Female sex pheromone of Asian elephants:

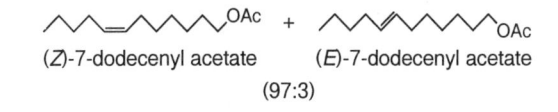

(*Z*)-7-dodecenyl acetate　　(*E*)-7-dodecenyl acetate
(97:3)

(B) Male sex pheromone of Asian elephants:

(1*S*,5*R*)-(−)-frontalin　　(1*R*,5*S*)-(+)-frontalin

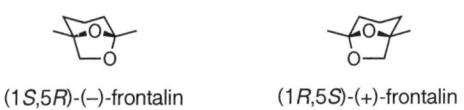

図 23.37　アジアゾウのフェロモン

さて，雌ゾウのフェロモンで引き寄せられる雄ゾウもまたフェロモンを出しているのか。雌ゾウは，雄ゾウの放出するフェロモン情報によって交尾する雄を選択するのだろうか。Rasmussen は，2005 年にこの問題を解明した。雄は繁殖期になって盛りがつくと側頭部（こめかみ）にある分泌腺からフロンタリン（図 23.37）を分泌する。(-)-フロンタリンは，キクイムシ *Dendroctonus frontalis* のフェロモンとして，Kinzer らによって 1969 年に発見されていた。その両鏡像体の合成は，1975 年に私によって行われていた。

キクイムシの仲間では，両鏡像体の混合比が異なるフェロモンがそれぞれ

違う種のキクイムシで用いられていることがすでにわかっている。キクイムシのフェロモンをアジアゾウが同様にフェロモンとして用いているのにはびっくりするが，更に驚いたことに雌ゾウと雄ゾウとの交信では，鏡像体の混合比が重要なのである。

　フロンタリンの分泌量は，雄ゾウの加齢とともに多くなり，10代後半から25年かけて，分泌量が15倍にもなる。そして，盛りがついている期間の始めと終りで，放出されるフロンタリンの鏡像体過剰率（$e.e.$）が変化する。始めは (+)-体が多く，終りには (-)-体が多くなり，盛りの最盛期には，成熟した雄は多量の 0% $e.e.$ に近い（50 : 50 の鏡像体比の）フロンタリンを放出する。フロンタリンの 0% $e.e.$ に近いものによるこのシグナルは，雄ゾウと黄体期および妊娠中の雌ゾウを忌避させるが，濾胞期の（つまり妊娠可能の）雌ゾウを強く誘引する。すなわち，成熟した雄ゾウで 50 : 50 の鏡像体比の大量のフェロモンを放出するものが，子孫を残すのである。

　Rasmussen の研究は，分析技術の進歩によってはじめて可能となった。18.4.3 で述べたシクロデキストリン系の固定相を用いたガスクロマトグラフィー分析で鏡像体比が測定出来たのである。生態学の最新の研究には，有機化学の最新の技術が必要なのだ。象と蛾とキクイムシとが，共通の信号物質を用いているということは，新しい啓示である，「全ての生物に幸せをもたらす世界をつくる」ことへの一歩前進である。学問の価値は，実用性だけではなく，このような知的な興奮を見出すことにもある。

3) 昆虫フェロモンの応用

　私は1973年から，フェロモンの鏡像異性と生物活性との関係を明らかにしようと研究してきた。その当時から，フェロモンは環境に対する負荷の小さい，いわゆる低公害型の害虫防除剤として注目されていた。しかし，実際の害虫防除にフェロモンを使うことに成功して何十億円という売上げを達成している会社は，世界中どこにもなかった。現在，信越化学（株）が世界で唯一，大きな売上げを達成している。1980年に同社がフェロモン事業を開始して以来，開発の中心となってきた小川欽也，手塚晴也（東大農芸化学・有機化学研究室出身）両氏が，有機化学研究室創立50周年記念文集（2003年）に書かれたことを，下記に要約する。

信越化学（株）のフェロモン利用は，**交信撹乱法**（communication disruption）に基づいている．合成フェロモンの放出により，天然フェロモンによる信号を覆い隠し，雌雄の交信を不可能にして，次世代の個体数を減らすという方法である．

開発のためには，多分野の知識と経験とを結集させなくてはならない．(a)有機化学：フェロモンの合成．(b)分析化学：フェロモンの同定と，空気中の微量フェロモン濃度の測定．(c)高分子化学：均一放出性があり，寿命の長い製剤の開発．(d)物理化学：空気中のフェロモンの拡散の解明．(e)昆虫学：害虫の生態，フェロモン受容器と交信撹乱の機作の解明．(f)農学：作物の栽培，被害場所と被害量の測定．

上記の諸点をふまえて，ワタ栽培の世界的害虫であるワタアカミムシ（pink bollworm moth, *Pectinophora gossypiella*）の，フェロモンによる防除に成功したわけである．ワタアカミムシの性フェロモンの構造を図 23.38 に示した．

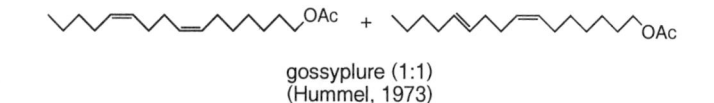

gossyplure (1:1)
(Hummel, 1973)

図 23.38 Hummel らが決定したワタアカミムシの雌の放出する性フェロモンの構造

成功の原因として，小川・手塚は次の点を挙げている．(a)フェロモン製剤設置数：アメリカの昆虫学者の主張した 10,000 個/ha 以上を，ずっと少ない 100-1,000 個/ha に変更した．(b)寿命：2 週間しかなかった製剤の寿命を，栽培全期間中 1 回施用型に変更した．(c)フェロモン原体価格：2 ドル/g を 30-50 セント/g に合理化した．(d)施用量：殺虫剤での経験から一定量を使用していたが，風速と面積のフェロモン濃度への影響を考慮し，風速比例型とした．ら，大面積施用では節約出来た．(e)設置位置：フェロモンは空気よりも重いので，植物体の上部に設置すべきとの従来の指導に対し，フェロモン濃度の実測結果を示し，広い面積の施用では，下部に製剤を設置する方が，直射日光に対する安定性と設置作業の容易さとから望ましいことを示し，設置位置を変更させた．(f)周辺効果：畑周辺部での効果低下の理由は，交尾した雌の他からの飛び込みであるとの説があったが，本当は周辺部でのフェロモン濃

度低下であることを示し，周辺部へのフェロモン剤の追加で解決した。(g) 天敵：ワタでのオオタバコガ，コナジラミや果樹でのダニ，ハモグリガが天敵で防除できる場合が多いことを示し，フェロモン使用による総合的害虫防除実現の可能性を示した。(h)抵抗性発現：交信撹乱法では抵抗性は発現しないと従来考えられていたが，一部成分だけを用いた製剤では抵抗性が発現することを，ハマキガで見出し，その対策に成功した。

現在では世界のフェロモン施用面積は約60万haで，信越化学（株）のフェロモン剤が圧倒的な市場占有率を実現している。有機化学者の行うフェロモンの同定と合成から始まり，他の多くの分野の知見を合わせて実用化が完成する。このような地道な努力により，"silent spring"を"joyful spring"へと回復出来る。公害を招いたのが化学を手段とした人間活動ならば，公害を解決するのも化学を始めとする諸科学と環境倫理学によって立つ人間の智恵と協力である。

23.4.6 結語

最後に一言。東京大学で博士号をいただいてすぐ東京大学助手を拝命したのが1962年，27歳の時だった。ただちに有機化学学生実験の指導を始めたが，正式に講義（授業）をもったのは東京大学助教授となった1968年，33歳の時からである。それから38年，いろいろな授業をやったが，この教科書を書き上げて，全ての講義ノートをまとめ終った。有機化学IIの終りに書いたように，私たちは，勉強すれば，更に新しいことを見つけるための自由度が増大する。

"The truth will make you free."

「真理はあなたがたを自由にする。」（ヨハネによる福音書8章32節）

(終)

参 考 書

有機化学 III は，各論的内容が多い。それぞれの項の更に深い学習に役立ちそうな参考書を，以下に列記する。

A. 一般的な参考書と大学院程度の教科書

(1) J. Claydon, N. Greeves, S. Warren, P. Wothers 共著，2001。"Organic Chemistry", Oxford University Press, Oxford, pp. 1508。この本は，天然物有機化学は詳しくないが，有機化学の反応についてよく書いてある。

(2) J. McMurry 著，伊東　椒ら訳，2001。有機化学（上）(中)（下）第5版　東京化学同人，東京。pp. 1365。（下）の生体関連化学は，よく書いてある。

(3) 野依良治，柴崎正勝，鈴木啓介，玉尾晧平，中筋一弘，奈良坂紘一，共編，1998。大学院講義　有機化学 I（分子構造と反応・有機金属化学）pp. 480。有機化学 II（有機合成化学・生物有機化学）pp. 451。東京化学同人，東京。

(4) L.-F. Tietze, Th. Eicher 共著，1981。"Reaktionen und Synthesen in organisch-chemischen Praktikum", Georg Thieme, Stuttgart, pp. 577。この教科書に例としてあげた反応は，著者自身の実験例の他は，この本と，有機化学 II の参考書の所で紹介した "Organic Syntheses", "Organikum", と Gattermann-Wieland の "die Praxis des Organischen Chemikers" とから採ってある。

(5) 森　謙治著，1988。有機化学 I, pp. 207。有機化学 II, pp. 340。養賢堂，東京。本書に先行する有機化学教科書。

(6) 森　謙治著，2002。生物活性物質の化学　化学同人，京都。pp. 149。学部 3・4 年生用の教科書。フェロモンと光学活性体合成について詳しい。

(7) 森　謙治著，1995。生物活性天然物の化学合成　裳華房，東京。pp. 216。大学院修士課程用の教科書。

B. 立体化学と立体配座解析一般に関する教科書

(1) E. L. Eliel, S. H. Wilen, L. N. Mander 共著，1993。"Stereochemistry of Organic Compounds" John Wiley, New York, pp. 1267。有機立体化学に関する基本的参考書。

(2) N. Berova, K. Nakanishi, R. W. Woody 共編，2000。"Circular Dichroism, Principles and Applications" 2nd Ed., Wiley-VCH, New York, pp. 877。CD に関しては，何でも書いてある。

(3) D. A. Lightner, J. E. Gurst 共著，2000。"Organic Conformational Analysis and Stereochemistry from Circular Dichroism Spectroscopy" Wiley-VCH, New York, pp. 487。CD による立体配座解析がよく書いてある。

(4) M. Grossel 著，1997。"Alicyclic Chemistry" Oxford University Press, Oxford,

pp. 92。脂環式化合物全体と立体配座に関する好著。
- (5) W. Clegg 著, 1998。"Crystal Structure Determination" Oxford University Press, Oxford, pp. 85。X 線結晶解析の概略を知るのによい。
- (6) A. J. Kirby 著, 1996。"Stereoelectronic Effect" Oxford University Press, Oxford, pp. 90。立体化学と反応性つまり立体電子効果について学ぶための好著。化学同人より日本語版が出ている。

C. 複素環化学一般に関する参考書

- (1) 山中 宏・日野 亮・中川昌子・坂本尚夫共著, 1988。ヘテロ環化合物の化学 講談社, 東京。pp. 252。医薬への応用を含めて, 簡潔に書かれている教科書。
- (2) D. T. Davies 著, 1992。"Aromatic Heterocyclic Chemistry", Oxford University Press, Oxford, pp. 88。反応機構がきちんと書かれている読み易い本。

D. 天然物有機化学一般に関する参考書

- (1) 貫名 学, 星野 力, 木村靖夫, 夏目雅裕共著, 2003。生物有機化学 三共出版, 東京。pp. 236。私のこの本よりはもう少し生物寄りの視点から書かれた教科書。本書と併読するとよい。
- (2) John Mann 著, 1994。"Chemical Aspects of Biosynthesis" Oxford University Press, Oxford, pp. 92。生合成に関する知見が簡潔にまとめられている。
- (3) J. Mann, R. S. Davidson, J. B. Hobbs, D. V. Banthorpe, J. B. Harborne 共著, 1994。"Natural Products: Their Chemistry and Biological Significance" Longman, Harlow, pp. 455。ペプチドと核酸に関する記述が詳しく, 情報量が多い。
- (4) 小林恒夫著, 1979。生物化学 I。生体成分の化学 養賢堂, 東京, pp. 293。古典的知識が確実に盛られている。
- (5) D. Barton, K. Nakanishi, O. Meth-Cohn 編, 1999。"Comprehensive Natural Products Chemistry" Vol. 1-8, Pergamon Press, Oxford. 全体で数千ページの大冊で, 天然物化学, 特に生合成に関する知識の集大成である。ホルモン, フェロモン, 化学生態学, 海洋天然物は, 私が編集した Vol. 8. pp. 749 に出ている。2008 年に Elsevier 社より, 構想を全く新たにした第 2 版が出る予定である。
- (6) J. Buckingham 編, 1995。"Dictionary of Natural Products" Vol. 1-5 and Index, Chapman & Hall, London, 天然有機化合物の A-Z のアルファベット順の辞典である。名称・構造・物性と単離・合成の文献所在がわかる便利な本で CD-ROM 版もある。

E. 天然物の合成化学に関する参考書

以下は, すべて大学院レベルの参考書だが, 列挙しておく。
- (1) 日本化学会編, 2000。天然物の全合成。今日, 明日そして未来へ 学会

出版センター,東京.pp. 273。わが国の研究者による合成例が多数収録されている。
(2) S. Hanessian 著,1983。"Total Synthesis of Natural Products: The "Chiron" Approach." Pergamon Press, Oxford. pp. 291。糖,アミノ酸・テルペンを原料としてもっと複雑な天然物を作る合成化学。
(3) E. J. Corey, X.-M. Cheng 著,1989。"The Logic of Chemical Synthesis" John Wiley, New York, pp. 436。Corey のノーベル賞の内容がよくわかる。
(4) K. C. Nicolaou, E. J. Sorensen 共著,1996。"Classics in Total Synthesis. VCH, Weinhem. pp. 798。複雑な天然物の合成を,上記 Corey の本よりは教育的に,細かく解説した本。続編も出版されている。

F. 天然物有機化学の各論に関する参考書

本書執筆に当たって参考とした書物を,古いものも含めて記し,著者に感謝する。

(1) R. J. Mc Ilroy 著,1951。"The Plant Glycosides" Arnold, London. pp. 138。配糖体に関する概説書。1956 年,私が大学 4 年生の時,週 2 回の家庭教師のアルバイト代 1 カ月 3,000 円から 990 円を払って買った本。
(2) 赤堀四郎著 1944。アミノ酸及蛋白質 共立出版,東京。pp. 638。真島利行 先生の序文付の古典。アミノ酸の各論は今でも役に立つ。
(3) 都築洋次郎著 1954。糖類 岩波書店,東京。pp. 239。小さい本だが,歴史から各論までたくさんの情報が含まれている。
(4) 川崎近太郎著 1958。ビタミン 岩波書店,東京。pp. 320。歴史・構造研究・合成のすべてについて簡潔に述べられている。
(5) K. W. Bentley 著,1960。"The Natural Pigments" Interscience, New York, pp. 306。天然色素に関する化学が要約されている。
(6) S. F. Dyke 著,1965。"The Chemistry of the Vitamins" Interscience, New York, pp. 363。ビタミンの化学全般に関する参考書。
(7) G. A. Swan 著,1967。"The Introduction to the Alkaloids" Blackwell, Oxford, pp. 326。アルカロイド研究にまつわるエピソードがたくさん書いてある。1970 年 10 月,私がロンドンで Prof. D. H. R. Barton を訪問した日に,古本屋で買った。レストランに忘れて帰ろうとしたら,ボーイさんが外まで追いかけてきて渡してくれた本。
(8) R. D. Guthrie 著,1974。"Introduction to Carbohydrate Chemistry" Clarendon Press, Oxford, pp. 120。小冊子ではあるが,糖化学の重要点がもらさず書かれている好著。
(9) 林 正樹著,1983。新しい生理活性物質,プロスタグランジンとその仲間 海鳴社,東京。pp. 96。プロスタグランジンの研究史がわかりやすく書いてある。

(10) 西 久夫著, 1985。色素の化学 共立出版, 東京。pp. 125。インジゴから始まって色素の歴史と化学を, 合成染料を中心に書いてある。

(11) 西 久夫, 北原清志 共著, 1992。続 色素の化学 共立出版, 東京。pp. 108。(10)と(11)は化学史に関する記載が面白い。

(12) J. Jones 著, 1992。"Amino Acid and Peptide Synthesis", Oxford University Press, Oxford, pp. 86。ペプチド合成に関する, わかりやすく簡潔な入門書。

(13) T. S. Kaufman, E. A. Rúveda, *Angew. Chem. Int. Ed.* 2005, 44, 854-885。キニンの全てが詳しく書かれている。化学史として面白い。

G. 香料と味の化学に関する参考書

(1) 日本化学会編, 1976。味とにおいの化学 学会出版センター, 東京。pp. 216。

(2) 日本化学会編, 1999。味とにおいの分子認識 学会出版センター, 東京。pp. 230。上記2冊は, 味とにおいについての化学と生理学とをまとめたもので有用である。

(3) 高木貞敬, 渋谷達明 共編, 1989。匂いの科学 朝倉書店, 東京。pp. 277。においの化学と生理学の全般についての解説書。

(4) 印藤元一著, 1994。香料の実際知識（第2版）東洋経済新報社, 東京。pp. 280。香料工業に関する常識を養うのによい本。

(5) 湖上国雄著, 1995。香料の物質工学 地人書館, 東京。pp. 405。香気成分の化学と工業化学について, 各論的に書いてある。

(6) E. T. Theimer 編, 1982。"Fragrance Chemistry. The Science of the Sense of Smell" Academic Press, New York, pp. 635。香料化学に関する記述が優れている。香気生理学に関する記述は, 古くなってしまった。

(7) G. Ohloff 著, 1990。"Riechstoffe und Geruchssinn" Springer, Berlin, pp. 233。英訳が "Scent and Fragrances" という題で, 同じ Springer 書店から刊行されている。 Ohloff がスイスの Firmenich 社という大香料会社で行った研究を中心に, テルペン化学と香料とを広範に論じている。香料化学について一冊だけ本を読むなら, これが良い。

(8) R. Hopp, K. Mori 共編, 1993。"Recent Developments in Flavor and Fragrance Chemistry" VCH Weinheim pp. 304。野依良治のテルペンの不斉合成から始まって, 多くの著者による香料化学の総説集。私が議長となって1992年に京都でおこなったドイツの香料会社主催の会議の成果集である。

(9) R. Axel 著 "Scents and Sensibility : A Molecular Logic of Olfactory Reception" (Nobel Lecture), *Angew. Chem. Int. Ed.* 2005, 44, 6111-6127。

(10) Linda B. Buck 著, "Unraveling the Sense of Smell" (Nobel Lecture), *Angew. Chem. Int. Ed.* 2005, 44, 6128-6140。

上記 (9)(10) は Axel と Buck それぞれのノーベル生理学・医学賞受賞講

演である。2人の自伝部分は面白い。物理や化学の目指す単純性の追求と違う複雑性の解明の仕方に触れることが出来る。

H. 環境と公害の化学および化学生態学に関する参考書

(1) 西村　肇，岡本達明　共著，2001。水俣病の科学　日本評論社，東京。pp. 349。水俣病に関する諸事実をよくまとめた本。山根一祐博士にいただいた。

(2) K. Mellanby 著, 1992。"The DDT Story" The British Crop Protection Council, Farnham, pp. 113。DDTに関する全てが書かれていて，P. Müller の写真が載っている。DDTをはじめて上市したGEIGY社の後身のNovartis社のD. Bellus 研究所長から1995年にいただいた本。

(3) 梅津憲治著，2003。農薬と食：安全と安心　ソフトサイエンス社，東京。pp. 186。農薬の安全性を，科学の立場から一般の人にわかりやすく説明した好著。

(4) 化学編集部編，1998。環境ホルモン＆ダイオキシン　化学同人，京都。pp. 198。内分泌撹乱物質と考えられる化合物の生物学に関するわかりやすい解説書。ただし，次の記事(5)(6)とともに読むのがよい。

(5) 渡辺　正著，2003。ダイオキシン騒ぎの終焉。化学 58, No. 10, pp. 12-17 化学同人，京都。

(6) 中西準子著，2005。環境リスク管理と予防原則　学士会報 No. 855 (2005-Ⅵ) pp. 86-105。

(7) J. B. Harborne 著，1988。"Introduction to Ecological Biochemistry" 3rd Ed., Academic Press, New York, pp. 356。化学生態学に関する標準的教科書。著者の専門である植物にやや片寄ってはいるが，おおむねバランスがとれている。日本語訳がある。

(8) 小川欽也，P. Witzgall 著，2005。フェロモン利用の害虫防除　農山漁村文化協会，東京。pp. 144。フェロモン利用の実際が書いてある。

I. 日常の化学常識に関する参考書

化学者や化学技術者になる人だけでなく，理科教員を志す人や他の道に進む人にとっても，日常品の化学と，危険物・可燃物の化学，そして廃棄物の化学は，重要である。下記の(2)(3)(4)は，私のゼミの教材として，東京理科大学大学院理数教育専攻の学生たちと一緒に読んだものである。

(1) 増井幸夫，嶋田利郎　共著，1996。日常生活の物質と化学　裳華房，東京。pp. 153。

(2) 奥吉新平監修，1998。甲種危険物取扱者試験　試験問題の解答と解説　弘文社，大阪。pp. 306。化学専攻の人達は，甲種危険物取扱者免状を持つべきである。私は，東大農芸化学科が火事を出した翌年の1975年4月2

日付で免状をもらっている。40歳で試験を受けたのはつらかったから，読者の皆さんは，早く受験して下さい。
(3) 村田徳治著，1998。廃棄物のやさしい化学　第Ⅰ巻　有害物質の巻　日報，東京。pp. 184。
(4) 村田徳治著，1998。廃棄物のやさしい化学　第Ⅱ巻　廃油・廃プラの巻　日報，東京。pp. 239。

　各自の所属する機関の廃棄物マニュアルを熟読するとともに，(2)(3)(4)。をよく読み，モラルをもって行動することで，事業所や大学のみならず，小学・中学・高校などの教育機関の薬品管理と廃棄物処理とを適正なものとすることが，環境保全のため必要である。

索引

ア 行

青葉アルコール 297
アグリコン 83, 207
朝比奈泰彦 54, 284
アザディラクチン 71
味 278
アジリジン 95, 97
アスカリドール 48
アスコルビン酸 256
アスタセン 91
アスパルテーム 280
アスピリン 221
アゼチジン 99
アセチル補酵素A 41, 140
アセトアミノマロン酸エステル ... 238
アダマンタン 7
アデニン 129, 245
アデノシン-5'-トリリン酸 245
アドリアマイシン 147
アドレナリン 170
アトロピン 167
アネトール 148
アノマー 205
アノマー位 205
アノマー効果 205, 207
アビエチン酸 60
アピゲニン 149
アブシジン酸 58
油 215
アフラトキシンB_1 147
阿片 161
甘茶 284
甘味 278
アミノ酸 234
アラキドン酸 221
アラビノース 198
アリザリン 313
アリルイソチオシアナート 290
アルカロイド 160
アルドース 192
Arndt-Eistertの増炭反応 89
アンチピリン 94
アンテリジオール 84
アンテリジン酸 64
アンドロステロン 77
アンバーグリス 300
アンフェタミン 172
アンブレイン 71, 300, 303
アンブロックス® 300
閾値, 嗅覚の 293
池田菊苗 291
異常曲線 26
イソキサゾール 116
イソキノリン 123
イソキノリン合成, Bischler-Napieralski
 の 124
 —, Pictet-Spenglerの 124
イソケルシトリン 156
イソツヨン, 3- 47
イソテバイン 175
イソフラボン 154
イソプレノイド 37
イソプレン則 56
イソプレン単位 39
イソペンテニル二リン酸 42
一次代謝産物 36, 189
イノコステロン 83
イノシトール, myo- 4, 225
イノシン酸 292
イプスジエノール 48

索 引

イプセノール … 48
イミダクロプリド … 94
イミダゾール … 112, 116
インジカン … 307
インジゴ … 307
インジゴ合成, Baeyer の … 310
　─, Heumann の … 311
インジゴの構造 … 309
インドール … 108, 111
インドールアルカロイド … 179, 182
インドール合成, Fischer の … 108
インドキシル … 307
インド大麻 … 145
Williams, R. R. … 253
ウスニン酸 … 147
右旋性 … 23
Woodward, R. B. … 22, 173, 182, 184, 264, 307
旨味 … 290
ウラシル … 129, 245
ウンベリフェロン … 151
Eijkman, C. … 251
エキレニン … 86
エクダイソン, α- … 83
　─, β- … 83
エコエチカ … 317
エストラジオール … 77
エストロン … 76
エチレンオキシド … 95
エチレンスルフィド … 95
X 線結晶解析 … 32
エピカテキン没食子酸エステル … 157
エフェドリン … 171
エポキシスクアレン, 2, 3- … 69
エポキシド … 97
エリスロマイシン … 139, 144
エリトリトール, D- … 282

エリトロース … 198
LSD … 162
エルゴメトリン … 181
Erlenmeyer 合成 … 237
遠隔遮蔽効果 … 8
塩化メチル水銀 … 320
円二色性 … 25
黄体ホルモン … 77
ORD スペクトル … 24
オーレオチン … 144
オカダ酸 … 139
オキサゾール … 112, 116
オキセタン … 99
オクタント則 … 27
オサゾン … 195, 196
オリザニン … 251
オルニチン … 162
オロバンコール … 334

カ 行

Carson, R. … 327
Garner のアルデヒド … 229
Karplus の式 … 9
壊血病 … 252
海産ポリエーテル … 232
開始単位 … 144
カウレン酸 … 64
香り … 304
化学生態学 … 37, 166, 319, 332
化学分類学 … 37
架橋環炭化水素 … 6
核間位 … 6
核間メチル基 … 20
核酸 … 243
加水素分解 … 216
カスタステロン … 83
脚気 … 250
活性型ビタミン D … 264, 266

索　引 (347)

カフェイン	186, 286	Chiralpak®	32
カプサイシン	289	Kiliani の組み上げ法	196
カプサンチン	91	グアニル酸	292
ガマブフォタリン	83	グアニン	129, 245
Karrer, P.	37, 259, 269, 274	Kuhn, R.	37, 262, 274
ガラクトース	200	クマリン	133, 148, 152
カラシ	290	クメストロール	156, 328
辛味	289	Grubbs, R. H.	168
ガランタミン	176	グラヤノトキシン II	64
カリオフィレン	57	グランディソール	49
カルコン	153	グリシノエクレピン A	71
カルサミン	315	グリセオフルビン	142
カルバゾール	108	グリチルリチン	283
カルパミン酸	168	クリニン	176
カルボン	46, 299	グルクロン酸	198
カルミニン酸	315	グルコース	191, 192, 200, 203
カロテノイド	39, 89, 307	グルコ糖酸	198
カロテン	262	グルコン酸	198
環境倫理学	317, 318	グルタミン酸, L-	291
甘草	283	くる病	263
カンファー	47, 49	Crowfoot-Hodgkin, D.	264
擬アキシアル	5	黒田チカ	313
擬エクアトリアル	5	クロマトグラフィー，キラルな固定相を用いた	30
キシリトール, D-	282	クロモン	133
キシロース	199	クロロテトラサイクリン, 7-	139
寄生	333	クロロフィル	307
キニン	184	経口避妊薬	79
キノリン	123	桂皮酸	148
キノリン合成, Friedländer の	124	Königs-Knorr 法	208
—, Skraup の	124	結合定数	9
嗅覚電図	295	ケトース	192
吸着性	7	ゲラニオール	45, 50, 297
ギュロース	202	ゲラニルゲラニオール	60
強心配糖体	83	ゲラニル二リン酸	45
共生	333	ケン化	215
橋頭位	6	高エネルギー結合	245
Chiralcel	31		

硬化 ································ 216
公害 ································ 317
交信撹乱法 ························ 337
合成洗剤 ···························· 216
構造活性相関 ······················ 279
香料 ································ 296
コエンザイム Q_{10} ················· 271
ゴーシュ相互作用 ···················· 2
コーチソン ························ 82
Corey, E. J. ················ 179, 223
Cornforth, J. W. ············· 39, 41
コカイン ····················· 161, 163
古在由直 ···························· 317
コショウ ···························· 289
小玉新太郎 ························ 292
コチニール ························ 315
Cotton 効果 ······················· 25
コニイン ···························· 160
コニフェリルアルコール ········· 151
Khorana, H. G. ················· 244
Collie, J. N. ······················ 138
コルヒチン ························ 176
コレステロール ········· 67, 71, 74
混合グリセリド ··················· 215
昆虫幼若ホルモン ················· 53
コンパクチン ······················· 41
根粒形成信号物質 ················· 211

サ 行

酢酸イソアミル ··················· 299
左旋性 ······························ 23
サッカリン ························ 279
サリチル酸メチル ················· 299
酸化的カップリング ··· 143, 151, 175, 178
酸化防止剤 ························ 217
サンショウ ························ 289
サンショオール ··················· 289

サントニン, α- ···················· 58
酸の解離度 ··························· 7
酸敗 ································ 217
酸味 ································ 278
ジアキシァル相互作用, 1, 3- ···· 1, 3
シアニジン ························ 149
CD スペクトル ····················· 25
ジエチルスチルベストロール ····· 329
Djerassi, C. ················· 27, 80
塩味 ································ 278
ジオスピリン ······················ 160
シガトキシン ······················ 234
色素 ································ 305
ジギトキシゲニン ················· 83
シキミ酸 ···························· 149
シコニン ···························· 313
ジシクロヘキシルカルボジイミド ·· 243
脂質 ································ 212
ジゼロシン ··················· 113, 239
シソ糖 ······························ 282
ジテルペノイド ····················· 60
シトシン ····················· 129, 245
シトラール ·························· 45
シトリニン ························ 141
シトロネラール ····················· 45
ジヒドロキシビタミン D_3, 1α, 25- 83
ジヒドロファルネソール ··········· 57
ジベレリン ·························· 60
—A_1 ······························· 64
—A_3 ······························· 60
—A_{12} ······························ 61
脂肪 ································ 215
脂肪酸 ······························ 214
シメチジン ·························· 94
ジメチルアミノピリジン, 4-N, N-
 (DMAP) ······················ 119
ジメチルアリル二リン酸 ··········· 42

じゃ香	299	生合成	41
ジャスティシジン B	156	生合成工学	145
ジャスモン酸メチル	299, 303	生合成を模した合成	166
縮合環	5	生物活性物質	37
ジュグロン	157	性ホルモン	74
ジュバビオン	56	精油	297
女性ホルモン	74	セサミン	149
触角電図	295	セスキテルペノイド	25, 52
Schotten-Baumann 法	240	セスタテルペノイド	25, 67
ショ糖	210	セダミン	168
シレニン	58	接合環	5
信号物質	319	摂食阻害物質	289
ジンジベレン	57	絶対立体配置の決定法	22
水銀	322	セネシオニン	164
水素結合, 核酸塩基間の	245	セファロスポリン	187
睡眠誘導脳内脂質	230	セラミド	229
スウェルチアマリン	287	セルレニン	232
スクアレン	67, 68	セルロース	210
スクラロース	282	セレブロシド	229
鈴木梅太郎	4, 226, 251	セロトニン	180
鈴木カップリング反応	160	セロビオース	208
ステビオシド	283	旋光分散	24
ステロイド	39, 71	Szent-Györgyi, A.	252, 272
ステロール	71	双極子環化付加反応, 1,3-	116
Stork, G.	65, 184, 186	双性イオン	235, 236
ストリキニン	162, 287	ソラニジン	186
ストリゴール	334	ソラノエクレピン A	71
—, 5-デオキシ	334	ソルゴラクトン	334
ストリゴラクトン	333	ソルビトール	197
Strecker 合成	237	**タ 行**	
スフィンゴ脂質	213, 227	ダイオキシン	331
スフィンゴシン	227, 229	ダイズエイン	328
スフィンゴ糖脂質	213	ダウモン	212
スポローゲン-AO$_1$	58	高木兼寛	250
住木諭介	60, 141	高峰譲吉	170
ズルチン	282	タキソール	61
ゼアラレノン	147, 328	タキソジオン	64

(350)　索　引

武居三吉 …… 64, 156, 297	テラマイシン …… 147
多重 Cotton 効果 …… 26	デルフィニジン …… 153
脱水素反応 …… 64	テルペノイド …… 37
多糖 …… 192	テルペン …… 37
田中正造 …… 317	テレビン油 …… 49, 297
Tamiflu® …… 150	電気泳動 …… 237
タルシン …… 59	天然有機化合物の分類 …… 36
胆汁酸 …… 71, 74	デンプン …… 210
単純曲線 …… 25	トウガラシ …… 289
単純グリセリド …… 215	糖脂質 …… 226
炭水化物 …… 191	等電点 …… 236
単糖 …… 192	糖の環状構造 …… 203
タンパク質 …… 234, 241	糖類 …… 191
チアゾール …… 112, 116	dopa, L- …… 239
チアミン …… 253	Todd, A. R. …… 244
チエタン …… 99	ドデセニルアセタート, 7- …… 335
チオフェン …… 103	トドマツ酸 …… 54
チクロ …… 280	トリオース …… 192
Chichibabin 反応 …… 123	ドリコライド …… 83
チミン …… 129, 245	トリスポリン酸 C …… 91
チャビシン …… 289	トリテルペノイド …… 39, 67
調香師 …… 295	トレオース …… 198
テアスピロン …… 91	トロポロン環 …… 178
デアセチルバッカチン III, 10- …… 64	トロンボキサン …… 221
テアフラビン …… 157	ナ　行
DMAP …… 119, 121	内分泌撹乱物質 …… 328
DDT …… 325, 328	長井長義 …… 171
Diels の炭化水素 …… 74	ナリンギン …… 287
ディフェラニソール A …… 148	におい …… 293
デオキシヌクレオチド …… 247	―感覚 …… 293
デオキシリボ核酸 …… 245	―感覚の仕組 …… 295
デカリン …… 5	苦味 …… 285
テスツディナリオール A …… 71	ニコチン …… 161, 164, 168, 287
テストステロン …… 79	二次代謝産物 …… 36
テトラヒドロカンナビノール …… 145	二糖 …… 192
テトロース …… 192	ニトロムスク …… 300, 303
デヒドロアビエチン酸 …… 65	二面角 …… 9

索 引 (351)

乳糖 ・・・・・・・・・・・・・・・・・・・・・・・・・ 208
ニンヒドリン呈色反応 ・・・・・・・・・・・ 241
ヌートカトン ・・・・・・・・・・・・・・・ 57, 299
ヌクレオシド ・・・・・・・・・・・・・・・・・・ 245
ネペタラクトン ・・・・・・・・・・・・・・・・・ 49
野依良治 ・・・・・・・・・・・・・・・・・・・・・・・ 52
ノニルフェノール, p- ・・・・・・・・・・・ 331
Knowles, W. S. ・・・・・・・・・・・・・・・ 239

ハ 行

Birch, A. J. ・・・・・・・・・・・・ 61, 138, 142
Birch 還元 ・・・・・・・・・・・・・・・・・・・・・・ 82
Barton, D. H. R. ・・・・ 5, 11, 143, 147, 173, 175, 178
パーヒドロフェナントレン ・・・・・・・・・ 6
Paal-Knorr 合成 ・・・・・・・・・・・・・・・・・ 105
ヴァイアグラ® ・・・・・・・・・・・・・・ 95, 135
配糖体 ・・・・・・・・・・・・・・・・・・・・・・・・・ 207
BINAP ・・・・・・・・・・・・・・・・・・・・・・・・・ 52
Baeyer, A. von. ・・・・・・・・・・・・ 108, 310
麦芽糖 ・・・・・・・・・・・・・・・・・・・・・・・・・ 208
麦角 ・・・・・・・・・・・・・・・・・・・・・・・・・・・ 162
　―アルカロイド ・・・・・・・・・ 162, 181
　―菌 ・・・・・・・・・・・・・・・・・・・・・・・・ 181
Bachmann, W. E. ・・・・・・・・・・・・ 74, 86
発色団 ・・・・・・・・・・・・・・・・・・・・・・・・・ 306
Hassel, O. ・・・・・・・・・・・・・・・・・・・・・・・ 5
馬尿酸 ・・・・・・・・・・・・・・・・・・・・ 237, 240
バニリン ・・・・・・・・・・・・・・・・・・・・・・・ 298
パリトキシン ・・・・・・・・・・・・・・・・・・ 232
Barbier-Wieland の減炭反応 ・・・・・・・ 67
Haworth, W. N. ・・・・・・ 191, 205, 256
BHA ・・・・・・・・・・・・・・・・・・・・・・・・・・ 217
BHT ・・・・・・・・・・・・・・・・・・・・・・・・・・ 217
Wieland, H. ・・・・・・・・・・・・・・・・ 37, 71
ヒオスシアミン ・・・・・・・・・・・・・・・・ 167
ヒオスシン ・・・・・・・・・・・・・・・・・・・・ 168
火落酸 ・・・・・・・・・・・・・・・・・・・・・・・・・ 41

ビオチン ・・・・・・・・・・・・・・・・・・・・・・・ 140
ビオラキサンチン ・・・・・・・・・・・・・・・・ 91
ヒガンバナアルカロイド ・・・・・・・・・ 175
ピクリン酸 ・・・・・・・・・・・・・・・・・・・・・ 287
ピサチン ・・・・・・・・・・・・・・・・・・ 154, 156
ビサボレン, α- ・・・・・・・・・・・・・・・・・・ 57
　―, β- ・・・・・・・・・・・・・・・・・・・・・・・・ 57
ヒスチジン ・・・・・・・・・・・・・・・・ 113, 292
ビスフェノール A ・・・・・・・・・・・・・・・ 329
比旋光度 ・・・・・・・・・・・・・・・・・・・・・・・・ 23
ビタミン ・・・・・・・・・・・・・・・・・・ 250, 253
　―A ・・・・・・・・・・・・・・・・・ 91, 252, 258
　―B_1 ・・・・・・・・・・・・・・・ 113, 250, 253
　―B_2 ・・・・・・・・・・・・・・・・・・・・・・・ 272
　―B_6 ・・・・・・・・・・・・・・・・・・・・・・・ 274
　―C ・・・・・・・・・・・・・・・・・・・・・ 252, 256
　―D ・・・・・・・・・・・・・・・・・・・・・・ 83, 263
　―E ・・・・・・・・・・・・・・・・・・・・・・・・・ 266
　―K ・・・・・・・・・・・・・・・・・・・・・ 154, 269
必須アミノ酸 ・・・・・・・・・・・・・・・・・・ 234
ヒト表皮セレブロシド ・・・・・・・・・・ 229
ピネン, α- ・・・・・・・・・・・・・・・・・・・・・・ 45
　―, β- ・・・・・・・・・・・・・・・・・・・・・・・・ 45
非必須アミノ酸 ・・・・・・・・・・・・・・・・ 234
ピペリン ・・・・・・・・・・・・・・・・・・・・・・・ 289
非メバロン酸経路 ・・・・・・・・・・・・・・・ 44
ピラジン ・・・・・・・・・・・・・・・・・・ 129, 130
ピラゾール ・・・・・・・・・・・・・・・・ 112, 116
ピラノース ・・・・・・・・・・・・・・・・・・・・・ 205
ピリジン ・・・・・・・・・・・・・・・・・・・・・・・ 117
　―N-オキシド ・・・・・・・・・・・・・・・・ 122
　―合成, Chichibabin の ・・・・・・・・ 118
　―, Hantzsch の ・・・・・・・・・・・・・・ 119
ピリダジン ・・・・・・・・・・・・・・・・ 129, 130
ピリドキシン ・・・・・・・・・・・・・・・・・・ 274
ピリドン ・・・・・・・・・・・・・・・・・・・・・・・ 135
ピリミジン ・・・・・・・・・・・・・・・・ 129, 130

ピル ································ 79, 80
Willstätter, R. ···················· 307
ピレトリン ·························· 48
ピロール ··························· 103
ピロリジディンアルカロイド ····· 164
ピロン, α- ························ 133
　　一, γ- ························ 133
Windaus. A. ·········· 37, 71, 76, 264
ビンブラスチン ···················· 184
ファルネソール ·············· 52, 57
フィソスチグミン ················· 181
フィターゼ ···················· 4, 226
フィチン ······················ 4, 226
Fischer, E. ·· 108, 191, 198, 200, 251
Fischer, H. ······················· 307
フィトール ························· 64
フィトステロール ·················· 74
フィラントリノラクトン ·········· 212
フィロズルシン ···················· 284
フェニキア紫 ······················ 310
フェニルアラニン ················· 148
フェニルプロパノイド ············ 148
フェロモン, アジアゾウの ······· 334
フェロモン, 昆虫の ···· 23, 230, 336
Folkers, K. ················ 272, 276
フォルボールエステル ············· 64
副腎皮質ホルモン ················· 82
複素環化合物 ······················ 94
フコキサンチン ···················· 91
プシロシビン ····················· 181
プシロシン ······················· 181
フタル酸エステル ················· 331
Butenandt, A. ········ 37, 76, 77, 79,
　　　　　　　　　 80, 83, 156, 230
プトレッシン ····················· 162
フムロン ·························· 287
ブラシノステロイド ··············· 83

ブラシノライド ···················· 83
フラノース ······················· 205
プラバスタチン ···················· 42
フラバノン ······················· 154
フラボノイド ····················· 153
フラボン ························· 133
フラン ··························· 101
フルクトース ··············· 191, 194
フルフラール ····················· 101
ブルボネン, α- ··················· 57
フレーバー ······················· 304
Bredt の規則 ······················ 19
プレドニソン ······················ 82
Prelog, V. ························ 19
プロゲステロン ···················· 77
プロスタグランジン ·············· 219
プロスタグランジンの化学合成 ··· 223
プロスタサイクリン ·············· 221
Bloch, K. ························· 41
プロトパナクサジオール ··········· 71
フロンタリン ····················· 335
Pummerer のケトン ··············· 143
Funk, C. ························· 251
閉環オレフィンメタセシス ········ 168
β-カロテン ························ 91
β-ラクタム抗生物質 ·············· 188
ヘキソース ······················· 192
ベツリン ·························· 71
ヘテロ環化合物 ···················· 94
ヘテロ原子 ························ 95
ペニシリン ······················· 187
ペプチド ························· 241
　　一結合 ······················· 242
　　一の合成 ····················· 242
　　一の構造 ····················· 242
ヘム ····························· 307
ペラルゴニジン ··················· 149

索引 (353)

ペリプラノン-B ……………… 58	マルトール ……………… 299
ペリラアルデヒド ………… 46, 298	マロニル CoA ……………… 140
ヘルナンズルシン ………… 58, 285	マンノース ……………… 200
ベルベリン ……………… 176	ミオシナーゼ ……………… 290
ヘルミントスポラール ………… 58	ミスピリン酸 ……………… 71
ペレティエリン ……………… 163	溝呂木-Heck 反応 ……………… 179
ヘロイン ……………… 175	水俣病 ……………… 320
ベンジルオキシカルボニル基 …… 243	水俣病の教訓 ……………… 324
ベンジルペニシリン ……………… 113	宮沢賢治 ……………… 319
変旋光 ……………… 203	Müller, P ……………… 325
ベンゾチオフェン ………… 108, 111	ミルセン ……………… 45
ベンゾフラン ……… 108, 110, 111	ムスク ……………… 299
ペントース ……………… 192	ムスクキシレン ……………… 303
Wohl の分解法 ……………… 197	ムスコン ……………… 299
補酵素 A ……………… 140	村橋俊介 ……………… 297
ホスファチジルイノシトール …… 225	メスカリン ……………… 161
ポドフィロトキシン ………… 149	メタンフェタミン ……………… 172
ポナステロン A ……………… 83	メバロノラクトン ……………… 41
Hopkins, F. G. ……………… 251	メバロン酸 ……………… 41, 182
Hofmann, W. A. von. ………… 160	メバロン酸経路 ……………… 41
ポリエーテル類 ……………… 139	メラニン ……………… 307
ポリケチド ……………… 138	メレイン ……………… 141
ポリゴジアール ………… 58, 289	メントール ……… 4, 46, 50, 297
ポルフィン骨格 ……………… 307	モノテルペノイド ………… 39, 45
ホルモン類似物質 ……………… 328	森林太郎 ……………… 250
ボンビコール ……………… 230	モル振幅 ……………… 26
マ 行	モル旋光度 ……………… 24
マイトトキシン ……………… 234	モルヒネ ………… 161, 173, 178
マグノサリシン ……………… 158	ヤ 行
マクロリド抗生物質 ………… 144	ヤナギタデ ……………… 289
マクロリド類 ……………… 139	有機スズ化合物 ……………… 332
真島利行 ……………… 313	幼若ホルモン III ……………… 58
マスキング効果 ……………… 295	ヨヒンビン ………… 184, 186
マダラチョウ ……………… 165	ラ 行
松川泰三 ……………… 255	ラーレン酸 ……………… 212
McCollum, E. V. ……………… 252	薮田貞治郎 ………… 60, 133, 141
マツタケアルコール ………… 297	Reichstein, T. ……………… 82, 257

羅漢果	283	リボフラビン	272
ラノステロール	67	リマツロン	71
ラフィノース	210	リモニン	287
卵胞ホルモン	76	リモネン	45, 297
リキソース	199	竜涎香	300
リグナン	151	リン脂質	225
リグニン	151	Ruzicka, L.	39, 64, 78, 299
リコリン	176	ルテイン	91
リジン	163, 234	ルミフラビン	274
リセルギン酸	162, 181	励起子キラリティー法	30
立体効果	11	レシチン	225
立体選択的合成	65	レチナール	91
立体電子効果	11	レチノール	258
立体配座，かさだかい置換基をもつ二置換シクロヘキサンの	3	レテン	64
—，シクロヘキセン類とシクロヘキサノン類との	4	レトロネシン	164
		ロイコインジゴ	307
—，多置換シクロヘキサンの	1, 4	ロイコトリエン	221
立体配置と反応性との関係	11	ロガニン	182
—と物性との関係	7	ロテノン	154, 156
リナリル二リン酸	45	Robinson, R.	66, 166, 173, 175
リナルール	45	Rohmer, M.	44
リネアチン	49	**ワ 行**	
Lynen, F.	41	Wagner-Meerwein 転位	45
リピドA	227	ワサビ	290
リボース	198	ワタアカミムシ	337
リボ核酸	245	Wallach, O.	37

JCLS	〈㈱日本著作出版権管理システム委託出版物〉	
2006	2006年12月5日 第1版発行	
---有機化学Ⅲ--- 著者との申し合せにより検印省略	著作者	森 謙治
©著作権所有	発行者	株式会社 養賢堂 代表者 及川 清
定価 4830 円 (本体 4600 円) (税 5％)	印刷者	新日本印刷株式会社 責任者 望月節男
発行所	〒113-0033 東京都文京区本郷5丁目30番15号 株式会社 養賢堂 TEL 東京 (03) 3814-0911 ｜振替00120｜ FAX 東京 (03) 3812-2615 ｜7-25700｜ URL http://www.yokendo.com/	

ISBN4-8425-0391-2 C3061

PRINTED IN JAPAN　　　　　製本所　株式会社三水舎

本書の無断複写は、著作権法上での例外を除き、禁じられています。
本書は、㈱日本著作出版権管理システム (JCLS) への委託出版物です。
本書を複写される場合は、そのつど㈱日本著作出版権管理システム
(電話03-3817-5670、FAX03-3815-8199)の許諾を得てください。